Reinhold Remmert
Peter Ullrich

Elementare Zahlentheorie

Dritte Auflage

Birkhäuser
Basel · Boston · Berlin

Autoren:
Reinhold Remmert
Westfälische Wilhelms-Universität
Mathematisches Institut
Einsteinstraße 62
D-48149 Münster

Peter Ullrich
Universität Koblenz-Landau
Campus Koblenz
Mathematisches Institut
Universitätsstraße 1
D-56070 Koblenz

Erste Auflage 1987
Zweite Auflage 1995

Bibliografische Information der Deutschen Bibliothek
Die Deutsche Bibliothek verzeichnet diese Publikation in der Deutschen Nationalbibliografie; detaillierte bibliografische Daten sind im Internet über <http://dnb.ddb.de> abrufbar.

ISBN 978-3-7643-7730-4 Birkhäuser Verlag, Basel – Boston – Berlin

Ein Unternehmen von Springer Science+Business Media
Gedruckt auf säurefreiem Papier, hergestellt aus chlorfrei gebleichtem Zellstoff. TCF ∞

ISBN 978-3-7643-7730-4
ISBN 978-3-7643-7731-1 (eBook)

9 8 7 6 5 4 3 2 1
www.birkhauser.ch

Vorwort

> Die Mathematik ist die Königin
> der Wissenschaften, und die Arithmetik ist
> die Königin der Mathematik.
>
> C. F. GAUSS

„Gegenstand der elementaren Zahlentheorie sind in erster Linie die *natürlichen Zahlen* 1, 2, 3, ... Nach KRONECKER hat sie der liebe Gott geschaffen, nach DEDEKIND der menschliche Geist. Das ist je nach Weltanschauung ein unlösbarer Widerspruch oder ein und dasselbe. Für die Zahlentheorie ist es gleichgültig, wer die natürlichen Zahlen geschaffen hat. Sie stellt sich auf den Standpunkt, daß sie jedenfalls da sind und uns wohlbekannt sind."
Mit diesen eindrucksvollen Sätzen beginnt H. HASSE seine „Vorlesungen über Zahlentheorie" [7]. Der von HASSE bezogene Standpunkt wird heute von nahezu allen Autoren, die über Zahlentheorie schreiben, geteilt. Auch wir sehen es in diesem Buch nicht als unsere Aufgabe an, den Begriff der natürlichen Zahl axiomatisch einzuführen, sondern setzen das Rechnen mit diesen Zahlen als bekannt voraus.

Das unvergängliche Problem der Zahlentheorie ist das der Teilbarkeit:
Ist eine Zahl durch eine andere teilbar oder nicht?

Alle in diesem Buch behandelten Fragen sind Variationen dieses einen Themas.

Sätze und Begriffsbildungen der elementaren Zahlentheorie, die seit alters her auch höhere Arithmetik genannt wird, bedürfen kaum einer Motivierung. Jeder Leser ist bereits vom Grundschul- und Gymnasialunterricht mit vielen Fragestellungen der Zahlentheorie (bewußt oder unbewußt) wohlvertraut: Wir alle haben schon große Zahlen in Primfaktoren zerlegt, Hauptnenner als kleinste gemeinsame Vielfache bestimmt und irgendwann auch Divisionen mit Rest durchgeführt. So ist es leicht und vielfach sogar überflüssig, den Leser noch besonders für die Probleme des Textes zu motivieren.
Das vorliegende Buch umfaßt den Stoff einer vierstündigen Vorlesung im Sommersemester. Es richtet sich an

- Dozenten und Studenten der Mathematik,
- Lehrer an Realschulen und Gymnasien,
- jeden, der sich für ein weit über dreitausend Jahre altes Teilgebiet der Mathematik interessiert.

Der Leser lasse sich nicht durch die relative Länge des Textes irritieren: Wir haben es vorgezogen, auch solche Begriffe, die an sich bekannt sind, noch einmal zu besprechen. Insbesondere setzen wir beim Leser an Vorkenntnissen neben elementarem Schulstoff nur eine gewisse Vertrautheit mit der Mengenschreibweise voraus. Diese Ausführlichkeit der Darstellung macht den Text auch zum

Selbststudium geeignet; hierzu tragen ebenfalls die Aufgaben am Ende eines jeden Paragraphen bei, die den behandelten Stoff einüben und vertiefen.
Wir haben uns bemüht, das Wechselspiel zwischen konkretem und abstraktem Schließen herauszustellen. Der Leser wird – je nach Veranlagung – konkretes oder abstraktes Vorgehen besonders schätzen. Ein Werturteil, welcher Art von Zahlentheorie der Vorrang gegeben werden muß, ist objektiv nicht möglich: Der uralte Streit, welcher Zugang der didaktisch bessere ist, wird immer aufs neue entflammen; er erscheint vielen Mathematikern heute ebenso unverständlich wie der Streit der Byzantiner über das Geschlecht der Engel.
Wir sehen uns außerstande, dem Leser einen Königsweg zu beschreiben, der unmittelbar zum Verständnis dieses Textes führt. Die von Didaktikern seit eh und je diskutierte Frage: „Wie lernt man Mathematik?" wird wohl allen Bemühungen zum Trotz niemals eine allgemein zufriedenstellende Antwort finden. Die Situation scheint immer noch dieselbe zu sein, wie für d'ALEMBERT, der einem zweifelnden Anfänger gesagt haben soll: „Allez en avant, la foi vous viendra".*

Dem einen Leser wird das Verständnis der Begriffe und Sätze vorrangig sein, und er wird Beweise nicht bis in letzte Detail analysieren; dem anderen Leser wird gerade das volle Erfassen der Beweise oberstes Ziel sein. Gut beraten ist natürlich jeder, der sich diese beiden Gesichtspunkte gleichberechtigt zu eigen macht.

Wir haben ein ausführliches Inhaltsverzeichnis zusammengestellt, das aufgrund seiner spezifizierten Untergliederung einen detaillierten Überblick über den Gesamttext gibt. Auf einige Besonderheiten des Inhalts möchten wir dennoch an dieser Stelle hinweisen, so auf

- die Untersuchung der quadratischen Zahlbereiche $\mathbb{Z}[\sqrt{m}]$ und $\mathbb{Q}[\sqrt{m}]$, insbesondere der Gaußschen Zahlbereiche $\mathbb{Z}[i]$ und $\mathbb{Q}[i]$ und des Dedekindschen Ringes $\mathbb{Z}[\sqrt{-5}]$,
- den g-adischen Algorithmus, der die Verallgemeinerung der wohlvertrauten Dezimalbruchentwicklung für beliebige Grundzahlen g liefert,
- die Verwendung des Satzes von FERMAT-EULER als Verschlüsselungsverfahren.

Außerdem haben wir mehr als sonst üblich

- historische Bemerkungen

in den Text eingewoben.

Das Buch ist aus Vorlesungen entstanden, die der ältere von uns mehrfach gehalten hat. Wertvolle Hinweise erhielten wir von Herrn M. KOECHER. Bei der Herstellung des Manuskriptes haben uns Frau U. PETERNELL und Herr M. STEINSIEK unterstützt. Ihnen gilt unser Dank.
Der Birkhäuser Verlag hat die Drucklegung des Textes mit bewährter Sorgfalt betreut.

* „Arbeiten Sie nur tüchtig, der Glaube wird Ihnen schon kommen."

Wir schließen diese einleitenden Bemerkungen mit jenen denkwürdigen Sätzen, die GAUSS 1847 Abhandlungen" schrieb:
„Die Höhere Arithmetik bietet einen unerschöpflichen Reichthum an interessanten Wahrheiten dar, und zwar an solchen, die nicht vereinzelt, sondern in innigem Zusammenhange stehen, und immer neue, ja unerwartete Verknüpfungen erkennen lassen, je weiter die Wissenschaft sich ausbildet. Ein großer Theil ihrer Lehren gewinnt auch einen neuen Reiz durch die Eigenthümlichkeit, daß gewichtige Lehrsätze in einfach ausgeprägtem Inhalt uns leicht durch Induction zugeführt werden, deren Begründung doch so tief liegt, daß man erst nach vielen vergeblichen Versuchen dazu gelangt, und dann meistens erst auf beschwerlichen künstlichen Wegen, während die einfacheren Methoden lange verborgen bleiben. [...]
Von den eigenthümlichen Schönheiten dieser Gebiete haben Alle sich angezogen gefühlt, die darin beschäftigt gewesen sind: keiner aber hat es wohl so oft ausgesprochen wie Euler, der namentlich in fast allen seinen zahlreichen, zur Höheren Arithmetik gehörenden Aufsätzen die Erklärung wiederholt, wie viele Freude ihm diese Forschungen machen, und wie sehr er darin eine Erholung von und eine Stärkung zu andern der unmittelbaren practischen Anwendung näher liegenden Arbeiten finde."

Münster/Westf., 18. September 1986 R. REMMERT, P. ULLRICH

Vorwort zur 2. Auflage

Gegenüber dem Erstdruck wurden nur Fehler und Unebenheiten beseitigt. Für diesbezügliche Hinweise danken wir insbesondere den Herren B. ARTMANN (Darmstadt), W. GREVE-KRAMER (Göttingen), M. KNESER (Göttingen), M. PETERS (Münster), H. RÖSCHLAU (Kappeln) und St. SPRINGMANN (Göttingen).

Münster/Westf., 26. Januar 1995 R. REMMERT, P. ULLRICH

Vorwort zur 3. Auflage

Neben einigen Ergänzungen wurden wieder Glättungen vorgenommen. Für Hinweise danken wir den Herren J. ELSTRODT (Münster), M. KNESER (†), H. MÖLLER (Münster) und M. PETERS (Münster).

Münster/Westf. und Koblenz, 30. April 2007 R. REMMERT, P. ULLRICH

Lesehinweise

Ein Zitat 3.4.2 bedeutet Abschnitt 2 im Paragraphen 4 des Kapitels 3; entsprechend wird die Aufgabe 2) zu Paragraph 4 in Kapitel 3 als „Aufgabe 3.4.2)" zitiert. Innerhalb eines Kapitels wird die Kapitelnummer, innerhalb eines Paragraphen auch die Paragraphennummer weggelassen. Die mit * gekennzeichneten Paragraphen bzw. Abschnitte können bei der ersten Lektüre übergangen werden.

Zeittafel

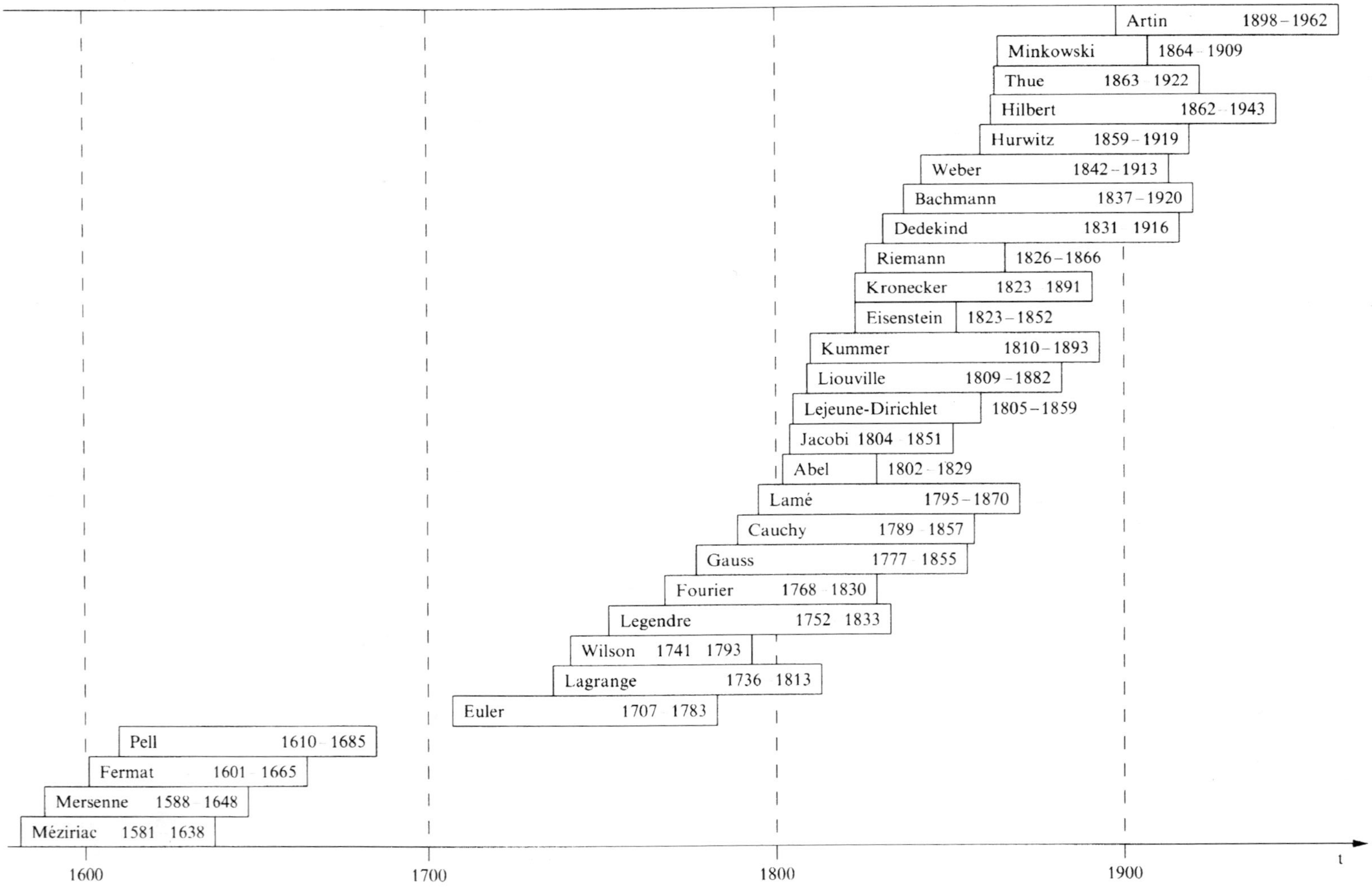

Artin 1898–1962
Minkowski 1864–1909
Thue 1863–1922
Hilbert 1862–1943
Hurwitz 1859–1919
Weber 1842–1913
Bachmann 1837–1920
Dedekind 1831–1916
Riemann 1826–1866
Kronecker 1823–1891
Eisenstein 1823–1852
Kummer 1810–1893
Liouville 1809–1882
Lejeune-Dirichlet 1805–1859
Jacobi 1804–1851
Abel 1802–1829
Lamé 1795–1870
Cauchy 1789–1857
Gauss 1777–1855
Fourier 1768–1830
Legendre 1752–1833
Wilson 1741–1793
Lagrange 1736–1813
Euler 1707–1783
Pell 1610–1685
Fermat 1601–1665
Mersenne 1588–1648
Méziriac 1581–1638
1600
1700
1800
1900
t

Inhaltsverzeichnis

Kapitel 3
Zahlentheorie in allgemeinen Integritätsringen

Kapitel 4
Der g-adische Algorithmus

Kapitel 5
Kongruenzen und Restklassenringe

Kapitel 1
Primzerlegung in $\mathbb{Z}$ und $\mathbb{Q}$

In diesem Kapitel wird Stoff dargestellt, der zum Teil aus dem Schulunterricht bekannt ist. Insbesondere stellt der Paragraph 0 die dem Leser wohlvertrauten Eigenschaften der natürlichen, ganzen und rationalen Zahlen zusammen, die wir im weiteren unbewiesen voraussetzen.
Den Schwerpunkt des Kapitels bildet der Paragraph 2, wo der Hauptsatz der elementaren Zahlentheorie behandelt wird, d.h. der Satz von der eindeutigen Darstellbarkeit jeder natürlichen Zahl $\neq 0$ als Produkt von Primzahlen. Dieser Satz wird im elementaren Rechenunterricht stillschweigend als richtig unterstellt, da auf jener Stufe ja überhaupt noch nicht von mathematischer Strenge die Rede sein kann. Leider wird dadurch, wie die Erfahrung immer aufs neue lehrt, bei manchem Leser der ganz unberechtigte Eindruck entstanden sein, daß dieser Darstellungssatz unmittelbar einsichtig sei und keiner Begründung bedürfe. Es ist ein Hauptanliegen des ersten Kapitels, diesen irrigen Eindruck, der sich bei vielen für immer festgesetzt hat, zu korrigieren.
Die Anwendungen des Hauptsatzes der elementaren Zahlentheorie, die in den letzten beiden Paragraphen besprochen werden, demonstrieren dessen mathematische Kraft. Die getroffene Auswahl ist naturgemäß willkürlich: Der Leser sollte vor allem ein Gefühl dafür bekommen, wie häufig der Hauptsatz bei der Lösung von Fragen, die auch einem mathematischen Laien nahegebracht werden können, verwendet werden muß.

§ 0 Natürliche, ganze und rationale Zahlen

In diesem Paragraphen stellen wir für uns wichtige Tatsachen über natürliche, ganze und rationale Zahlen zusammen. Da unser Thema „Zahlentheorie" und nicht „Aufbau des Zahlensystems" heißt, sind wir nicht an einer streng logischen Begründung des Zahlenbegriffs ab ovo interessiert. Vielmehr soll dieser Paragraph dem Leser all jene Dinge in Erinnerung bringen, die er schon von der Schule her kennt und die zu den allgemeinen mathematischen Grundkenntnissen gehören.

1. Der Ring $\mathbb{Z}$ der ganzen und der Körper $\mathbb{Q}$ der rationalen Zahlen. Die Zahlen $1, 2, 3, \ldots$ heißen seit altersher *natürliche Zahlen*. Wir vereinbaren, daß auch die Null eine natürliche Zahl ist, und bezeichnen die so erweiterte Menge mit $\mathbb{N}$, also

$$\mathbb{N} := \{0, 1, 2, 3, \ldots, 1001, 1002, \ldots\}.$$

Da häufig die Menge $\{1, 2, 3, \ldots\}$ aller von 0 verschiedenen natürlichen Zahlen betrachtet wird, ist es zweckmäßig, auch für diese Menge ein Symbol einzuführen. Wir verabreden folgende Bezeichnung:

$$\mathbb{N}^{\times} := \{1, 2, 3, \ldots\}.$$

Es gilt also: $\mathbb{N} = \{0\} \cup \mathbb{N}^{\times}$. Die Menge $\mathbb{N}$ ist eine echte Teilmenge der Menge

$$\mathbb{Z} := \{\ldots, -3, -2, -1, 0, 1, 2, 3, \ldots\}$$

aller *ganzen Zahlen.* Es gibt gute Gründe dafür, die zahlentheoretischen Untersuchungen sofort in $\mathbb{Z}$ (und nicht in $\mathbb{N}$) durchzuführen: Zum einen läßt sich in $\mathbb{Z}$ uneingeschränkt subtrahieren und daher einfacher rechnen als in $\mathbb{N}$; zum anderen ist für spätere Verallgemeinerungen $\mathbb{Z}$ und nicht $\mathbb{N}$ der richtige Ausgangsbereich. Wir setzen das Rechnen mit ganzen Zahlen als bekannt voraus, stellen aber die grundlegenden Rechenregeln in zwei Aussagen zusammen:

Additionsregeln: *In $\mathbb{Z}$ gibt es eine Addition $+$, d.h. je zwei Elementen $a, b \in \mathbb{Z}$ ist ein (drittes) Element $a + b \in \mathbb{Z}$ zugeordnet. Für alle $a, b, c \in \mathbb{Z}$ gilt:*

1) $(a + b) + c = a + (b + c)$ (*Assoziativgesetz*).
2) $a + b = b + a$ (*Kommutativgesetz*).
3) *Zu jedem Paar $a, b \in \mathbb{Z}$ gibt es genau ein $x \in \mathbb{Z}$ mit $x + b = a$, man schreibt $x = a - b$.*

Der Leser beachte, daß die Aussage 3) i.a. nicht in $\mathbb{N}$ gilt, da $a - b$ nicht notwendig eine natürliche Zahl ist: So gibt es z.B. kein x in $\mathbb{N}$ mit $x + 4 = 3$. Man faßt die Additionsregeln zusammen, indem man sagt: *Die Menge $\mathbb{Z}$ ist bzgl. der Addition $+$ eine kommutative Gruppe.* Statt kommutative Gruppe sagt man auch *abelsche* Gruppe (zu Ehren des norwegischen Mathematikers Niels Henrik Abel, 1802–1829).

Multiplikationsregeln: *In $\mathbb{Z}$ gibt es eine Multiplikation $\cdot$, d.h. je zwei Elementen $a, b \in \mathbb{Z}$ ist ein (drittes) Element $a \cdot b \in \mathbb{Z}$ zugeordnet. Für alle $a, b, c \in \mathbb{Z}$ gilt:*

1) $(a \cdot b) \cdot c = a \cdot (b \cdot c)$ (*Assoziativgesetz*).
2) $a \cdot b = b \cdot a$ (*Kommutativgesetz*).
3) $(a + b) \cdot c = (a \cdot c) + (b \cdot c)$ (*Distributivgesetz*).
4) $1 \cdot a = a$.

Statt $a \cdot b$ schreibt man auch einfach ab. Man faßt die Additionsregeln und die Multiplikationsregeln dahin zusammen, daß man sagt: *Die Menge $\mathbb{Z}$ ist bzgl. der Addition $+$ und der Multiplikation $\cdot$ ein kommutativer Ring mit Einselement.* Eine wichtige Eigenschaft von $\mathbb{Z}$ ist die *Nullteilerfreiheit: Aus $ab = 0$ mit $a, b \in \mathbb{Z}$ folgt $a = 0$ oder $b = 0$ (in Worten: ein Produkt ist nur dann null, wenn wenigstens ein Faktor null ist).* Die Nullteilerfreiheit impliziert die

Kürzungsregel: *Seien $a, b, c \in \mathbb{Z}$; es gelte $ab = ac$ und $a \neq 0$. Dann gilt: $b = c$.*

Beweis: Aus $ab = ac$ folgt $a(b - c) = 0$. Wegen $a \neq 0$ muß gelten $b - c = 0$, d.h. $b = c$. □

Der Ring $\mathbb{Z}$ läßt sich erweitern zum Bereich $\mathbb{Q}$ der *rationalen Zahlen*

$$\{0, \pm 1, \pm 2, \pm \tfrac{1}{2}, \pm 3, \pm \tfrac{1}{3}, \pm \tfrac{2}{3}, \pm 4, \pm \tfrac{3}{2}, \ldots\}.$$

Jede rationale Zahl γ gestattet (auf mannigfache Weise) eine *Bruchdarstellung*

$$\gamma = \frac{a}{b} \text{ mit einem Zähler } a \in \mathbb{Z} \text{ und einem Nenner } b \in \mathbb{Z},\ b \neq 0;$$

dabei gilt: *Zwei rationale Zahlen $\gamma = \dfrac{a}{b}$, $\gamma' = \dfrac{a'}{b'}$ mit $a, a', b, b' \in \mathbb{Z}$, $b \neq 0$, $b' \neq 0$, sind genau dann gleich, wenn gilt $ab' = a'b$.*

Statt „rationale Zahl" sagen wir auch „Bruch". Wir bezeichnen im folgenden rationale Zahlen i.a. mit kleinen lateinischen Buchstaben und benutzen den griechischen Buchstaben γ vorwiegend dann, wenn die Zahl in einer Bruchdarstellung $\gamma = \dfrac{a}{b}$ mit $a, b \in \mathbb{Z}$ gegeben wird.

Die Additionsregeln und die Multiplikationsregeln für $\mathbb{Z}$ gelten unverändert für den Bereich $\mathbb{Q}$; überdies gilt für $\mathbb{Q}$ auch die

Divisionsregel: *Zu jedem Paar $a, b \in \mathbb{Q}$ mit $b \neq 0$ gibt es genau ein $x \in \mathbb{Q}$ mit $bx = a$; man schreibt $x = b^{-1}a$ oder auch $x = \dfrac{a}{b}$.*

Beispiel: Für $a = \frac{2}{3}$, $b = \frac{5}{7}$ ist $x = \frac{14}{15}$.

Die Additionsregeln, Multiplikationsregeln und die Divisionsregel beschreiben erschöpfend die Rechengesetze für die vier elementaren Rechenoperationen der Addition, Subtraktion, Multiplikation und Division im Zahlensystem $\mathbb{Q}$. Man faßt sie wie folgt zusammen: *Die Menge $\mathbb{Q}$ ist bezüglich der Addition $+$ und der Multiplikation $\cdot$ ein Körper.*

Wir werden im Ring $\mathbb{Z}$ und im Körper $\mathbb{Q}$ unbekümmert und wie seit früher Jugend gewohnt rechnen. Wir schreiben durchweg $ab + cd$ statt $(ab) + (cd)$. Auch verwenden wir die gebräuchlichen Redeweisen wie *Summe* bzw. *Differenz* bzw. *Produkt* bzw. *Quotient* für $a + b$ bzw. $a - b$ bzw. ab bzw. $\dfrac{a}{b}$.

Sind die rationalen Zahlen $\gamma_1 = \dfrac{a_1}{b_1}$, $\gamma_2 = \dfrac{a_2}{b_2}$ in Bruchdarstellung vorgegeben, so sind

$$\gamma_1 \pm \gamma_2 = \frac{a_1 b_2 \pm a_2 b_1}{b_1 b_2}, \qquad \gamma_1 \gamma_2 = \frac{a_1 a_2}{b_1 b_2}$$

Bruchdarstellungen für Summe, Differenz und Produkt. Falls

$$\gamma_1 \neq 0, \qquad \text{so gilt } a_1 \neq 0, \quad \text{und} \quad \gamma_1^{-1} = \frac{b_1}{a_1}$$

ist eine Bruchdarstellung des „*Inversen*" von γ_1 (*Kehrwert*).

Sind $a_1, \ldots, a_n$ endlich viele Elemente aus $\mathbb{Q}$, so sind (auf Grund der Assoziativgesetze) die *endliche Summe* $a_1 + a_2 + \ldots + a_n$ und das *endliche Produkt* $a_1 a_2 \cdot \ldots \cdot a_n$ in $\mathbb{Q}$ wohldefiniert. Wir verwenden die bekannte Schreibweise

$$\sum_{\nu=1}^{n} a_\nu = a_1 + \ldots + a_n, \qquad \prod_{\nu=1}^{n} a_\nu = a_1 \cdot \ldots \cdot a_n$$

für Summe und Produkt. Falls $a_1 = a_2 = \ldots = a_n = a$, so gilt $\sum_{\nu=1}^{n} a_\nu = na$ und $\prod_{\nu=1}^{n} a_\nu = a^n$, wobei $a^0 := 1$ gesetzt wird.

Wir erinnern an die

Summenformel der endlichen geometrischen Reihe: *Für alle* $x \in \mathbb{Q}$ *und alle natürlichen Zahlen* $n \geqq 1$ *gilt*:

$$(1 + x + x^2 + \cdots + x^{n-1})(1 - x) = 1 - x^n.$$

Der *Beweis* ergibt sich durch Ausmultiplizieren der linken Seite. □

Wir machen stillschweigend Gebrauch von den Inklusionen

$$\mathbb{N}^\times \subset \mathbb{N} \subset \mathbb{Z} \subset \mathbb{Q}.$$

2. Anordnung von $\mathbb{Z}$ und $\mathbb{Q}$. Die Menge $\mathbb{Z}$ ist in natürlicher Weise *angeordnet*:

$$\cdots < -3 < -2 < -1 < 0 < 1 < 2 < 3 \cdots.$$

Man schreibt allgemein $b < a$ und liest „*b ist kleiner als a*", wenn $b \in \mathbb{Z}$ in dieser Zahlenreihe links von $a \in \mathbb{Z}$ steht. (Das läßt sich auch so ausdrücken: Es gilt $b < a$ genau dann, wenn es eine natürliche Zahl $n \neq 0$ gibt, so daß gilt: $b + n = a$.) Statt „b ist kleiner als a" sagt man auch „*a ist größer als b*", man schreibt $a > b$ anstelle von $b < a$. Wir werden vorwiegend mit der Relation $>$ arbeiten.

Die Anordnung von $\mathbb{Z}$ setzt sich zu einer Anordnung von $\mathbb{Q}$ fort: So ist z.B. $\frac{1}{7} > \frac{2}{15}$. Allgemein gilt für zwei Zahlen $\gamma, \gamma' \in \mathbb{Q}$ genau dann $\gamma > \gamma'$, wenn die Differenz $\gamma - \gamma'$ ein Bruch der Form $\frac{a}{b}$ mit *von* 0 *verschiedenen natürlichen* Zahlen a, b ist. Wir stellen die für das Rechnen unerläßlichen Eigenschaften der Anordnungsrelation $>$ zusammen, verzichten aber auch hier bewußt auf eine strenge Begründung.

Anordnungsregeln: *Seien* $a, b, c \in \mathbb{Q}$.

1) *Es gilt entweder* $a > b$ *oder* $a = b$ *oder* $b > a$.
2) *Aus* $a > b$ *und* $b > c$ *folgt* $a > c$ (*Transitivität*).

3) *Aus* $a > b$ *folgt* $a + c > b + c$.
4) *Aus* $a > 0$ *und* $b > 0$ *folgt* $ab > 0$.

Als Verallgemeinerung von 4) gilt:

4′) *Aus* $a > b$ *und* $c > 0$ *folgt* $ac > bc$.

Beweis von 4′): Aus $a > b$ folgt $a - b > 0$ (nach 3) mit $c := -b$). Daher gilt $(a - b)\,c > 0$ nach 4). Aus $ac - bc > 0$ folgt $ac > bc$ (wieder nach 3)). □

Ein Element $a \in \mathbb{Q}$ heißt *positiv* bzw. *negativ*, wenn gilt $a > 0$ bzw. $0 > a$. Mit a ist auch a^{-1} positiv, denn aus $-a^{-1} > 0$ würde nach 4) folgen: $-1 = -a^{-1}a > 0$, was absurd ist.
Wichtig ist noch folgende Rechenregel:

5) *Aus* $a > b$ *und* $b > 0$ *folgt* $a^{-1} < b^{-1}$.

Beweis von 5): Mit $a > b$ und $b > 0$ gilt $a > 0$, also $ab > 0$ nach 4) und folglich auch $a^{-1}b^{-1} = (ab)^{-1} > 0$. Nach 4′) folgt nun (mit $c := a^{-1}b^{-1}$):

$$a(a^{-1}b^{-1}) > b(a^{-1}b^{-1}), \qquad \text{d.h. } b^{-1} > a^{-1}.$$ □

Neben der Relation „*größer*" benutzen wir auch die Relation „*größer oder gleich*". Wir schreiben $a \geqq b$, wenn $a > b$ oder $a = b$; entsprechend $a \leqq b$, wenn $a < b$ oder $a = b$. So gilt z.B. $9 \geqq 7$, $8 \leqq 8$, $\frac{1}{1001} \geqq \frac{2}{2003}$. Für die Relation $\geqq$ gelten ebenfalls die Anordnungsregeln 2)–4), 4′).
Häufig werden wir auch den *Betrag* $|a|$ einer rationalen Zahl a benutzen. Man definiert:

$$|a| := \begin{cases} a, & \text{falls } a \geqq 0, \\ -a, & \text{falls } a < 0. \end{cases}$$

Es gelten die üblichen

Betragsregeln: *Für alle* $a, b \in \mathbb{Q}$ *gilt*:

1) $|a| \geqq 0$, $|a| = 0 \Leftrightarrow a = 0$.
2) $|ab| = |a| \cdot |b|$ (*Produktregel*).
3) $|a + b| \leqq |a| + |b|$ (*Dreiecksungleichung*).

Produktregel und Dreiecksungleichung gelten auch in allgemeinerer Form:

$$\left|\prod_{\nu=1}^{n} a_\nu\right| = \prod_{\nu=1}^{n} |a_\nu|, \quad \left|\sum_{\nu=1}^{n} a_\nu\right| \leqq \sum_{\nu=1}^{n} |a_\nu| \qquad \text{für alle } a_1, a_2, \ldots, a_n \in \mathbb{Q}.$$

Nützlich für zahlentheoretische Anwendungen ist folgende Variante von 1):

1′) *Für* $a \in \mathbb{Z}$ *gilt* $a = 0$ *bereits dann, wenn* $|a| < 1$.

Für endlich viele Zahlen $a_1, a_2, \ldots, a_n \in \mathbb{Q}$ definiert man

$$\min(a_1, a_2, \ldots, a_n) \quad \text{bzw.} \quad \max(a_1, a_2, \ldots, a_n)$$

als die *kleinste* bzw. die *größte* dieser Zahlen. Die Existenz von min und max ist anschaulich klar. Wir werden später ohne Beweis einfache Regeln für das Rechnen mit min und max benutzen; z. B. gilt stets:

$$\min(t+r, t+s) = t + \min(r,s); \qquad \min(r,s) + \max(r,s) = r + s.$$

Man schreibt allgemeiner $\min T$ bzw. $\max T$ für jede Menge $T \neq \emptyset$ rationaler Zahlen, wenn T ein kleinstes bzw. größtes Element hat (i. a. ist das nicht der Fall, etwa für $T = \mathbb{Q}$!).

3. Prinzip vom kleinsten Element und Induktionsprinzip. In vielen Existenzbeweisen der Zahlentheorie wird entscheidend benutzt das

Prinzip von kleinsten Element: *Jede nicht leere Menge A von natürlichen Zahlen enthält ein kleinstes Element $a_0 = \min A$.*

Ebenso wichtig wie das Prinzip vom kleinsten Element ist das

Prinzip der vollständigen Induktion: *Es sei B eine Menge natürlicher Zahlen, so daß folgendes gilt:*

a) *Es gibt wenigstens eine Zahl $b_0 \in B$.* (*Induktionsanfang*)
b) *Falls $n \in B$, so gilt auch $n+1 \in B$.* (*Induktionsschritt*)

Dann enthält die Menge B bereits alle natürlichen Zahlen, die größer oder gleich b_0 sind: $\{x \in \mathbb{N} : x \geqq b_0\} \subset B$.

Das Prinzip vom kleinsten Element läßt sich einfach formulieren und sofort nachvollziehen; vom Induktionsprinzip läßt sich dies nicht ohne weiteres behaupten. Wir wollen uns plausibel machen, daß das Prinzip der vollständigen Induktion eine Konsequenz aus dem Prinzip vom kleinsten Element ist (wobei allerdings an entscheidender Stelle eingeht, daß für $a_0, b_0 \in \mathbb{N}$ mit $a_0 > b_0$ gilt $a_0 - 1 \geqq b_0$). Man argumentiert wie folgt:

Es sei irgendeine Menge $B \subset \mathbb{N}$ mit den Eigenschaften a) und b) gegeben. Die Inklusion $\{x \in \mathbb{N} : x \geqq b_0\} \subset B$ besteht genau dann, wenn die Menge

$$A := \{x \in \mathbb{N} : x \geqq b_0 \text{ und } x \notin B\}$$

leer ist. Wäre nun A nicht leer, so hätte A als Teilmenge von $\mathbb{N}$ ein kleinstes Element a_0. Da $b_0 \notin A$ auf Grund von a), so gilt $a_0 > b_0$ und also $n := a_0 - 1 \geqq b_0$. Wegen $n < a_0$ gilt $n \notin A$ nach Wahl von a_0. Es folgt: $n \in B$. Aus b) folgt dann aber $a_0 = n + 1 \in B$, d. h., es wäre $a_0 \notin A$. Wir haben einen Widerspruch gewonnen. Die Annahme $A \neq \emptyset$ ist also falsch. Es muß folglich gelten $\{x \in \mathbb{N} : x \geqq b_0\} \subset B$. □

Es ist eine echte Überraschung zu sehen, daß das Prinzip vom kleinsten Element keineswegs logisch einfacher als das Induktionsprinzip ist. *Beide Prinzipien sind vielmehr logisch äquivalent.* Wir wollen noch kurz darlegen, wie man das Prinzip vom kleinsten Element aus dem Induktionsprinzip deduzieren kann:
Es sei $A \subset \mathbb{N}$ irgendeine nichtleere Menge. Wenn $0 \in A$ gilt, so ist 0 ein kleinstes Element. Sei also $0 \notin A$. Wir nennen $b \in \mathbb{N}$ eine (echte) *untere* Schranke von A, wenn für alle $x \in A$ gilt: $x > b$. Wir bezeichnen mit B die Menge aller echten unteren Schranken von A, nach Annahme gilt $0 \in B$. Wir führen nun die Annahme, daß A kein kleinstes Element hat, mit Hilfe der Menge B

zum Widerspruch. Sei $n \in B$, also $x > n$ für alle $x \in A$. Es folgt $x \geqq n + 1$ für alle $x \in A$. Es muß gelten $n + 1 \notin A$, denn sonst wäre $n + 1$ ein kleinstes Element von A. Aus $n + 1 \notin A$ folgt $x > n + 1$ für alle $x \in A$. Dies besagt, daß auch $n + 1$ eine echte untere Schranke von A ist, d.h. $n + 1 \in B$. Damit hat B die Eigenschaft b). Wegen $0 \in B$ folgt $\mathbb{N} \subset B$. Dann müßte A aber leer gewesen sein, da es keine Zahl $a \in \mathbb{N}$ gibt, die größer als jede Zahl $b \in \mathbb{N}$ ist. Widerspruch! □

Als nützliche Anwendung des Induktionsprinzips beweisen wir den binomischen Lehrsatz. Für alle $\nu, n \in \mathbb{N}$ definieren wir die *Fakultäten* $n!$ und die *Binomialkoeffizienten* $\binom{n}{\nu}$ wie üblich durch die Gleichungen

$$0! := 1, \quad n! := 1 \cdot 2 \cdot 3 \cdot \ldots \cdot (n-1) \cdot n \in \mathbb{N}^{\times} \quad \text{für } n \in \mathbb{N}^{\times},$$

$$\binom{n}{\nu} := \frac{n(n-1) \cdot \ldots \cdot (n-\nu+1)}{\nu!} \in \mathbb{Q} \quad \text{für } \nu \geqq 1, \quad \binom{n}{0} := 1.$$

Es gilt dann

$$\binom{n}{n} = 1, \binom{n}{\nu} = 0 \text{ für } \nu > n, \quad \binom{n}{\nu} = \frac{n!}{\nu!(n-\nu)!} \text{ für } \nu \leqq n.$$

Die wichtige Identität

$$(*) \quad \binom{n}{\nu-1} + \binom{n}{\nu} = \binom{n+1}{\nu} \quad \text{für } \nu \in \mathbb{N}^{\times}, \quad n \in \mathbb{N}$$

verifizieren wir durch Nachrechnen wie folgt:

$$\binom{n}{\nu-1} + \binom{n}{\nu} = \frac{n(n-1) \cdot \ldots \cdot (n-(\nu-1)+1)}{(\nu-1)!} + \frac{n(n-1) \cdot \ldots \cdot (n-\nu+1)}{\nu!}$$
$$= \frac{n(n-1) \cdot \ldots \cdot (n-\nu+2)}{(\nu-1)!}\left[1 + \frac{n-\nu+1}{\nu}\right]$$
$$= \frac{n(n-1) \cdot \ldots \cdot (n-\nu+2) \cdot (n+1)}{\nu!} = \binom{n+1}{\nu}.$$

Wir behaupten nun

Binomischer Lehrsatz: *Für alle $a, b \in \mathbb{Q}$ und alle $n \in \mathbb{N}^{\times}$ gilt:*

$$(a+b)^n = \sum_{\nu=0}^{n} \binom{n}{\nu} a^{n-\nu} b^{\nu} = a^n + \binom{n}{1} a^{n-1} b + \ldots + \binom{n}{n-1} a b^{n-1} + b^n.$$

Beweis: Es sei B die Menge aller natürlichen Zahlen $n \geqq 1$, so daß für alle $a, b \in \mathbb{Q}$ die behauptete Formel für $(a+b)^n$ richtig ist. Es gilt offensichtlich:

$1 \in B$. Sei $n \in B$. Um $n + 1 \in B$ zu verifizieren, rechnen wir wie folgt:

$$\begin{aligned}(a+b)^{n+1} &= (a+b)\cdot(a+b)^n = (a+b)\sum_{\nu=0}^{n}\binom{n}{\nu}a^{n-\nu}b^{\nu}\\ &= a^{n+1} + \sum_{\nu=1}^{n}\binom{n}{\nu}a^{n+1-\nu}b^{\nu} + \sum_{\nu=0}^{n-1}\binom{n}{\nu}a^{n-\nu}b^{\nu+1} + b^{n+1}.\end{aligned}$$

In der zweiten Summe rechts ändern wir den Summationsindex:

$$\sum_{\nu=0}^{n-1}\binom{n}{\nu}a^{n-\nu}b^{\nu+1} = \sum_{\nu=1}^{n}\binom{n}{\nu-1}a^{n+1-\nu}b^{\nu}.$$

Dann erhalten wir unter Verwendung der Gleichung (∗) für Binomialkoeffizienten:

$$\begin{aligned}(a+b)^{n+1} &= a^{n+1} + \sum_{\nu=1}^{n}\left[\binom{n}{\nu}+\binom{n}{\nu-1}\right]a^{n+1-\nu}b^{\nu} + b^{n+1}\\ &= a^{n+1} + \sum_{\nu=1}^{n}\binom{n+1}{\nu}a^{n+1-\nu}b^{\nu} + b^{n+1} = \sum_{\nu=0}^{n+1}\binom{n+1}{\nu}a^{n+1-\nu}b^{\nu}.\end{aligned}$$

Damit sehen wir: $n + 1 \in B$. Auf Grund des Induktionsprinzips folgt $B = \{n \in \mathbb{N} : n \geqq 1\}$, womit der binomische Lehrsatz bewiesen ist. □

Bemerkung: Die Zahlen $\binom{n}{\nu}$ sind als Brüche definiert. Es gilt aber:

$$\binom{n}{\nu} \in \mathbb{N} \qquad \text{für alle } \nu, n \in \mathbb{N}.$$

Für $\nu > n$ ist dies klar, da dann $\binom{n}{\nu} = 0$. Im Fall $\nu \leqq n$ liest man die Behauptung unmittelbar aus der binomischen Formel ab, denn $\binom{n}{\nu}$ mißt gerade die Anzahl, wie oft das Produkt $a^{n-\nu}b^{\nu}$ als Summand beim Ausrechnen des „Binoms" $(a + b)^n$ vorkommt. Wenn man anspruchsvoller argumentieren will, kann man wieder das Induktionsprinzip heranziehen. □

Das Induktionsprinzip wird in vielen Varianten benutzt. Man kann es auch so aussprechen:

Es sei E eine Eigenschaft, die auf natürliche Zahlen zutreffen kann, d.h. für jedes $x \in \mathbb{N}$ gilt entweder $E(x)$ oder nicht $E(x)$. Es sei folgendes richtig:

a) *Es gibt ein $b_0 \in \mathbb{N}$, so daß gilt $E(b_0)$.* (*Induktionsanfang*)
b) *Für alle $n \geqq b_0$ hat $E(n)$ zur Folge: $E(n + 1)$.* (*Induktionsschritt*)

Dann trifft die Eigenschaft E für alle $x \in \mathbb{N}$, $x \geqq b_0$, zu.

In Anwendungen ist häufig der Induktionsschritt „von $E(n)$ nach $E(n+1)$“ nur dann durchführbar, wenn man nicht nur $E(n)$, sondern sogar die Gültigkeit aller Aussagen $E(0)$, $E(1)$, ..., $E(n-1)$, $E(n)$ benutzen darf. Das ist natürlich vom anschaulichen Standpunkt aus gesehen klar, denn hat man $E(n)$ induktiv sichergestellt, so hat man ja bereits in allen Schritten vorher $E(1), E(2), \ldots, E(n-1)$ ebenfalls abgehandelt. Wir formulieren dieses erweiterte Induktionsprinzip der Vollständigkeit halber als

Prinzip der vollständigen Induktion mit erweiterter Induktionsvoraussetzung: *Es sei E eine Eigenschaft, die auf natürliche Zahlen zutreffen kann oder nicht, d. h. für jedes $x \in \mathbb{N}$ gilt entweder $E(x)$ oder nicht $E(x)$. Es sei folgendes richtig:*

a) *Es gilt $E(0)$.* (*Induktionsanfang*)
b) *Aus $E(0)$, $E(1)$, ..., $E(n)$ folgt $E(n+1)$.* (*Induktionsschritt*)

Dann gilt $E(x)$ für alle $x \in \mathbb{N}$.

4. Division mit Rest. Als elementare Anwendung des Prinzips vom kleinsten Element beweisen wir die aus dem Schulunterricht wohlbekannte Division mit Rest, die beim Beweis grundlegender Resultate der Zahlentheorie in $\mathbb{Z}$ eine entscheidende Rolle spielt.

Division mit Rest: *Es seien $a, b \in \mathbb{Z}$ zwei Zahlen, es gelte $b \geqq 1$. Dann gibt es eindeutig bestimmte Zahlen $q, r \in \mathbb{Z}$ zu a, b, so daß gilt:*

$$a = qb + r \quad \text{mit} \quad 0 \leqq r < b.$$

Man nennt q den Quotienten und r den Rest bei der Division von a durch b; im Fall $a \geqq 0$ gilt stets: $q \geqq 0$.

Beweis: Existenz von q und r: Die Menge

$$A := \{x \in \mathbb{N} : x = a - zb \text{ mit } z \in \mathbb{Z}\} \subset \mathbb{N}$$

ist nicht leer: Falls $a \geqq 0$, so gilt $a \in A$; falls $a < 0$, so gilt $a - ab = a(1-b) \in A$, da $a < 0$ und $1 - b \leqq 0$ die Ungleichung $a(1-b) \geqq 0$ zur Folge hat. Nach dem Prinzip vom kleinsten Element besitzt A ein kleinstes Element r. Es gilt also $r = a - qb \geqq 0$ mit $q \in \mathbb{Z}$. Es gilt notwendig $r < b$, da sonst die Zahl $a - (q+1)b = r - b$ ebenfalls nicht negativ, aber kleiner als r wäre. Mithin ist $a = qb + r$ eine gesuchte Gleichung. Falls $a \geqq 0$, so muß $q \geqq 0$ gelten, denn $q \leqq -1$, d. h. $-q \geqq 1$ führt zu $r = a - qb \geqq b$.

Eindeutigkeit von q und r: Es sei neben $a = qb + r$ eine weitere Gleichung $a = q'b + r'$ gegeben, wobei $q', r' \in \mathbb{Z}$ und $0 \leqq r' < b$. Dann gilt $r - r' = (q' - q)b$, also $q' - q = \dfrac{r - r'}{b}$. Wegen $0 \leqq r < b$ und $0 \leqq r' < b$ gilt $-b < r - r' < b$, also $-1 < \dfrac{r - r'}{b} < 1$. Da $q' - q \in \mathbb{Z}$, ist also notwendig $q' - q = 0$, d. h. $q' = q$ und damit auch $r' = r$. □

Beispiele: 1) $a := 531$, $b := 93$, $531 = 5 \cdot 93 + 66$ mit $q := 5$ und $r := 66 < 93$.
2) $a := 617$, $b := 758$, $617 = 0 \cdot 758 + 617$ mit $q := 0$ und $r := 617 < 758$.
3) $a := -5$, $b := 2$, $-5 = (-3) \cdot 2 + 1$ mit $q := -3$ und $r := 1 < 2$.

§ 1 Teilbarkeit. Primzahlen

Im Ring $\mathbb{Z}$ der ganzen Zahlen sind Addition, Subtraktion und Multiplikation uneingeschränkt ausführbare Rechenoperationen. Für die Division ist dies nicht mehr der Fall, da $\mathbb{Z}$ kein Körper ist. Diese Tatsache ist verantwortlich dafür, daß es in $\mathbb{Z}$ eine Zahlentheorie gibt: Die Frage, wann $a \in \mathbb{Z}$ durch $d \in \mathbb{Z}$ teilbar ist, ist die Urfrage der Zahlentheorie. Der Hauptbegriff dieses Paragraphen ist der Begriff der Primzahl; wir diskutieren ihn ausführlich und beweisen unter anderem den Satz von EUKLID über die Existenz unendlich vieler Primzahlen.

1. Teilbarkeitsbegriff. Eine Zahl $d \in \mathbb{Z}$ heißt ein *Teiler der Zahl* $a \in \mathbb{Z}$, in Zeichen $d \mid a$, wenn es eine Zahl $v \in \mathbb{Z}$ gibt, so daß gilt: $a = dv$. Man sagt dann auch: *d teilt a*.
Ist d kein Teiler von a, so schreibt man: $d \nmid a$.
Ist $d \neq 0$ ein Teiler von a, so ist $v \in \mathbb{Z}$ in der Gleichung $a = dv$ auf Grund der Kürzungsregel 0.1 eindeutig bestimmt.

Beispiele: $3 \mid 12$, $-8 \mid 72$, $-11 \mid -99$, $4 \nmid 7$, $17 \mid 0$, $0 \mid 0$,

$(a-1) \mid (a^n - 1)$ für alle $a, n \in \mathbb{Z}$, $n \geqq 1$, da $a^n - 1 = (a-1)(1 + a + \cdots + a^{n-1})$.

Ist d ein Teiler von a, so nennt man d auch eine *in a aufgehende Zahl* und a ein *Vielfaches von d*. Zur Einführung des Teilbarkeitsbegriffes benötigt man nur die multiplikative, nicht aber die additive Struktur von $\mathbb{Z}$. Die Frage, ob d ein Teiler von a ist, kann aber unter Benutzung der Subtraktion auch so formuliert werden: Man entscheide, ob die lineare Gleichung $dx - a = 0$ eine Lösung in $\mathbb{Z}$ hat. Bei dieser Auffassung ist die Teilbarkeitstheorie in $\mathbb{Z}$ nichts anderes als die *Theorie einer linearen Gleichung in einer Unbestimmten über* $\mathbb{Z}$.
Der Teilbarkeitsbegriff kommt bereits im Talmud vor: Man findet dort die Behauptung, daß eine Zahl der Form $100a + b$ sicher dann durch 7 teilbar ist, wenn 7 die Zahl $2a + b$ teilt. (Geben Sie hierfür einen Beweis!)
Im täglichen Leben benutzt man den Teilbarkeitsbegriff, wenn man von geraden bzw. ungeraden Zahlen spricht: Eine Zahl $a \in \mathbb{Z}$ heißt *gerade* bzw. *ungerade*, wenn gilt: $2 \mid a$ bzw. $2 \nmid a$, d.h. wenn a von der Form $2v$ bzw. $2v + 1$ mit $v \in \mathbb{Z}$ ist.
Für die Teilbarkeit gelten folgende grundlegende

Rechenregeln: *Seien $a, b, c, d \in \mathbb{Z}$. Dann gilt:*

1) $a \mid a$. *(Reflexivität)*
2) *Aus* $a \mid b$ *und* $b \mid c$ *folgt* $a \mid c$. *(Transitivität)*
3) *Aus* $a \mid b$ *und* $c \mid d$ *folgt* $ac \mid bd$.
4) *Aus* $a \mid b$ *und* $a \mid c$ *folgt* $a \mid (xb + yc)$ *für alle* $x, y \in \mathbb{Z}$.

Beweis: ad 1): Klar wegen $a = a \cdot 1$.
ad 2): Aus $b = av_1$ und $c = bv_2$ folgt $c = a(v_1 v_2)$.
ad 3): Aus $b = av_1$ und $d = cv_3$ folgt $bd = ac(v_1 v_3)$.
ad 4): Aus $b = av_1$ und $c = av_4$ folgt $xb + yc = a(xv_1 + yv_4)$ für alle $x, y \in \mathbb{Z}$. □

Man beachte, daß durch die Rechenregel 4) eine Verbindung zwischen Teilbarkeit und Addition hergestellt wird. Weiter mache man sich klar, daß die Rechenregel 3) *nicht* gilt, wenn man $a + c$ bzw. $b + d$ statt ac bzw. bd schreibt.
Die Zahl 0 wird von jeder Zahl $d \in \mathbb{Z}$ geteilt, da $0 = d \cdot 0$. Das ist aber auch bereits der einzige Fall einer Zahl mit unendlich vielen verschiedenen Teilern; dies ergibt sich aus folgender Aussage, die einen wichtigen Zusammenhang zwischen der Teilbarkeitsrelation | und der Anordnungsrelation herstellt.

Satz: *Sei $a \in \mathbb{Z}$, $a \neq 0$; sei $d \in \mathbb{Z}$ ein Teiler von a. Dann gilt:*

$$1 \leqq |d| \leqq |a|.$$

Insbesondere hat eine Zahl $a \neq 0$ höchstens endlich viele verschiedene Teiler.

Beweis: Es gilt $a = dv$ mit $v \in \mathbb{Z}$. Hieraus folgt $|a| = |d|\,|v|$. Wegen $a \neq 0$ gilt $d \neq 0$ und $v \neq 0$. Ersteres bedeutet $|d| \geqq 1$, letzteres hat $|v| \geqq 1$ und also $|a| = |d|\,|v| \geqq |d|$ zur Folge. Damit ist bereits gezeigt, daß gilt: $1 \leqq |d| \leqq |a|$. Da es höchstens $2\,|a|$ verschiedene Zahlen $d \in \mathbb{Z}$ mit $1 \leqq |d| \leqq |a|$ gibt, hat a höchstens $2\,|a|$ verschiedene Teiler. □

Wir werden im Abschnitt 3.1 eine explizite Formel für die Anzahl aller Teiler von a kennenlernen.

Korollar: *Seien $a, d \in \mathbb{Z}$. Aus $d > 0$, $a > 0$, $d \mid a$ und $a \mid d$ folgt $d = a$.*

Beweis: Aus dem Satz folgt $d \leqq a$ und $a \leqq d$, also $a = d$. □

Die Rechenregel 1) ist sofort erweiterbar: Jede ganze Zahl a hat die vier (i.a. verschiedenen) Teiler $a, -a, 1, -1$. Diese nennt man die *trivialen Teiler von a*. Alle übrigen Teiler von a heißen *echte Teiler von a*.
Aus dem obigen Satz folgt: *Ist d ein echter Teiler von $a \neq 0$, so gilt*

$$1 < |d| < |a|.$$

Die Zahlen a und $-a$ haben dieselben Teiler, denn es gilt $a = dv$ genau dann, wenn gilt: $-a = d(-v)$. Da stets a oder $-a$ eine natürliche Zahl ist, so ist es also keine Einschränkung, wenn wir Teilbarkeitsuntersuchungen vorwiegend für natürliche Zahlen durchführen. Da mit d auch stets $-d$ ein Teiler von a ist (denn $a = dv$ mit $v \in \mathbb{Z}$ kann auch in der Form $a = (-d)(-v)$ geschrieben werden), so kennt man bereits *alle Teiler der ganzen Zahl a*, wenn man *alle positiven Teiler der natürlichen Zahl* $|a|$ kennt. Aus diesem Grunde beschränkt man viele Betrachtungen in der Zahlentheorie häufig auf die Menge $\mathbb{N}^{\times}$ der positiven ganzen Zahlen.

2. Primzahlen. Eine erste Aufgabe der Zahlentheorie besteht darin, eine gegebene natürliche Zahl $a > 1$ als ein Produkt von möglichst vielen Faktoren, die alle größer als 1 und kleiner als a selbst sind, zu schreiben. So gilt z.B.: $1188 = 9 \cdot 11 \cdot 12$, $3315 = 3 \cdot 5 \cdot 13 \cdot 17$, $512 = 2^9 = 2 \cdot 2 \cdot 2 \cdot 2 \cdot 2 \cdot 2 \cdot 2 \cdot 2 \cdot 2$. Der Vorteil solcher *Faktorisierungen* für praktische Rechnungen liegt auf der Hand: Mit kleinen Zahlen rechnet es sich bequemer als mit großen Zahlen! Nun stößt man immer wieder auf Zahlen, z. B.

$$883, 997, \ldots, 9587, \ldots, 299479, \ldots, 10000079, \ldots,$$

die sich allen Faktorisierungsversuchen widersetzen: Sie lassen sich nicht als Produkt kleinerer Zahlen darstellen. Diese „unzerlegbaren" Zahlen werden durch eine Definition hervorgehoben:
Eine natürliche Zahl p heißt *Primzahl*, wenn gilt:

a) $p > 1$.
b) Ist $p = ab$ mit $a, b \in \mathbb{N}$ eine Produktdarstellung von p, so gilt $a = 1$ oder $b = 1$.

Die Menge aller Primzahlen wird mit $\mathbb{P}$ bezeichnet.
Gemäß dieser Definition ist die Zahl 1 keine Primzahl: $1 \notin \mathbb{P}$. Die ersten Primzahlen sind: $2, 3, 5, 7, 11, \ldots$.
Der Begriff der Primzahl läßt sich auch noch anders fassen.

Lemma: *Folgende Aussagen über eine natürliche Zahl $p > 1$ sind äquivalent:*

i) $p \in \mathbb{P}$.
ii) *1 und p sind die einzigen positiven Teiler von p.*
iii) *p hat keine echten Teiler.*

Beweis: i) $\Rightarrow$ ii): Gäbe es einen Teiler a von p mit $1 < a < p$, so würde eine Gleichung $p = ab$ mit $b \in \mathbb{N}$ gelten, wo weder $a = 1$ noch $b = 1$ gilt.
ii) $\Rightarrow$ iii): Wäre d ein echter Teiler von p, so auch $|d|$, im Widerspruch zu ii).
iii) $\Rightarrow$ i): Sei $p = ab$ mit $a, b \in \mathbb{N}$. Nach Voraussetzung hat p nur triviale Teiler, d.h. es gilt entweder $a = 1$ oder $a = p$ und dann $b = 1$. $\square$

Aufgrund der Eigenschaft iii) nennt man Primzahlen häufig auch *unzerlegbar*. Wir haben die Existenz von Primzahlen durch Probieren sichergestellt. Ohne Probieren ergibt sich das Vorhandensein von Primzahlen aus folgendem

Existenzsatz: *Jede natürliche Zahl $a > 1$ besitzt einen kleinsten (positiven) Teiler $t > 1$; dieser Teiler t ist eine Primzahl.*

Beweis: Die Menge T aller positiven Teiler $\neq 1$ von a ist nicht leer, da $a \in T$. Nach dem Prinzip vom kleinsten Element enthält T ein kleinstes Element t. Diese Zahl ist der kleinste positive Teiler > 1 von a. Wäre t nicht Primzahl, so gäbe es einen Teiler t' von t mit $1 < t' < t$. Aus $t' | t$ und $t | a$ folgt wegen der Transitivität der Teilbarkeit, daß t' ein Teiler von a wäre. Wegen $t' > 1$ würde t' also zur Menge T gehören. Wegen $t' < t$ ist das ein Widerspruch zur minimalen Wahl von t.

3. Existenz unendlich vieler Primzahlen. Durch den Existenzsatz 2 wird über die Anzahl aller Primzahlen noch nichts gesagt. Es wäre denkbar, daß es nur endlich viele Primzahlen gibt. Aus der Unendlichkeit von $\mathbb{N}$ allein kann man nicht die Unendlichkeit der Menge $\mathbb{P}$ deduzieren: Auch mit endlich vielen Primzahlen (sogar schon mit einer einzigen) lassen sich unendlich viele natürliche Zahlen gewinnen, z. B.

$$2, 4, 8, 16, \ldots, 512, 1024, \ldots, 2^n, \ldots.$$

In den *Elementen* von EUKLID (Buch IX, Satz 20) * findet sich bereits der

Satz von EUKLID: *Es gibt unendlich viele Primzahlen.*

Im Text von EUKLID kommt das Wort „unendlich" nicht vor; er formuliert seinen Satz wie folgt: *Die Primzahlen sind mehr als jede vorgegebene Menge von Primzahlen.*
Wie oft in der Mathematik werden wir mehr beweisen als behauptet wird. Der Beweis von EUKLID, den wir wiedergeben, liefert nämlich ein Verfahren, immer neue Primzahlen zu *konstruieren*. Wir werden zeigen:

Satz: *Es seien $q_1, q_2, \ldots, q_n$ endlich viele Primzahlen (die irgendwie vorgegeben sind). Dann ist der kleinste (positive) Teiler $t > 1$ der natürlichen Zahl*

$$a := q_1 q_2 \cdot \ldots \cdot q_n + 1$$

eine Primzahl, die von allen Primzahlen $q_1, q_2, \ldots, q_n$ verschieden ist.

Es ist klar, daß der Satz von EUKLID in dieser Aussage als Spezialfall enthalten ist.

* Die *Elemente* bestehen aus 13 Büchern und entstanden um 300 vor Christi Geburt; sie bilden die große Enzyklopädie der griechischen Mathematik und sind neben der Bibel das am häufigsten verlegte Werk der Weltliteratur.

Beweis des Satzes: Da $a > 1$, existiert t, und zwar ist t eine Primzahl (Existenzsatz 2). Würde t mit einer der Zahlen $q_1, q_2, \ldots, q_n$ übereinstimmen, so wäre t ein Teiler des Produktes $q_1 q_2 \cdot \ldots \cdot q_n$. Aus $t \mid a$ und $t \mid (q_1 q_2 \cdot \ldots \cdot q_n)$ und $1 = a - q_1 q_2 \cdot \ldots \cdot q_n$ folgt $t \mid 1$ aus der Rechenregel 1,4). Da 1 nur die Teiler 1 und -1 hat, wäre $t = 1$ im Widerspruch zu $t > 1$. □

Bemerkung: Es ist interessant, die euklidische Konstruktion sukzessiv durchzuführen. Ausgehend von $n = 1$ und der kleinsten Primzahl $q_1 := 2$ erhält man im ersten Schritt $a = 2 + 1 = 3$ und damit für t die zweitkleinste Primzahl $q_2 := 3$. Im zweiten Schritt gewinnt man $a = 2 \cdot 3 + 1 = 7$ und damit für t nicht die drittkleinste Primzahl 5, sondern $q_3 := 7$. Im dritten Schritt entsteht $a = 2 \cdot 3 \cdot 7 + 1 = 43$ mit $q_4 := 43$. So fortfahrend gewinnt man eine Folge von Primzahlen q_n, die aber *nicht* monoton wachsend ist, da die auftretenden Zahlen a nicht immer, wie in den ersten Schritten, selbst Primzahlen sind. So ist bereits im vierten Schritt $a = 2 \cdot 3 \cdot 7 \cdot 43 + 1 = 1807 = 13 \cdot 139$ keine Primzahl; als kleinster Primteiler t ergibt sich $q_5 := 13$, also $q_5 < q_4$.

Der Beweis von EUKLID ist ungemein scharfsinnig und hat immer wieder die Bewunderung der Mathematiker hervorgerufen. EUKLID konstruiert *nicht* alle Primzahlen. Der so naheliegende Versuch, die nächste auf eine gegebene Primzahl folgende Primzahl zu finden, führt nicht zum Erfolg; die Primzahlen liegen vielmehr so irregulär in den natürlichen Zahlen verteilt, daß man nur durch eine kunstvolle Beweisführung den Mangel an Informationen über ihre Verteilung überwinden kann. EUKLID tut exakt so viel wie nötig ist. „Gerade dies ist ein Zeichen genauen Taktgefühls des griechischen Mathematikers, daß er hier so weise Beschränkung übt und dadurch den Weg über die abstrusen Tücken der Primzahlreihe hinweg findet" (H. RADEMACHER und O. TOEPLITZ: *Von Zahlen und Figuren*, Heidelberger Taschenbücher Bd. 50, Springer Verlag Berlin/Heidelberg/New York 1968; S. 3).

4. Unzerlegbarkeit und Primeigenschaft. Als elementare, aber weitreichende Konsequenz der Division mit Rest zeigen wir das folgende

Fundamentallemma: *Teilt eine Primzahl p ein Produkt ab von zwei positiven natürlichen Zahlen a und b, so teilt p einen der Faktoren.*

Beweis: Die Menge $E := \{x \in \mathbb{N}^\times : p \mid ax\}$ enthält p und b und also nach dem Prinzip vom kleinsten Element eine kleinste Zahl $c \in \mathbb{N}^\times$. Beweisentscheidend ist folgende Behauptung: $c \mid y$ für *jedes* $y \in E$. Nach dem Satz von der Division mit Rest 0.4 gilt eine Gleichung $y = qc + r$ mit $q, r \in \mathbb{N}$, $0 \leq r < c$. Aus $p \mid ay$, $p \mid ac$ und $ar = ay - q(ac)$ folgt $p \mid ar$. Wäre $r > 0$, so läge r in E, was wegen der Minimalität von c und $r < c$ nicht geht. Es folgt $r = 0$, d.h. $c \mid y$. Setzen wir $y := p$, so folgt $c \mid p$. Wegen Lemma 2 sind daher nur zwei Fälle möglich: $c = 1$ oder $c = p$. Im Falle $c = 1$ gilt $p \mid a$ wegen $p \mid ac$. Im Falle $c = p$ folgt $p \mid b$ wegen $b \in E$. □

Bemerkung: Der obige Beweis kann begrifflich durchsichtiger gestaltet werden: Man betrachtet $E' := \{x \in \mathbb{Z} : p \mid ax\}$ anstelle von E und bemerkt zunächst, daß E' ein Ideal in $\mathbb{Z}$ ist (zur Definition vergleiche man 2.1.3). Die Schlußweise mit der Division mit Rest liefert dann, daß E' ein Hauptideal mit c als erzeugendem Element ist (vgl. auch den Hauptsatz über Ideale in $\mathbb{Z}$ 2.1.3). Ein direktes Argument führt dann auf die beiden Fälle $c = 1$ bzw. $c = p$.

Man beachte, daß die Aussage des Fundamentallemmas rein multiplikativ ist, während in seinen Beweis auch die additive Stuktur von $\mathbb{N}$ eingeht, und zwar in entscheidender Weise (vgl. hierzu die Bemerkung in 2.2).
Eine unmittelbare Verallgemeinerung ist das folgende

Korollar: *Teilt eine Primzahl p ein Produkt $a_1 \cdot \ldots \cdot a_n$ aus n positiven natürlichen Zahlen $a_1, \ldots, a_n$, so teilt p einen der Faktoren.*

Beweis (durch Induktion nach n): Die Fälle $n = 0$ und $n = 1$ sind trivial. Sei die Behauptung richtig für Produkte von $n - 1$ positiven natürlichen Zahlen. Teilt dann p das Produkt $a_1 \cdot \ldots \cdot a_{n-1} \cdot a_n = (a_1 \cdot \ldots \cdot a_{n-1}) \cdot a_n$ der n positiven natürlichen Zahlen $a_1, \ldots, a_n$, so folgt aus dem Fundamentallemma, daß $a_1 \cdot \ldots \cdot a_{n-1}$ oder a_n von p geteilt wird. Im ersten Fall erhält man aus der Induktionsvoraussetzung, daß p eine der Zahlen $a_1, \ldots, a_{n-1}$ teilt, so daß stets einer der Faktoren $a_1, \ldots, a_n$ von p geteilt wird. □

Das Fundamentallemma ermöglicht eine neue und wichtige Charakterisierung der Primzahlen, die nicht mehr auf der „Unzerlegbarkeitseigenschaft" dieser Zahlen basiert und die im folgenden eine wichtige Rolle spielen wird.

Satz: *Folgende Aussagen über eine natürliche Zahl $p > 1$ sind äquivalent:*

i) *p ist eine Primzahl.*
ii) *Aus $p \mid (ab)$, $a, b \in \mathbb{Z}$, folgt $p \mid a$ oder $p \mid b$.*

Beweis: i) $\Rightarrow$ ii): Falls $a = 0$ oder $b = 0$, so ist nichts zu zeigen. Sonst kann man durch Übergang zum Negativen ohne Einschränkung a und b als positiv annehmen und hat somit die Voraussetzungen des Fundamentallemmas erfüllt.
ii) $\Rightarrow$ i): Wir zeigen, daß Aussage ii) von Lemma 2 zutrifft. Sei also d irgendein positiver Teiler von p. Dann gilt eine Gleichung $p = dd'$ mit $d' \in \mathbb{N}$. Dies bedeutet $p \mid dd'$. Nach Voraussetzung folgt $p \mid d$ oder $p \mid d'$. Da $1 \leqq d \leqq p$ und $1 \leqq d' \leqq p$, so folgt $d = p$ oder $d' = p$, d.h. $d = p$ oder $d = 1$. Mithin hat p nur die positiven Teiler 1 und p, ist also eine Primzahl. □

Die Eigenschaft ii) des Satzes nennt man (im Unterschied zur Unzerlegbarkeitseigenschaft) *Primeigenschaft*. Wir können den Satz also so formulieren: *Eine natürliche Zahl $p > 1$ ist genau dann unzerlegbar, wenn sie die Primeigenschaft besitzt.*

Wir werden diese beiden Eigenschaften in Kapitel 3 für Elemente beliebiger Ringe noch ausführlich studieren; im Vorgriff sei hier bereits angemerkt, daß sich dabei die Primeigenschaft als eine im allgemeinen echt stärkere Bedingung als die Unzerlegbarkeitseigenschaft herausstellt.

Aufgaben:

1) Seien a, b, c Ziffern aus der Menge $\{0, 1, 2, \ldots, 9\}$ und $a \neq 0$. Zeigen Sie: 13 teilt die natürliche Zahl $abcabc$ (Zifferndarstellung).
2) Sei n eine natürliche Zahl, $n > 1$. Beweisen Sie: Aus $n \mid ((n-1)! + 1)$ folgt $n \in \mathbb{P}$.
3) Sei p_n die n-te Primzahl, d. h. $p_1 = 2$, $p_2 = 3$ usw. Zeigen Sie: $p_n \leqq 2^{(2^{n-1})}$ für alle $n \geqq 1$.
4) Sei p eine Primzahl. Beweisen Sie: p ist ein Teiler von $\binom{p}{\nu}$ für $1 \leqq \nu \leqq p-1$.
5) Seien $p \in \mathbb{P}$, $n \in \mathbb{N}^\times$ und $a, b \in \mathbb{Z}$. Zeigen Sie durch Induktion nach n: p ist ein Teiler von $((a+b)^{p^n} - (a^{p^n} + b^{p^n}))$.
6) Sei $n \geqq 2$ eine natürliche Zahl. Zeigen Sie: $n^4 + 4^n$ ist keine Primzahl.

§ 2 Der Hauptsatz der elementaren Zahlentheorie

Wir beweisen in diesem Paragraphen den Hauptsatz der elementaren Zahlentheorie. Dazu präzisieren wir zunächst die durch Probieren gewonnene Einsicht, daß man jede natürliche Zahl so lange in Faktoren zerlegen kann, bis man bei lauter unzerlegbaren Faktoren, bei „Primfaktoren", angelangt ist.
Der Weg, auf dem man solche „Primzerlegungen" herstellt, ist nicht kanonisch, so kann man z. B. für die Zahl 60 wie folgt vorgehen

$$60 = 6 \cdot 10 = 2 \cdot 3 \cdot 2 \cdot 5 \quad \text{oder} \quad 60 = 4 \cdot 15 = 2 \cdot 2 \cdot 3 \cdot 5.$$

In beiden Fällen ergeben sich bis auf die (willkürliche) Reihenfolge der Primfaktoren dieselben Zerlegungen. Wir sind von der Schule her gewohnt, dies als etwas ganz Selbstverständliches zu betrachten: Beim multiplikativen Abbau einer Zahl ergeben sich am Schluß als letzte Bausteine stets dieselben Primfaktoren.
Es ist klar, daß diese Eindeutigkeit der Primzerlegung bewiesen werden muß. Bei größeren Zahlen verschwindet auch bald das Gefühl der Sicherheit: Hat man etwa 30031 glücklich in die beiden Primfaktoren $59 \cdot 509$ zerlegt, so kann man die bohrende Frage eines Skeptikers, ob es nicht doch noch andere Primzahlen außer 59 und 509 gibt, die in 30031 aufgehen, nur mit einem vagen „es muß so sein" beantworten.
Es ist eine wundersame Fügung, daß die griechischen Mathematiker die Notwendigkeit verspürt haben, die in Rede stehende Eindeutigkeit der Primzerlegung nachzuweisen. *Bereits* EUKLID *bewies um 300 v. Chr. korrekt die notwendigen Schritte!*

Unser Beweis der Eindeutigkeit in Abschnitt 2 basiert auf dem Korollar zum Fundamentallemma 1.4, also letztlich auf der Division mit Rest. Daneben führen wir in Abschnitt 3 eine von Ernst ZERMELO herrührende kunstvolle, indirekte Schlußweise an, die nur ganz einfache Eigenschaften der natürlichen Zahlen heranzieht. Im Kapitel 3 werden wir einen weiteren, mehr begrifflichen Beweis geben, der auch für allgemeinere Ringe als $\mathbb{Z}$ funktioniert.

1. Existenz einer Primzerlegung. Ist $a > 1$ eine natürliche Zahl, so heißt jede Primzahl p, die a teilt, ein *Primteiler* oder auch ein *Primfaktor von a*. Jede Darstellung

$$a = p_1 p_2 \cdot \ldots \cdot p_n$$

von a als Produkt von endlich vielen Primzahlen $p_1, p_2, \ldots, p_n$ heißt eine *Primzerlegung von a* (genauer wäre: *Primfaktorzerlegung von a*).
Es erweist sich als zweckmäßig, auch Produkte mit null Faktoren zuzulassen (leere Produkte). Dazu treffen wir folgende formale

Konvention: Ein Produkt $p_1 p_2 \cdot \ldots \cdot p_n$ aus n Faktoren hat im Spezialfall $n = 0$ den Wert 1.

Diese Konvention ist in Analogie zur Verabredung bei Summen zu sehen, wo man unter einer Summe $c_1 + \ldots + c_n$ von n Summanden im Spezialfall $n = 0$ üblicherweise den Wert 0 versteht (leere Summe). Gemäß unserer Konvention besitzt auch die Zahl 1 eine Primzerlegung mit 0 Primfaktoren. Wir zeigen nun die

Existenz einer Primzerlegung: *Jede natürliche Zahl $a \geqq 1$ besitzt eine Primzerlegung*

$$a = p_1 p_2 \cdot \ldots \cdot p_n.$$

Dabei kann man für p_1 speziell den kleinsten Primteiler t von a wählen.

Beweis: Wir schließen induktiv. Für $a := 1$ trifft die Behauptung zu (leeres Produkt). Sei $a > 1$, und sei vorausgesetzt, daß die Behauptung für alle natürlichen Zahlen a' mit $1 \leqq a' < a$ richtig ist. Nach Satz 1.2 besitzt a einen kleinsten Primteiler t. Es besteht dann eine Gleichung

$$a = tb \quad \text{mit} \quad 1 \leqq b < a \qquad (\text{wegen } 1 < t \leqq a).$$

Nach Induktionsvoraussetzung hat b eine Primzerlegung

$$b = p_2 \cdot \ldots \cdot p_n.$$

Setzt man $p_1 := t$, so ergibt sich für a folgende Primzerlegung

$$a = p_1 p_2 \cdot \ldots \cdot p_n.$$

2. Eindeutigkeit der Primzerlegung. *Die Primzerlegung einer jeden natürlichen Zahl $a \geqq 1$ ist bis auf die Reihenfolge der Primfaktoren eindeutig. Genauer: Sind $a = p_1 \cdot \ldots \cdot p_n$ und $a = q_1 \cdot \ldots \cdot q_m$ zwei Primzerlegungen von a mit Primzahlen $p_1, \ldots, p_n, q_1, \ldots, q_m$, so gilt $m = n$, und man kann die Primzahlen der zweiten Zerlegung so (um)numerieren, daß gilt: $p_1 = q_1, \ldots, p_n = q_n$.*

Beweis: Wir führen Induktion nach n. Für $n = 0$ ist $a = 1$ und damit notwendigerweise auch $m = 0$. Sei die Behauptung nun für alle positiven natürlichen

Zahlen bewiesen, die eine Primzerlegung mit $n-1$ Primfaktoren zulassen, wobei $n \geqq 1$. Sind dann $a = p_1 \cdot \ldots \cdot p_n$ und $a = q_1 \cdot \ldots \cdot q_m$ zwei Primzerlegungen von a, so besagt die Gleichung $p_1 \cdot \ldots \cdot p_n = q_1 \cdot \ldots \cdot q_m$ speziell $p_1 \mid q_1 \cdot \ldots \cdot q_m$. Mit dem Korollar zum Fundamentallemma 1.4 folgt daraus $p_1 \mid q_j$ für einen Index j, $1 \leqq j \leqq m$, wobei man nach Umnumerieren von $q_1, \ldots, q_m$ ohne Einschränkung $j = 1$ annehmen kann. Da q_1 eine Primzahl ist, ergibt sich nun $p_1 = q_1$ aus Lemma 1.2 wegen $p_1 > 1$. Aufgrund der Kürzungsregel 0.1 besitzt die Zahl $a' := p_2 \cdot \ldots \cdot p_n$ also die beiden Primzerlegungen $p_2 \cdot \ldots \cdot p_n$ und $q_2 \cdot \ldots \cdot q_m$, wobei erstere aus $n-1$ Primfaktoren besteht. Nach der Induktionsvoraussetzung folgt dann $n - 1 = m - 1$ und, nach geeignetem Umnumerieren, $p_2 = q_2, \ldots, p_n = q_n$. Somit ist die Eindeutigkeit der Primzerlegung bewiesen. □

Bemerkung: Der soeben geführte Eindeutigkeitsbeweis benutzt versteckt (beim Verwenden der Division mit Rest im Beweis des Fundamentallemmas 1.4), aber entscheidend die additive Struktur von $\mathbb{N}$. Im Beweis der Existenz einer Primzerlegung wird die additive Struktur von $\mathbb{N}$ nicht herangezogen. Da Primzerlegungen nur die multiplikative Struktur von $\mathbb{N}$ betreffen, wird man fragen, ob auch ein Eindeutigkeitsbeweis möglich ist, der nur die multiplikative Struktur verwendet. Die Antwort ist *nein*. Wir geben dazu ein ebenso einfaches wie eindrucksvolles Beispiel, welches zugleich überzeugend darlegt, daß der Glaube an die logische Selbstverständlichkeit der Eindeutigkeit der Primzerlegung ein Irrglaube ist.

Wir betrachten die Menge D aller natürlichen Zahlen, die „bei Division durch 3 den Rest 1 haben", d.h. $D := \{3k + 1 : k \in \mathbb{N}\}$. Wir bemerken als erstes: D ist *multiplikativ abgeschlossen*, d.h. mit endlich vielen Elementen $a_1, \ldots, a_n \in D$ liegt auch $a_1 \cdot \ldots \cdot a_n$ in D. Dies ist klar für $n = 0$ und $n = 1$. Für $n = 2$ ist dies richtig, da stets gilt: $(3k_1 + 1)(3k_2 + 1) = 3(3k_1k_2 + k_1 + k_2) + 1$; für beliebige $n > 2$ folgt die Behauptung nun induktiv.

Wie in $\mathbb{Z}$ nennen wir in D eine Zahl $c \in D$ *unzerlegbar* (wir vermeiden aber das Wort „Primzahl"), wenn $c > 1$ und wenn aus $c = ab$ mit $a, b \in D$ folgt: $a = 1$ oder $b = 1$. Die ersten unzerlegbaren Zahlen aus D sind 4, 7, 10, 13, 19, 22, 25, 31; wegen $16 = 4 \cdot 4$ und $28 = 4 \cdot 7$ sind 16 und 28 nicht unzerlegbar.

Man zeigt leicht durch Induktion (analog wie im Beweis der Existenz einer Primzerlegung): *Jede Zahl $a \in D$ ist als endliches Produkt $a = c_1 \cdot \ldots \cdot c_n$ von in D unzerlegbaren Zahlen $c_1, \ldots, c_n \in D$ darstellbar.*

Die vielleicht erwartete Eindeutigkeit der Darstellung gilt aber nicht mehr; so hat die Zahl $100 \in D$ die beiden Zerlegungen $100 = 4 \cdot 25$ und $100 = 10 \cdot 10$ in unzerlegbare Faktoren, die sich nicht nur in der Reihenfolge der Faktoren voneinander unterscheiden! Definiert man in D Teilbarkeit und Primeigenschaft analog wie in $\mathbb{Z}$, so gilt in D, daß $4 \mid 10 \cdot 10$, aber $4 \nmid 10$, d.h., die in D unzerlegbare Zahl 4 besitzt nicht die Primeigenschaft (vergleiche hierzu auch Kapitel 3).

Man sieht an diesem Beispiel, daß in jedem Beweis der Eindeutigkeit der Primzerlegung notwendig über die multiplikative Struktur von $\mathbb{N}$ hinausgehende Eigenschaften der natürlichen Zahlen herangezogen werden müssen, die die Menge D nicht besitzt, wie etwa die additive Abgeschlossenheit von $\mathbb{N}$, die für D nicht richtig ist: $4 \in D$, aber $8 = 4 + 4 \notin D$, oder allgemeiner: Mit $3b_1 + 1 \in D$ und $3b_2 + 1 \in D$ gilt stets: $(3b_1 + 1) + (3b_2 + 1) = 3(b_1 + b_2) + 2 \notin D$.

Die Primfaktoren in der Primzerlegung einer natürlichen Zahl sind i.a. nicht paarweise voneinander verschieden. Wir treffen folgende

Vereinbarung: 1) *Gleiche Primfaktoren* p_ν *in einer Primzerlegung* $a = p_1 p_2 \cdot \ldots \cdot p_n$ *werden zu Potenzen* $p_\nu^{m_\nu}$ *zusammengefaßt (dabei mißt* m_ν *die Vielfachheit des Vorkommens von* p_ν *als Faktor in der Primzerlegung).*
2) *Die Reihenfolge der Primzahlpotenzfaktoren* $p_\nu^{m_\nu}$ *in einer Primzerlegung von* a *wird gemäß der natürlichen Anordnung* $2 < 3 < 5 < 7 < 11 < \ldots$ *der Primzahlen normiert (also* $p_1 < p_2 < \ldots$*).*

Korollar: *Jede natürliche Zahl* $a \neq 0$ *besitzt genau eine Primzerlegung*

$$a = p_1^{m_1} p_2^{m_2} \cdot \ldots \cdot p_r^{m_r}$$

mit Primzahlen $p_1 < p_2 < \ldots < p_r$ *und Exponenten* $m_1 \geqq 1, \ldots, m_r \geqq 1$.

Beweis. Klar auf Grund der vorangegangenen Sätze und der soeben getroffenen Vereinbarung. □

Wir haben in der Formulierung des Korollars bewußt die Primzahlen von 1 bis r und nicht mehr von 1 bis n numeriert, da die Zahl n der Faktoren aus dem Existenzsatz bei Faktorenzusammenfassung i.a. verkleinert wird.

Beispiele: $372 = 2^2 \cdot 3^1 \cdot 31^1$, $531 = 3^2 \cdot 59^1$, $1000 = 2^3 \cdot 5^3$.

Es lassen sich nun sofort alle ganzen Zahlen in die Betrachtungen einbeziehen im

Hauptsatz der elementaren Zahlentheorie: *Jede ganze Zahl* $a \neq 0$ *besitzt genau eine Darstellung*

$$a = \varepsilon p_1^{m_1} p_2^{m_2} \cdot \ldots \cdot p_r^{m_r} = \varepsilon \prod_{\varrho=1}^{r} p_\varrho^{m_\varrho}$$

mit $\varepsilon = \pm 1$, *Primzahlen* $p_1 < p_2 < \ldots < p_r$ *und Exponenten* $m_1 \geqq 1, \ldots, m_r \geqq 1$.

Beweis: Klar auf Grund des Korollars, da für jede negative ganze Zahl $a \neq 0$ gilt: $a = (-1) \cdot (-a)$ mit $-a \in \mathbb{N}$. □

Es sei wiederholt, daß auch der Fall $r = 0$ des leeren Produktes 1 zugelassen ist, also $a = \pm 1$. Man nennt die durch den Hauptsatz gegebene Zerlegung von a die *kanonische Primzerlegung von a.*

3*. Der Eindeutigkeitsbeweis von Zermelo. Wir geben eine auf Ernst Zermelo (1871–1953) zurückgehende Beweisversion für die Eindeutigkeit der Primzerlegung an, die nur die Rechen- und Anordnungsregeln für natürliche Zahlen und das Prinzip der vollständigen Induktion verwendet, nicht aber die Division mit Rest:

In der Situation des Eindeutigkeitssatzes von Abschnitt 2 führen wir diesmal Induktion nach a. Für $a = 1$ ist die Behauptung richtig (leere Produkte mit $m = n = 0$). Sei $a > 1$ und die Behauptung für alle a' mit $1 \leqq a' < a$ bewiesen. Sei ohne Einschränkung $p := p_1$ die kleinste unter allen Primzahlen $p_1, \ldots, p_n, q_1, \ldots, q_m$. Wir setzen $b := p_2 \cdot \ldots \cdot p_n$, also $a = pb$.

Wir führen zunächst folgende Annahme zum Widerspruch: Es gilt $p \neq q_\mu$ für alle $\mu = 1, \ldots, m$. Dazu setzen wir $q := q_1$, $c := q_2 \cdot \ldots \cdot q_m$, also $a = qc$. Nach Annahme über p gilt $p < q$. Definieren wir $a' := a - pc$, so gilt $1 \leqq a' < a$ wegen $pc < qc = a$. Die Zahl a' gestattet wegen $a = pb = qc$ Faktorisierungen $a' = p(b - c) = (q - p)\, c$; dabei sind auch die Faktoren $q - p$, $b - c$ und c natürliche Zahlen $\geqq 1$ und $< a$. Nach Induktionsvoraussetzung haben also a', $q - p$, $b - c$, b und c sämtlich eindeutige Primzerlegungen.

Die Gleichung $a' = p(b - c)$ zeigt, daß p in *der* Primzerlegung von a' vorkommt. Wegen der Eindeutigkeit folgt daher aus der Gleichung $a' = (q - p)\, c$, daß p in *der* Primzerlegung von $q - p$ oder c vorkommen muß. Da $c = q_2 \cdot \ldots \cdot q_m$ *die* Primzerlegung von c ist und da p nach Annahme von allen $q_2, \ldots, q_m$ verschieden ist, tritt p in *der* Primzerlegung von $q - p$ auf. Es gibt also eine natürliche Zahl k mit $q - p = pk$, d.h. $q = p(k + 1)$, d.h. $p \mid q$, und dies ist wegen $1 < p < q$ ein Widerspruch zur Primzahleigenschaft von q.

Dieser Widerspruch zeigt, daß es einen Index j, $1 \leqq j \leqq m$, geben muß mit $p = q_j$. Wir numerieren die q_μ so, daß gilt: $p_1 = p = q_1$. Aus der Kürzungsregel folgt nun: $b = p_2 \cdot \ldots \cdot p_n = q_2 \cdot \ldots \cdot q_m$. Da auch, wie oben bemerkt, die Primzerlegung von b eindeutig ist, so gilt $n - 1 = m - 1$ und $q_2 = p_2, \ldots, q_m = p_m$ (bei geeigneter Numerierung der $q_2, \ldots, q_m$). Da auch $p_1 = q_1$, ist der Eindeutigkeitssatz bewiesen. □

Der obige Beweis ist nicht nur vom Fundamentallemma 1.4 unabhängig, sondern man kann dieses sogar umgekehrt aus der Eindeutigkeit der Primzerlegung folgern. Der Leser lege sich dazu selbst einen Beweis zurecht.

4*. Kritische Bemerkungen. Der Zermelosche Zugang zum Hauptsatz der elementaren Zahlentheorie ist wohl der eleganteste und „ökonomischste", aber gewiß nicht unbedingt der didaktisch beste. Natürlicher scheint der von uns eingeschlagene Weg zu sein, zunächst das Fundamentallemma 1.4 zu beweisen und anschließend den Hauptsatz zu folgern. „In einer Anfängervorlesung würde ich es übrigens doch vorziehen, die Division mit Rest voranzustellen, erstens, weil man sie nachher doch braucht ..., zweitens aber vor allem darum, weil die indirekte (Zermelosche) Beweismethode psychologisch nun einmal weniger überzeugend ist. ... Abschließend möchte ich sagen, ... daß Zermelos Beweis ... im Unterricht wohl erst da am Platz ist und auch erst da vom Lernenden richtig gewürdigt werden kann, wo die Aufmerksamkeit darauf gerichtet ist, den Satz von der eindeutigen Zerlegung in Primelemente von dem Bereich der natürlichen Zahlen auf andere Bereiche der Zahlentheorie oder Algebra zu übertragen.“ (Aus einem Brief von E. Bessel-Hagen an H. Ulm, auszugsweise abgedruckt in den Semesterberichten Münster 11 (1937/38), S. 123–126).

Schon Euklid bewies zunächst das Fundamentallemma, wobei er auf dem heute nach ihm benannten Euklidischen Algorithmus aufbaute (vgl. 2.1.2). Der in 1.4 gegebene kurze und recht einfache Beweis geht auf Gauss (*Disquisitiones Arithmeticae*, Art. 13, 14) zurück, fand jedoch in der Folgezeit wenig Beachtung. „Es ist historisch merkwürdig, daß dieser einfache Beweis in Vergessenheit geriet. Dirichlet knüpfte in seinen Vorlesungen wieder an Euklid und den Euklidischen Algorithmus an, und so setzte sich die Meinung fest, daß der Euklidische Algorithmus ... die wesentliche Grundlage für analoge Beweise in höheren Zahlengebieten bilden müsse. ... So hat in diesem einen Punkte ausnahmsweise Dirichlet die Zahlentheorie zurückgebracht; höchst wunderbar bei allem, was er sonst für die Zahlentheorie an unvergleichlich Schönem geschaffen hat.“ (Aus dem schon zitierten Brief von E. Bessel-Hagen an H. Ulm.)

Aufgaben:

1) Folgern Sie aus der Eindeutigkeit der Primzerlegung das Fundamentallemma 1.4.
2) Führen Sie für die Menge $E := \{4k + 1 : k \in \mathbb{N}\}$ entsprechende Betrachtungen durch wie für die Menge D aus der Bemerkung in Abschnitt 2. Zeigen Sie insbesondere, daß in E die Zerlegung in in E unzerlegbare Elemente nicht eindeutig bis auf Reihenfolge ist.
3) Seien a und b positive natürliche Zahlen mit der Eigenschaft, daß es keine Primzahl gibt, die zugleich a und b teilt. Beweisen Sie: Gibt es ein $c \in \mathbb{N}$ mit $ab = c^2$, so existieren $x, y \in \mathbb{N}$ mit $a = x^2$ und $b = y^2$.
4) Es seien a, b natürliche Zahlen, für die gilt: $a \mid b^2,\ b^2 \mid a^3,\ a^3 \mid b^4,\ b^4 \mid a^5, \ldots.$

   Zeigen Sie: $a = b$.

§ 3 Anwendungen des Hauptsatzes

Wir geben in diesem Paragraphen signifikante Anwendungen, die auch in der historischen Entwicklung der elementaren Zahlentheorie eine große Rolle gespielt haben.

1. Anzahl aller positiven Teiler. Der Hauptsatz liefert sofort ein wichtiges

Teilbarkeitskriterium: *Es sei $a \geq 1$ eine natürliche Zahl und $a = p_1^{m_1} \cdot p_2^{m_2} \cdot \ldots \cdot p_r^{m_r}$ ihre kanonische Primzerlegung. Dann sind folgende Aussa-*

gen über eine natürliche Zahl $b \geqq 1$ äquivalent:

i) $b \mid a$.
ii) *Es gilt* $b = p_1^{\mu_1} \cdot p_2^{\mu_2} \cdot \ldots \cdot p_r^{\mu_r}$ *mit* $0 \leqq \mu_\varrho \leqq m_\varrho$ *für alle* $\varrho = 1, \ldots, r$.

Beweis: i) $\Rightarrow$ ii): Es gibt ein $v \in \mathbb{N}$ mit $a = bv$. In der Primzerlegung von b können also wegen der Eindeutigkeit höchstens die Primfaktoren $p_1, \ldots, p_r$ und keine anderen auftreten. Tritt p_ϱ in der Potenz $p_\varrho^{\mu_\varrho}$ auf, so gilt $p_\varrho^{\mu_\varrho} \mid b$ und also auch $p_\varrho^{\mu_\varrho} \mid a$, d.h. $a = p_\varrho^{\mu_\varrho} w$ mit $w \in \mathbb{N}$. Dies hat wegen $a = p_1^{m_1} \cdot \ldots \cdot p_\varrho^{m_\varrho} \cdot \ldots \cdot p_r^{m_r}$ die Ungleichung $0 \leqq \mu_\varrho \leqq m_\varrho$ zur Folge.
ii) $\Rightarrow$ i): Setzt man

$$v := p_1^{m_1 - \mu_1} p_2^{m_2 - \mu_2} \cdot \ldots \cdot p_r^{m_r - \mu_r},$$

so gilt $v \in \mathbb{N}$ wegen $m_\varrho - \mu_\varrho \geqq 0$, $\varrho = 1, \ldots, r$, und weiter

$$bv = p_1^{\mu_1} p_2^{\mu_2} \cdot \ldots \cdot p_r^{\mu_r} \cdot p_1^{m_1 - \mu_1} p_2^{m_2 - \mu_2} \cdot \ldots \cdot p_r^{m_r - \mu_r} = p_1^{m_1} p_2^{m_2} \cdot \ldots \cdot p_r^{m_r} = a,$$

also $b \mid a$. □

Bezeichnen wir für jede natürliche Zahl $a \geqq 1$ mit $\tau(a)$ die Anzahl aller positiven Teiler von a, so ist $\tau(a)$ stets endlich (nach Satz 1.1). Bereits PLATON (427–348/347 v. Chr.) wußte, wie man im 5. Buch seiner *Gesetze* lesen kann, daß die Zahl 5040 genau 60 positive Teiler hat: $\tau(5040) = 60$. Im 16. und 17. Jahrhundert erwachte das Interesse für die Teileranzahl; so bemerkte CARDANO (1501–1576) im Jahre 1537, daß ein Produkt a von r verschiedenen Primzahlen genau $2^r - 1$ positive Teiler $< a$ hat. Mit Hilfe des Teilbarkeitskriteriums ist es leicht, eine Formel für $\tau(a)$ anzugeben, die es ermöglicht, $\tau(a)$ mittels der Primzerlegung von a auszurechnen.

Satz: *Es sei $a \geqq 1$ eine natürliche Zahl und $a = p_1^{m_1} \cdot p_2^{m_2} \cdot \ldots \cdot p_r^{m_r}$ ihre kanonische Primzerlegung. Dann gilt*

$$\tau(a) = \prod_{\varrho=1}^{r} (m_\varrho + 1), \qquad \textit{insbesondere } \tau(p_1^{m_1} \cdot p_2^{m_2} \cdot \ldots \cdot p_r^{m_r}) = \prod_{\varrho=1}^{r} \tau(p_\varrho^{m_\varrho}).$$

Beweis (durch Induktion nach der Anzahl r der verschiedenen Primfaktoren): Falls $r = 1$, so sind auf Grund des Teilbarkeitskriteriums genau die $(m_1 + 1)$ Zahlen $1, p_1, p_1^2, \ldots, p_1^{m_1}$ die positiven Teiler von $p_1^{m_1}$. Es folgt $\tau(p_1^{m_1}) = m_1 + 1$. Sei nun $r > 1$. Dann gilt:

$$a = bp_r^{m_r} \quad \text{mit} \quad b := p_1^{m_1} \cdot \ldots \cdot p_{r-1}^{m_{r-1}}.$$

Nach Induktionsvoraussetzung ist $\tau(b) = (m_1 + 1) \cdot \ldots \cdot (m_{r-1} + 1)$. Auf Grund des Teilbarkeitskriteriums erhält man alle positiven Teiler von a, wenn man sämtliche positiven Teiler von b nacheinander mit $1, p_r, p_r^2, \ldots, p_r^{m_r}$ multipliziert.

Dies bedeutet

$$\tau(a) = \tau(b) \cdot (m_r + 1) = \prod_{\varrho=1}^{r} (m_\varrho + 1).$$

In dieser expliziten Formel ist die Gleichung $\tau\left(\prod_{\varrho=1}^{r} p_\varrho^{m_\varrho}\right) = \prod_{\varrho=1}^{r} \tau(p_\varrho^{m_\varrho})$ enthalten. □

Beispiele: 1) $120 = 2^3 \cdot 3 \cdot 5$, $\tau(120) = (3+1)(1+1)(1+1) = 16$;
2) $1024 = 2^{10}$, $\tau(1024) = 10 + 1 = 11$;
3) $5040 = 2^4 \cdot 3^2 \cdot 5 \cdot 7$, $\tau(5040) = 5 \cdot 3 \cdot 2 \cdot 2 = 60$ (PLATON);
4) $a = p_1 p_2 \cdot \ldots \cdot p_r$, $\tau(a) = 2 \cdot 2 \cdot \ldots \cdot 2 = 2^r$ (CARDANO).

2. Produkt aller positiven Teiler. Mit Hilfe der Anzahl $\tau(a)$ läßt sich das Produkt $P(a)$ aller positiven Teiler von $a \geqq 1$ einfach angeben.

Satz: *Für das Produkt $P(a)$ aller positiven Teiler einer natürlichen Zahl $a \geqq 1$ gilt*

$$P(a) = a^{\tau(a)/2}.$$

Beweis: Wir ordnen die positiven Teiler d von a der Größe nach, etwa

$$1 =: d_1 < d_2 < \ldots < d_{s-1} < d_s := a, \qquad \text{wobei } s := \tau(a).$$

Dann gilt jeweils:

$$d_1 d_s = a,\ d_2 d_{s-1} = a, \ldots.$$

Wir unterscheiden zwei Fälle:
1. Fall: s *ist gerade*, etwa $s = 2l$. Dann erhält man als letzte Gleichung $d_l d_{l+1} = a$. Es folgt:

$$P(a) = d_1 d_2 \cdot \ldots \cdot d_s = (d_1 d_s)(d_2 d_{s-1}) \cdot \ldots \cdot (d_l d_{l+1}) = a^l = a^{\tau(a)/2}.$$

2. Fall: s *ist ungerade*, etwa $s = 2l + 1$. Dann erhalten wir als letzte Gleichungen $d_l d_{l+2} = a$, $d_{l+1} d_{l+1} = a$. Jetzt folgt:

$$P(a) = (d_1 d_s) \cdot \ldots \cdot (d_l d_{l+2})\, d_{l+1} = a^l d_{l+1}.$$

Da $d_{l+1} = a^{\frac{1}{2}}$, so folgt wegen $l + \frac{1}{2} = \frac{1}{2} s$ und $s = \tau(a)$ wieder:

$$P(a) = a^{l+\frac{1}{2}} = a^{\tau(a)/2}.$$ □

Im eben diskutierten 2. Fall haben wir nur formal mit der Wurzel $a^{\frac{1}{2}}$ gerechnet, da ja $a^{\frac{1}{2}} = d_{l+1} \in \mathbb{N}$.

Beispiele: 1) $20 = 2^2 \cdot 5$, $\tau(20) = 3 \cdot 2$, $P(20) = 20^3 = 8000$.
2) $25 = 5^2$, $\tau(25) = 3$, $P(25) = 25^{\frac{3}{2}} = 5^3 = 125$.
3) Sei $a := p^3$ mit $p \in \mathbb{P}$. Dann gilt $\tau(a) = 4$ und $P(a) = a^2$. Sei $a := pq$ mit $p, q \in \mathbb{P}$, $p \neq q$. Dann gilt wieder $\tau(a) = 2 \cdot 2$ und $P(a) = a^2$.

Es läßt sich zeigen, daß die eben betrachteten Fälle $a = p^3$ und $a = pq$ sowie $a = 1$ die einzigen Fälle mit $P(a) = a^2$ sind.

3. Summe aller positiven Teiler. Für jede natürliche Zahl $a \geqq 1$ bezeichnen wir mit $\sigma(a)$ die Summe aller positiven Teiler von a. Wir schreiben

$$\sigma(a) = \sum_{d \mid a} d,$$

wobei wir verabreden, daß $\sum\limits_{d \mid a}$ immer Summation über alle positiven (= natürlichen) Teiler von a bedeutet.

R. DESCARTES (1596–1650) bemerkte 1638, daß für jede Primzahl p und jeden Exponenten $m \geqq 1$ die Summe aller positiven Teiler von p^m, die kleiner als p^m sind, den Wert $\dfrac{p^m - 1}{p - 1}$ hat. J. WALLIS (1616–1703) kannte 1658 den folgenden

Satz: *Es sei $a = p_1^{m_1} p_2^{m_2} \cdot \ldots \cdot p_r^{m_r}$ eine positive natürliche Zahl in kanonischer Primzerlegung. Dann gilt*

$$\sigma(a) = \prod_{\varrho=1}^{r} \frac{p_\varrho^{m_\varrho + 1} - 1}{p_\varrho - 1}, \qquad \textit{insbesondere } \sigma\left(\prod_{\varrho=1}^{r} p_\varrho^{m_\varrho}\right) = \prod_{\varrho=1}^{r} \sigma(p_\varrho^{m_\varrho}).$$

Beweis: Die positiven Teiler von a sind laut Teilbarkeitskriterium 1 genau sämtliche Zahlen $p_1^{\mu_1} p_2^{\mu_2} \cdot \ldots \cdot p_r^{\mu_r}$ mit $0 \leqq \mu_\varrho \leqq m_\varrho$, $\varrho = 1, \ldots, r$. Ihre Summe ist

$$\sigma(a) = \sum_{\mu_1, \ldots, \mu_r = 0}^{m_1, \ldots, m_r} p_1^{\mu_1} \cdot \ldots \cdot p_r^{\mu_r} = \sum_{\mu_1 = 0}^{m_1} \sum_{\mu_2 = 0}^{m_2} \ldots \sum_{\mu_r = 0}^{m_r} p_1^{\mu_1} p_2^{\mu_2} \cdot \ldots \cdot p_r^{\mu_r}.$$

Aus den Regeln für das Rechnen mit endlichen Summen folgt:

$$\sigma(a) = \left(\sum_{\mu_1 = 0}^{m_1} p_1^{\mu_1}\right) \cdot \left(\sum_{\mu_2 = 0}^{m_2} p_2^{\mu_2}\right) \cdot \ldots \cdot \left(\sum_{\mu_r = 0}^{m_r} p_r^{\mu_r}\right) = \prod_{\varrho = 1}^{r} \left(\sum_{\mu_\varrho = 0}^{m_\varrho} p_\varrho^{\mu_\varrho}\right).$$

Mittels der Summenformel $\sum\limits_{\mu_\varrho = 0}^{m_\varrho} p_\varrho^{\mu_\varrho} = \dfrac{p_\varrho^{m_\varrho + 1} - 1}{p_\varrho - 1}$ für die endliche geometrische Reihe (vgl. 0.1 und beachte $p_\varrho \neq 1$) folgt die Behauptung. □

Beispiele: 1) $72 = 2^3 \cdot 3^2$, $\sigma(72) = \dfrac{2^4 - 1}{2 - 1} \cdot \dfrac{3^3 - 1}{3 - 1} = 15 \cdot 13 = 195$;

2) $97 = 97^1$, $\sigma(97) = \dfrac{97^2 - 1}{97 - 1} = 97 + 1 = 98$;

3) $120 = 2^3 \cdot 3^1 \cdot 5^1$, $\sigma(120) = \dfrac{2^4 - 1}{2 - 1} \cdot \dfrac{3^2 - 1}{3 - 1} \cdot \dfrac{5^2 - 1}{5 - 1} = 15 \cdot 4 \cdot 6 = 360$;

4) $a = p^m$, $\sigma(p^m) = \dfrac{p^{m+1} - 1}{p - 1} = \dfrac{p^m - 1}{p - 1} + p^m$ (DESCARTES).

4. Vollkommene Zahlen. Ein besonderes Interesse hat man seit jeher den „vollkommenen“ Zahlen entgegengebracht. Dabei heißt eine natürliche Zahl $a \geqq 1$ *vollkommen*, wenn gilt: $\sigma(a) = 2a$.
So sind z. B. 6 und 28 vollkommen. Bereits im Alten Testament soll die Vollkommenheit der Zahl 6 erwähnt worden sein; L. E. DICKSON verweist im Band 1 von [3] auf das Buch der Könige II, 13, 19.* Die Auffassung, diese Zahlen seien „vollkommen“, wird besser verständlich, wenn man weiß, daß im Altertum die Zahl a selbst nicht mit zu ihren Teilern gezählt wurde, und also die vollkommenen Zahlen a durch $\sum_{d \mid a,\, d \neq a} d = a$ gekennzeichnet sind (vgl. EUKLID, *Elemente*, Buch VII, Definition 22).
AUGUSTINUS (354–430) sagt, daß Gott die Welt in 6 Tagen schuf, weil Gottes Schöpfung und 6 vollkommen sind. Auch die 28-tägige Dauer des Mondzyklus wurde immer gern mit der Vollkommenheit von 28 in Zusammenhang gebracht.
Das Problem, *alle* vollkommenen Zahlen zu bestimmen, ist bis heute ungelöst. Es lassen sich aber alle *geraden* vollkommenen Zahlen angeben. Jede gerade Zahl $a \geqq 2$ schreibt sich eindeutig in der Form $a = 2^{s-1} \cdot b$, wo $s \geqq 2$ und b ungerade ist. Wir zeigen folgende

Charakterisierung der geraden vollkommenen Zahlen: *Folgende Aussagen über eine natürliche Zahl $a = 2^{s-1} b$, $s \geqq 2$, b ungerade, sind äquivalent:*

i) *b ist Primzahl, und es gilt: $b = 2^s - 1$.*
ii) *a ist vollkommen.*

Beweis: i) ⇒ ii): Nach Voraussetzung ist $b \neq 2$ Primzahl und also $a = 2^{s-1} \cdot b$ die Primzerlegung von a. Nach Satz 3 gilt daher:

$$\sigma(a) = \frac{2^s - 1}{2 - 1} \cdot \frac{b^2 - 1}{b - 1} = (2^s - 1) \cdot (b + 1).$$

Da $b + 1 = 2^s = 2 \cdot 2^{s-1}$ nach Voraussetzung gilt, so folgt:

$$\sigma(a) = 2 \cdot 2^{s-1} \cdot (2^s - 1) = 2a.$$

ii) ⇒ i): Da b ungerade ist, kommen in der kanonischen Primzerlegung von b nur Primzahlen $\neq 2$ vor. Für $a = 2^{s-1} \cdot b$ gilt daher nach Satz 3:

$$2^s b = 2a = \sigma(a) = \sigma(2^{s-1}) \cdot \sigma(b) = (2^s - 1)\, \sigma(b).$$

Hieraus folgt:

$$\sigma(b) = \frac{2^s}{2^s - 1} b = b + c \quad \text{mit} \quad c := \frac{b}{2^s - 1} > 0.$$

* PLATON verwendet im *Staat* den Begriff „vollkommene Zahl“ anders als oben definiert, ebenso ARISTOTELES (384–322 v. Chr.) in der *Metaphysik*.

Wegen $\sigma(b) \in \mathbb{N}$ und $b \in \mathbb{N}$ gilt $c \in \mathbb{Z}$, also $c \in \mathbb{N}^\times$. Die Gleichung $b = c(2^s - 1)$ lehrt, daß c ein positiver Teiler von b ist. Wegen $\sigma(b) = b + c$ sind dann b und c *die einzigen* positiven Teiler von b. Da $b = (2^s - 1)\,c \geqq 3$ wegen $s \geqq 2$ und $c \geqq 1$, muß b eine Primzahl sein, und es muß gelten $c = 1$, d.h. $b = 2^s - 1 \in \mathbb{P}$. □

Bemerkung: Die Vollkommenheit aller Zahlen $2^{s-1} \cdot (2^s - 1)$, wo der zweite Faktor Primzahl ist, war bereits EUKLID bekannt. Wir wollen prüfen, was sich für $s = 2, 3, 4, \ldots$ ergibt:

$$
\begin{array}{llll}
s = 2: b = 2^2 - 1 = 3 \in \mathbb{P}, & a = 2 \cdot 3 = 6, & \text{vollkommen} \\
s = 3: b = 2^3 - 1 = 7 \in \mathbb{P}, & a = 4 \cdot 7 = 28, & \text{vollkommen} \\
s = 4: b = 2^4 - 1 = 15 \notin \mathbb{P}, & a = 8 \cdot 15, & \text{unvollkommen} \\
s = 5: b = 2^5 - 1 = 31 \in \mathbb{P}, & a = 16 \cdot 31 = 496, & \text{vollkommen} \\
s = 6: b = 2^6 - 1 = 63 \notin \mathbb{P}, & a = 32 \cdot 63, & \text{unvollkommen} \\
s = 7: b = 2^7 - 1 = 127 \in \mathbb{P}, & a = 64 \cdot 127 = 8128, & \text{vollkommen.}
\end{array}
$$

Die ersten vier geraden vollkommenen Zahlen sind also 6, 28, 496, 8128; diese waren schon den Griechen vertraut. Die Frage, ob es außer den von EUKLID angegebenen geraden vollkommenen Zahlen noch weitere solche Zahlen gibt, wurde erst 2000 Jahre nach EUKLID von EULER negativ beantwortet: Er gab den ersten Beweis der Implikation ii) $\Rightarrow$ i).

Während die Frage nach den geraden vollkommenen Zahlen durch das obige Ergebnis grundsätzlich gelöst ist, hat man noch keine ungeraden vollkommenen Zahlen angeben können. Der naheliegende Versuch, die Gleichung $\sigma(a) = 2a$ in der Produktgestalt

$$\prod_{\varrho=1}^{r} \frac{p_\varrho^{m_\varrho+1} - 1}{p_\varrho - 1} = 2 \prod_{\varrho=1}^{r} p_\varrho^{m_\varrho}, \qquad \text{wo also } 2 < p_1 < \ldots < p_r,$$

zu bezwingen, führt schnell in ein Labyrinth von Teilbarkeitsbedingungen, das zu Depressionen Anlaß gibt. Immerhin hat man folgendes zeigen können:

Eine ungerade vollkommene Zahl a hat mindestens 8 *verschiedene Primteiler* (*d.h.* $r \geqq 8$).
Es gibt keine ungerade vollkommene Zahl a mit $a < 10^{50}$.

Als Probe, wie man diese Frage anpackt, bemerken wir, daß ungerade vollkommene Zahlen zwei verschiedene Primteiler haben müssen: Eine Zahl $a = p^m$ ist nämlich niemals vollkommen, da wir wissen (DESCARTES):

$$\sigma(a) = \frac{p^m - 1}{p - 1} + p^m = \frac{a - 1}{p - 1} + a < \frac{a}{p - 1} + a \leqq a + a = 2a.$$

Als Verallgemeinerung dieser Abschätzung läßt sich folgende Aussage beweisen:

Für jede ungerade natürliche Zahl $a = p_1^{m_1} p_2^{m_2}$ *mit genau 2 (verschiedenen) Primteilern gilt:*

$$\sigma(a) < 2a.$$

Bereits im Altertum nannte man eine natürliche Zahl $a \geqq 1$ *defizient* bzw. *abundant*, wenn gilt $\sigma(a) < 2a$, bzw. $\sigma(a) > 2a$. In den eben formulierten Aussagen wird also behauptet, daß alle ungeraden natürlichen Zahlen, die höchstens 2 verschiedene Primteiler haben, defizient sind.

Die Zahl 12 ist abundant, da wegen $12 = 2^2 \cdot 3$ gilt:

$$\sigma(12) = (2^3 - 1) \cdot 4 = 28 > 24.$$

Wir zeigen nun noch, daß es extrem abundante Zahlen gibt.

Satz: *Sei* $n \in \mathbb{N}$, $n \geqq 1$, *und sei* $a := n!$. *Dann gilt*

$$\frac{\sigma(a)}{a} \geqq 1 + \frac{1}{2} + \frac{1}{3} + \frac{1}{4} + \ldots + \frac{1}{n}.$$

Speziell gibt es zu jeder (noch so großen) natürlichen Zahl N *eine natürliche Zahl* $a \geqq 1$, *so daß gilt:*

$$\sigma(a) \geqq N \cdot a.$$

Beweis: Für jedes $a \geqq 1$ gilt laut Definition: $\sigma(a) = \sum_{d|a} d$, also

$$\frac{\sigma(a)}{a} = \sum_{d|a} \frac{d}{a}.$$

Nun gehört zu jedem Teiler d von a der sogenannte *komplementäre Teiler* $d' := \frac{a}{d}$. Durchläuft d alle positiven Teiler von a, so durchläuft auch d' alle positiven Teiler von a. Daher folgt:

$$\frac{\sigma(a)}{a} = \sum_{d'|a} \frac{1}{d'} = \sum_{d|a} \frac{1}{d},$$

wobei wir zuletzt einfach wieder d statt d' geschrieben haben. Wählt man nun speziell $a = n!$, so sind sicher alle Zahlen $1, 2, 3, \ldots, n-1, n$ positive Teiler von a. Daher ist in diesem Fall

$$\frac{\sigma(a)}{a} \geqq 1 + \frac{1}{2} + \frac{1}{3} + \frac{1}{4} + \ldots + \frac{1}{n}.$$

Hier steht rechts eine Partialsumme der harmonischen Reihe. Wir übernehmen nun aus der Infinitesimalrechnung den Satz, daß diese Partialsumme durch geeignete Wahl von n beliebig groß gemacht werden kann (Divergenz der harmonischen Reihe). Speziell gibt es daher zu jedem $N \geqq 1$ ein $n \geqq 1$, so daß gilt

$$\frac{\sigma(n!)}{n!} \geqq N.$$

5. Mersennesche Primzahlen. Durch die Charakterisierung gerader vollkommener Zahlen im vorigen Abschnitt wird man automatisch zu folgender Frage geführt: *Für welche Exponenten* $s \geqq 1$ *ist* $2^s - 1$ *eine Primzahl*? Wir setzen zunächst $M_s := 2^s - 1 \in \mathbb{N}^\times$ für jede natürliche Zahl $s \geqq 1$. Falls $M_s \in \mathbb{P}$, so heißt M_s eine *Mersennesche Primzahl*.

Mit dieser Bezeichnung wird der französische Franziskanermönch M. MERSENNE (1588–1648) geehrt, der große Anstrengungen unternahm, solche Primzahlen zu finden, und z.B. mit den französischen Mathematikern P. FERMAT (1601–1665) und R. DESCARTES (1596–1650) darüber korrespondierte. Es läßt sich sofort zeigen:

Satz: *Die Zahl* $M_s = 2^s - 1$ *ist höchstens dann eine Mersennesche Primzahl, wenn der Exponent* s *selbst eine Primzahl ist.*

Beweis. Ist nämlich s ein Produkt $s = uv$ aus natürlichen Zahlen $u > 1, v > 1$, so hat man die Faktorisierung (endliche geometrische Reihe!)

$$2^s - 1 = (2^u)^v - 1 = (2^u - 1)(1 + 2^u + (2^u)^2 + \ldots + (2^u)^{v-1}),$$

in der beide Faktoren rechts > 1 sind. In diesem Fall ist also auch M_s zerlegbar. □

Wir haben in Abschnitt 4 bereits gesehen, daß in den Fällen $p = 2, 3, 5, 7$ in der Tat die Zahlen $M_p = 3, 7, 31, 127$ Mersennesche Primzahlen sind. Es ist nun aber keineswegs so, daß jede Primzahl p zu einer Primzahl $2^p - 1$ führt, wie viele Mathematiker, darunter kein geringerer als G. W. LEIBNIZ (1646–1716), geglaubt haben. Schon für $p = 11$ erhält man die zusammengesetzte Zahl

$$M_{11} = 2^{11} - 1 = 2047 = 23 \cdot 89.$$

Für $p = 13, 17, 19$ ergeben sich wieder Primzahlen; zu $p = 23$ gehört erneut eine zusammengesetzte Zahl: So werden wir in 5.1.1 mittels Kongruenzen zeigen, daß 47 ein Teiler von M_{23} ist. MERSENNE selbst hat alle Zahlen M_p, wobei p die Primzahlen $\leqq 257$ durchläuft, untersucht; allerdings enthalten seine Rechnungen Fehler. Heute weiß man: *Es sei* $p \leqq 257$ *eine Primzahl. Dann ist* M_p *genau dann eine Mersennesche Primzahl, wenn* p *eine der folgenden zwölf Zahlen ist:*
2, 3, 5, 7, 13, 17, 19, 31, 61, 89, 107, 127. Es gilt z.B.: $47 \mid M_{23}$, $233 \mid M_{29}$, $223 \mid M_{37}$, $431 \mid M_{43}$, $167 \mid M_{83}$.
Inzwischen hat man mit Hilfe elektronischer Rechenanlagen noch weitere „sehr große“ Primzahlen $p > 257$ gefunden, die Mersennesche Primzahlen liefern; so fand man z.B. 1963 mit dem ILLIAC Computer der University of Illinois, daß zu $p := 11213$ die 23-te Mersennesche Primzahl gehört; die zugehörige vollkommene Zahl $2^{11212}(2^{11213} - 1)$ besteht aus 6751 Ziffern. Das Postamt in Urbana, Ill., tat der Welt dieses Resultat durch einen Poststempel kund:

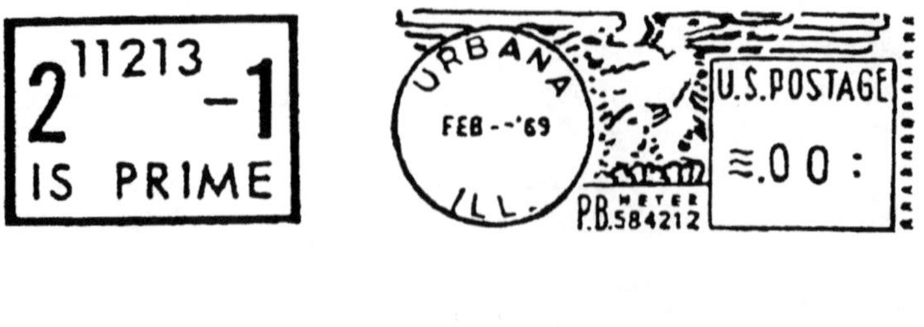

Mittlerweile kennt man noch größere Mersennesche Primzahlen, vgl. 2.2.4; dessen ungeachtet ist die prinzipielle Frage, ob unendlich viele Mersennesche Primzahlen (und entsprechend unendlich viele gerade vollkommene Zahlen) existieren, bis heute unbeantwortet geblieben.

6. Fermatsche Primzahlen. In diesem Abschnitt behandeln wir *Fermatsche Primzahlen*, d. h. Primzahlen der Form 2^s+1 mit $s \in \mathbb{N}^\times$. Diese Primzahlen haben zwar nichts mit vollkommenen Zahlen zu tun, stehen aber in einem engen formalen Zusammenhang mit Mersenneschen Primzahlen und spielen eine große Rolle in der Theorie der Kreisteilung; ihr Name ist zu Ehren des großen französischen Zahlentheoretikers Pierre de FERMAT gewählt. Wir zeigen sofort:

Satz: *Die Zahl 2^s+1 ist höchstens dann eine Fermatsche Primzahl, wenn der Exponent s eine Zweierpotenz ist: $s=2^t$, $t \in \mathbb{N}$.*

Beweis: Es gilt $s = kv$ mit $k = 2^t$, $t \in \mathbb{N}$, und einer *ungeraden* natürlichen Zahl v. Wegen $(-1)^v = -1$ ist dann: $1+2^s = 1-(-2^k)^v$. Die Summenformel

$$1-x^v = (1-x)(1+x+x^2+\ldots+x^{v-1})$$

für die endliche geometrische Reihe liefert (mit $x := -2^k$)

$$1+2^s = (1+2^k)(1-2^k+2^{2k}-2^{3k}+\ldots+2^{(v-1)k}).$$

Im Falle $v>1$ gilt $k<s$ und also $1<1+2^k<1+2^s$. Dann stehen rechts zwei Faktoren >1, und man hat eine echte Zerlegung von 2^s+1. Soll 2^s+1 eine Primzahl sein, so muß daher notwendig $v=1$ gelten, d. h. s muß Zweierpotenz sein. □

Man kennt nur fünf Fermatsche Primzahlen, und zwar

$$2^{2^t}+1 = 3, 5, 17, 257, 65537 \quad \text{mit} \quad t = 0, 1, 2, 3, 4.$$

FERMAT selbst hat noch vermutet (ähnlich wie LEIBNIZ von den Mersenneschen Primzahlen), daß für jedes $t \in \mathbb{N}$ wirklich eine Primzahl $2^{2^t}+1$ entsteht. Doch bereits für $t=5$ ist $2^{2^5}+1 = 2^{32}+1$ durch 641 teilbar, wie wir in 5.1.1 mittels Kongruenzenrechnung sehen werden.
Die Fermatschen Primzahlen sind von großer Bedeutung in der Theorie der Kreisteilung. GAUSS hat nämlich folgendes bewiesen: *Es sei $m \geqq 3$ eine ungerade natürliche Zahl. Dann ist das reguläre m-Eck genau dann mit Zirkel und Lineal konstruierbar (d. h. die m-Teilung des Kreises ist möglich), wenn m ein quadratfreies Produkt Fermatscher Primzahlen ist.*
Die größte bisher bekannte solche Zahl m ist $3 \cdot 5 \cdot 17 \cdot 257 \cdot 65537 = 2^{32}-1$.

Wir haben in diesem Paragraphen drei Fragen behandelt, die ungelöst sind:

1) *Gibt es ungerade vollkommene Zahlen?*
2) *Gibt es unendlich viele Mersennesche Primzahlen 2^p-1, $p \in \mathbb{P}$?*
3) *Gibt es unendlich viele Fermatsche Primzahlen $2^{2^t}+1$, $t \in \mathbb{N}$?*

Wie keine andere mathematische Theorie ist die elementare Zahlentheorie reich an solchen Problemen, die einem Nichtmathematiker verständlich gemacht werden können, deren Lösung jedoch bis heute trotz der Anstrengungen vieler ausgezeichneter Mathematiker nicht gelungen ist.

Aufgaben:

1) Sei $a \in \mathbb{N}^\times$. Zeigen Sie: a ist genau dann eine Quadratzahl, wenn $\tau(a)$ ungerade ist.
2) Zeigen Sie für eine natürliche Zahl $a > 1$: Es gilt $P(a) = a^2$ genau dann, wenn entweder $a = p^3$ oder $a = pq, p, q \in \mathbb{P}, p \neq q$, ist.
3) Sei $a > 1$ eine ungerade natürliche Zahl, $a = p_1^{m_1} p_2^{m_2}$ ihre kanonische Primzerlegung. Zeigen Sie: $\sigma(a) < 2a$.
4) Sei $a \geqq 1$ eine vollkommene Zahl. Zeigen Sie: $\sum\limits_{d|a} \frac{1}{d} = 2$.
5) Sei $F_n := 2^{2^n} + 1$ für $n \in \mathbb{N}^\times$. Zeigen Sie für $k \in \mathbb{N}^\times$: F_n ist ein Teiler von $F_{n+k} - 2$.
6) Sei n eine gerade vollkommene Zahl. Zeigen Sie: Die letzte Ziffer (der Dezimaldarstellung) von n ist 6 oder 8.

§ 4 Zahlentheorie im Körper $\mathbb{Q}$

Wir haben im vorangehenden Paragraphen bereits sowohl bei der Formulierung als auch beim Beweis von Sätzen Bruchdarstellungen verwendet (z. B. im Satz 3.3 und im Beweis von Satz 3.4). Wir sind also, obwohl wir Untersuchungen im Ring $\mathbb{Z}$ der ganzen Zahlen anstellten, in den Körper $\mathbb{Q}$ der rationalen Zahlen ausgewichen. Es ist daher nicht müßig, wenn wir uns nun etwas näher mit Bruchdarstellungen an sich beschäftigen. Unser Hauptanliegen hier ist die Erweiterung des Fundamentalsatzes der elementaren Zahlentheorie von $\mathbb{Z}$ auf $\mathbb{Q}$. Wir demonstrieren die Kraft dieses Satzes für $\mathbb{Q}$, indem wir einige Irrationalitätsbeweise für Wurzeln führen.
Eine besonders elegante Form des Hauptsatzes der elementaren Zahlentheorie gewinnt man, wenn man die Vielfachheitsfunktion $w_p(a)$ einführt. Wir diskutieren diese Dinge nur soweit, wie sie zum Verständnis der elementaren Zahlentheorie unbedingt notwendig sind; der „höhere Standpunkt", der u. a. zur allgemeinen Bewertungstheorie führt, kann nur angedeutet werden.
Wir beschließen diesen Paragraphen mit einer kurzen Diskussion der ägyptischen Bruchdarstellungen. Dabei beweisen wir auf gänzlich elementare Weise die Existenz der sogenannten Fibonaccidarstellung.

1. Primzerlegung in $\mathbb{Q}$. Die Tatsache, daß jede rationale Zahl $\gamma \neq 0$ ein Bruch mit ganzzahligem Zähler und positivem Nenner ist, führt schnell zu folgender Verallgemeinerung des Hauptsatzes der elementaren Zahlentheorie für $\mathbb{Z}$.

Hauptsatz der elementaren Zahlentheorie für $\mathbb{Q}$: *Jede rationale Zahl $\gamma \neq 0$ besitzt genau eine Darstellung*

$$\gamma = \varepsilon \frac{p_1^{m_1} p_2^{m_2} \cdot \ldots \cdot p_r^{m_r}}{q_1^{n_1} q_2^{n_2} \cdot \ldots \cdot q_s^{n_s}}$$

mit folgenden Eigenschaften:

1) *Es gilt* $\varepsilon = \pm 1$; $r, s \in \mathbb{N}$; $p_1, \ldots, p_r, q_1, \ldots, q_s \in \mathbb{P}$; $m_1, \ldots, m_r, n_1, \ldots, n_s \in \mathbb{N}^\times$.
2) $p_1, \ldots, p_r, q_1, \ldots, q_s$ *sind paarweise verschieden; es gilt*: $p_1 < p_2 < \ldots < p_r$ *und* $q_1 < q_2 < \ldots < q_s$.

Beweis: Existenz der Darstellung: Sei $\gamma = \frac{a}{b}$ mit $a \in \mathbb{Z}$, $b \in \mathbb{N}^\times$. Da $b \neq 0$ und $a \neq 0$ wegen $\gamma \neq 0$, haben a und b Primzerlegungen in $\mathbb{Z}$. Schreiben wir diese Zerlegungen hin und kürzen wir nach den Rechenregeln für Brüche die gemeinsamen Primfaktoren aus Zähler und Nenner weg, so gewinnen wir eine Darstellung

$$\gamma = \varepsilon \frac{P}{Q}, \text{ wo } \varepsilon = \pm 1 \text{ ist und } P = p_1^{m_1} p_2^{m_2} \cdot \ldots \cdot p_r^{m_r}, \ Q = q_1^{n_1} q_2^{n_2} \cdot \ldots \cdot q_s^{n_s}$$

Primzerlegungen sind mit $m_1, \ldots, m_r, n_1, \ldots, n_s \in \mathbb{N}^\times$ und $p_1, \ldots, p_r, q_1, \ldots, q_s \in \mathbb{P}$ paarweise verschieden. Durch Umnumerieren können wir noch erreichen, daß gilt $p_1 < p_2 < \ldots < p_r$ und $q_1 < q_2 < \ldots < q_s$.

Eindeutigkeit der Darstellung: Sei neben der eben gefundenen Darstellung $\gamma = \varepsilon \frac{P}{Q}$ noch eine zweite Darstellung $\gamma = \varepsilon' \frac{P'}{Q'}$ vorgelegt mit $\varepsilon' = \pm 1$, wo die Primfaktoren von P' von den Primfaktoren von Q' durchweg verschieden sind. Aus $\varepsilon \frac{P}{Q} = \varepsilon' \frac{P'}{Q'}$ erhalten wir durch Multiplikation mit $Q \cdot Q'$ eine Gleichung im Ring $\mathbb{Z}$ der ganzen Zahlen:

$$\varepsilon P Q' = \varepsilon' P' Q.$$

Wegen der Eindeutigkeit der Primzerlegung in $\mathbb{Z}$ folgt hieraus zunächst $\varepsilon = \varepsilon'$ und weiter, daß die Primfaktoren von P, weil sie sämtlich von denen von Q verschieden sind, unter den Primfaktoren von P' (mit mindestens denselben Exponenten) vorkommen. Ebenso entnehmen wir obiger Gleichung, daß die Primfaktoren von P', da sie alle von denen von Q' verschieden sind, unter den Primfaktoren von P (mit mindestens denselben Exponenten) vorkommen. Dies impliziert die Gleichheit der beiden Darstellungen. □

Beispiel: $$\frac{594}{2550} = \frac{2 \cdot 3^3 \cdot 11}{2 \cdot 3 \cdot 5^2 \cdot 17} = \frac{3^2 \cdot 11}{5^2 \cdot 17}.$$

Im soeben bewiesenen Satz ist insbesondere der Satz von der Existenz und Eindeutigkeit der Darstellung jedes von 0 verschiedenen Bruches als „un-

kürzbarer Bruch mit teilerfremden Zähler und Nenner“ enthalten. Der Begriff „teilerfremd“ wird im Kapitel 2 eingeführt und ausführlich besprochen; wir gehen dann auch auf das Problem der Bruchdarstellung erneut ein.
Wir wollen den Hauptsatz eleganter fassen, indem wir die Nennerfaktoren als Zählerfaktoren mit negativen Exponenten schreiben. Wir machen hier und auch weiterhin von der Konvention $\gamma^{-n} := (\gamma^{-1})^n$ für alle $\gamma \neq 0$ aus $\mathbb{Q}$ Gebrauch. Wir bezeichnen, um die Konsistenz mit dem Hauptsatz der elementaren Zahlentheorie für $\mathbb{Z}$ zu wahren, die vorkommenden Primzahlen wieder mit $p_1, \ldots, p_r$ (dies sind also *alle* p_j *und* q_k aus dem Satz, insbesondere hat r jetzt eine andere Bedeutung).

Hauptsatz der elementaren Zahlentheorie für $\mathbb{Q}$, zweite Fassung: *Jede rationale Zahl $\gamma \neq 0$ besitzt genau eine Darstellung*

$$\gamma = \varepsilon\, p_1^{m_1} p_2^{m_2} \cdot \ldots \cdot p_r^{m_r}$$

mit folgenden Eigenschaften:

1) $\varepsilon = \pm 1;\ r \in \mathbb{N};\ p_1, \ldots, p_r \in \mathbb{P};\ m_1, \ldots, m_r \in \mathbb{Z} \setminus \{0\}$.
2) $p_1 < p_2 < \ldots < p_r$.

Zum *Beweis* ist nichts zu sagen; wir nennen die Gleichung $\gamma = \varepsilon\, p_1^{m_1} \cdot \ldots \cdot p_r^{m_r}$ wieder die (*kanonische*) *Prim(faktor)zerlegung von γ (in $\mathbb{Q}$).*

Beispiel: Die kanonische Primzerlegung von $\frac{594}{2550}$ ist $3^2 \cdot 5^{-2} \cdot 11 \cdot 17^{-1}$.

Der einzige formale Unterschied zwischen den Hauptsätzen der elementaren Zahlentheorie für $\mathbb{Q}$ und $\mathbb{Z}$ besteht darin, daß die Exponenten $m_1, \ldots, m_r$ nicht mehr notwendig positiv sind. Vielmehr gilt $m_1 > 0, \ldots, m_r > 0$ ersichtlich genau dann, wenn die zugehörige Zahl γ zu $\mathbb{Z}$ gehört. Diese auf der Hand liegende Kennzeichnung der ganzen Zahlen unter allen rationalen Zahlen soll ihrer grundsätzlichen Bedeutung wegen hervorgehoben werden als

Ganzheitssatz: *Sei $\gamma \in \mathbb{Q}$, $\gamma \neq 0$; sei $\gamma = \varepsilon\, p_1^{m_1} p_2^{m_2} \cdot \ldots \cdot p_r^{m_r}$ die kanonische Primzerlegung von γ. Dann sind folgende Aussagen äquivalent:*

i) $\gamma \in \mathbb{Z}$.
ii) *Alle Exponenten $m_1, \ldots, m_r$ sind positiv.*

2. Irrationalitätsaussagen. In der Schule lernt man, daß *die positive reelle* Zahl $\sqrt{2}$, deren Quadrat 2 ist und die wir auf Grund des Satzes von PYTHAGORAS als Länge der Diagonale im Einheitsquadrat vor uns sehen, nicht rational ist. Reelle Zahlen, die nicht dem Körper $\mathbb{Q}$ angehören, heißen *irrational*. Die Wahl des Wortes „irrational“ ist glücklich-unglücklich zugleich: Einerseits weist diese Wortwahl sehr gut auf die Problematik hin, die mit der Einführung dieser Zahlen verbunden ist; andererseits suggeriert diese Wortwahl Vorstellungen, die zu metaphysischen Spekulationen verleiten und zu nichts führen*. Die Existenz von Strecken mit irrationalem Längenverhältnis war bereits den Griechen bekannt; einer vielzitierten – wenn auch unwahrscheinlichen – Geschichte zufolge soll PY-

THAGORAS im 6. Jahrhundert v. Chr. ihre Entdeckung mit dem Opfer von 100 Ochsen gefeiert haben. Die allgemeine Idee der Irrationalzahl ist aber erst am Ende des 16. Jahrhunderts im Zusammenhang mit der Einführung von Dezimalbrüchen aufgetreten (vgl. hierzu auch Kapitel 4).

Wir werden im folgenden als Anwendung des Satzes von der Primzerlegung rationaler Zahlen zeigen, daß neben $\sqrt{2}$ viele weitere reelle Wurzeln notwendig irrational sind. Wir stellen die Frage, wann zu vorgegebenen Zahlen $n \in \mathbb{N}^\times$, $\gamma \in \mathbb{Q}$, $\gamma > 0$, eine rationale und insbesondere eine natürliche Zahl x existiert, so daß gilt: $x^n = \gamma$. Wir beweisen folgendes

Rationalitätskriterium: *Es sei $n \in \mathbb{N}^\times$, $\gamma \in \mathbb{Q}, \gamma > 0$; es sei $\gamma = p_1^{m_1} p_2^{m_2} \cdot \ldots \cdot p_r^{m_r}$ die Primzerlegung von γ. Dann sind folgende Aussagen äquivalent:*

i) *Es gibt eine positive rationale Zahl x mit $x^n = \gamma$.*

ii) *n teilt jeden Exponenten m_ρ, $\rho = 1, \ldots, r$.*

Ist γ ganz, so ist (im Fall der Existenz) auch x notwendig ganz.

Beweis: i) $\Rightarrow$ ii): Sei $x = q_1^{n_1} q_2^{n_2} \cdot \ldots \cdot q_s^{n_s}$ die kanonische Primzerlegung von x. Die Gleichung $x^n = \gamma$ schreibt sich wie folgt

$$q_1^{nn_1} q_2^{nn_2} \cdot \ldots \cdot q_s^{nn_s} = p_1^{m_1} p_2^{m_2} \cdot \ldots \cdot p_r^{m_r}.$$

Die Eindeutigkeitsaussage des Hauptsatzes 1 impliziert $s = r, q_1 = p_1, \ldots, q_r = p_r$ und $nn_1 = m_1, \ldots, nn_r = m_r$. Die letzten Gleichungen besagen zum einen $n \mid m_\rho$ für $1 \leqq \rho \leqq r$ und zum anderen, daß $n_1, \ldots, n_r$ und damit x durch γ eindeutig bestimmt sind. Wird zusätzlich γ als ganze Zahl vorausgesetzt, so gilt $m_1 > 0$, $m_2 > 0, \ldots, m_r > 0$ und also auch $n_1 > 0$, $n_2 > 0, \ldots, n_r > 0$. Daher folgt jetzt $x \in \mathbb{Z}$.

ii) $\Rightarrow$ i): Nach Voraussetzung gelten Gleichungen $m_\rho = l_\rho n$ für $\rho = 1, \ldots, r$ mit $l_\rho \in \mathbb{Z}$. Setzt man $x := p_1^{l_1} p_2^{l_2} \cdot \ldots \cdot p_r^{l_r}$, so folgt $x \in \mathbb{Q}$ und

$$x^n = p_1^{l_1 n} p_2^{l_2 n} \cdot \ldots \cdot p_r^{l_r n} = p_1^{m_1} p_2^{m_2} \cdot \ldots \cdot p_r^{m_r} = \gamma. \qquad \square$$

Beispiel (Irrationalität von Wurzeln): Sei $r \geqq 1$, seien $p_1, p_2, \ldots, p_r$ verschiedene Primzahlen, seien, $m_2, \ldots, m_r$ beliebige positive ganze Zahlen. Dann ist für jedes $n \in \mathbb{N}$, $n > 1$ die reelle Zahl

$$\sqrt[n]{p_1 p_2^{m_2} \cdot \ldots \cdot p_r^{m_r}}$$

irrational.

Insbesondere haben wir damit bewiesen, daß $\sqrt{2}$ irrational ist. Dies läßt sich auch ganz elementar wie folgt einsehen:

Es reicht offenbar, durch Induktion nach $b \in \mathbb{N}^\times$ zu zeigen, daß es keine Zahlen $a, b \in \mathbb{N}^\times$ mit $2b^2 = a^2$ gibt. Aus $2b^2 = a^2$ mit $a, b \in \mathbb{N}^\times$ folgt jedenfalls notwendig $b < a < 2b$, so daß $b = 1$ unmöglich, der Induktionsanfang also gesichert ist.

---

* Das Wort „irrational" ist die Übersetzung des griechischen „$\alpha\lambda o\gamma o\zeta$" ins Lateinische: Das griechische Wort sollte vermutlich „nicht aussprechbar" bedeuten; erst das Mißverständnis, daß das lateinische „ratio" notwendig die Bedeutung von „Vernunft" hat, machte aus Irrationalzahlen „unvernünftige Zahlen".

Sei nun $b \in \mathbb{N}^\times$, $b > 1$, derart, daß die Behauptung für alle $b' \in \mathbb{N}^\times$ mit $b' < b$ richtig ist. Aus $2b^2 = a^2$ mit einem $a \in \mathbb{N}^\times$ folgt wieder $b < a < 2b$ und damit für $b' := a - b \in \mathbb{Z}$, daß $0 < b' < b$. Es gilt dabei

$$(b - b')^2 = b^2 - 2bb' + b'^2 = a^2 - b^2 - 2bb' + b'^2$$
$$= (b + b')^2 - (b + b')^2 + b'^2 + b'^2 = 2b'^2.$$

Für $a' := b - b'$ hat man also $2b'^2 = a'^2$, wobei $a', b' \in \mathbb{N}^\times$ sind und $b' < b$ ist. Dies steht aber im Widerspruch zur Induktionsannahme, so daß die Behauptung auch für b folgt. □

Der eben mitgeteilte Beweis findet sich bei R. DEDEKIND: *Vorlesung über Differential- und Integralrechnung* 1861/62 (Dokumente zur Geschichte der Mathematik, Band 1, Vieweg-Verlag Braunschweig 1985) auf den Seiten 24/25; eine Verallgemeinerung dieser Beweismethode, die die Irrationalität von $\sqrt{D}$ für alle $D \in \mathbb{N} \setminus \{n^2; n \in \mathbb{N}\}$ liefert, gibt DEDEKIND 1872 in *Stetigkeit und irrationale Zahlen*, S. 12/13. Der Leser beachte, daß der Dedekindsche Beweis der Irrationalität von $\sqrt{2}$ die Existenz und Eindeutigkeit der Primfaktorzerlegung nicht verwendet.*

Ein Spezialfall des Rationalitätskriteriums läßt sich auch wie folgt aussprechen:

Korollar: *Genügt die reelle Zahl $x > 0$ einer Gleichung $x^n - \gamma = 0$ mit $\gamma \in \mathbb{N}$, $n \in \mathbb{N}^\times$, so ist x entweder eine natürliche Zahl oder eine Irrationalzahl.*

Die Aussage dieses Korollars wurde von GAUSS wesentlich verallgemeinert; er zeigte nämlich: *Es sei $n \in \mathbb{N}^\times$, es seien $a_1, \ldots, a_n \in \mathbb{Z}$. Genügt dann die reelle Zahl x der Gleichung*

$$x^n + a_1 x^{n-1} + \ldots + a_{n-1} x + a_n = 0,$$

so ist x entweder eine ganze Zahl oder eine Irrationalzahl.

3*. Zur Irrationalität und Transzendenz von e und π. Im vorangehenden Abschnitt haben wir uns mit der Irrationalität von Wurzeln beschäftigt. Wir wollen jetzt noch zeigen, daß auch die Fundamentalkonstante e der Analysis irrational ist. Dabei müssen wir allerdings das elementare Rechnen mit unendlichen konvergenten Reihen als bekannt voraussetzen. Wir erklären die reelle Zahl e durch die konvergente Reihe

$$e := 1 + \frac{1}{1!} + \frac{1}{2!} + \ldots + \frac{1}{n!} + \ldots = \sum_{\nu=0}^{\infty} \frac{1}{\nu!} \geqq 2.$$

Die außergewöhnlich gute Konvergenz dieser Reihe ermöglicht ohne Heranziehung des Hauptsatzes der elementaren Zahlentheorie für $\mathbb{Q}$ einen eleganten Beweis für den

Satz: *Die reelle Zahl e ist irrational.*

* Kürzer und ebenso elementar ist folgender Beweis (nach T. ESTERMANN: *The irrationality of $\sqrt{2}$*, Math. Gazette 59 (1975), S. 110): Wäre $\sqrt{2}$ rational, so gäbe es $k \in \mathbb{N}^\times$ mit $k\sqrt{2} \in \mathbb{Z}$. Nach dem Prinzip vom kleinsten Element könnte man k minimal wählen. Wegen $1 < \sqrt{2} < 2$ wäre dann $l := (\sqrt{2} - 1)k \in \mathbb{N}^\times$, $l < k$, aber $l\sqrt{2} = (\sqrt{2} - 1)k\sqrt{2} = 2k - \sqrt{2}k \in \mathbb{Z}$. Widerspruch.

Beweis (nach J.-B. FOURIER, französischer Mathematiker und Physiker, 1768–1830): Indirekt! Angenommen, e wäre ein Bruch. Dann gäbe es natürliche Zahlen $P, Q \geq 1$, so daß gilt:

$$\frac{P}{Q} = 1 + \frac{1}{1!} + \frac{1}{2!} + \ldots + \frac{1}{Q!} + \frac{1}{(Q+1)!} + \frac{1}{(Q+2)!} + \ldots .$$

Multipliziert man diese Gleichung mit $Q!$, so folgt $(Q-1)! \cdot P = Q! + Q! + \ldots + Q + 1 + \frac{1}{Q+1} + \frac{1}{(Q+1)(Q+2)} + \ldots$, d.h. die Reihe

$$\sum_{\nu=1}^{\infty} \frac{1}{(Q+1)(Q+2) \cdot \ldots \cdot (Q+\nu)} > 0$$

hätte einen ganzzahligen Wert. Nun gilt aber

$$\frac{1}{(Q+1)(Q+2) \cdot \ldots \cdot (Q+\nu)} < \frac{1}{(Q+1)^\nu} \quad \text{für alle } \nu \geqq 2;$$

daher folgt nach der Summenformel für die *unendliche* geometrische Reihe

$$\sum_{\nu=1}^{\infty} x^\nu = \frac{x}{1-x},$$

die für alle x mit $|x| < 1$ gilt $\left(\text{wenn man } x := \frac{1}{Q+1} \leqq \frac{1}{2} \text{ einsetzt}\right)$:

$$\sum_{\nu=1}^{\infty} \frac{1}{(Q+1)(Q+2) \cdot \ldots \cdot (Q+\nu)} < \sum_{\nu=1}^{\infty} \frac{1}{(Q+1)^\nu} = \frac{1}{Q+1} \cdot \frac{1}{1 - \frac{1}{Q+1}} = \frac{1}{Q} \leqq 1.$$

Der Wert der in Rede stehenden Reihe ist also größer als 0 und kleiner als 1 und daher sicher nicht ganzzahlig. Damit haben wir einen Widerspruch. Mithin kann e nicht von der Gestalt $\frac{P}{Q}$ sein, d.h. e ist irrational. □

Eine weitere Naturkonstante der Analysis ist die *Kreiszahl* (*Ludolphsche Zahl*) π, die man z. B. durch die *Leibnizsche Reihe*

$$\frac{\pi}{4} := \sum_{n=0}^{\infty} \frac{(-1)^n}{2n+1} = 1 - \frac{1}{3} + \frac{1}{5} - \frac{1}{7} + \frac{1}{9} - + \ldots$$

definieren kann. Auch π ist *irrational*; allerdings läßt sich das nicht so einfach zeigen wie für e, da man für π keine so gut konvergenten Reihen kennt. Die Irrationalität von π wurde erstmals 1761 von J. H. LAMBERT (1728–1777) mittels eines Kettenbruches bewiesen; einen eleganten Beweis, der sogar die Irrationalität von π^2 liefert, findet man im Abschnitt 5.4.6 von H.-D. EBBINGHAUS et al.: *Zahlen* (Grundwissen Mathematik 1, Springer-Verlag Berlin/Heidelberg/New York/Tokyo 2. Auflage 1988).
Heute weiß man über die Zahlen e und π mehr als nur ihre Irrationalität. Man hat beweisen können, daß beide Zahlen *transzendent* sind. Dabei heißt eine reelle Zahl x transzendent, wenn sie keiner algebraischen Gleichung

$$x^n + c_1 x^{n-1} + \ldots + c_{n-1} x + c_n = 0, \quad \text{wobei } n \in \mathbb{N}^\times, c_1, c_2, \ldots, c_n \in \mathbb{Q},$$

genügt. Das Wort „transzendent" wurde gewählt, da es in einem alten Text von diesen Zahlen heißt: „Omnem rationem transcendunt". In der Tat bedeutet „transzendent sein" viel mehr als „irrational sein". So sind z. B. alle Zahlen $\sqrt[n]{p}$, $p \in \mathbb{P}$, $n > 1$, irrational; aber sie sind keineswegs transzendent, da für $x := \sqrt[n]{p}$ gilt $x^n - p = 0$ mit $p \in \mathbb{Q}$.

Die ersten transzendenten Zahlen hat J. LIOUVILLE (1809–1882) im vorigen Jahrhundert konstruiert; die Transzendenz von e wurde 1873 von C. HERMITE (1822–1901) bewiesen. Im Jahre 1882 bewies F. LINDEMANN (1852–1939) die Transzendenz von π; damit wurde das bereits im Altertum diskutierte Problem der *Quadratur des Kreises* negativ beantwortet: *Es ist nicht möglich, allein mit Zirkel und Lineal einen Kreis in ein flächengleiches Quadrat zu verwandeln.*

4. Die Vielfachheitsfunktion $w_p(a)$. Wir geben in diesem Abschnitt eine formale Abrundung des Hauptsatzes der elementaren Zahlentheorie für $\mathbb{Q}$. Wir setzen $\mathbb{Q}^\times := \mathbb{Q}\setminus\{0\}$ und bezeichnen die Elemente von $\mathbb{Q}^\times$ wieder mit kleinen lateinischen Buchstaben.

Ist $a = \varepsilon p_1^{m_1} p_2^{m_2} \cdot \ldots \cdot p_r^{m_r}$ die kanonische Primzerlegung einer Zahl $a \in \mathbb{Q}^\times$, so erklären wir für jede Primzahl $p \in \mathbb{P}$ die ganze Zahl $w_p(a)$ wie folgt:

$$w_p(a) := \begin{cases} 0, & \text{wenn } p \text{ von allen } p_1, p_2, \ldots, p_r \text{ verschieden ist,} \\ m_\varrho, & \text{wenn } p = p_\varrho \text{ für einen Index } \varrho = 1, 2, \ldots, r. \end{cases}$$

Die Zahl $w_p(a)$ heißt die *Vielfachheit* (oder auch die *Multiplizität*) von $a \in \mathbb{Q}^\times$ bzgl. p. (Dem Nullelement $0 \in \mathbb{Q}$ wird keine Vielfachheit zugeordnet.)

Die Vielfachheit $w_p(a)$ ist eine Funktion in den *zwei* Variablen $a \in \mathbb{Q}^\times$ und $p \in \mathbb{P}$. Wir betrachten $w_p(a)$ zunächst bei festem a als Funktion auf der Menge $\mathbb{P}$. Auf Grund der Definition von $w_p(a)$ ist klar:

Endlichkeitseigenschaft: *Ist $a \in \mathbb{Q}^\times$ vorgegeben, so ist $w_p(a)$ höchstens für endlich viele Primzahlen p von 0 verschieden:*

$$w_p(a) = 0 \qquad \textit{für fast alle* } p \in \mathbb{P}.$$

Natürlich kann $w_p(a)$ auch für alle $p \in \mathbb{P}$ verschwinden; dies tritt genau dann ein, wenn $a = 1$ oder $a = -1$. Allgemein gilt folgende

Eindeutigkeitsaussage: *Es seien $a, b \in \mathbb{Q}^\times$ vorgegeben, es gelte $w_p(a) = w_p(b)$ für alle $p \in \mathbb{P}$. Dann gilt $a = b$ oder $a = -b$.*

Der *Beweis* ergibt sich wieder unmittelbar aus der Definition von $w_p(a)$. □

Das durch die Endlichkeitseigenschaft beschriebene Verhalten der Vielfachheit $w_p(a)$ ermöglicht es, die Primzerlegung eines jeden Elementes $a \in \mathbb{Q}^\times$ in der Form eines *formal unendlichen* Produktes

$$a = \varepsilon \prod_{p \in \mathbb{P}} p^{w_p(a)} = \varepsilon \prod_p p^{w_p(a)},$$

das über *alle* Primzahlen erstreckt ist, zu schreiben.

Wir können jetzt den Hauptsatz 1 auch wie folgt aussprechen:

Hauptsatz der elementaren Zahlentheorie für $\mathbb{Q}$, finale Fassung: *Jede rationale Zahl $a \neq 0$ besitzt eine Darstellung*

$$a = \varepsilon_a \cdot \prod_p p^{w_p(a)}$$

---

* „Für fast alle“ bedeutet „Für alle mit evtl. endlich vielen Ausnahmen“.

mit folgenden Eigenschaften:

1) *Die Zahl* ε_a *ist durch a eindeutig bestimmt; es gilt* $\varepsilon_a = a/|a|$, *also* $\varepsilon_a = 1$ *oder* $\varepsilon_a = -1$.
2) *Für jede Primzahl p ist der Exponent* $w_p(a) \in \mathbb{Z}$ *eindeutig durch a bestimmt; es gilt* $w_p(a) \neq 0$ *für höchstens endlich viele* $p \in \mathbb{P}$.

Jede rationale Zahl $a \neq 0$ ist bis auf ihr Vorzeichen eindeutig durch das Exponentensystem $w_p(a)$, $p \in \mathbb{P}$, ihrer Vielfachheiten bestimmt (Eindeutigkeitsaussage). Man hat zu fragen, ob umgekehrt zu jedem gegebenen System $\{m_p\}_{p \in \mathbb{P}}$ von ganzen Zahlen, welches die Endlichkeitseigenschaft hat, eine Zahl $a \in \mathbb{Q}^\times$ existiert mit $w_p(a) = m_p$ für alle $p \in \mathbb{P}$. Die Antwort ist positiv.

Satz: *Es sei* $\varepsilon = \pm 1$ *vorgegeben. Weiter sei jeder Primzahl p eine Zahl* $m_p \in \mathbb{Z}$ *zugeordnet, so daß gilt:* $m_p = 0$ *für fast alle* $p \in \mathbb{P}$. *Dann gibt es genau eine rationale Zahl* $a \neq 0$, *so daß gilt:*

$$\varepsilon_a = \varepsilon, \quad w_p(a) = m_p \qquad \text{für alle } p \in \mathbb{P}.$$

Beweis: Es seien $p_1, \ldots, p_r$ die endlich vielen Primzahlen, für die gilt: $m_{p_i} \neq 0$, $i = 1, \ldots, r$. Dann ist

$$a := \varepsilon \prod_{i=1}^{r} p_i^{m_{p_i}}$$

eine rationale Zahl $\neq 0$ mit $\varepsilon_a = \varepsilon$ und $w_p(a) = m_p$ für alle $p \in \mathbb{P}$. Die Eindeutigkeit von a ist klar. □

Man nennt auch die durch $a = \varepsilon_a \cdot \prod_p p^{w_p(a)}$ gegebene Darstellung von a die *kanonische Primzerlegung von a.* Mit Hilfe dieser Darstellung läßt sich die Multiplikation rationaler Zahlen besonders elegant beschreiben.

Multiplikationsregel: *Es seien*

$$a = \varepsilon_a \prod_p p^{w_p(a)}, \qquad b = \varepsilon_b \prod_p p^{w_p(b)}$$

die kanonischen Primzerlegungen von $a, b \in \mathbb{Q}^\times$. *Dann ist*

$$ab = (\varepsilon_a \varepsilon_b) \prod_p p^{w_p(a) + w_p(b)}$$

die kanonische Primzerlegung des Produktes ab.

Der *Beweis* bedarf keiner Erläuterung. □

Auch der Ganzheitssatz 1 läßt sich eleganter reformulieren:

Ganzheitssatz: *Folgende Aussagen über eine rationale Zahl* $a \in \mathbb{Q}^\times$ *sind äquivalent:*

i) $a \in \mathbb{Z}$.
ii) $w_p(a) \geqq 0$ *für alle* $p \in \mathbb{P}$.

Das Teilbarkeitskriterium 3.1 läßt sich jetzt so aussprechen:

Teilbarkeitskriterium: *Folgende Aussagen über zwei ganze Zahlen* $a, b \neq 0$ *sind äquivalent:*

i) $b \mid a$.
ii) $w_p(b) \leqq w_p(a)$ *für alle* $p \in \mathbb{P}$.

Wir wollen abschließend die Vielfachheit $w_p(a)$ noch bei fest vorgegebener Primzahl p als Funktion von $a \in \mathbb{Q}^{\times}$ betrachten. Die wichtigsten Eigenschaften dieser Funktion stellen wir in folgendem Lemma zusammen:

Lemma: *Sei* $p \in \mathbb{P}$ *vorgegeben. Dann gilt für alle* $a, b \in \mathbb{Q}^{\times}$:

0) $w_p(a) \in \mathbb{Z}$;
1) $w_p(ab) = w_p(a) + w_p(b)$; *(Produktregel)*
2) $w_p(a+b) \geqq \min(w_p(a), w_p(b))$, *falls* $a + b \neq 0$.

In der höheren Zahlentheorie nennt man eine Abbildung

$$w: \mathbb{Q}^{\times} \to \mathbb{Z}, \qquad a \mapsto w(a),$$

die die Eigenschaften 1) und 2) des Lemmas hat, eine *(additive) Bewertung von* $\mathbb{Q}$; die Eigenschaft 2) heißt die *(additive) Dreiecksungleichung*. Man kann nun das Lemma auch so formulieren: *Jede Primzahl* $p \in \mathbb{P}$ *bestimmt eine Bewertung* w_p *von* $\mathbb{Q}$.

Wir haben uns im Vorangehenden klar gemacht, daß sich grundlegende Teilbarkeitsaussagen *bewertungstheoretisch* formulieren lassen. Diese grundsätzliche Einsicht ist für die Entwicklung der höheren (algebraischen) Zahlentheorie fundamental; für unseren weiteren Aufbau ist sie aber nicht so wichtig.

5*. Ägyptische Bruchdarstellungen, Fibonaccimethode. Die Bruchrechnung war schon im alten Ägypten hoch entwickelt. Das altägyptische Rechenbuch des AHMES, der sogenannte Papyrus Rhind, aus dem 19. Jahrhundert vor Christus enthält bereits ein vollständiges System einer Bruchrechnung, das freilich durch seine merkwürdigen Stammbruchmethoden überrascht: Jeder Bruch wird als Summe von Stammbrüchen geschrieben. Mit Stammbruchsummen werden von AHMES Beispiele aus allen vier Rechnungsarten vorgeführt.

Wir beschäftigen uns in diesem Abschnitt mit solchen ägyptischen Bruchdarstellungen. Unsere Überlegungen ziehen nirgends den Satz von der Primzerlegung heran; einziges Hilfsmittel ist das Prinzip vom kleinsten Element. Wir betrachten ausschließlich Brüche $\gamma \in \mathbb{Q}$ zwischen 0 und 1, die wir – wenn nötig – in der Form schreiben $\gamma = \frac{a}{b}$ mit $a, b \in \mathbb{N}$, $1 \leqq a < b$.

Eine Gleichung

$$\gamma = \frac{1}{n_1} + \frac{1}{n_2} + \ldots + \frac{1}{n_k}, \; n_1, \ldots, n_k \in \mathbb{N}, \; 1 < n_1 < n_2 < \ldots < n_k,$$

heißt eine *ägyptische Darstellung des Bruches* $\gamma \in \mathbb{Q}$; jeder Bruch $\frac{1}{n}$, $n \in \mathbb{N}$, $n > 1$, heißt ein *Stammbruch*.

Beispiele: $\frac{2}{3} = \frac{1}{2} + \frac{1}{6}$, $\frac{3}{10} = \frac{1}{5} + \frac{1}{10} = \frac{1}{4} + \frac{1}{20}$, $\frac{3}{7} = \frac{1}{3} + \frac{1}{11} + \frac{1}{231} = \frac{1}{4} + \frac{1}{7} + \frac{1}{28}$.

Wir sehen, daß keine Eindeutigkeitsaussage zu erwarten ist. Die für alle $n \in \mathbb{N}^\times$ geltende Gleichung $\frac{1}{n} = \frac{1}{n+1} + \frac{1}{n(n+1)}$ zeigt überdies, daß man aus jeder ägyptischen Darstellung eines Bruches weitere solche Darstellungen ableiten kann, z. B.:

$$\frac{1}{3} = \frac{1}{4} + \frac{1}{12} = \frac{1}{4} + \frac{1}{13} + \frac{1}{156} = \frac{1}{4} + \frac{1}{13} + \frac{1}{157} + \frac{1}{156 \cdot 157}.$$

Es ist keineswegs klar, daß jeder Bruch γ ägyptische Darstellungen besitzt. Wir beweisen im folgenden die Existenz solcher Darstellungen mittels einer Methode, die bereits FIBONACCI (= Leonardo di Pisa, 1180–1228, italienischer Kaufmann) in seinem 1209 erschienenen Buch „Liber Abaci“ angegeben hat. Ausgangspunkt ist das folgende einfache

Lemma: *Es sei $\gamma \in \mathbb{Q}$, $0 < \gamma < 1$, ein Bruch. Dann existiert die kleinste natürliche Zahl n, die größer oder gleich γ^{-1} ist. Es gilt: $n \geqq 2$ und*

$$\frac{1}{n} \leqq \gamma < \frac{1}{n-1} = \frac{1}{n} + \frac{1}{(n-1)\,n}.$$

Beweis: Die Menge $A := \{w \in \mathbb{N} : w \geqq \gamma^{-1}\}$ ist nicht leer: gilt z. B. $\gamma = \frac{a}{b}$ mit $a, b \in \mathbb{N}$, $1 \leqq a < b$, so ist $b = a\gamma^{-1} \geqq \gamma^{-1}$ wegen $a \geqq 1$. Nach dem Prinzip vom kleinsten Element enthält A ein kleinstes Element n. Da $1 \notin A$ wegen $\gamma^{-1} > 1$, so gilt $n \geqq 2$. Da $1 \leqq n-1 < n$, so folgt: $n - 1 < \gamma^{-1} \leqq n$ nach Wahl von n. Übergang zum Reziproken ergibt (vgl. Anordnungsregel 0.2, 5)):

$$\frac{1}{n} \leqq \gamma < \frac{1}{n-1} = \frac{1}{n} + \frac{1}{(n-1)\,n}. \qquad \square$$

Wir beweisen nun in folgender präziser Form die

Existenz ägyptischer Bruchdarstellungen: *Jeder Bruch $\gamma = \frac{a}{b}$, $a, b \in \mathbb{N}$, $1 \leqq a < b$, besitzt eine ägyptische Darstellung*

$$\frac{a}{b} = \frac{1}{n_1} + \frac{1}{n_2} + \ldots + \frac{1}{n_k}$$

mit folgenden Eigenschaften:

1) $k \leqq a$,

2) $n_1 = \min\left\{w \in \mathbb{N}\colon w \geqq \frac{b}{a}\right\}$,

$$n_{i+1} = \min\left\{w \in \mathbb{N}\colon w \geqq \left(\frac{a}{b} - \frac{1}{n_1} - \frac{1}{n_2} - \ldots - \frac{1}{n_i}\right)^{-1}\right\} \quad \textit{für } i = 1, \ldots, k-1,$$

3) $n_1 \geqq 2$, $\quad n_{i+1} > n_i(n_i - 1) \quad$ *für* $i = 1, \ldots, k-1$.

Beweis: Wir führen Induktion nach dem Zähler a des Bruches $\frac{a}{b}$.

Der Induktionsbeginn $a = 1$ ist klar. Sei $a > 1$, und sei die Behauptung bereits für alle Brüche $\frac{u}{v}$ mit $1 \leqq u < a$ verifiziert. Nach dem soeben bewiesenen Lemma existiert $n_1 := \min\left\{w \in \mathbb{N}\colon w \geqq \frac{b}{a}\right\}$, und es gilt:

$$n_1 \geqq 2, \quad \frac{1}{n_1} \leqq \frac{a}{b} < \frac{1}{n_1 - 1}.$$

Wir definieren nun: $a_1 := n_1 a - b$, $b_1 := n_1 b$. Es folgt:

$$\frac{a}{b} = \frac{1}{n_1} + \frac{a_1}{b_1} \text{ mit } 0 \leqq a_1 < a \text{ und } b_1 > a_1.$$

Falls $a_1 = 0$, so sind wir fertig; anderenfalls ist $\frac{a_1}{b_1}$ ein Bruch, auf den die Induktionsvoraussetzung zutrifft. Es gilt daher eine Gleichung

$$\frac{a_1}{b_1} = \frac{1}{m_1} + \frac{1}{m_2} + \ldots + \frac{1}{m_l}$$

mit folgenden Eigenschaften:

1′) $l \leqq a_1$,

2′) $m_1 = \min\left\{w \in \mathbb{N}: w \geqq \frac{b_1}{a_1}\right\}$,

$$m_{j+1} = \min\left\{w \in \mathbb{N}: w \geqq \left(\frac{a_1}{b_1} - \frac{1}{m_1} - \frac{1}{m_2} - \ldots - \frac{1}{m_j}\right)^{-1}\right\} \quad \text{für } j = 1, \ldots, l-1,$$

3′) $m_{j+1} > m_j(m_j - 1)$ für $j = 1, \ldots, l-1$.

Wir setzen nun

$$n_2 := m_1, \ldots, n_i := m_{i-1}, \ldots, n_{l+1} := m_l, \qquad k := l+1.$$

Dann gilt:

$$\frac{a}{b} = \frac{1}{n_1} + \frac{1}{n_2} + \ldots + \frac{1}{n_k},$$

wobei $k = l + 1 \leqq a_1 + 1 \leqq a$ wegen 1′) und $a_1 < a$. Weiter gelten die in 2) behaupteten Gleichungen für alle n_i: Für n_1 ist das klar per definitionem; für n_i, $i > 1$, folgt das aus 2′), wenn man $\frac{a_1}{b_1} = \frac{a}{b} - \frac{1}{n_1}$ beachtet. Von den in 3) behaupteten Ungleichungen sind $n_1 \geqq 2$ und $n_{i+1} > n_i(n_i - 1)$ für $i > 1$ klar (letztere wegen 3′)). Es bleibt zu zeigen: $n_2 > n_1(n_1 - 1)$. Das ist aber klar, da $n_2 = m_1 = \min\left\{w \in \mathbb{N}: w \geqq \frac{b_1}{a_1}\right\}$ und also nach dem Lemma

$$\frac{1}{n_2} \leqq \frac{a_1}{b_1} = \frac{a}{b} - \frac{1}{n_1} < \frac{1}{n_1 - 1} - \frac{1}{n_1} = \frac{1}{n_1(n_1 - 1)}.$$ □

Wir nennen das durch den Satz beschriebene Verfahren die *Fibonaccimethode*; die so gewonnene ägyptische Darstellung von γ heißt die *Fibonaccidarstellung des Bruches* γ.

Beispiel: Sei $\gamma = \frac{3}{7}$. Dann gilt $n_1 = \min\{w \in \mathbb{N}: w \geqq \frac{7}{3}\} = 3$. Es folgt:

$$\frac{3}{7} = \frac{1}{3} + \frac{a_1}{b_1} \quad \text{mit} \quad \frac{a_1}{b_1} = \frac{3 \cdot 3 - 7}{3 \cdot 7} = \frac{2}{21}.$$

Weiter ergibt sich nun: $n_2 = \min\{w \in \mathbb{N}: w \geqq \frac{21}{2}\} = 11$, und folglich:

$$\frac{2}{21} = \frac{1}{11} + \frac{a_2}{b_2} \quad \text{mit} \quad \frac{a_2}{b_2} = \frac{11 \cdot 2 - 21}{11 \cdot 21} = \frac{1}{231}.$$

Wir erhalten insgesamt als Fibonaccidarstellung:

$$\tfrac{3}{7} = \tfrac{1}{3} + \tfrac{1}{11} + \tfrac{1}{231}.$$

In diesem Beispiel ist also $k = 3$, $n_1 = 3$, $n_2 = 11$, $n_3 = 231$; es gilt (wie es sein soll): $n_1 \geqq 2$, $n_2 = 11 > 3 \cdot 2 = n_1(n_1 - 1)$, $n_3 = 231 > 11 \cdot 10 = n_2(n_2 - 1)$.

Bei der Fibonaccimethode werden die Nenner schnell groß und rechnerisch unhandlich; das ist jedoch für den Existenzbeweis belanglos. Es läßt sich dieses starke Wachstum der Nenner sogar ausnutzen, um eine Eindeutigkeitsaussage herzuleiten:

Es sei $\gamma \in \mathbb{Q}$, $0 < \gamma < 1$, ein Bruch, und es sei

$$\gamma = \frac{1}{m_1} + \frac{1}{m_2} + \ldots + \frac{1}{m_l}$$

eine ägyptische Bruchdarstellung von γ, so daß folgendes gilt:

$$m_1 \geqq 2,\ m_{j+1} > m_j(m_j - 1) \quad \textit{für } j = 1, \ldots, l-1.$$

Dann handelt es sich um die Fibonaccidarstellung von γ.

Die ägyptischen Bruchdarstellungen haben in der Entwicklung der Bruchrechnung keine große Rolle gespielt. Auch in der Zahlentheorie hat dieser Themenkreis immer einen bescheidenen Platz eingenommen. Wir haben die Fibonaccimethode hier diskutiert, da sie ein schönes, nichttriviales und weitgehend unbekanntes Beispiel für das Prinzip des kleinsten Elementes ist.

Aufgaben:

1) Sei p eine Primzahl, a, b seien von Null verschiedene rationale Zahlen, $a + b \neq 0$. Zeigen Sie: $w_p(a+b) \geqq \min(w_p(a), w_p(b))$.
2) Für x reell bezeichne $[x]$ die größte ganze Zahl m mit $m \leqq x$. Zeigen Sie, daß für p eine Primzahl und $n \in \mathbb{N}$ beliebig gilt
$$w_p(n!) = \sum_{i=1}^{\infty} \left[\frac{n}{p^i}\right].$$
3) Seien $n \in \mathbb{N}^\times$, $a_1, \ldots, a_n \in \mathbb{Z}$. Die reelle Zahl x erfülle $x^n + a_1 x^{n-1} + \ldots + a_{n-1}x + a_n = 0$. Zeigen Sie: x ist entweder irrational oder ganz.
4) Seien $q_1, \ldots, q_s$ Primzahlen, $b := q_1 \cdot q_2 \cdot \ldots \cdot q_s \in \mathbb{N}$ sowie $m_1, \ldots, m_k \in \mathbb{N}^\times$ derart, daß gilt: $\frac{1}{b} = \frac{1}{m_1} + \frac{1}{m_2} + \ldots + \frac{1}{m_k}$. Zeigen Sie: Jede Zahl q_i, $1 \leqq i \leqq s$, teilt wenigstens eine der Zahlen $m_1, \ldots, m_k$.
5) Berechnen Sie die Fibonaccidarstellung des Bruches $\frac{21}{23}$.
6) Zeigen Sie: Es gibt keine ägyptische Bruchdarstellung $\frac{21}{23} = \frac{1}{n_1} + \frac{1}{n_2} + \ldots + \frac{1}{n_k}$, $1 < n_1 < n_2 < \ldots < n_k$, mit höchstens 3 Stammbrüchen (d. h. notwendig $k \geqq 4$).
7) Beweisen Sie die angegebene Eindeutigkeitsaussage für die Fibonaccidarstellung.

Kapitel 2
Theorie des größten gemeinsamen Teilers in $\mathbb{Z}$

Größter gemeinsamer Teiler und kleinstes gemeinsames Vielfaches ganzer Zahlen, reduzierte Bruchdarstellung und Hauptnennerdarstellung sind dem Leser sicherlich aus frühester Schulzeit wohlvertraut. Wir stellen diesen Themenkreis im ersten Paragraphen des Kapitels dar, wobei besonderer Wert gelegt wird auf die additive Theorie des größten gemeinsamen Teilers in $\mathbb{Z}$, d.h. seine lineare Darstellbarkeit. Die dabei eingeführten Begriffe – Ideal, Hauptideal – und verwendeten Methoden – Division mit Rest, Euklidischer Algorithmus – bilden den Ausgangspunkt für die späteren zahlentheoretischen Untersuchungen in beliebigen Ringen.

Im zweiten Paragraphen berichten wir über die Verteilung der Primzahlen in den natürlichen Zahlen und ihre Darstellbarkeit durch Polynome: Die tiefliegenden Ergebnisse zu diesen Problemen, wie der Große Primzahlsatz von GAUSS und der Dirichletsche Satz über arithmetische Progressionen, werden referiert und ausführlich diskutiert. Vollständige Beweise dieser Resultate können im Rahmen eines *elementaren* Zahlentheorie-Buches natürlich nicht erbracht werden; wir müssen dazu auf die *analytische* Zahlentheorie verweisen.

Bei der Darstellung zahlentheoretischer Funktionen im dritten Paragraphen behandeln wir zunächst mit elementaren, konkreten Methoden die Eulersche φ-Funktion, die wohl wichtigste zahlentheoretische Funktion. Daneben bauen wir die allgemeine, abstrakte Theorie zahlentheoretischer Funktionen auf der DIRICHLET-Faltung auf, deren volle Bedeutung allerdings erst in der analytischen Zahlentheorie beim Studium Dirichletscher Reihen sichtbar wird; uns liefert sie eine elegante Lösung des Möbiusschen Umkehrproblems für Summatorfunktionen und damit einen alternativen Zugang zur φ-Funktion.

§ 1 Größter gemeinsamer Teiler

Wir behandeln zunächst die Theorie des größten gemeinsamen Teilers vom multiplikativen Standpunkt aus. Mittels des Satzes von der Division mit Rest 1.0.4 gelangen wir zum Euklidischen Algorithmus, mit dessen Hilfe sich der größte gemeinsame Teiler zweier Zahlen ohne Kenntnis ihrer Primzerlegungen bestimmen läßt.

Die additive Charakterisierung des größten gemeinsamen Teilers geschieht idealtheoretisch im Hauptsatz über den größten gemeinsamen Teiler; dabei wird der Hauptsatz über Ideale in $\mathbb{Z}$ wesentlich verwendet. Teilerfremde Zahlen werden im Abschnitt 5 untersucht; wir erhalten insbesondere einen weiteren Beweis für das Fundamentallemma 1.1.4.

Der Satz von der Existenz und Eindeutigkeit der reduzierten Bruchdarstellung für rationale Zahlen wird im Abschnitt 6 hergeleitet. Der Paragraph schließt mit einigen Bemerkungen zum Begriff des kleinsten gemeinsamen Vielfachen, insbesondere beweisen wir den Satz von der Hauptnennerdarstellung zweier rationaler Zahlen.

1. Größter gemeinsamer Teiler zweier ganzer Zahlen. Sind $a, b \in \mathbb{Z}$, so nennt man jede Zahl $t \in \mathbb{Z}$, die a und b teilt, einen *gemeinsamen Teiler von a und b*. Unter allen gemeinsamen Teilern von a und b zeichnen wir einen aus: Sind $a, b \in \mathbb{Z}$, so heißt eine Zahl $d \in \mathbb{Z}$ ein *größter gemeinsamer Teiler von a und b*, wenn gilt:

1) $d \geqq 0$, $d \mid a$ und $d \mid b$.
2) Für jeden gemeinsamen Teiler t von a und b gilt: $t \mid d$.

Diese Definition bringt zum Ausdruck, daß d der „größte" gemeinsame Teiler von a und b im Sinne der Teilbarkeitsrelation sein soll. Die Wortwahl „größter" bezieht sich bei dieser Interpretation also *nicht* auf die Anordnung von $\mathbb{N}$, vgl. hierzu aber die Bemerkung in diesem Abschnitt.
Es stellt sich sogleich die Frage nach Existenz und Eindeutigkeit des größten gemeinsamen Teilers. Ganz einfach ergibt sich die

Eindeutigkeit des größten gemeinsamen Teilers: *Zwei Zahlen $a, b \in \mathbb{Z}$ haben höchstens einen größten gemeinsamen Teiler.*

Beweis: Seien d und d' zwei größte gemeinsame Teiler von a und b. Dann gilt also $d \mid d'$ und $d' \mid d$. Falls $d = 0$, so hat $0 \mid d'$ zur Folge: $d' = 0$. Falls $d > 0$, so hat $d' \mid d$ zur Folge: $d' \neq 0$, also $d' > 0$. Aus $d > 0$, $d' > 0$, $d \mid d'$ und $d' \mid d$ folgt wiederum $d' = d$ (vgl. Korollar 1.1.1). □

Notation: *Der größte gemeinsame Teiler zweier Zahlen $a, b \in \mathbb{Z}$ wird (falls er existiert) mit* $\operatorname{ggT}(a, b)$ *bezeichnet.*

Es soll nun gezeigt werden, daß zwei Zahlen $a, b \in \mathbb{Z}$ stets einen größten gemeinsamen Teiler haben. Die Zahl $\operatorname{ggT}(a, b)$ läßt sich sogar explizit angeben mittels der Primzerlegungen von a und b.

Existenz des größten gemeinsamen Teilers: *Zwei Zahlen $a, b \in \mathbb{Z}$ besitzen stets einen größten gemeinsamen Teiler. Für*

$$0 \neq a = \varepsilon_a \prod_p p^{w_p(a)}, \qquad 0 \neq b = \varepsilon_b \prod_p p^{w_p(b)} \qquad \textit{gilt:}$$

$$\operatorname{ggT}(a, b) = \prod_p p^{\min(w_p(a), w_p(b))} \geqq 1.$$

Weiter gilt $\operatorname{ggT}(a, 0) = |a|$, $\operatorname{ggT}(0, b) = |b|$.

Beweis: Die Gleichungen für ggT$(a, 0)$ und ggT$(0, b)$ folgen unmittelbar aus der Definition. Sei also $a \neq 0$ und $b \neq 0$. Nach dem Teilbarkeitskriterium 1.3.1 ist eine Zahl $t = \varepsilon_t \prod_p p^{w_p(t)}$ genau dann ein gemeinsamer Teiler von a und b, wenn für alle Primzahlen p gilt: $w_p(t) \leqq w_p(a)$ und $w_p(t) \leqq w_p(b)$, d.h. wenn $w_p(t) \leqq \min(w_p(a), w_p(b))$. Damit ist klar, daß a und b von

$$d := \prod_p p^{\min(w_p(a), w_p(b))} \geqq 1$$

geteilt werden und daß jeder gemeinsame Teiler t von a und b auch d teilt. Mithin hat d die Eigenschaften 1) und 2) der Definition, d.h. $d = \text{ggT}(a, b)$. □

Beispiele: 1) $a := 531 = 3^2 \cdot 59^1$, $b := 93 = 3^1 \cdot 31^1$, $\text{ggT}(a, b) = 3$.
2) $a := 617 = 617^1$, $b := -758 = (-1) \cdot 2^1 \cdot 379^1$, $\text{ggT}(a, b) = 1$.
3) $a := 0$, $b := 0$, $\text{ggT}(0, 0) = 0$.

Bemerkung: Da jeder Teiler einer positiven Zahl t kleiner oder gleich t ist, so ist im Existenzsatz speziell enthalten: *Sind $a, b \in \mathbb{Z}$ nicht beide 0, so ist ihr größter gemeinsamer Teiler $d > 0$ auch bzgl. der Anordnung von $\mathbb{N}$ der „größte" gemeinsame Teiler von a und b: $d \geqq t$ für alle $t \in \mathbb{Z}$ mit $t \mid a$ und $t \mid b$.*
Man könnte meinen, daß es didaktisch besser wäre, die vorstehende Aussage über den größten gemeinsamen Teiler zur Definition zu erheben und den nicht erfaßten Ausnahmefall $a = b = 0$ ad hoc durch $\text{ggT}(0, 0) := 0$ zu erledigen. Das böte jedenfalls den Vorteil, daß man die Existenz und Eindeutigkeit der Zahl ggT(a, b) unmittelbar beweisen könnte. Indessen würde bei solchem Vorgehen *die signifikante* Eigenschaft des größten gemeinsamen Teilers, daß er von jedem anderen gemeinsamen Teiler geteilt wird, nicht im Mittelpunkt stehen: Zu ihrem Beweis müßte man doch wieder den Existenzsatz heranziehen.

Wir notieren noch einige nützliche

Rechenregeln für ggT: *Für $a, b, c \in \mathbb{Z}$ gilt*:

1) $\text{ggT}(a, b) = \text{ggT}(b, a)$.
2) $\text{ggT}(ca, cb) = |c| \, \text{ggT}(a, b)$.
3) $\text{ggT}\left(\frac{a}{c}, \frac{b}{c}\right) = \frac{\text{ggT}(a, b)}{|c|}$, *falls $c \neq 0$ und $c \mid a$, $c \mid b$.*

Beweis: Die Regel 1) ist trivial. Die Regeln 2) und 3) sind klar, wenn $a = 0$ oder $b = 0$, ebenso Regel 2) für $c = 0$. Seien also a, b und c von 0 verschieden. Wir können dann schreiben:

$$a = \varepsilon_a \prod_p p^{w_p(a)}, \qquad b = \varepsilon_b \prod_p p^{w_p(b)}, \qquad c = \varepsilon_c \prod_p p^{w_p(c)}.$$

ad 2): Es ist $ca = \varepsilon_a \varepsilon_c \prod_p p^{w_p(c) + w_p(a)}$, $cb = \varepsilon_b \varepsilon_c \prod_p p^{w_p(c) + w_p(b)}$.

Mit dem Existenzsatz und der „Minimumregel"

$$\min(t + r, t + s) = t + \min(r, s) \qquad \text{für alle } r, s, t \in \mathbb{Z}$$

folgt dann:

$$\begin{aligned}\operatorname{ggT}(ca, cb) &= \prod_p p^{\min(w_p(c)+w_p(a),\, w_p(c)+w_p(b))}\\ &= \prod_p p^{w_p(c)} \cdot \prod_p p^{\min(w_p(a),\, w_p(b))} = |c| \cdot \operatorname{ggT}(a, b).\end{aligned}$$

ad 3): Wegen $c \mid a$, $c \mid b$ gilt:

$$\frac{a}{c} = \frac{\varepsilon_a}{\varepsilon_c} \prod_p p^{w_p(a) - w_p(c)}, \qquad \frac{b}{c} = \frac{\varepsilon_b}{\varepsilon_c} \prod_p p^{w_p(b) - w_p(c)},$$

wobei stets $w_p(a) - w_p(c) \geqq 0$ und $w_p(b) - w_p(c) \geqq 0$.
Existenzsatz und Minimumregel ergeben nun:

$$\begin{aligned}\operatorname{ggT}\left(\frac{a}{c}, \frac{b}{c}\right) &= \prod_p p^{\min(w_p(a) - w_p(c),\, w_p(b) - w_p(c))}\\ &= \prod_p p^{-w_p(c)} \cdot \prod_p p^{\min(w_p(a),\, w_p(b))} = \frac{1}{|c|} \cdot \operatorname{ggT}(a, b).\end{aligned}$$

2. Euklidischer Algorithmus. Da es *kein* effektives Verfahren zur Bestimmung der Primzerlegung ganzer Zahlen gibt, ist die Anwendung des Existenzsatzes 1 zur Bestimmung der Zahl $\operatorname{ggT}(a, b)$ bei großen Zahlen a, b langwierig und mühsam. Es ist daher von Bedeutung, daß es ein einfaches algorithmisches Verfahren gibt, welches den größten gemeinsamen Teiler von a und b zu berechnen gestattet, ohne daß man die Primzerlegungen von a oder b kennt. Dieses Rechenverfahren findet sich in EUKLIDS *Elementen* (Buch VII, Satz 2); ihm zu Ehren heißt es

Euklidischer Algorithmus: *Es seien $a, b \in \mathbb{N}^\times$ mit $a \geqq b$. Man setze $a_0 := a$, $a_1 := b$ und bilde sukzessive folgende Kette von Divisionen mit Rest:*

$$\begin{array}{llll} a_0 = q_1 a_1 + a_2 & \text{mit} & q_1, a_2 \in \mathbb{Z}, & 0 \leqq a_2 < a_1, \\ a_1 = q_2 a_2 + a_3 & \text{mit} & q_2, a_3 \in \mathbb{Z}, & 0 \leqq a_3 < a_2, \\ \quad\vdots & & \quad\vdots & \quad\vdots \\ a_{n-2} = q_{n-1} a_{n-1} + a_n & \text{mit} & q_{n-1}, a_n \in \mathbb{Z}, & 0 \leqq a_n < a_{n-1}, \end{array}$$

wo $q_1, q_2, \ldots$ die Quotienten und $a_2, a_3, \ldots$ die Reste sind. Dann gibt es einen ersten Index k, $1 \leqq k \leqq b$, so daß gilt: $a_k > 0$, $a_{k+1} = 0$.
Die Zahl a_k ist dann der größte gemeinsame Teiler von a und b.

Beweis: Wegen $b = a_1 > a_2 > a_3 > \ldots$ und $a_1 \geqq 1$ gibt es einen ersten Index k mit $1 \leqq k \leqq b$, so daß $a_k > 0$, aber $a_{k+1} = 0$. Dann hat man also als k-te Gleichung $a_{k-1} = q_k a_k$. Durchläuft man die Kette der Gleichungen für die a_ν von unten nach oben, so erhält man nacheinander: $a_k \mid a_{k-1}, a_k \mid a_{k-2}, \ldots, a_k \mid a_1, a_k \mid a_0$.

Durchläuft man hingegen die Gleichungskette von oben nach unten, so folgt für jeden gemeinsamen Teiler c von a_0 und a_1 nacheinander: $c \mid a_0$, $c \mid a_1$, $c \mid a_2, \ldots, c \mid a_k$. Somit hat a_k die Eigenschaften 1) und 2) der Definition des größten gemeinsamen Teilers, d.h., es gilt: $a_k = \text{ggT}(a_0, a_1) = \text{ggT}(a, b)$. □

In diesem Satz gilt $k = 1$ genau dann, wenn $a_1 \mid a_0$, d.h. $b \mid a$. In Rechnungen ist k weitaus kleiner als b; wir geben zwei

Beispiele:

$$\begin{aligned} a = 531,\ b &= 93 \\ 531 &= 5 \cdot 93 + 66 \\ 93 &= 1 \cdot 66 + 27 \\ 66 &= 2 \cdot 27 + 12 \\ 27 &= 2 \cdot 12 + 3 \\ 12 &= 4 \cdot 3 \\ \hline \text{ggT}(531, 93) &= 3 = a_5 \end{aligned}$$

$$\begin{aligned} a = 617,\ b &= 379 \\ 617 &= 1 \cdot 379 + 238 \\ 379 &= 1 \cdot 238 + 141 \\ 238 &= 1 \cdot 141 + 97 \\ 141 &= 1 \cdot 97 + 44 \\ 97 &= 2 \cdot 44 + 9 \\ 44 &= 4 \cdot 9 + 8 \\ 9 &= 1 \cdot 8 + 1 \\ 8 &= 8 \cdot 1 \\ \hline \text{ggT}(617, 379) &= 1 \end{aligned}$$

Bemerkung: Der Satz von der Division mit Rest stützt sich lediglich auf das Prinzip vom kleinsten Element. Der Euklidische Algorithmus ist damit unabhängig vom Hauptsatz der elementaren Zahlentheorie (um den Algorithmus auszuführen, braucht man nicht einmal zu wissen, was eine Primzahl ist!). Da durch den Euklidischen Algorithmus die Existenz der Zahl $\text{ggT}(a, b)$ garantiert wird (zunächst für den Fall $a \geqq b \geqq 1$ und dann aber auch, wie man sich leicht überlegt, für alle Zahlen $a \neq 0$, $b \neq 0$), so haben wir also insbesondere jetzt einen Beweis für die Existenz des größten gemeinsamen Teilers, der (im Gegensatz zum Existenzsatz 1 nebst Beweis) nicht die Kenntnis des Satzes von der Primzerlegung in $\mathbb{Z}$ voraussetzt. Es läßt sich auch mittels des Euklidischen Algorithmus der Hauptsatz der elementaren Zahlentheorie für $\mathbb{Z}$ beweisen (vgl. 1.2.4). Wir gehen darauf von einem „höheren Standpunkt" im Kapitel 3 ausführlich ein.

Historische Bemerkung: In den *Elementen* des EUKLID, Buch VII, Satz 2, wird ein etwas anderes Verfahren nach dem Prinzip der „Wechselwegnahme" beschrieben, das, wie man sich leicht überlegt, zu dem obigen äquivalent ist:
Seien wieder $a, b \in \mathbb{N}^\times$ mit $a \geqq b$. Dann definiere man induktiv eine Folge b_ν, $\nu \in \mathbb{N}$, durch

$$\begin{aligned} &b_0 := a, \quad b_1 := b, \\ &b_{\nu+1} := \max(b_{\nu-1}, b_\nu) - \min(b_{\nu-1}, b_\nu) = |b_{\nu-1} - b_\nu| \quad \text{für } \nu \in \mathbb{N}^\times. \end{aligned}$$

Für das kleinste $\nu \in \mathbb{N}$ mit $b_{\nu+1} = 0$ gilt dann $b_\nu = \text{ggT}(b_0, b_1) = \text{ggT}(a, b)$.
Im Zusammenhang mit dem Kürzen von Brüchen (vgl. auch Abschnitt 6) findet sich diese Form des Euklidischen Algorithmus übrigens auch in dem chinesischen Text *Chiu-chang suan-shu* (= „Neun Bücher über die mathematische Kunst") aus der Han-Periode (206 v.–221 n. Chr.), welcher wahrscheinlich auf

chinesische Manuskripte aus dem dritten Jahrhundert vor Christus zurückgeht (vgl. B. L. van der WAERDEN: *Geometry and Algebra in Ancient Civilizations*, Springer Verlag Berlin/Heidelberg/New York/Tokyo 1983, S. 36–38).
Die aus iterierten Divisionen mit Rest bestehende Version taucht schon auf in dem Werk *Āryabhaṭīya* des indischen Astronomen und Mathematikers ĀRYABHAṬA (476–nach 510) bei der Bestimmung ganzzahliger Lösungen x, y von Gleichungen der Form $ax + by = c$ mit $a, b, c \in \mathbb{Z}$: Hierbei ist es nicht nur notwendig, den größten gemeinsamen Teiler von a und b zu bestimmen, sondern auch, ihn als Linearkombination von a und b mit Koeffizienten in $\mathbb{Z}$ darzustellen, wofür sich das Verfahren mittels Division mit Rest bei praktischen Rechnungen besser eignet als die ursprüngliche Euklidische Version (vgl. hierzu auch den folgenden Abschnitt und Abschnitt 5.2.1).
In jüngster Zeit ist das Verfahren der „Wechselwegnahme" in Computerprogrammen wieder zu Ehren gekommen, da es weniger Rechenzeit benötigt als die Divisionen mit Rest und somit immer dann eingesetzt wird, wenn der größte gemeinsame Teiler von a und b nur numerisch zu bestimmen ist.

3. Idealtheoretische Charakterisierung des größten gemeinsamen Teilers. Es soll nun gezeigt werden, daß sich der größte gemeinsame Teiler zweier ganzer Zahlen a, b stets als *Linearkombination* von a und b, d.h. in der Form $ra + sb$ mit Zahlen $r, s \in \mathbb{Z}$ darstellen läßt. Diese Aussage ist eigentlich schon im Euklidischen Algorithmus enthalten, wenn man in der Algorithmuskette absteigend nacheinander jeweils $a_2, a_3, \ldots, a_k$ ganzzahlig linear durch a_0 und a_1 ausdrückt: So gewinnt man etwa im ersten Beispiel des letzten Abschnitts mit $a_0 := 531$, $a_1 := 93$ die Gleichungen

$$\begin{aligned} a_2 &= 66 = a_0 - 5a_1, \\ a_3 &= 27 = a_1 - a_2 = 6a_1 - a_0, \\ a_4 &= 12 = a_2 - 2a_3 = a_0 - 5a_1 - 2(6a_1 - a_0) = 3a_0 - 17a_1, \\ a_5 &= 3 = a_3 - 2a_4 = 6a_1 - a_0 - 2(3a_0 - 17a_1) = 40a_1 - 7a_0, \end{aligned}$$

also $\mathrm{ggT}(531, 93) = 3 = (-7) \cdot 531 + 40 \cdot 93$.
Wir wollen indessen anders vorgehen. Die Einsicht, daß für alle $a, b \in \mathbb{Z}$ eine Gleichung $\mathrm{ggT}(a, b) = ra + sb$ mit $r, s \in \mathbb{Z}$ besteht, ist nämlich ein Spezialfall eines Satzes über die Struktur der Ideale des Ringes $\mathbb{Z}$.
Dabei heißt eine nichtleere Teilmenge $\mathfrak{a}$ von $\mathbb{Z}$ ein *Ideal* (*in* $\mathbb{Z}$), wenn gilt:

1) Mit $a, b \in \mathfrak{a}$ gilt stets $a - b \in \mathfrak{a}$.
2) Mit $a \in \mathfrak{a}$, $x \in \mathbb{Z}$ gilt stets $xa \in \mathfrak{a}$.

Wir können hier wenig zum Idealbegriff an sich, insbesondere zur Wahl des Wortes „Ideal", sagen. Es muß genügen zu betonen, daß Ideale in beliebigen Ringen eine fundamentale Rolle in der Mathematik spielen und daß sie insbe-

sondere in der höheren, algebraischen Zahlentheorie unentbehrlich sind (vgl. auch Kapitel 3, Paragraphen 2 und 3).
Jedes Ideal $\mathfrak{a}$ in $\mathbb{Z}$ enthält die Null, denn mit $a \in \mathfrak{a}$ gilt $0 = a - a \in \mathfrak{a}$ wegen 1) aus der Definition. Es ist leicht, Ideale in $\mathbb{Z}$ anzugeben.

Satz: *Es sei $n \in \mathbb{N}$, und es seien $a_1, a_2, \ldots, a_n \in \mathbb{Z}$ irgendwelche Zahlen. Dann bildet die Menge*

$$\mathfrak{a} := \{z \in \mathbb{Z}\colon z = x_1 a_1 + x_2 a_2 + \ldots + x_n a_n \ \mathit{mit}\ x_1, x_2, \ldots, x_n \in \mathbb{Z}\}$$

aller Linearkombinationen aus $a_1, a_2, \ldots, a_n$ mit Koeffizienten in $\mathbb{Z}$ ein Ideal in $\mathbb{Z}$.

Beweis: Seien $a, b \in \mathfrak{a}$, etwa $a = \sum_{\nu=1}^{n} x_\nu a_\nu$, $b = \sum_{\nu=1}^{n} y_\nu a_\nu$ mit $x_1, \ldots, x_n, y_1, \ldots, y_n \in \mathbb{Z}$. Es folgt

$$a - b = \sum_{\nu=1}^{n} (x_\nu - y_\nu)\, a_\nu \quad \text{und} \quad xa = \sum_{\nu=1}^{n} (x x_\nu)\, a_\nu \quad \text{für alle } x \in \mathbb{Z}.$$

Hieraus lesen wir ab: $a - b \in \mathfrak{a}$ und $xa \in \mathfrak{a}$ für alle $x \in \mathbb{Z}$. □

Sind $a_1, \ldots, a_n \in \mathbb{Z}$ endlich viele Zahlen, so heißt das Ideal

$$\mathfrak{a} := \left\{z \in \mathbb{Z}\colon z = \sum_{\nu=1}^{n} x_\nu a_\nu, x_1, \ldots, x_n \in \mathbb{Z}\right\}$$

das *von $a_1, \ldots, a_n$ erzeugte Ideal.* Man schreibt $\mathfrak{a} = \mathbb{Z}a_1 + \mathbb{Z}a_2 + \ldots + \mathbb{Z}a_n$ oder kürzer $\mathfrak{a} = (a_1, a_2, \ldots, a_n)$.
Es gilt stets $a_1, a_2, \ldots, a_n \in (a_1, a_2, \ldots, a_n)$, da $a_1 = 1a_1 + 0a_2 + \ldots + 0a_n$ usw.
Ideale, die von einem einzigen Element erzeugt werden, sind besonders einfach. So gilt z.B.

$\mathbb{Z} \cdot 0 = (0) =$ *Nullideal,* es besteht nur aus der Null.
$\mathbb{Z} \cdot 1 = (1) = \mathbb{Z}$, es besteht aus allen ganzen Zahlen.
$\mathbb{Z} \cdot 2 = (2) =$ Ideal aller geraden Zahlen.

Man hebt derartige Ideale durch eine besondere Redeweise hervor:
Ein Ideal $\mathfrak{a}$ in $\mathbb{Z}$ heißt ein *Hauptideal*, wenn $\mathfrak{a}$ von einem Element $d \in \mathbb{Z}$ erzeugt wird, d.h. wenn gilt:

$$\mathfrak{a} = \mathbb{Z}d = (d) = \{\ldots, -3d, -2d, -d, 0, d, 2d, 3d, \ldots\}.$$

Wir stellen nun einen Zusammenhang her zwischen dem größten gemeinsamen Teiler zweier Zahlen und dem von ihnen erzeugten Ideal.

Lemma: *Es seien $a, b \in \mathbb{Z}$ zwei Zahlen derart, daß das von ihnen erzeugte Ideal ein von $d \in \mathbb{N}$ erzeugtes Hauptideal ist: $\mathbb{Z}a + \mathbb{Z}b = \mathbb{Z}d$ mit $d \geqq 0$. Dann ist d notwendig der größte gemeinsame Teiler von a und b; speziell gilt eine Gleichung*

$$\operatorname{ggT}(a, b) = ra + sb \quad \mathit{mit} \quad r, s \in \mathbb{Z}.$$

Beweis. Wir zeigen, daß d die Bedingungen der Definition des größten gemeinsamen Teilers erfüllt. Da $d \geqq 0$, so ist nur zu zeigen: 1) $d \mid a$ und $d \mid b$ sowie 2) aus $t \mid a$ und $t \mid b$ folgt $t \mid d$.
Wegen $a \in \mathbb{Z}d$ und $b \in \mathbb{Z}d$ gilt: $a = ud$ und $b = vd$ mit $u, v \in \mathbb{Z}$. Dies beweist 1).
Wegen $d \in \mathbb{Z}a + \mathbb{Z}b$ gilt: $d = ra + sb$ mit $r, s \in \mathbb{Z}$. Hieraus liest man 2) ab. □

Unter alleiniger Benutzung des Prinzips vom kleinsten Element und des Satzes von der Division mit Rest beweisen wir nun den wichtigen

Hauptsatz über Ideale in $\mathbb{Z}$: *Im Ring $\mathbb{Z}$ ist jedes Ideal $\mathfrak{a}$ ein Hauptideal. Falls $\mathfrak{a} \neq (0)$, so wird $\mathfrak{a}$ von der kleinsten positiven Zahl, die zu $\mathfrak{a}$ gehört, erzeugt.*

Beweis: Da das Nullideal (0) ein Hauptideal ist, dürfen wir $\mathfrak{a} \neq (0)$ annehmen. Da mit $c \in \mathfrak{a}$ auch $-c \in \mathfrak{a}$ gilt, enthält $\mathfrak{a}$ positive Zahlen. Es sei d die kleinste positive Zahl, die in $\mathfrak{a}$ liegt. Ist dann $z \in \mathfrak{a}$ ein beliebiges Element, so liefert Division mit Rest eine Gleichung $z = qd + r$ mit $q, r \in \mathbb{Z}$ und $0 \leqq r < d$. Mit $d \in \mathfrak{a}$ gilt auch $qd \in \mathfrak{a}$. Wegen $z \in \mathfrak{a}$ folgt daher $r = z - qd \in \mathfrak{a}$. Da $0 \leqq r < d$ und d minimal gewählt wurde, folgt $r = 0$. Also gilt $z = qd$. Damit ist $\mathfrak{a} \subset \mathbb{Z}d$ gezeigt. Da $\mathbb{Z}d \subset \mathfrak{a}$ wegen $d \in \mathfrak{a}$ trivial ist, so sehen wir: $\mathfrak{a} = \mathbb{Z}d$. □

Bemerkung: Da sich jedes Ideal in $\mathbb{Z}$ als Hauptideal herausgestellt hat, erweist sich die Einführung des Begriffes „Hauptideal" für den Ring $\mathbb{Z}$ im nachhinein als überflüssig. Es ist jedoch in der Literatur allgemein üblich, auch im Falle des Ringes $\mathbb{Z}$ diese Redeweise zu verwenden (vgl. hierzu Kapitel 3, Paragraph 2).

Mit Hilfe des Hauptsatzes über Ideale gewinnen wir nun eine idealtheoretische Charakterisierung des größten gemeinsamen Teilers.

Hauptsatz über den größten gemeinsamen Teiler: *Folgende Aussagen über drei ganze Zahlen a, b, d sind äquivalent*:

i) $d \geqq 0$ *und* $\mathbb{Z}d = \mathbb{Z}a + \mathbb{Z}b$.
ii) $d = \text{ggT}(a, b)$.

Speziell gilt stets eine Gleichung: $\text{ggT}(a, b) = ra + sb$ *mit* $r, s \in \mathbb{Z}$.

Beweis: i) ⇒ ii): Das ist die Aussage des Lemmas.
ii) ⇒ i): Aus dem Hauptsatz über Ideale folgt die Existenz einer Zahl $\tilde{d} \geqq 0$, so daß gilt: $\mathbb{Z}a + \mathbb{Z}b = \mathbb{Z}\tilde{d}$. Hieraus folgt $\tilde{d} = \text{ggT}(a, b)$ auf Grund des Lemmas. Wegen der Eindeutigkeit des ggT folgt $d = \tilde{d}$, also $\mathbb{Z}a + \mathbb{Z}b = \mathbb{Z}d$. □

Bemerkung: Der Hauptsatz über die Struktur der Ideale in $\mathbb{Z}$ wird im eben geführten Beweis benötigt, um die Implikation ii) ⇒ i) zu beweisen; der Beweis der Implikation i) ⇒ ii) ist dagegen völlig elementar. – Formulierung und Beweis des Hauptsatzes über den größten gemeinsamen Teiler benutzen voll die additive und multiplikative Struktur von $\mathbb{Z}$, wohingegen der Existenzsatz 1 (zumindest vordergründig) mit der multiplikativen Struktur von $\mathbb{Z}$ auskommt.

4. Größter gemeinsamer Teiler endlich vieler ganzer Zahlen. Es macht keinerlei Mühe, die bisher für zwei Zahlen a, b entwickelte Theorie des größten gemeinsamen Teilers auf endlich viele Zahlen auszudehnen. So heißt für $n \in \mathbb{N}$, $n \geqq 2$, eine Zahl $d \in \mathbb{Z}$ ein *größter gemeinsamer Teiler von* $a_1, a_2, \ldots, a_n \in \mathbb{Z}$, wenn folgendes gilt:

1) $d \geqq 0, d \mid a_1, d \mid a_2, \ldots, d \mid a_n$.
2) Für jedes $t \in \mathbb{Z}$ mit $t \mid a_1, t \mid a_2, \ldots, t \mid a_n$ gilt: $t \mid d$.

Man beweist nun allgemein die

Existenz und Eindeutigkeit des größten gemeinsamen Teilers: *Zu n Zahlen* $a_1, a_2, \ldots, a_n \in \mathbb{Z}$ *existiert genau ein größter gemeinsamer Teiler. Folgende Aussagen über* $d \in \mathbb{Z}$ *sind äquivalent:*

i) $d \geqq 0$ *und* $\mathbb{Z}d = \mathbb{Z}a_1 + \mathbb{Z}a_2 + \ldots + \mathbb{Z}a_n$.
ii) d *ist der größte gemeinsame Teiler von* $a_1, a_2, \ldots, a_n$.

Speziell gilt stets eine Gleichung

$$d = r_1 a_1 + r_2 a_2 + \ldots + r_n a_n \quad \text{mit} \quad r_1, r_2, \ldots, r_n \in \mathbb{Z}.$$

Beweis: Es genügen folgende Hinweise: Die Eindeutigkeitsaussage wird ebenso wie in 1 bewiesen. Die Implikation i) $\Rightarrow$ ii) folgt elementar, wenn man bemerkt, daß Lemma 3 richtig bleibt, wenn man a, b durch $a_1, a_2, \ldots, a_n$ ersetzt. Um die Existenzaussage und die Implikation ii) $\Rightarrow$ i) zu verifizieren, definiere man (wie im Beweis des Hauptsatzes 3 über den größten gemeinsamen Teiler) die Zahl $\tilde{d} \geqq 0$ als ein erzeugendes Element des Ideals $\mathbb{Z}a_1 + \mathbb{Z}a_2 + \ldots + \mathbb{Z}a_n$. Dann hat $\tilde{d}$ die Eigenschaften 1) und 2) der Definition und ist folglich ein größter gemeinsamer Teiler von $a_1, a_2, \ldots, a_n$. Die Eindeutigkeit des ggT erzwingt $d = \tilde{d}$. □

Wir schreiben wieder $\mathrm{ggT}(a_1, a_2, \ldots, a_n)$ für den größten gemeinsamen Teiler von $a_1, a_2, \ldots, a_n$. In Analogie zu früher gelten folgende

Rechenregeln: *Seien* $a_1, a_2, \ldots, a_n, c \in \mathbb{Z}$. *Dann gilt:*

1) $\mathrm{ggT}(a_1, a_2, \ldots, a_n)$ *ist unabhängig von der Reihenfolge der Zahlen* $a_1, \ldots, a_n$.
2) $\mathrm{ggT}(a_1, a_2, \ldots, a_n) = \mathrm{ggT}(a_1, \mathrm{ggT}(a_2, \ldots, a_n))$.
3) $\mathrm{ggT}(a_1 c, a_2 c, \ldots, a_n c) = |c| \, \mathrm{ggT}(a_1, a_2, \ldots, a_n)$.
4) $\mathrm{ggT}\left(\frac{a_1}{c}, \frac{a_2}{c}, \ldots, \frac{a_n}{c}\right) = \frac{1}{|c|} \mathrm{ggT}(a_1, a_2, \ldots, a_n)$, *falls* $c \neq 0$ *und* $c \mid a_1, \ldots, c \mid a_n$.

Der Beweis dieser Regeln macht keine Schwierigkeiten und sei daher dem Leser überlassen.

Der größte gemeinsame Teiler von $n \geqq 2$ Zahlen kann auch multiplikativ charakterisiert werden. So gilt in Verallgemeinerung des Existenzsatzes 1 folgender

Satz: *Seien* $a_1, \ldots, a_n \in \mathbb{Z}\setminus\{0\}$, *sei* $a_\nu = \varepsilon_\nu \prod_p p^{w_p(a_\nu)}$ *die kanonische Primzerlegung von* a_ν *in* $\mathbb{Z}$, $\nu = 1, 2, \ldots, n$. *Dann gilt:*

$$\operatorname{ggT}(a_1, a_2, \ldots, a_n) = \prod_p p^{\min(w_p(a_1), w_p(a_2), \ldots, w_p(a_n))}.$$

Der Beweis wird analog zu dem Beweis des Existenzsatzes 1 geführt; wir brauchen darauf nicht näher einzugehen.

5. Teilerfremdheit. Zwei ganze Zahlen a, b heißen *teilerfremd* (oder auch *relativ prim*), wenn gilt: $\operatorname{ggT}(a, b) = 1$.
Da $\operatorname{ggT}(a, 0) = |a|$, so sind a und 0 genau dann teilerfremd, wenn $a = \pm 1$.
Es gibt gute Kriterien, um die Teilerfremdheit zweier Zahlen zu testen; wir fassen die wichtigsten zusammen im

Teilerfremdheitskriterium: *Folgende Aussagen über zwei ganze Zahlen a, b sind äquivalent:*

i) *a and b sind teilerfremd.*
ii) *Es gibt keine Primzahl, die ein gemeinsamer Teiler von a und b ist.*
iii) $\mathbb{Z}a + \mathbb{Z}b = \mathbb{Z}$.
iv) *Es gibt Zahlen* $r, s \in \mathbb{Z}$ *mit* $ra + sb = 1$.

Beweis: i) $\Rightarrow$ ii): Trivial.
ii) $\Rightarrow$ i): Gäbe es einen gemeinsamen Teiler $c \geqq 0$, $c \neq 1$, von a und b, so gäbe es eine Primzahl p, die c teilt. Es würde folgen: $p \mid a$ und $p \mid b$. Widerspruch!
i) $\Leftrightarrow$ iii): Klar, denn nach dem Hauptsatz 3 über den größten gemeinsamen Teiler gilt: $\mathbb{Z}a + \mathbb{Z}b = \mathbb{Z} \cdot \operatorname{ggT}(a, b)$.
iii) $\Leftrightarrow$ iv): Trivial. □

Korollar: *Seien* $a, b, c \in \mathbb{Z}$, *die Zahlen a und b seien teilerfremd. Dann folgt aus* $a \mid (bc)$ *stets* $a \mid c$.

Beweis: Aussage iv) des Teilerfremdheitskriteriums liefert eine Gleichung $ra + sb = 1$ mit $r, s \in \mathbb{Z}$. Es folgt $r(ac) + s(bc) = c$. Da $a \mid (ac)$ und $a \mid (bc)$, so folgt $a \mid c$. □

Das eben bewiesene Korollar enthält als

Folgerung: *Es seien* $p, b, c \in \mathbb{Z}$. *Es sei p eine Primzahl und es gelte* $p \mid (bc)$. *Dann ist p ein Teiler von b oder ein Teiler von c.*

Beweis: Man nehme an: $p \nmid b$. Dann sind p und b teilerfremd, daher hat $p \mid (bc)$ auf Grund des Korollars zur Konsequenz: $p \mid c$. □

Bemerkung: Der Leser wird bereits erkannt haben, daß die eben bewiesene Folgerung nichts anderes ist als das Fundamentallemma 1.1.4. Wir haben dieses jetzt aber im Gegensatz zu früher unter Verwendung des Euklidischen Algorithmus (Existenz der Gleichung $ra + sb = 1$ im Korollar) bewiesen.

Wir beweisen noch ein weiteres nützliches Kriterium für Teilerfremdheit (unter Verwendung des Hauptsatzes der elementaren Zahlentheorie):

Satz: *Es seien* $a, b \in \mathbb{Z}$, $k, l \in \mathbb{N}^\times$. *Dann sind folgende Aussagen äquivalent:*

i) $\operatorname{ggT}(a, b) = 1$.
ii) $\operatorname{ggT}(a^k, b^l) = 1$.

Beweis: Wir dürfen $a \neq 0$, $b \neq 0$ annehmen. Die Primzerlegung von a^k bzw. b^l ist die k-te bzw. l-te Potenz der Zerlegung von a bzw. b. Eine Primzahl ist somit genau dann ein gemeinsamer Teiler von a und b, wenn sie ein gemeinsamer Teiler von a^k und b^l ist. Daher folgt die behauptete Äquivalenz aus der Äquivalenz von i) und ii) des Teilerfremdheitskriteriums. □

Der Begriff der Teilerfremdheit wird auch für mehr als 2 Zahlen $a_1, a_2, \ldots, a_n$ durch die Bedingung $\operatorname{ggT}(a_1, a_2, \ldots, a_n) = 1$ eingeführt. Die Teilerfremdheitskriterien sind unmittelbar auf diesen Fall verallgemeinerbar; insbesondere sind $a_1, a_2, \ldots, a_n$ genau dann teilerfremd, wenn es keine Primzahl gibt, die simultan alle Zahlen $a_1, a_2, \ldots, a_n$ teilt.
Weiterhin nennt man n Zahlen $a_1, \ldots, a_n$ mit $n \geqq 2$ *paarweise teilerfremd*, wenn je zwei Zahlen $a_j, a_k, j \neq k$, teilerfremd sind.
Ersichtlich sind paarweise teilerfremde Zahlen $a_1, \ldots, a_n$ immer teilerfremd; die Umkehrung gilt ab $n = 3$ nicht mehr: z. B. ist $\operatorname{ggT}(481, 629, 663) = 1$, aber $\operatorname{ggT}(481, 629) = 37$, $\operatorname{ggT}(481, 663) = 13$, $\operatorname{ggT}(629, 663) = 17$.

Kriterium für paarweise Teilerfremdheit: *Folgende Aussagen über* $n \geqq 2$ *Zahlen* $a_1, a_2, \ldots, a_n \in \mathbb{Z}\setminus\{0\}$ *sind äquivalent:*

i) $a_1, a_2, \ldots, a_n$ *sind paarweise teilerfremd.*
ii) *Die Primteiler von* $a_1, a_2, \ldots, a_n$ *sind lauter untereinander verschiedene Primzahlen.*

Beweis: Nach Definition sind $a_1, a_2, \ldots, a_n$ paarweise teilerfremd, wenn je zwei Zahlen $a_j, a_k, j \neq k$, teilerfremd sind. Dies trifft auf Grund der Äquivalenz von i) und ii) des Teilerfremdheitskriteriums genau dann zu, wenn $a_j, a_k, j \neq k$, keinen gemeinsamen Primteiler haben. Das ist aber genau dann der Fall, wenn die Primteiler von $a_1, a_2, \ldots, a_n$ lauter untereinander verschiedene Primzahlen sind.

6. Reduzierte Bruchdarstellung. In diesem Abschnitt wird gezeigt, daß jede rationale Zahl $\gamma \neq 0$ als „*unkürzbarer Bruch mit teilerfremdem Zähler und Nenner*“ darstellbar ist. Dieser Satz von der reduzierten Bruchdarstellung ist für das elementare Rechnen mit Brüchen fundamental; er wurde bereits in 1.4.1 angekündigt.

Reduzierte Bruchdarstellung: *Zu jeder rationalen Zahl* $\gamma \neq 0$ *gibt es zwei ganze Zahlen* a, b *mit folgenden Eigenschaften*:

1) $\gamma = \dfrac{a}{b}$.
2) $b \geqq 1, \quad \operatorname{ggT}(a, b) = 1$.

Die Zahlen a, b *sind durch die Eigenschaften* 1) *und* 2) *eindeutig bestimmt. Ist* $\gamma = \dfrac{m}{n}$ *irgendeine Bruchdarstellung von* γ *mit ganzen Zahlen* m, n, *wobei* $n \geqq 1$, *so gilt*: $m = da$ *und* $n = db$ *mit* $d := \operatorname{ggT}(m, n)$.

Beweis: Sei $\gamma = \dfrac{m}{n}$, $m, n \in \mathbb{Z}$, $n \geqq 1$, vorgegeben, sei $d := \operatorname{ggT}(m, n) \geqq 1$. Dann gelten Gleichungen $m = da$ und $n = db$ mit eindeutig bestimmten Zahlen $a, b \in \mathbb{Z}$, wobei $b \geqq 1$ wegen $n \geqq 1$ und $d \geqq 1$. Auf Grund der Rechenregel 1, 2) gilt: $d = \operatorname{ggT}(da, db) = d \cdot \operatorname{ggT}(a, b)$, also $\operatorname{ggT}(a, b) = 1$. Da ferner $\gamma = \dfrac{m}{n} = \dfrac{da}{db} = \dfrac{a}{b}$, so ist insbesondere die Existenzaussage bewiesen.
Es bleibt die Eindeutigkeit von a, b zu zeigen. Seien $a', b' \in \mathbb{Z}$ so beschaffen, daß ebenfalls gilt $\gamma = \dfrac{a'}{b'}$, $b' \geqq 1$, $\operatorname{ggT}(a', b') = 1$. Aus $\dfrac{a'}{b'} = \dfrac{a}{b}$ folgt $a'b = ab'$, also $b \mid ab'$ und $b' \mid a'b$. Wegen $\operatorname{ggT}(a, b) = 1$ und $\operatorname{ggT}(a', b') = 1$ erhalten wir $b \mid b'$ und $b' \mid b$ auf Grund von Korollar 5. Da $b \geqq 1$, $b' \geqq 1$, so folgt $b' = b$ und damit auch $a' = a$. □

Die eindeutige Bruchdarstellung $\gamma = \dfrac{a}{b}$, $a, b \in \mathbb{Z}$, $b \geqq 1$, $\operatorname{ggT}(a, b) = 1$, der rationalen Zahl $\gamma \neq 0$ heißt die *reduzierte* (oder auch: *unkürzbare*) *Bruchdarstellung von* γ. Die Zahl a heißt der *Zähler*, die Zahl b der *Nenner von* γ.

Bemerkung: Ist $\gamma = \varepsilon_\gamma \prod_p p^{w_p(\gamma)}$ die Primzerlegung der rationalen Zahl $\gamma \neq 0$, so ist offensichtlich (in verständlicher Notation)

$$\gamma = \frac{a}{b} \quad \text{mit } a := \varepsilon_\gamma \prod_{w_p(\gamma) > 0} p^{w_p(\gamma)}, \quad b := \prod_{w_p(\gamma) < 0} p^{-w_p(\gamma)}$$

die reduzierte Bruchdarstellung von γ. Falls $\gamma = 0$, so heißt $\dfrac{a}{b}$ mit $a := 0$, $b := 1$ die reduzierte Bruchdarstellung von γ.

7. Kleinstes gemeinsames Vielfaches. Komplementär zum Begriff des größten gemeinsamen Teilers ist der Begriff des kleinsten gemeinsamen Vielfachen. Sind $a, b \in \mathbb{Z}$, so nennt man jede Zahl $c \in \mathbb{Z}$, die von a und b geteilt wird, ein *gemeinsames Vielfaches von* a *und* b. Unter allen gemeinsamen Vielfachen zeichnen wir eines aus:

Sind $a, b \in \mathbb{Z}$, so heißt eine Zahl $v \in \mathbb{Z}$ ein *kleinstes gemeinsames Vielfaches von a und b*, wenn gilt:

1) $v \geqq 0, \quad a \mid v$ und $b \mid v$.
2) Für jedes gemeinsame Vielfache c von a und b gilt: $v \mid c$.

Diese Definition besagt, daß v das „kleinste" gemeinsame Vielfache von a und b im Sinne der Teilbarkeitsrelation sein soll. Die Wortwahl „kleinstes" bezieht sich also nicht auf die Anordnung von $\mathbb{N}$, vgl. hierzu aber die Bemerkung in diesem Abschnitt.
Die Entwicklung der Theorie des kleinsten gemeinsamen Vielfachen erfolgt nach dem gleichen Muster wie die Entwicklung der Theorie des größten gemeinsamen Teilers. Zunächst zeigen wir die

Eindeutigkeit des kleinsten gemeinsamen Vielfachen: *Zwei Zahlen $a, b \in \mathbb{Z}$ haben höchstens ein kleinstes gemeinsames Vielfaches.*

Beweis: Seien v und v' zwei kleinste gemeinsame Vielfache von a und b. Dann gilt $v \mid v'$ und $v' \mid v$ wegen 2) der Definition. Aus $v \geqq 0$, $v' \geqq 0$ folgt nun $v = v'$. □

Notation: *Das kleinste gemeinsame Vielfache zweier Zahlen $a, b \in \mathbb{Z}$ wird (falls es existiert), mit* $\operatorname{kgV}(a, b)$ *bezeichnet.*

Wir zeigen als nächstes die

Existenz des kleinsten gemeinsamen Vielfachen: *Zwei Zahlen $a, b \in \mathbb{Z}$ besitzen stets ein kleinstes gemeinsames Vielfaches. Für $0 \neq a = \varepsilon_a \prod_p p^{w_p(a)}$, $0 \neq b = \varepsilon_b \prod_p p^{w_p(b)}$ gilt:*

$$\operatorname{kgV}(a, b) = \prod_p p^{\max(w_p(a), w_p(b))} \geqq 1 .$$

Weiter gilt: $\operatorname{kgV}(a, 0) = \operatorname{kgV}(0, b) = 0$.

Beweis: Die Gleichungen für $\operatorname{kgV}(a, 0)$ und $\operatorname{kgV}(0, b)$ folgen direkt aus der Definition, da jedes Vielfache von 0 wieder 0 ist. Sei also $a \neq 0$ und $b \neq 0$. Nach dem Teilbarkeitskriterium 1.3.1 ist eine Zahl $c = \varepsilon_c \prod_p p^{w_p(c)}$ genau dann ein gemeinsames Vielfaches von a und b, wenn für alle Primzahlen p gilt: $w_p(c) \geqq w_p(a)$ und $w_p(c) \geqq w_p(b)$, d.h. wenn $w_p(c) \geqq \max(w_p(a), w_p(b))$. Damit ist klar, daß

$$v := \prod_p p^{\max(w_p(a), w_p(b))}$$

ein gemeinsames Vielfaches von a und b ist und daß v jedes gemeinsame Vielfache c von a und b teilt. Mithin hat v die Eigenschaften 1) und 2) der Definition, d.h. $v = \operatorname{kgV}(a, b)$. □

Beispiele: 1) $a := 12 = 2^2 \cdot 3^1$, $b := 45 = 3^2 \cdot 5^1$, $\text{kgV}(a, b) = 2^2 \cdot 3^2 \cdot 5^1 = 180$.
2) $a := -18 = (-1) \cdot 2 \cdot 3^2$, $b := -21 = (-1) \cdot 3 \cdot 7$,
$\text{kgV}(a, b) = 2 \cdot 3^2 \cdot 7 = 126$.

Bemerkung: Im soeben bewiesenen Existenzsatz ist speziell enthalten: *Sind $a, b \in \mathbb{Z}$ beide nicht 0, so ist ihr kleinstes gemeinsames Vielfaches $v > 0$ auch bzgl. der Anordnung von $\mathbb{N}$ das „kleinste" gemeinsame Vielfache von a und b: $v \leqq c$ für alle $c \in \mathbb{Z}$ mit $c > 0$ und $a \mid c$ und $b \mid c$.*

Es ist jetzt gewiß hinreichend klar, daß zu jeder Aussage über den größten gemeinsamen Teiler eine „komplementäre" Aussage über das kleinste gemeinsame Vielfache gehört. Das gilt auch für die Rechenregeln für ggT, die wir in 1 zusammengestellt haben. Wir werden nun aber nicht die Analoga jener Rechenregeln für kgV beweisen, sondern leiten statt dessen eine Aussage her, mit deren Hilfe man die Zahl $\text{kgV}(a, b)$ bestimmen kann, wenn man die Zahl $\text{ggT}(a, b)$ kennt und umgekehrt.

Satz: *Für alle Zahlen $a, b \in \mathbb{Z}$ gilt:*

$$\text{ggT}(a, b) \cdot \text{kgV}(a, b) = |a \cdot b|.$$

Beweis: Die Behauptung ist klar, wenn $a = 0$ oder $b = 0$. Sei also $0 \neq a = \varepsilon_a \prod_p p^{w_p(a)}$, $0 \neq b = \varepsilon_b \prod_p p^{w_p(b)}$. Unter Verwendung der „Minimum – Maximumregel"

$$\min(r, s) + \max(r, s) = r + s \qquad \text{für alle } r, s \in \mathbb{Z}$$

erhalten wir

$$\begin{aligned} \text{ggT}(a, b) \cdot \text{kgV}(a, b) &= \prod_p p^{\min(w_p(a), w_p(b)) + \max(w_p(a), w_p(b))} \\ &= \prod_p p^{w_p(a) + w_p(b)} = |a \cdot b|. \end{aligned}$$ □

Mit Hilfe des Begriffes des kleinsten gemeinsamen Vielfachen erweitern wir nun den Satz von der reduzierten Bruchdarstellung *eines* Bruches zum Satz von der Hauptnennerdarstellung *zweier* Brüche, der für Addition und Subtraktion von Brüchen wichtig ist.

Hauptnennerdarstellung: *Zu je zwei rationalen Zahlen $\gamma_1 \neq 0$, $\gamma_2 \neq 0$ gibt es ganze Zahlen c_1, c_2, h mit folgenden Eigenschaften:*

1) $\gamma_1 = \dfrac{c_1}{h}$, $\qquad \gamma_2 = \dfrac{c_2}{h}$,

2) $h \geqq 1$, $\qquad \text{ggT}(c_1, c_2, h) = 1$.

Die Zahlen c_1, c_2, h sind durch die Eigenschaften 1) *und* 2) *eindeutig bestimmt. Sind $\gamma_1 = \dfrac{m_1}{n}$, $\gamma_2 = \dfrac{m_2}{n}$ irgendwelche Bruchdarstellungen von γ_1, γ_2 mit ganzen Zahlen*

m_1, m_2, n, wobei $n \geqq 1$, so gilt: $m_1 = t c_1, m_2 = t c_2, n = t h$ mit $t :=$ $\mathrm{ggT}(m_1, m_2, n)$. Sind $\gamma_1 = \frac{a_1}{b_1}$, $\gamma_2 = \frac{a_2}{b_2}$ die reduzierten Bruchdarstellungen von γ_1, γ_2, so gilt: $h = \mathrm{kgV}(b_1, b_2)$.

Beweis: Wir definieren als erstes die drei Zahlen c_1, c_2, h. Wir gehen aus von den reduzierten Bruchdarstellungen $\gamma_1 = \frac{a_1}{b_1}$, $\gamma_2 = \frac{a_2}{b_2}$ von γ_1, γ_2 und setzen: $h := \mathrm{kgV}(b_1, b_2) \geqq 1$. Es gelten Gleichungen $h = b_1 b_1' = b_2 b_2'$ mit $b_1', b_2' \in \mathbb{Z}$. Wir setzen weiter: $c_1 := a_1 b_1'$, $c_2 := a_2 b_2'$. Dann folgt unmittelbar:

$$\gamma_1 = \frac{c_1}{h}, \qquad \gamma_2 = \frac{c_2}{h}.$$

Wir zeigen zunächst: Falls $\gamma_1 = \frac{m_1}{n}, \gamma_2 = \frac{m_2}{n}$ mit $m_1, m_2, n \in \mathbb{Z}\setminus\{0\}$, so gilt: $h \mid n$. Dies resultiert daraus, daß n auf Grund von Satz 6 ein gemeinsames Vielfaches der Nenner b_1, b_2 (aus den reduzierten Bruchdarstellungen) und daher ein Vielfaches von $h = \mathrm{kgV}(b_1, b_2)$ ist.
Es folgt nun schnell $\mathrm{ggT}(c_1, c_2, h) = 1$: Ist nämlich $c \geqq 1$ ein gemeinsamer Teiler von c_1, c_2, h, etwa $c_1 = t_1 c, c_2 = t_2 c, h = s c$ mit $t_1, t_2, s \in \mathbb{Z}\setminus\{0\}$, $s \geqq 1$, so gilt:

$$\gamma_1 = \frac{c_1}{h} = \frac{t_1 c}{s c} = \frac{t_1}{s}, \qquad \gamma_2 = \frac{c_2}{h} = \frac{t_2 c}{s c} = \frac{t_2}{s}.$$

Nach dem eben Bemerkten folgt $h \mid s$. Da auch $s \mid h$ wegen $h = sc$, so ergibt sich $h = s$, also $h = hc$, d.h. $c = 1$.
Wir zeigen weiter, daß für jede Darstellung $\gamma_1 = \frac{m_1}{n}, \gamma_2 = \frac{m_2}{n}$ mit gemeinsamem Nenner $n \geqq 1$ gilt:

$$(*) \quad m_1 = t c_1, \ m_2 = t c_2, \ n = t h \quad \text{mit} \quad t = \mathrm{ggT}(m_1, m_2, n).$$

Nach dem bereits Gezeigten wissen wir $h \mid n$, also $n = th$ mit $t \in \mathbb{Z}$, $t \geqq 1$. Aus $\gamma_1 = \frac{c_1}{h} = \frac{t c_1}{n} = \frac{m_1}{n}$ und $\gamma_2 = \frac{c_2}{h} = \frac{t c_2}{n} = \frac{m_2}{n}$ folgt weiter: $m_1 = t c_1, m_2 = t c_2$. Wegen $\mathrm{ggT}(c_1, c_2, h) = 1$ ergibt sich nun auf Grund der Rechenregel 4, 3):

$$\mathrm{ggT}(m_1, m_2, n) = \mathrm{ggT}(t c_1, t c_2, t h) = t \, \mathrm{ggT}(c_1, c_2, h) = t.$$

In den Gleichungen (*) ist auch die Aussage enthalten, daß c_1, c_2, h durch die Eigenschaften 1) und 2) des Satzes eindeutig bestimmt sind: Aus $\gamma_1 = \frac{c_1'}{h'}, \gamma_2 = \frac{c_2'}{h'}$ mit $h' \geqq 1$, $\mathrm{ggT}(c_1', c_2', h') = 1$ folgt nämlich nach (*): $c_1' = c_1$, $c_2' = c_2$, $h' = h$. □

Man nennt die oben auftretende Zahl h den *Hauptnenner der rationalen Zahlen* γ_1, γ_2. Der Satz von der Hauptnennerdarstellung gilt nicht nur für *zwei* Brüche, sondern mutatis mutandis für jedes endliche System von rationalen Zahlen ungleich 0. Als Hauptnenner erhält man dann das kleinste gemeinsame Vielfache der Nenner der Einzelbrüche; dabei hat man das kleinste gemeinsame Vielfache von $n \geqq 2$ Zahlen aus $\mathbb{Z}$ analog wie für $n = 2$ zu definieren. Wir gehen darauf nicht weiter ein.

Aufgaben:

1) Seien $a, m, n \in \mathbb{N}^\times$, $a \geqq 2$. Bestimmen Sie den größten gemeinsamen Teiler von $a^m - 1$ und $a^n - 1$.
2) Seien $a, b \in \mathbb{N}^\times$ teilerfremd und $c \in \mathbb{N}$ so, daß gilt: $a \mid c$ und $b \mid c$. Zeigen Sie: $(ab) \mid c$.
3) Seien $a, b \in \mathbb{N}^\times$. Zeigen Sie: $\mathrm{ggT}(a + b, a - b) \geqq \mathrm{ggT}(a, b)$.
4) Seien $a, b, m \in \mathbb{Z}$. Zeigen Sie die Äquivalenz folgender Aussagen:
   i) Es gibt eine ganze Zahl x mit $m \mid (ax - b)$.
   ii) $\mathrm{ggT}(a, m) \mid b$.
5) Seien $m, n \in \mathbb{Z}$ teilerfremd, $k := mn$ sowie $a, b \in \mathbb{Z}$ beliebig. Zeigen Sie (unter Verwendung von Aufgabe 4)):
   a) Es gibt eine ganze Zahl u mit $m \mid (u - a)$ und $n \mid (u - b)$.
   b) Für eine ganze Zahl x sind äquivalent:
      i) $m \mid (x - a)$ und $n \mid (x - b)$.
      ii) $k \mid (x - u)$.
6) a) Seien $\mathfrak{a}, \mathfrak{b}$ zwei Ideale in $\mathbb{Z}$. Zeigen Sie: $\mathfrak{a} \cap \mathfrak{b}$ ist wieder ein Ideal in $\mathbb{Z}$.
   b) Zeigen Sie: Für ganze Zahlen a, b, v sind folgende Aussagen äquivalent:
      i) $v \geqq 0$ und $\mathbb{Z}v = \mathbb{Z}a \cap \mathbb{Z}b$.
      ii) $v = \mathrm{kgV}(a, b)$.
7) Seien $a, b, c \in \mathbb{N}^\times$. Zeigen Sie: Es gilt $a^2 + b^2 = c^2$ genau dann, wenn es $s, u, v \in \mathbb{N}^\times$ mit $u > v$ gibt, so daß entweder $a = 2suv$, $b = s(u^2 - v^2)$, $c = s(u^2 + v^2)$ oder $a = s(u^2 - v^2)$, $b = 2suv$, $c = s(u^2 + v^2)$.

§ 2 Über die Verteilung und Darstellung von Primzahlen

Primzahlen gehören als die multiplikativen Grundbausteine der natürlichen Zahlen zu den wichtigsten und interessantesten Untersuchungsobjekten der Mathematik. Der Satz von der Existenz unendlich vieler Primzahlen führt sofort zum Problem, genauere Aussagen über ihre Verteilung in der Menge der natürlichen Zahlen zu machen.
In diesem Paragraphen diskutieren wir ausführlich den großen Primzahlsatz von Gauss und den Satz von Dirichlet über die Verteilung von Primzahlen in arithmetischen Progressionen. Wir können allerdings über diese tiefliegenden Theoreme lediglich referieren; die Beweise dieser Sätze sind nur mit analytischen Hilfsmitteln (insbesondere aus der Funktionentheorie) möglich. Wir begnügen uns mit einigen Spezialfällen.
Im Abschnitt 6 gehen wir auf das Problem ein, Primzahlen als Werte von Polynomen darzustellen. Hierzu leistete bereits Euler Beiträge; in jüngster Zeit

fanden die mathematischen Logiker überraschende Sätze über die Darstellung von Primzahlen durch ganzzahlige Polynome in mehreren Unbestimmten.

1. Elementare Verteilungssätze. In der folgenden Tabelle sind die Primzahlen von 2 bis 1000 aufgeführt:

2,	3,	5,	7,	11,	13,	17,	19,	23,	29,	31,
37,	41,	43,	47,	53,	59,	61,	67,	71,	73,	79,
83,	89,	97,								
101,	103,	107,	109,	113,	127,	131,	137,	139,	149,	151,
157,	163,	167,	173,	179,	181,	191,	193,	197,	199,	
211,	223,	227,	229,	233,	239,	241,	251,	257,	263,	269,
271,	277,	281,	283,	293,						
307,	311,	313,	317,	331,	337,	347,	349,	353,	359,	367,
373,	379,	383,	389,	397,						
401,	409,	419,	421,	431,	433,	439,	443,	449,	457,	461,
463,	467,	479,	487,	491,	499,					
503,	509,	521,	523,	541,	547,	557,	563,	569,	571,	577,
587,	593,	599,								
601,	607,	613,	617,	619,	631,	641,	643,	647,	653,	659,
661,	673,	677,	683,	691,						
701,	709,	719,	727,	733,	739,	743,	751,	757,	761,	769,
773,	787,	797,								
809,	811,	821,	823,	827,	829,	839,	853,	857,	859,	863,
877,	881,	883,	887,							
907,	911,	919,	929,	937,	941,	947,	953,	967,	971,	977,
983,	991,	997.								

Die Primzahlen zwischen 9 999 900 und 10 000 000 sind

9 999 901, 9 999 907, 9 999 929, 9 999 931, 9 999 937, 9 999 943,
9 999 971, 9 999 973, 9 999 991;

zwischen 10 000 000 und 10 000 100 liegen nur 2 Primzahlen: 10 000 019 und 10 000 079.

Man entnimmt diesen numerischen Daten, daß die Verteilung der Primzahlen sicher *sehr unregelmäßig* ist: Einerseits gibt es überaus große Lücken, so schon von 1327 bis 1361, von 8467 bis 8501, von 9551 bis 9587; andererseits treten bei „sehr großen Zahlen" immer wieder *Primzahlzwillinge* (n und $n+2$ sind Primzahlen) und sogar *Drillinge* und *Vierlinge* auf (3 bzw. 4 Primzahlen in einer Dekade). Sehr große Vierlinge sind etwa

294 311, ...13, ...17, ...19
295 871, ...73, ...77, ...79
299 471, ...73, ...77, ...79.

Ein überaus großer Zwilling ist $697053813 \cdot 2^{16352} \pm 1$ (gefunden 1995 von Karl-Heinz Indlekofer und Antál Járai von der Universität Paderborn).
Eine erste einfache Aussage zur Primzahlverteilung ist (vgl. Aufgabe 1.1.3)): *Für die n-te Primzahl gilt:* $p_n \leqq 2^{(2^{n-1})}$. Eine weitere ganz elementare Aussage macht der

Satz: 1) *Sei* $a \in \mathbb{N}$, $a \geqq 3$. *Dann liegt zwischen* a *und* $a! - 1$ *stets wenigstens eine Primzahl.*
2) *Zu jeder natürlichen Zahl* $n \geqq 1$ *gibt es* n *aufeinanderfolgende natürliche Zahlen, die keine Primzahlen sind, z. B.* $(n+1)!+2$, $(n+1)!+3, \ldots, (n+1)!+n$, $(n+1)!+(n+1)$.

Beweis: ad 1): Alle Primzahlen $\leqq a$ teilen $a!$, also nicht $a! - 1$. Daher sind die Primteiler von $a! - 1$ sämtlich $> a$.
ad 2): Keine der n Zahlen $a_\nu := (n+1)! + \nu, 2 \leqq \nu \leqq n+1$, ist Primzahl, denn es gilt: $\nu \mid a_\nu$ und $\nu \neq a_\nu$ für alle $\nu = 2, \ldots, n+1$. □

Die Aussage 1) dieses Satzes läßt sich wesentlich verschärfen. Im Jahre 1845 zeigte J. BERTRAND (1822–1900) durch Rechnen für Zahlen < 6000000, daß zu jeder natürlichen Zahl $a \geqq 4$ wenigstens eine Primzahl zwischen $\frac{1}{2}a$ und $a-2$ existiert. Nach BERTRAND ist folgende Aussage benannt:

Bertrandsches Postulat: *Zu jeder natürlichen Zahl* $a \geqq 1$ *gibt es eine Primzahl* p *mit* $a < p \leqq 2a$.

Für diesen tiefliegenden Satz kennt man heute verschiedene Beweise. Inzwischen wurde auch das Bertrandsche Postulat wesentlich verbessert, so zeigte 1969 H. L. MONTGOMERY:

Sei $\varepsilon > 0$ *irgendeine reelle Zahl. Dann gibt es eine natürliche Zahl* a_0 *derart, daß zu jeder natürlichen Zahl* $a \geqq a_0$ *eine Primzahl* p *existiert mit* $a < p < a + a^{\frac{3}{5}+\varepsilon}$.

2. Großer Primzahlsatz. Es ist einfach festzustellen, daß die Verteilung der Primzahlen immer „dünner" wird:

Es gibt 168 Primzahlen zwischen	1 und	1000;
es gibt 135 Primzahlen zwischen	1000 und	2000;
es gibt 77 Primzahlen zwischen	199000 und	200000;
es gibt 71 Primzahlen zwischen	10^6 und	$10^6 + 1000$;
es gibt 54 Primzahlen zwischen	10^8 und	$10^8 + 1000$;
es gibt 49 Primzahlen zwischen	10^9 und	$10^9 + 1000$.

Um allgemeine quantitative Aussagen über die Verteilung der Primzahlen zu formulieren, definieren wir $\pi(x)$ als die Anzahl der Primzahlen, die kleiner oder gleich x sind:

$$\pi(x) := \sum_{p \in \mathbb{P}, p \leqq x} 1,$$

wobei es zweckmäßig ist, sofort beliebige reelle Zahlen $x \geqq 0$ als Argument der *Primzahlverteilungsfunktion* π zuzulassen, da die klassischen „Vergleichsfunktionen“ ohne reelle Zahlen nicht definierbar sind.
Es gilt also z.B. $\pi(1) = 0$, $\pi(2) = 1$, $\pi(3) = \pi(4) = 2, \ldots$.
Kennt man $\pi(x)$ für alle reellen Zahlen $x \geqq 0$, so kennt man die genaue Verteilung der Primzahlen in Intervallen, denn für alle $x_1, x_2 \in \mathbb{R}$ mit $0 \leqq x_1 \leqq x_2$ gilt per definitionem:

$$\pi(x_2) - \pi(x_1) = \text{Anzahl aller Primzahlen } p \text{ mit } x_1 < p \leqq x_2.$$

Eine Zahl $a \in \mathbb{N}^\times$ ist ersichtlich genau dann eine Primzahl, wenn gilt: $\pi(a) - \pi(a-1) = 1$.
Die Primzahlverteilungsfunktion π ist eine *Treppenfunktion*. Es erscheint auf den ersten Blick hoffnungslos, genauere Angaben über die Größenordnung von $\pi(x)$ zu machen. Umso erstaunlicher ist es, daß es 1792 dem 15-jährigen GAUSS durch Studium von numerischen Primzahltabellen, die er in einer geschenkten Logarithmentafel fand, gelang, eine Vergleichsfunktion zu entdecken, die wie die Funktion $\pi(x)$ wächst und die viel einfacher zu handhaben ist als die Primzahlverteilungsfunktion. Wir bezeichnen mit $\ln x$ den natürlichen Logarithmus von x (zur Basis e). Dann gilt:

Großer Primzahlsatz: $\lim\limits_{x \to \infty} \dfrac{\pi(x)}{x/\ln x} = 1.$

Bemerkung: Der große Primzahlsatz besagt, daß die elementar-transzendente Funktion $\dfrac{x}{\ln x}$ für große Werte von x die Funktion $\pi(x)$ so gut approximiert, daß der Quotient von $\pi(x)$ und dieser Funktion beliebig dicht bei 1 liegt. Man beschreibt diesen Sachverhalt häufig suggestiv durch

$$\pi(x) \sim \frac{x}{\ln x}.$$

Es vergingen mehr als 100 Jahre, bis ein erster vollständiger Beweis des großen Primzahlsatzes gegeben wurde. Erst 1896 gelang dies – zwar gleichzeitig, aber unabhängig voneinander – dem französischen Mathematiker J. HADAMARD (1865–1963) und dem belgischen Mathematiker C. DE LA VALLÉE-POUSSIN (1866–1962). Der Beweis gehört in die analytische Zahlentheorie und kann hier nicht erbracht werden: Entscheidendes Hilfsmittel ist die Riemannsche Zetafunktion

$$\zeta(s) = \sum_{n=1}^{\infty} \frac{1}{n^s}, \qquad s > 1,$$

die in folgendem Zusammenhang mit Primzahlen steht:

$$\zeta(s) = \prod_{p \in \mathbb{P}} \frac{1}{1 - p^{-s}} = \lim_{x \to \infty} \prod_{\substack{p \in \mathbb{P} \\ p \leqq x}} \frac{1}{1 - p^{-s}}.$$

Diese Zetafunktion muß auch für komplexe Argumente s mit funktionentheoretischen Methoden studiert werden. 1949 zeigten A. SELBERG und P. ERDÖS, daß man mit entsprechend großem Aufwand auf die funktionentheoretischen Hilfsmittel verzichten kann (sogenannter elementarer Beweis des großen Primzahlsatzes).

Man kann im nachhinein Spekulationen anstellen, wie GAUSS wohl zur Entdeckung des großen Primzahlsatzes gekommen ist. Eine Möglichkeit läßt sich wie folgt beschreiben: Man vergleicht die Zahlen x mit $\pi(x)$, indem man die Quotienten $\frac{x}{\pi(x)}$ bildet. Man findet die folgende Tabelle (wobei die hier lapidar notierten Werte für $\pi(x)$ in mehreren tausend Stunden todlangweiligen Rechnens ermittelt wurden):

x	$\pi(x)$	$x/\pi(x)$
10	4	2,5
100	25	4,0
1 000	168	6,0
10 000	1 229	8,1
100 000	9 592	10,4
1 000 000	78 498	12,7
10 000 000	664 579	15,0
100 000 000	5 761 455	17,4
1 000 000 000	50 847 534	19,7
10 000 000 000	455 052 512	22,0

Man interpretiert diese Tabelle folgendermaßen: Der Quotient $\frac{x}{\pi(x)}$ springt bei Übergang von einer Zehnerpotenz zur nächsten um circa 2,3:

$$\frac{10^{n+1}}{\pi(10^{n+1})} - \frac{10^n}{\pi(10^n)} \sim 2{,}3\ldots \qquad n \geqq 1 \text{ groß}.$$

Nun muß man die Idee haben, daß 2,3... gerade der natürliche Logarithmus von 10 ist. Stellt man dann der Relation $\frac{10^{n+1}}{\pi(10^{n+1})} - \frac{10^n}{\pi(10^n)} \sim \ln 10$ die Identität $\ln(10^{n+1}) - \ln(10^n) = \ln 10$ gegenüber, so wird man „intuitiv" dazu geführt, zu vermuten:

$$\frac{10^n}{\pi(10^n)} \sim \ln(10^n).$$

Ist man mutig genug, so ersetzt man die Zehnerpotenzen durch allgemeine große reelle Zahlen: Man hat dann in der Tat die Relation $\frac{x}{\pi(x)} \sim \ln x$, die lediglich eine andere Gestalt von $\pi(x) \sim \frac{x}{\ln x}$ ist.

GAUSS hat während seines ganzen Lebens dem Problem von der Verteilung der Primzahlen größtes Interesse entgegengebracht. Er hat umfangreiche numerische Rechnungen durchgeführt; in einem Brief aus dem Jahre 1849 an ENKE sagt er: „... und ich habe sehr oft einzelne unbeschäftigte Viertelstunden verwandt, um bald hie bald dort eine Chiliade [= Intervall von 1000 Zahlen] abzuzählen. ... So sind nun schon seit vielen Jahren die ersten drei Millionen abgezählt."

3*. Die Chebyshevsche Abschätzung. Den ersten echten Beitrag zum Beweis des großen Primzahlsatzes lieferte 1850 der russische Mathematiker P. L. CHEBYSHEV (1821–1894). Er zeigte:

$$0{,}89 \cdot \frac{x}{\ln x} < \pi(x) < 1{,}11 \cdot \frac{x}{\ln x} \quad \textit{für alle „hinreichend großen" reellen Zahlen } x.$$

Diese Ungleichungen besagen, daß der große Primzahlsatz richtig ist bis auf einen relativen Fehler von höchstens 11 %. Der Beweis von CHEBYSHEV benutzt in äußerst trickreicher Weise Eigenschaften von Binomialkoeffizienten der Form

$$\binom{2a}{a} = \frac{2a(2a-1)\cdot\ldots\cdot(a+1)}{1\cdot 2\cdot\ldots\cdot a} \cdot \frac{a(a-1)\cdot\ldots\cdot 2\cdot 1}{1\cdot 2\cdot\ldots\cdot a} = \frac{(2a)!}{(a!)^2}.$$

Um dem Leser einen (schwachen) Eindruck von der Art mathematischen Schließens in der analytischen Zahlentheorie zu geben, wollen wir eine stark abgeschwächte Form der Chebyshevschen Abschätzung nach oben beweisen, wobei wir elementare Eigenschaften des natürlichen Logarithmus ohne näheren Kommentar benutzen. Ausgangspunkt ist folgendes

Lemma: *Für alle Zahlen* $a \in \mathbb{N}^\times$, $a > 1$, *gilt*: $\pi(2a) - \pi(a) \leqq 2a\dfrac{\ln 2}{\ln a}$.

Beweis: Aus der binomischen Formel

$$2^{2a} = (1+1)^{2a} = \binom{2a}{0} + \binom{2a}{1} + \ldots + \binom{2a}{a} + \ldots + \binom{2a}{2a}$$

ergibt sich unmittelbar:

$$\binom{2a}{a} < 2^{2a} \quad \text{für alle } a \in \mathbb{N}^\times.$$

Um eine Abschätzung von $\binom{2a}{a} = \dfrac{(2a)!}{(a!)^2}$ nach unten zu erhalten, bemerkt man, daß jede Primzahl $\leqq 2a$ hier im Zähler vorkommt, daß aber keine Primzahl $> a$ im Nenner auftritt. Aus $(a!)^2\binom{2a}{a} = (2a)!$ ergibt sich folglich mit Hilfe des Korollars 1.1.4, daß der Binomialkoeffizient $\binom{2a}{a}$ von jeder Primzahl p mit $a < p \leqq 2a$ geteilt wird. Hieraus folgt

$$\Big(\prod_{\substack{p \in \mathbb{P} \\ a < p \leqq 2a}} p\Big) \,\Big|\, \binom{2a}{a}.$$

Das hier stehende Produkt hat genau $\pi(2a) - \pi(a)$ Faktoren, von denen jeder größer als a ist. Dies führt zur Ungleichung

$$a^{\pi(2a)-\pi(a)} \leqq \Big(\prod_{\substack{p \in \mathbb{P} \\ a < p \leqq 2a}} p\Big) \leqq \binom{2a}{a}.$$

Zusammen mit $\binom{2a}{a} < 2^{2a}$ ergibt sich, wenn man zu Logarithmen übergeht (wobei man beachte, daß die Funktion $\ln x$ streng monoton wachsend ist):

$$(\pi(2a) - \pi(a)) \ln a \leqq \ln\binom{2a}{a} < \ln 2^{2a} = 2a \cdot \ln 2.$$

Diese Abschätzung gilt für alle $a \in \mathbb{N}^\times$; vergißt man die mittlere Zahl $\ln\binom{2a}{a}$ und dividiert durch $\ln a$, so ergibt sich die Behauptung, denn $\ln a > 0$ für $a > 1$. □

Wir werden dieses Lemma nur für Zweierpotenzen $a = 2^{k-1}$ ausnutzen, wegen $\ln 2^{k-1} = (k-1)\ln 2$ läßt es sich dann logarithmenfrei schreiben:

$$\pi(2^k) - \pi(2^{k-1}) \leqq 2^k \frac{1}{k-1} \qquad \text{für alle } k \in \mathbb{N}^\times, \quad k > 1.$$

Für alle $m \in \mathbb{N}$, $m > 1$, erhält man hieraus:

$$\begin{aligned}\pi(2^{2m}) - \pi(2^m) &= \sum_{k=m+1}^{2m} (\pi(2^k) - \pi(2^{k-1})) \\ &\leqq \sum_{k=m+1}^{2m} \frac{2^k}{k-1} \leqq \frac{1}{m} \sum_{k=m+1}^{2m} 2^k = \frac{2^{m+1}}{m}(2^m - 1).\end{aligned}$$

Nun gilt: $\pi(2^m) < 2^m$. Daher folgt:

$$\pi(2^{2m}) \leqq 2^m + \frac{1}{m} 2^{m+1}(2^m - 1) < 2^m + \frac{1}{m} 2^{2m+1}.$$

Da $2^m < \frac{2^{2m}}{m}$ wegen $2^m > m$, so ergibt sich schließlich:

$$(*) \quad \pi(2^{2m}) < \frac{1}{m} 2^{2m} + \frac{2}{m} 2^{2m} = \frac{3}{m} 2^{2m} \qquad \text{für alle } m > 1.$$ □

Mit Hilfe dieser groben Ungleichung (*) zeigen wir nun folgende rudimentäre Chebyshevsche Abschätzung

Satz: *Mit* $c := 24 \ln 2$ *gilt für alle reellen Zahlen* $x > 1$:

$$\pi(x) \leqq c \frac{x}{\ln x}.$$

Beweis: Zu jeder Zahl $a \in \mathbb{N}$, $a \geqq 4$, existiert eine natürliche Zahl $m > 1$, so daß gilt: $4^{m-1} \leqq a < 4^m$. Übergang zu Logarithmen ergibt: $\ln a < m \ln 4$, also $\frac{1}{m} < 2\frac{\ln 2}{\ln a}$. Damit erhält man unter Verwendung der obigen Ungleichung (*), wenn man noch $4^{m-1} \leqq a < 4^m$ beachtet:

$$\pi(a) \leqq \pi(4^m) < \frac{3}{m} 4^m = 12 \cdot \frac{1}{m} 4^{m-1} < 24 \ln 2 \frac{a}{\ln a} \qquad \text{für } a \geqq 4.$$

Nun ist die Funktion $\frac{x}{\ln x}$ für $x > e$ monoton wachsend. Bezeichnet $[x] \in \mathbb{Z}$ die größte ganze Zahl $\leqq x$, so gilt für alle $x \geqq 4$:

$$\pi(x) = \pi([x]) \leqq c \frac{[x]}{\ln [x]} \leqq c \frac{x}{\ln x}.$$

Es ist leicht, die zu zeigende Ungleichung auch für $1 < x < 4$ nachzurechnen. □

Mit diesen Hinweisen zum großen Primzahlsatz müssen wir uns hier begnügen. Dem interessierten Leser sei folgende weiterführende Literatur zur vertiefenden Lektüre empfohlen:

D. ZAGIER: *Die ersten* 50 *Millionen Primzahlen*, Beihefte zu „Elemente der Mathematik“, Bd. 15. Birkhäuser-Verlag Basel/Stuttgart 1977; auch in BORHO, W. et al.: *Lebendige Zahlen. Fünf Exkursionen*. Mathematische Miniaturen 1, Birkhäuser Verlag Basel/ Boston/ Stuttgart 1981, S. 39–73

W. SCHWARZ: *Einführung in Methoden und Ergebnisse der Primzahltheorie*, BI-Hochschultaschenbuch 278/278 a, Mannheim 1969

4. Große Primzahlen. Es gibt ein theoretisch einfaches Verfahren, *alle* Primzahlen nacheinander aufzuschreiben. Man verwendet das sogenannte *Sieb des* ERATOSTHENES (ca. 276–194 v. Chr.): In der Folge $\{2,3,4,5,6,\dots\}$ aller natürlichen Zahlen $\geqq 2$ unterstreicht man die 2 und streicht alle echten Vielfachen von 2 weg (/). Dann unterstreicht man die nächste nicht gestrichene Zahl (hier: 3), streicht aber alle weiteren Vielfachen von 3 weg (\). Jetzt unterstreicht man die nächste nicht gestrichene Zahl usw. ...:

2, 3, ~~4~~, 5, ~~6~~, 7, ~~8~~, ~~9~~, ~~10~~, 11, ~~12~~, 13, ~~14~~, ~~15~~, ~~16~~, 17, ~~18~~, 19, ~~20~~, ~~21~~, ~~22~~, 23, ~~24~~, ~~25~~, ~~26~~, ~~27~~, ~~28~~, 29, ~~30~~.

Ist man bis zur Zahl $a \in \mathbb{N}^\times$ gekommen, so sind genau alle Primzahlen kleinergleich a unterstrichen.
Es ist klar, daß man mit dieser Siebmethode in der Praxis kaum zu großen Primzahlen vorstößt. Allerdings hat man mit Hilfe elektronischer Rechenanlagen umfangreiche Rechnungen angestellt; die nachstehende Tabelle vermittelt einen Überblick über die historische Entwicklung bis zum Jahr 1984:

Primzahl	Dezimalstellenzahl	Entdeckungsjahr	Entdecker
$2^{127}-1$	39	1876	LUCAS
$\frac{1}{17}(2^{148}+1)$	44	1951	FERRIER
$114(2^{127}-1)+1$	41	1951	MILLER, WHEELER & EDSAC 1
$180(2^{127}-1)^2+1$	79		
$2^{521}-1$	157	1952	LEHMER, ROBINSON & SWAC
$2^{607}-1$	183		
$2^{1279}-1$	386		
$2^{2203}-1$	664		
$2^{2281}-1$	687		
$2^{3217}-1$	969	1957	RIESEL & BESK
$2^{4253}-1$	1 281	1961	HURWITZ, SELFRIDGE & IBM 7090
$2^{4423}-1$	1 332		
$2^{9689}-1$	2 917	1963	GILLIES & ILLIAC 2
$2^{9941}-1$	2 993		
$2^{11213}-1$	3 376		
$2^{19937}-1$	6 002	1971	TUCKERMAN, WATSON & IBM 360
$2^{21701}-1$	6 533	1978	NICKEL, NOLL
$2^{23209}-1$	6 987	1979	

Primzahl	Dezimalstellenzahl	Entdeckungsjahr	Entdecker
$2^{44497}-1$	13 395	1979	SLOWINSKI & CRAY 1
$2^{86243}-1$	25 962	1983	
$2^{132049}-1$	39 751	1984	LUCAS, SLOWINSKI & CRAY-XMP

Wie man sieht, bilden die Mersenneschen Primzahlen den Ausgangspunkt all dieser Rechnungen, was allerdings insofern nicht weiter erstaunlich ist, da es ein in der Praxis relativ gut handhabbares Kriterium gibt zu entscheiden, ob eine Zahl der Gestalt $2^p - 1$, $p \in \mathbb{P}$, eine Primzahl ist, und zwar das

Kriterium von LUCAS-LEHMER: *Die Folge $(u_n)_{n \geqq 1}$ sei induktiv definiert durch $u_1 := 4$, $u_{n+1} := u_n^2 - 2$. Sei ferner p eine ungerade Primzahl. Dann gilt: $M_p = 2^p - 1$ ist genau dann eine Primzahl, wenn u_{p-1} durch M_p teilbar ist.*

In den letzten Jahren ist in der Tat die größte jeweils bekannte Primzahl stets eine Mersennesche gewesen, was auch daran liegt, daß als ein internationales Gemeinschaftsprojekt die „Great Internet Mersenne Prime Search" (GIMPS) unternommen wird (siehe auch unter `www.mersenne.org`).
Nach dem Stand vom April 2007 ist $2^{32582657} - 1$ die größte bekannte Primzahl; es handelt sich dabei um die 44. Mersennesche Primzahl. Sie besitzt 9 808 358 Stellen im Dezimalsystem und wurde vom Team von CURTIS COOPER und STEVEN BOONE an der University of Central Missouri gefunden.

5. Primzahlen in arithmetischen Progressionen. Da es unendlich viele Primzahlen gibt, kann man insbesondere fragen, ob in einer vorgelegten monoton wachsenden Folge $(a_n)_{n \geqq 0}$ natürlicher Zahlen a_n unendlich viele Primzahlen vorkommen. So enthält z. B. die Folge $(2n+1)_{n \geqq 0}$ aller ungeraden Zahlen *alle* Primzahlen bis auf die 2. Eine weitere Aussage dieser Art macht der

Satz: *Es gibt unendlich viele Primzahlen der Form $3n+2$, $n \in \mathbb{N}$.*

Beweis: Wir machen eine einfache Bemerkung vorweg: Sind $a_1, \dots, a_k \in \mathbb{Z}$ Zahlen der Form $a_\nu = 3b_\nu + 1$, $b_\nu \in \mathbb{Z}$, $1 \leqq \nu \leqq k$, so ist auch ihr Produkt $a_1 a_2 \cdot \ldots \cdot a_k$ von der Form $3b+1$, $b \in \mathbb{Z}$. Das ergibt sich unmittelbar durch Induktion, da $(3m+1)(3n+1) = 3(3mn+m+n)+1$ für alle $m, n \in \mathbb{Z}$.
Der eigentliche Beweis des Satzes wird nun nach dem Vorbild Euklids geführt (vgl. den Beweis von Satz 1.1.3): Angenommen, es gäbe nur endlich viele Primzahlen der Form $3n+2$, etwa $p_1, p_2, \dots, p_s$ mit $p_1 := 2$. Man betrachte die Zahl $a := 3(p_1 p_2 \cdot \ldots \cdot p_s) - 1 \in \mathbb{N}^\times$. Diese Zahl ist von der Form $3n+2$. Es sei $a = q_1^{m_1} q_2^{m_2} \cdot \ldots \cdot q_t^{m_t}$ die Primzerlegung von a. Jede Primzahl q_j ist von allen Primzahlen $3, p_1, \dots, p_s$ verschieden, da 1 nicht durch q_j teilbar ist, $j = 1, 2, \dots, t$. Nun muß aber mindestens eine Primzahl q_i von der Form $3n+2$ sein; denn wären alle Zahlen $q_1, \dots, q_t$ von der Form $3m+1$ (eine andere Möglichkeit gibt es nicht!), so wäre nach dem eingangs Bemerkten auch $a = q_1^{m_1} q_2^{m_2} \cdot \ldots \cdot q_t^{m_t}$ von der Form $3m+1$, was nicht möglich ist. Mithin gibt es außer den Primzahlen $p_1, \dots, p_s$ doch noch eine weitere Primzahl der Form $3n+2$. □

Der Satz läßt sich ganz wesentlich verallgemeinern. Man betrachtet allgemein *arithmetische Progressionen*, d.h. Folgen $(a_n)_{n \geqq 0}$, wobei gilt: $a_n = nq + r$ mit fest vorgegebenen Zahlen $q \in \mathbb{N}^\times$, $r \in \mathbb{N}$. In einer solchen Progression liegen ersichtlich höchstens dann unendlich viele Primzahlen, wenn q und r teilerfremd sind. Schon 1785 behauptete der französische Mathematiker A. M. LEGENDRE (1752–1833) die Existenz von unendlich vielen Primzahlen in jeder arithmetischen Progression der Form $2h \cdot n + k$, $n \in \mathbb{N}$, mit teilerfremden Zahlen $2h, k$. Im Jahre 1837 bewies der deutsche Mathematiker G. P. L. DIRICHLET (1805–1859) den tiefliegenden

Primzahlsatz für arithmetische Progressionen: *Es seien $q \in \mathbb{N}^\times$, $r \in \mathbb{N}$ teilerfremde Zahlen. Dann enthält die arithmetische Progression $q + r$, $2q + r$, $3q + r, \ldots, nq + r, \ldots$ unendlich viele Primzahlen.*

Zum Beweis dieses Satzes benötigt man wieder umfangreiche Hilfsmittel aus der Analysis. Die Hauptschwierigkeit im Dirichletschen Beweis besteht darin, daß eine unendliche Reihe $\sum\limits_{n=1}^{\infty} \frac{\chi(n)}{n}$, wo χ ein sogenannter *reeller Charakter* ist, nicht null ist. Wir können dazu in diesem Rahmen nichts Näheres sagen.
Die Mathematiker haben sich ein Vergnügen daraus gemacht, für Spezialfälle des Dirichletschen Primzahlsatzes einfache Beweise zu finden, so für die Progressionen $3n \pm 1$, $4n \pm 1$, $5n \pm 2$, $6n \pm 1$, $8n - 1$, $8n \pm 3$, $10n - 1$, $12n - 1$ und viele weitere.

6. Primzahlen als Werte von Polynomen. Wir bezeichnen mit $\mathbb{Z}[X]$ die Gesamtheit aller Polynome

$$f(X) = a_0 + a_1 X + \ldots + a_n X^n$$

mit ganzzahligen Koeffizienten $a_0, a_1, \ldots, a_n$. Wir wollen hier nichts zur exakten Einführung von Polynomen sagen, sondern mit ihnen naiv operieren (vgl. auch 3.0.2). Für jedes Polynom $f \in \mathbb{Z}[X]$ sind die *Werte*

$$f(a) := a_0 + a_1 a + a_2 a^2 + \ldots + a_n a^n \in \mathbb{Z} \quad \text{für alle } a \in \mathbb{Z}$$

wohldefiniert. Falls $f(a) = 0$, so heißt a eine *Nullstelle* von f. Für jede Zahl $a \in \mathbb{Z}$ besteht eine Gleichung

$$f(X) = (X - a)\, g(X) + f(a) \quad \text{mit (von } a \text{ abhängendem) } g \in \mathbb{Z}[X],$$

wie man sofort der Darstellung

$$f(X) - f(a) = a_1(X - a) + a_2(X^2 - a^2) + \ldots + a_n(X^n - a^n)$$

entnimmt, wenn man jede Differenz $X^\nu - a^\nu$ in der Form $(X - a)(X^{\nu-1} + aX^{\nu-2} + \ldots + a^{\nu-2}X + a^{\nu-1})$ schreibt.
Nach dem Primzahlsatz von DIRICHLET nimmt ein *lineares* Polynom $a_0 + a_1 X$ mit $a_1 \neq 0$ genau dann unendlich viele Primzahlen als Werte an, wenn a_0 und a_1 teilerfremd sind. Analoge Aussagen für *quadratische* Polynome (ganz zu schweigen von Polynomen höheren Grades) sind nicht bekannt, so weiß man z. B. nicht einmal, ob unter den Werten des Polynoms $X^2 + 1$ unendlich viele Primzahlen vorkommen.

Bereits EULER wußte, daß die 41 Werte $h(0), h(1), h(2), \ldots, h(40)$ des Polynoms $h(X) := X^2 - X + 41$ sämtlich Primzahlen sind. LEGENDRE bemerkte, daß auch das Polynom $l(X) := X^2 + X + 41$ für $0, 1, \ldots, 39$ nur Primzahlen als Werte hat; dies ist – wenn man die Aussage von EULER unterstellt – klar, da $h(X+1) = (X+1)^2 - (X+1) + 41 = X^2 + X + 41 = l(X)$. Man hat später bemerkt, daß das Legendresche Polynom $l(X)$ auch noch für $-1, -2, \ldots, -40$ Primzahlen liefert, da $l(-X) = h(X)$. Daher ist $l(X-40) = (X-40)^2 + (X-40) + 41 = X^2 - 79X + 1601$ ein Polynom, dessen 80 konsekutiven Werte für $0, 1, 2, \ldots, 79$ sämtlich Primzahlen sind.
Man wird fragen, ob es nichtkonstante Polynome $f \in \mathbb{Z}[X]$ gibt derart, daß jeder Wert $f(n)$, $n \in \mathbb{N}^\times$, eine Primzahl ist. Wir wollen zeigen, daß dies nicht der Fall sein kann. Dazu zeigen wir vorweg:

Lemma: *Sei $f \in \mathbb{Z}[X]$ irgendein Polynom, sei $a \in \mathbb{Z}$ und sei $b := f(a) \neq 0$. Dann gilt: $f(a + b^2) = f(a) \cdot c$ mit $c \in \mathbb{Z}$ und $\mathrm{ggT}(f(a), c) = 1$.*

Beweis: Es gilt $f(X) = (X - a)\, g(X) + f(a)$ mit $g \in \mathbb{Z}[X]$. Hieraus folgt:

$$\begin{aligned} f(a+b^2) &= (a + b^2 - a) \cdot g(a+b^2) + f(a) = f(a)^2 \cdot g(a+b^2) + f(a) \\ &= f(a) \cdot (1 + f(a)\, g(a+b^2)). \end{aligned}$$

Die Zahl $c := 1 + f(a)\, g(a+b^2) \in \mathbb{Z}$ ist aber teilerfremd zu $b = f(a)$, vgl. z. B. Teilerfremdheitskriterium 1.5, iv). □

Wir können nun zeigen, daß die Wertefolge $f(1), f(2), \ldots, f(n), \ldots$ eines jeden ganzzahligen nicht konstanten Polynoms unendlich viele Primteiler hat.

Satz: *Es sei $f = a_r X^r + a_{r-1} X^{r-1} + \ldots + a_1 X + a_0 \in \mathbb{Z}[X]$ mit $r \geqq 1$, $a_r \neq 0$. Dann gibt es eine Folge $n_1, n_2, n_3, \ldots, n_i, \ldots$ natürlicher Zahlen, so daß der Wert $f(n_i) \in \mathbb{Z}$ mindestens i verschiedene Primteiler hat, $i \in \mathbb{N}^\times$.*

Beweis: Wir dürfen $a_r > 0$ annehmen (sonst gehe man zum Polynom $-f$ über). Wir benötigen folgende Ungleichung für die Werte von f:

$$(*) \quad f(x) > \tfrac{1}{2} a_r x^r \quad \text{für alle } x > x_0 := 4 \max\{|a_0|, |a_1|, \ldots, |a_{r-1}|, |a_r|\} \geqq 4.$$

Zum Beweis gehen wir aus von der für alle $x > 0$ geltenden Abschätzung $f(x) \geqq a_r x^r - |a_{r-1}|\, x^{r-1} - \ldots - |a_1|\, x - |a_0|$.
Für alle $x > x_0$ gilt $-|a_j| > -\dfrac{x}{4}$ für alle $j = 0, \ldots, r-1$; daher folgt:

$$f(x) > a_r x^r - \frac{x}{4}(x^{r-1} + \ldots + x + 1) = a_r x^r - \frac{x}{4} \cdot \frac{x^r - 1}{x - 1} \quad \text{für alle } x > x_0.$$

Nun gilt $\dfrac{x}{4} \cdot \dfrac{x^r - 1}{x - 1} < \dfrac{1}{2}(x^r - 1)$ für alle $x > 2$. Wegen $x_0 > 2$ folgt daher wie behauptet:

$$f(x) > a_r x^r - \tfrac{1}{2}(x^r - 1) > (a_r - \tfrac{1}{2})\, x^r \geqq \tfrac{1}{2} a_r x^r \quad \text{für alle } x > x_0.$$

Nach diesen Vorbereitungen definieren wir nun die gesuchten Zahlen $n_1, n_2, \ldots$ induktiv wie folgt:

1) Wir wählen $n_1 \in \mathbb{N}$, $n_1 > x_0$, beliebig.
2) Sind $n_1, n_2, \ldots, n_i$ schon definiert, so setzen wir: $n_{i+1} := n_i + f(n_i)^2 \in \mathbb{N}$.

Wir behaupten: $1 < 2a_r < f(n_1) < f(n_2) < \ldots < f(n_i) < f(n_{i+1}) < \ldots$.
Zunächst ist wegen $n_1 > x_0 \geqq 4$ und $r \geqq 1$, $a_r \geqq 1$ auf Grund von $(*)$ klar:

$$f(n_1) > \tfrac{1}{2} a_r n_1^r \geqq \tfrac{1}{2} a_r n_1 \geqq \tfrac{1}{2} a_r 4 = 2a_r > 1.$$

Sei $2a_r < f(n_1) < \ldots < f(n_i)$ schon gezeigt, $i \geqq 1$. Wegen $n_{i+1} = n_i + f(n_i)^2 > x_0$ gilt nach $(*)$:

$$f(n_{i+1}) > \tfrac{1}{2} a_r n_{i+1}^r = \tfrac{1}{2} a_r (n_i + f(n_i)^2)^r \geqq \tfrac{1}{2} a_r f(n_i)^{2r}.$$

Da $\frac{1}{2} a_r f(n_i) \geqq \frac{1}{2} a_r 2 a_r = a_r^2 \geqq 1$ und $f(n_i)^{2r-1} \geqq f(n_i)$ wegen $2r - 1 \geqq 1$, so folgt $f(n_{i+1}) > f(n_i)$.
Wir ziehen nun das Lemma heran. Demnach gilt für alle $i \geqq 1$:

$$f(n_{i+1}) = f(n_i) \cdot c_i \quad \text{mit} \quad c_i \in \mathbb{Z} \quad \text{und} \quad \operatorname{ggT}(f(n_i), c_i) = 1.$$

Da stets $c_i > 1$ wegen $f(n_{i+1}) > f(n_i)$, so sehen wir, daß $f(n_{i+1})$ mindestens einen (von c_i herrührenden) Primteiler besitzt, der nicht $f(n_i)$ teilt. Da $f(n_1) > 1$ mindestens einen Primteiler hat, so folgt die Behauptung durch einen trivialen Induktionsschluß. □

Auch für Polynome in mehreren Veränderlichen stellt sich das Problem, welche Primzahlen unter den Werten vorkommen. Für das durch den pythagoräischen Lehrsatz ausgezeichnete quadratische Polynom $X^2 + Y^2$ in 2 Veränderlichen X, Y ist dieses Problem äquivalent mit der Frage, welche Primzahlen als Summe von 2 Quadraten $a^2 + b^2$, $a, b \in \mathbb{N}^\times$, darstellbar sind. Hier kennt man die genaue Antwort; es gilt der berühmte

Satz (Euler): *Eine Primzahl p ist genau dann als Quadratsumme $a^2 + b^2$ mit natürlichen Zahlen $a \geqq 1$, $b \geqq 1$ darstellbar, wenn $p = 2$ oder wenn p von der Form $4n + 1$, $n \in \mathbb{N}^\times$, ist.*

Beispiele: $2 = 1^2 + 1^2$, $5 = 2^2 + 1^2$, $17 = 4^2 + 1^2$, $53 = 7^2 + 2^2$, $113 = 8^2 + 7^2$. 7, 11, 19, 107, 991 sind nicht Summe zweier Quadrate, da sie die Form $4n + 3$ haben.

Ein Beweis dieses Eulerschen Satzes wird im Abschnitt 5.2.3 gegeben. □

Auf Grund unseres Satzes sind die Werte $f(n)$, $n \in \mathbb{N}$, eines nichtkonstanten Polynoms $f \in \mathbb{Z}[X]$ in einer Veränderlichen niemals sämtlich Primzahlen. Es stellt sich die Frage, ob diese Aussage auch für ganzzahlige Polynome in mehreren Veränderlichen gültig bleibt. Es zeigt sich, daß bei mehreren Veränderlichen die Verhältnisse gänzlich anders liegen. So zeigte kürzlich der sowjetische mathematische Logiker Yu. Matijasevič, daß es ein ganzzahliges Polynom $g \in \mathbb{Z}[X_1, X_2, \ldots, X_{10}]$ in 10 Unbestimmten $X_1, X_2, \ldots, X_{10}$ vom Totalgrad $\leqq 120$ gibt mit folgenden Eigenschaften:

1) *Für jedes System $a_1, a_2, \ldots, a_{10} \in \mathbb{N}^\times$ ist der Wert $g(a_1, a_2, \ldots, a_{10}) \in \mathbb{Z}$ entweder negativ oder eine Primzahl.*
2) *Zu jeder Primzahl p gibt es natürliche Zahlen $a_1, a_2, \ldots, a_{10} \in \mathbb{N}^\times$ mit $g(a_1, a_2, \ldots, a_{10}) = p$.*

Man kann solche Polynome g sogar explizit angeben!

Aufgaben:

1) Zeigen Sie mit Hilfe des Kriteriums von Lucas-Lehmer, daß die Zahlen $M_p = 2^p - 1$ für $p = 3$, $p = 5$ und $p = 7$ Primzahlen sind.
2) Zeigen Sie direkt: Es gibt unendlich viele Primzahlen der Form
   a) $6k + 5$, $k \in \mathbb{N}$.
   b) $4k + 3$, $k \in \mathbb{N}$.
3) Zeigen Sie: Für alle natürlichen Zahlen $n \geqq 2$ gilt: $n < 2^{\pi(n)} \cdot \sqrt{n}$.

§ 3 Zahlentheoretische Funktionen

In diesem Paragraphen behandeln wir nach einigen einführenden Bemerkungen im Abschnitt 2 die klassische Eulersche φ-Funktion. In den Abschnitten 3 und 4 entwickeln wir dann die Theorie der Dirichlet-Faltung und wenden diese auf das Möbiussche Umkehrproblem für Summatorfunktionen an.

1. Multiplikative Funktionen. Im Paragraphen 3 von Kapitel 1 haben wir die Anzahl $\tau(a)$, das Produkt $P(a)$ und die Summe $\sigma(a)$ aller positiven Teiler einer natürlichen Zahl $a \geqq 1$ bestimmt. Es handelt sich hierbei um Beispiele zahlentheoretischer Funktionen. Allgemein heißt jede Abbildung $f\colon \mathbb{N}^\times \to \mathbb{Q}$, $a \mapsto f(a)$ eine *zahlentheoretische Funktion*; wir schreiben kurz f statt $f\colon \mathbb{N}^\times \to \mathbb{Q}$.
Von besonderem Interesse sind solche zahlentheoretischen Funktionen f, die die multiplikative Struktur von $\mathbb{N}^\times$ insoweit respektieren, daß $f(ab) = f(a)f(b)$ für alle $a, b \in \mathbb{N}^\times$ mit $\operatorname{ggT}(a, b) = 1$ gilt. Derartige Funktionen nennt man *multiplikativ*, bisweilen auch *distributiv*.
Die einfachste zahlentheoretische Funktion ist die „Nullfunktion": Sie wird definiert durch $f(a) := 0$ für alle $a \in \mathbb{N}^\times$. Die Nullfunktion ist multiplikativ, aber ohne Bedeutung.

Lemma: 1) *Ist f eine multiplikative zahlentheoretische Funktion, die nicht die Nullfunktion ist, so gilt*: $f(1) = 1$.
2) *Sind f und g multiplikative Funktionen, so ist auch die Produktfunktion $f \cdot g$, die durch $(f \cdot g)(a) := f(a) \cdot g(a)$, $a \in \mathbb{N}^\times$, definiert wird, multiplikativ.*

Beweis. ad 1): Für alle $a \in \mathbb{N}^\times$ gilt $f(a) = f(a \cdot 1) = f(a) \cdot f(1)$ wegen $\operatorname{ggT}(a, 1) = 1$. Da nach Voraussetzung eine Zahl $a_0 \in \mathbb{N}^\times$ mit $f(a_0) \neq 0$ existiert, so folgt $f(1) = 1$.
ad 2): Für alle $a, b \in \mathbb{N}^\times$ mit $\operatorname{ggT}(a, b) = 1$ gilt:

$$\begin{aligned}(f \cdot g)(ab) &= f(ab) \cdot g(ab) = f(a)f(b)g(a)g(b) = f(a)g(a) \cdot f(b)g(b)\\ &= (f \cdot g)(a) \cdot (f \cdot g)(b).\end{aligned}$$ □

Wir charakterisieren nun multiplikative Funktionen mit Hilfe des Satzes von der Primzerlegung.

Satz: *Folgende Aussagen über eine von der Nullfunktion verschiedene zahlentheoretische Funktion f sind äquivalent*:

i) *f ist multiplikativ.*
ii) *Ist $a \in \mathbb{N}^\times$ und ist $a = p_1^{m_1} p_2^{m_2} \cdot \ldots \cdot p_r^{m_r}$ die Primzerlegung von a, so gilt*: $f(a) = f(p_1^{m_1})\, f(p_2^{m_2}) \cdot \ldots \cdot f(p_r^{m_r})$.

Beweis: i) $\Rightarrow$ ii): Man führt Induktion nach r durch; der Fall $r = 0$ ist klar aufgrund des Lemmas, der Fall $r = 1$ ist trivial. Sei $r > 1$. Da $p_1^{m_1}$ und $p_2^{m_2} \cdot \ldots \cdot p_r^{m_r}$ aufgrund des Teilerfremdheitskriteriums 1.5, ii) teilerfremd sind, so gilt $f(a) = f(p_1^{m_1})\, f(p_2^{m_2} \cdot \ldots \cdot p_r^{m_r})$. Die Induktionsvoraussetzung ergibt nun die Behauptung.
ii) $\Rightarrow$ i): Seien $a, b \in \mathbb{N}^\times$, seien $a = p_1^{m_1} p_2^{m_2} \cdot \ldots \cdot p_r^{m_r}$, $b = q_1^{n_1} q_2^{n_2} \cdot \ldots \cdot q_s^{n_s}$ die Primzerlegungen von a, b. Nach Voraussetzung gilt

$$f(a) = f(p_1^{m_1})\, f(p_2^{m_2}) \cdot \ldots \cdot f(p_r^{m_r}) \quad \text{und} \quad f(b) = f(q_1^{n_1})\, f(q_2^{n_2}) \cdot \ldots \cdot f(q_s^{n_s}).$$

Sei nun $\operatorname{ggT}(a, b) = 1$. Dann ist $ab = p_1^{m_1} p_2^{m_2} \cdot \ldots \cdot p_r^{m_r} q_1^{n_1} q_2^{n_2} \cdot \ldots \cdot q_s^{n_s}$ die Primzerlegung von ab (bis auf die evtl. Reihenfolge der Faktoren), daher gilt:

$$f(ab) = f(p_1^{m_1}) f(p_2^{m_2}) \cdot \ldots \cdot f(p_r^{m_r}) f(q_1^{n_1}) f(q_2^{n_2}) \cdot \ldots \cdot f(q_s^{n_s}) = f(a) f(b). \quad \square$$

Aus diesem Satz folgt unmittelbar:

Korollar: *Zwei multiplikative Funktionen f_1, f_2 sind gleich (als Funktionen!), wenn gilt: $f_1(p^m) = f_2(p^m)$ für alle $p \in \mathbb{P}$, $m \in \mathbb{N}$.*

Beispiele zahlentheoretischer Funktionen: 1) Die „einfachste" zahlentheoretische Funktion, die nicht die Nullfunktion ist, wird gegeben durch $o(1) := 1$, $o(a) := 0$ für alle $a \in \mathbb{N}^\times$, $a \neq 1$. Diese Funktion ist offensichtlich multiplikativ; sie wird in den nächsten Abschnitten im Zusammenhang mit der Dirichlet-Faltung eine wichtige Rolle spielen.

2) Die durch $e(a) := 1$ für alle $a \in \mathbb{N}^\times$ definierte Funktion ist die einzige *konstante* Funktion, die multiplikativ, aber nicht die Nullfunktion ist.

3) Die durch $i(a) := a$, $a \in \mathbb{N}^\times$, definierte Funktion (identische Funktion) ist multiplikativ.

4) Für jede natürliche Zahl k ist die durch $i_k(a) = a^k$, $a \in \mathbb{N}^\times$, definierte Funktion (k-te Potenzfunktion) multiplikativ. Es gilt $i_0 = e$ und $i_1 = i$.

5) Die Teileranzahlfunktion $\tau(a) = \sum_{d \mid a} 1$, $a \in \mathbb{N}^\times$, ist multiplikativ aufgrund von Satz 1.3.1.

6) Die Produktfunktion $P(a) = \prod_{d \mid a} d$, $a \in \mathbb{N}^\times$, ist *nicht* multiplikativ: Nach Satz 1.3.2 gilt $P(a) = a^{\tau(a)/2}$, also z.B. $P(6) = 6^2 = 36$, $P(2) = 2$, $P(3) = 3$, $P(2 \cdot 3) = 36 \neq 6 = P(2)\, P(3)$.

7) Die Teilersummenfunktion $\sigma(a) = \sum_{d \mid a} d$, $a \in \mathbb{N}^\times$, ist multiplikativ aufgrund von Satz 1.3.3.

8) Für jede natürliche Zahl k ist die durch $\sigma_k(a) := \sum_{d \mid a} d^k$ für $a \in \mathbb{N}^\times$ definierte zahlentheoretische Funktion multiplikativ, denn es gilt: $\sigma_0 = \tau$ (vgl. Beispiel 5)) und für $k \geqq 1$: $\sigma_k(a) = \prod_{\varrho=1}^{r} \dfrac{p_\varrho^{k(m_\varrho+1)} - 1}{p_\varrho^k - 1}$, falls $a = \prod_{\varrho=1}^{r} p_\varrho^{m_\varrho}$ die Primzerlegung von $a \in \mathbb{N}^\times$ ist; insbesondere sehen wir: $\sigma_k\left(\prod_{\varrho=1}^{r} p_\varrho^{m_\varrho}\right) = \prod_{\varrho=1}^{r} \sigma_k(p_\varrho^{m_\varrho})$, woraus die Multiplikativität von σ_k, $k \geqq 1$, folgt. Offenbar ist ferner $\sigma_1 = \sigma$ (vgl. Beispiel 7)).

2. Eulersche φ-Funktion. Die durch die Festsetzung

$$\varphi(a) := \text{Anzahl der zu } a \in \mathbb{N}^\times \text{ teilerfremden Zahlen aus } \{1, 2, \ldots, a\}$$

erklärte Funktion $\varphi\colon \mathbb{N}^\times \to \mathbb{N}^\times$ heißt *Eulersche φ-Funktion.*
Es ist also: $\varphi(1) = 1$, $\varphi(2) = 1$, $\varphi(3) = 2$, $\varphi(4) = 2$, $\varphi(5) = 4$, $\varphi(6) = 2$, $\varphi(7) = 6$, $\varphi(8) = 4$, $\varphi(9) = 6$, $\varphi(10) = 4$, $\varphi(11) = 10$, $\varphi(12) = 4$.

Die φ-Funktion wurde 1760 von Leonhard EULER (geb. 1707 in Basel, gest. 1783 in Petersburg) im Zusammenhang mit seiner Verallgemeinerung des kleinen Fermatschen Satzes eingeführt. Zum Ausgangspunkt unserer Überlegungen über die φ-Funktion machen wir die von Carl Friedrich GAUSS (geb. 1777 in Braunschweig, gest. 1855 in Göttingen, princeps mathematicorum) in seinem berühmten 1801 erschienenen Werk *Disquisitiones Arithmeticae* angegebene

Teilersummenformel: *Für alle* $a \in \mathbb{N}^\times$ *gilt*: $\sum\limits_{d \mid a} \varphi(d) = a$.

Beweis: Sei $a \in \mathbb{N}^\times$ fixiert, sei d irgendein positiver Teiler von a. Wir bezeichnen mit $T(d)$ diejenigen Zahlen x aus der Menge $\{1, 2, \ldots, a\}$, die mit a den größten gemeinsamen Teiler d haben, also

$$T(d) := \{x \in \mathbb{N}^\times : x \leqq a \text{ und } \mathrm{ggT}(a, x) = d\}.$$

Sind d, d' verschiedene Teiler von a, so sind die Mengen $T(d)$ und $T(d')$ elementfremd. Da jede Zahl $b \in \mathbb{N}^\times$, $1 \leqq b \leqq a$, in einer Menge $T(d)$ liegt, nämlich in $T(\mathrm{ggT}(a, b))$, so sehen wir:
Die Menge $\{1, 2, \ldots, a\}$ ist die Vereinigung der paarweise elementfremden Mengen $T(d)$, wo d alle positiven Teiler von a durchläuft.
Hieraus folgt durch Elementezählen, wenn wir mit $\mathrm{Anz}(T(d))$ die Anzahl der Elemente von $T(d)$ bezeichnen:

$$(*) \quad a = \sum_{d \mid a} \mathrm{Anz}(T(d)).$$

Wir bestimmen nun die Zahl $\mathrm{Anz}(T(d))$ für jeden Teiler $d \geqq 1$ von a. Laut Definition gilt:
$x \in T(d)$ genau dann, wenn $x = qd$ mit $q \in \mathbb{N}^\times$, $1 \leqq qd \leqq a$, $\mathrm{ggT}(a, qd) = d$.
Es gilt $\mathrm{ggT}(a, qd) = d$ aufgrund von Rechenregel 1.1, 3) genau dann, wenn gilt $\mathrm{ggT}\left(\frac{a}{d}, q\right) = 1$; daher folgt:
$x \in T(d)$ genau dann, wenn $x = qd$ mit $q \in \mathbb{N}^\times$, $1 \leqq q \leqq \frac{a}{d}$, $\mathrm{ggT}\left(\frac{a}{d}, q\right) = 1$.
Da es laut Definition der φ-Funktion genau $\varphi\left(\frac{a}{d}\right)$ zu $\frac{a}{d}$ teilerfremde Zahlen zwischen 1 und $\frac{a}{d}$ gibt, so hat $T(d)$ also genau $\varphi\left(\frac{a}{d}\right)$ Elemente. Damit schreibt sich $(*)$ wie folgt: $a = \sum\limits_{d \mid a} \varphi\left(\frac{a}{d}\right)$. Nun erhält man alle positiven Teiler auch genau einmal (in umgekehrter Reihenfolge) in der Form $\hat{d} = \frac{a}{d}$, wenn d alle positiven Teiler von a durchläuft. Wir sehen

$$a = \sum_{d \mid a} \varphi\left(\frac{a}{d}\right) = \sum_{\hat{d} \mid a} \varphi(\hat{d}).$$

Dies ist die Behauptung, wenn man wieder d statt $\hat{d}$ schreibt. □

Beispiel: Für $a := 12$ gilt:

$$\sum_{d \mid 12} \varphi(d) = \varphi(1) + \varphi(2) + \varphi(3) + \varphi(4) + \varphi(6) + \varphi(12)$$
$$= 1 + 1 + 2 + 2 + 2 + 4 = 12.$$

Um die φ-Funktion in geschlossener Form anzugeben, wie es bereits EULER tat, verwenden wir folgenden, auch im weiteren nützlichen

Hilfssatz: *Sind $a, b \in \mathbb{N}^\times$ teilerfremd, so erhält man jeden positiven Teiler d von ab genau einmal, wenn man jeden positiven Teiler d_1 von a mit jedem positiven Teiler d_2 von b multipliziert.*

Beweis: Sei $d_1 \mid a$, $d_2 \mid b$, $d_1 \geqq 1$, $d_2 \geqq 1$. Für $d := d_1 d_2$ gilt dann $d \mid ab$ und $d \geqq 1$. Ist umgekehrt $d \geqq 1$ ein Teiler von ab, so verteilen sich wegen der Teilerfremdheit von a und b die Primfaktoren von d eindeutig auf die Primfaktoren von a einerseits und b andererseits, so daß man durch Zusammenfassung der von a bzw. b herrührenden Primfaktoren eine Zerlegung $d = d_1 d_2$ mit $d_1 \geqq 1$, $d_2 \geqq 1$, $d_1 \mid a$, $d_2 \mid b$ erhält, wobei d_1 und d_2 durch d eindeutig bestimmt sind. □

Wir zeigen nun

Satz: 1) *Die Eulersche φ-Funktion ist multiplikativ*:

$$\varphi(ab) = \varphi(a)\,\varphi(b) \qquad \textit{für alle } a, b \in \mathbb{N}^\times \quad \textit{mit} \quad \operatorname{ggT}(a, b) = 1.$$

2) *Es gilt* $\varphi(a) = a \prod_{p \mid a} \left(1 - \frac{1}{p}\right)$ *für alle* $a \in \mathbb{N}^\times$ *(wobei* $\prod_{p \mid a}$ *bedeutet, daß über alle Primteiler p von a multipliziert wird).*

Beweis: ad 1): Wir zeigen durch Induktion nach c, daß für alle teilerfremden multiplikativen Zerlegungen von $c \in \mathbb{N}^\times$, d.h. für alle teilerfremden $a, b \in \mathbb{N}^\times$ mit $c = ab$, gilt: $\varphi(a)\,\varphi(b) = \varphi(c) = \varphi(ab)$.
Da für $c = 1$ notwendig $a = b = 1$ gilt, ist wegen $\varphi(1) = 1$ der Induktionsanfang klar. Sei nun $c \in \mathbb{N}^\times$, $c > 1$, derart, daß die Behauptung richtig ist für alle $c' \in \mathbb{N}^\times$ mit $c' < c$ (erweiterte Induktionsvoraussetzung).
Sind dann $a, b \in \mathbb{N}^\times$ irgendwelche teilerfremden natürlichen Zahlen mit $c = ab$, so gilt zum einen aufgrund der Teilersummenformel für $c = ab$ und des Hilfssatzes:

$$(+) \quad ab = \sum_{d \mid ab} \varphi(d) = \sum_{d_1 \mid a,\, d_2 \mid b} \varphi(d_1 d_2).$$

Andererseits gilt aufgrund der Teilersummenformel für a bzw. b und des Distributivgesetzes:

$$(++) \quad ab = \Big(\sum_{d_1 \mid a} \varphi(d_1)\Big)\Big(\sum_{d_2 \mid b} \varphi(d_2)\Big) = \sum_{d_1 \mid a,\, d_2 \mid b} \varphi(d_1)\,\varphi(d_2).$$

Wir fixieren nun ein Paar $d_1, d_2 \in \mathbb{N}^\times$ mit $d_1 \mid a$, $d_2 \mid b$. Falls $(d_1, d_2) \neq (a, b)$, so gilt $c' := d_1 d_2 < ab = c$. Da mit a und b auch d_1 und d_2 teilerfremd sind, folgt dann nach der Induktionsvoraussetzung $\varphi(d_1 d_2) = \varphi(d_1)\,\varphi(d_2)$. Also stimmen im Falle $(d_1, d_2) \neq (a,b)$ die zu d_1, d_2 gehörenden Summanden der rechten Seiten von $(+)$ bzw. $(++)$ überein. Dann müssen auch die zu $(d_1, d_2) = (a,b)$ gehörenden Summanden übereinstimmen; also muß $\varphi(ab) = \varphi(a)\,\varphi(b)$ sein.

ad 2): Seien zunächst $p \in \mathbb{P}$ und $m \in \mathbb{N}^\times$ beliebig. Dann gilt für $x \in \{1, \ldots, p^m\}$ genau dann $\mathrm{ggT}(x, p^m) \neq 1$, wenn p ein Teiler von x ist, wenn es also ein $y \in \mathbb{Z}$ mit $x = py$ gibt, wobei y dann notwendigerweise in $\{1, \ldots, p^{m-1}\}$ liegt. Demnach ist

$$\varphi(p^m) = \mathrm{Anz}(\{1, \ldots, p^m\}) - \mathrm{Anz}(\{py\colon y \in \{1, \ldots, p^{m-1}\}\}) = p^m - p^{m-1}.$$

Ist nun $a \in \mathbb{N}^\times$ beliebig mit Primzerlegung $a = \prod_{\varrho=1}^{r} p_\varrho^{m_\varrho}$, so folgt nach Satz 1 aus dem bereits Bewiesenen:

$$\varphi(a) = \prod_{\varrho=1}^{r} \varphi(p_\varrho^{m_\varrho}) = \prod_{\varrho=1}^{r} (p_\varrho^{m_\varrho} - p_\varrho^{m_\varrho - 1}).$$

Da stets $p^m - p^{m-1} = p^m\left(1 - \dfrac{1}{p}\right)$, so kann die hier für $\varphi(a)$ gewonnene Gleichung auch wie folgt geschrieben werden:

$$\varphi(a) = \prod_{\varrho=1}^{r} p_\varrho^{m_\varrho}\left(1 - \frac{1}{p_\varrho}\right) = \left(\prod_{\varrho=1}^{r} p_\varrho^{m_\varrho}\right) \prod_{\varrho=1}^{r}\left(1 - \frac{1}{p_\varrho}\right).$$

Das erste Produkt rechts ist a, das zweite Produkt besteht aus allen Faktoren $\left(1 - \dfrac{1}{p}\right)$, wo p ein Primteiler von a ist. Damit folgt die Behauptung 2). □

Bemerkung: Die expliziten Rechnungen des obigen Beweises lassen sich vermeiden, wenn man die in den nächsten beiden Abschnitten entwickelten Resultate aus der allgemeinen Theorie zahlentheoretischer Funktionen zur Verfügung hat; wir verweisen dazu auf Abschnitt 4.

Bei Rechnungen schreibt man $\varphi(a)$ häufig vorteilhaft in der langatmigen Weise $\varphi(a) = \prod_{\varrho=1}^{r} (p_\varrho^{m_\varrho} - p_\varrho^{m_\varrho - 1})$, wie sie im Beweis von 2) benutzt wurde. Für $a = 2^2 \cdot 3 \cdot 5^2 \cdot 7 = 2100$ gilt etwa $\varphi(2100) = (2^2 - 2^1)\,(3^1 - 3^0)\,(5^2 - 5^1)\,(7^1 - 7^0) = 2 \cdot 2 \cdot 20 \cdot 6 = 480$ oder auch $\varphi(2100) = 2100 \cdot (1 - \tfrac{1}{2})\,(1 - \tfrac{1}{3})\,(1 - \tfrac{1}{5})\,(1 - \tfrac{1}{7}) = 2100 \cdot \tfrac{1}{2} \cdot \tfrac{2}{3} \cdot \tfrac{4}{5} \cdot \tfrac{6}{7} = 480$.
Die Eulersche φ-Funktion wird uns im folgenden immer wieder begegnen. In der Literatur hat es viele Versuche gegeben, durch Verallgemeinerung der φ-Funk-

tion weitere interessante zahlentheoretische Funktionen zu gewinnen: So hat man z. B. für jede natürliche Zahl $k \geqq 0$ durch die Festsetzung

$$\varphi_k(a) := \text{Summe der } k\text{-ten Potenzen der zu } a \text{ teilerfremden Zahlen aus } \{1,2,\ldots,a\}$$

eine zahlentheoretische Funktion eingeführt. Es gilt $\varphi_0(a) = \varphi(a)$; weiter läßt sich zeigen: $\varphi_1(a) = \frac{1}{2}a\,\varphi(a)$ für alle $a > 1$. Eine echte Bedeutung haben die Funktionen φ_k aber, wenn man von ihren reizvollen und oft mühsam zu verifizierenden Eigenschaften absieht, nicht gewonnen.

3. DIRICHLET-Faltung. Sind $f\colon \mathbb{N}^\times \to \mathbb{Q}$ und $g\colon \mathbb{N}^\times \to \mathbb{Q}$ zahlentheoretische Funktionen, so heißt die durch

$$(f*g)(n) := \sum_{d\mid n} f(d)\,g\left(\frac{n}{d}\right) \qquad \text{für } n \in \mathbb{N}^\times$$

erklärte zahlentheoretische Funktion $f*g\colon \mathbb{N}^\times \to \mathbb{Q}$ die DIRICHLET-*Faltung von f und g*.

Vereinbart man, daß sich eine Summe $\sum\limits_{a\cdot b=n}$ genau über diejenigen Paare $(a,b) \in \mathbb{N}\times\mathbb{N}$ erstreckt, die $a\cdot b = n$ erfüllen, so läßt sich die DIRICHLET-Faltung von f und g offenbar auch folgendermaßen schreiben:

$$(f*g)(n) = \sum_{a\cdot b=n} f(a)\,g(b) \qquad \text{für } n \in \mathbb{N}^\times.$$

Bemerkung: Die DIRICHLET-Faltung wurde zuerst von E. T. BELL (1883–1960) in seinem 1915 erschienenen Artikel *An arithmetical theory of certain numerical functions*, University of Washington Publ. in Math. and Phys. Sci., No. 1, Vol. 1, 1–44, in den Mittelpunkt der Theorie zahlentheoretischer Funktionen gestellt; man vergleiche hierzu und zu der folgenden Darstellung auch das Buch von APOSTOL [1], Chapter 2.

Wir stellen wichtige Eigenschaften der DIRICHLET-Faltung zusammen.

Satz: *Seien f, g und h zahlentheoretische Funktionen. Dann gilt:*

1) $f*g = g*f$ (*Kommutativität*),
2) $(f*g)*h = f*(g*h)$ (*Assoziativität*),
3) $f*\varrho = \varrho*f = f$ (*Neutrales Element*).

Beweis: ad 1): Aufgrund des oben Bemerkten ergibt sich für $n \in \mathbb{N}^\times$ sofort

$$(f*g)(n) = \sum_{a\cdot b=n} f(a)\,g(b) = \sum_{a\cdot b=n} g(a)\,f(b) = (g*f)(n),$$

also die Kommutativität der DIRICHLET-Faltung.

ad 2): Unter zweifacher Verwendung des oben Bemerkten läßt sich für $n \in \mathbb{N}^\times$ schreiben

$$((f * g) * h)(n) = \sum_{d \cdot c = n} (f * g)(d)\, h(c) = \sum_{d \cdot c = n} \Big(\sum_{a \cdot b = d} f(a)\, g(b)\Big)\, h(c)$$
$$= \sum_{a \cdot b \cdot c = n} f(a)\, g(b)\, h(c).$$

Analog ergibt sich

$$(f * (g * h))(n) = \sum_{a \cdot b \cdot c = n} f(a)\, g(b)\, h(c),$$

so daß folgt $(f * g) * h = f * (g * h)$.

ad 3): Nach Definition der Funktion o ist $o(1) = 1$ und $o(n) = 0$ sonst. Somit gilt für $n \in \mathbb{N}^\times$:

$$(f * o)(n) = \sum_{d \mid n} f(d)\, o\left(\frac{n}{d}\right) = f(n)\, o(1) = f(n),$$

also $f * o = f$. Wegen 1) ist damit die Behauptung bewiesen. □

Zusammen mit Aufgabe 4), a) besagt der Satz, daß die zahlentheoretischen Funktionen f mit $f(1) \neq 0$ bezüglich der DIRICHLET-Faltung eine abelsche Gruppe mit neutralem Element o bilden (zu den Definitionen vgl. 6.1.1).

Die DIRICHLET-Faltung verträgt sich auch gut mit der Multiplikativität:

Lemma: *Seien f und g multiplikative zahlentheoretische Funktionen. Dann ist auch $f * g$ multiplikativ.*

Beweis: Seien $a, b \in \mathbb{N}^\times$ teilerfremd. Dann folgt aus dem Hilfssatz 2, daß

$$(f * g)(ab) = \sum_{d \mid ab} f(d)\, g\left(\frac{ab}{d}\right) = \sum_{d_1 \mid a,\, d_2 \mid b} f(d_1 d_2)\, g\left(\frac{a}{d_1} \frac{b}{d_2}\right).$$

Nun hat $\operatorname{ggT}(a, b) = 1$ zur Konsequenz $\operatorname{ggT}(d_1, d_2) = 1 = \operatorname{ggT}\left(\frac{a}{d_1}, \frac{b}{d_2}\right)$ für alle $d_1 \mid a$, $d_2 \mid b$. Da f und g nach Voraussetzung multiplikativ sind, folgt dann unter Verwendung des Distributivgesetzes

$$(f * g)(ab) = \sum_{d_1 \mid a,\, d_2 \mid b} f(d_1)\, f(d_2)\, g\left(\frac{a}{d_1}\right) g\left(\frac{b}{d_2}\right)$$
$$= \sum_{d_1 \mid a} \sum_{d_2 \mid b} f(d_1)\, g\left(\frac{a}{d_1}\right) f(d_2)\, g\left(\frac{b}{d_2}\right)$$
$$= \left(\sum_{d_1 \mid a} f(d_1)\, g\left(\frac{a}{d_1}\right)\right) \left(\sum_{d_2 \mid b} f(d_2)\, g\left(\frac{b}{d_2}\right)\right)$$
$$= (f * g)(a) \cdot (f * g)(b).$$

Also ist auch $f * g$ multiplikativ. □

Zusammen mit Aufgabe 4), b) besagt das Lemma gerade, daß die Menge der von der Nullfunktion verschiedenen multiplikativen zahlentheoretischen Funktionen eine Untergruppe der Gruppe der zahlentheoretischen Funktionen bildet.

4. Summatorfunktionen. Ist $f\colon \mathbb{N}^\times \to \mathbb{Q}$ eine zahlentheoretische Funktion, so heißt die durch

$$F(a) := \sum_{d \mid a} f(d) \quad \text{für } a \in \mathbb{N}^\times$$

erklärte zahlentheoretische Funktion $F\colon \mathbb{N}^\times \to \mathbb{Q}$ die *Summatorfunktion von f*. Statt Summatorfunktion sagt man auch *Teilersummenfunktion von f*. Die Funktionen τ bzw. σ sind also die Summatorfunktionen von e bzw. i (vgl. Beispiele 1, 2) und 5) bzw. 3) und 7)); die Funktion σ_k ist die Summatorfunktion der Potenzfunktion i_k (vgl. Beispiele 1, 4) und 8)). Weiterhin besagt die in Abschnitt 2 hergeleitete Teilersummenformel für die φ-Funktion gerade, daß i die Summatorfunktion von φ ist.

Bezeichnet e wie in Beispiel 1, 2) diejenige zahlentheoretische Funktion, welche konstant 1 ist, so gilt für die Summatorfunktion F von f:

$$F(a) = \sum_{d \mid a} f(d) \cdot 1 = (f * e)(a) \quad \text{für } a \in \mathbb{N}^\times, \text{ d.h., } F = f * e.$$

Damit wird die Summatorbildung dem im letzten Abschnitt entwickelten Kalkül der DIRICHLET-Faltung zugänglich. Wir führen dazu eine weitere zahlentheoretische Funktion ein.

Man nennt eine Zahl $a \in \mathbb{Z}$ *quadratfrei*, wenn 1^2 die einzige Quadratzahl in $\mathbb{Z}$ ist, die a teilt; dies ist für $a \in \mathbb{N}^\times$ offensichtlich genau dann der Fall, wenn in der Primzerlegung $a = p_1^{m_1} p_2^{m_2} \cdot \ldots \cdot p_r^{m_r}$ alle Exponenten $m_1, m_2, \ldots, m_r$ den Wert 1 haben. Die durch die Gleichungen

$$\mu(a) := \begin{cases} 0, & \text{falls } a \text{ nicht quadratfrei ist,} \\ (-1)^r, & \text{falls } a = p_1 p_2 \cdot \ldots \cdot p_r \text{ quadratfrei ist,} \end{cases}$$

erklärte zahlentheoretische Funktion $\mu\colon \mathbb{N}^\times \to \{-1, 0, 1\}$ heißt dann die *Möbiussche* μ-Funktion.*

Die ersten 12 Werte der soeben eingeführten μ-Funktion sind:

$$\mu(1) = 1,\ \mu(2) = -1,\ \mu(3) = -1,\ \mu(4) = 0,\ \mu(5) = -1,\ \mu(6) = 1,$$
$$\mu(7) = -1,\ \mu(8) = 0,\ \mu(9) = 0,\ \mu(10) = 1,\ \mu(11) = -1,\ \mu(12) = 0.$$

Grundlegend für das Weitere ist folgendes

Lemma: 1) *Die Möbiussche μ-Funktion ist multiplikativ.*
2) *Es gilt* $\mu * e = e * \mu = o$.

Beweis: ad 1): Sei $a \in \mathbb{N}^\times$ beliebig mit Primzerlegung $a = p_1^{m_1} p_2^{m_2} \cdot \ldots \cdot p_r^{m_r}$. Nach Satz 1 ist dann zu zeigen

$$(+) \quad \mu(a) = \mu(p_1^{m_1})\, \mu(p_2^{m_2}) \cdot \ldots \cdot \mu(p_r^{m_r}).$$

Falls es ein $i \in \{1, \ldots, r\}$ mit $m_i \geqq 2$ gibt, sind a und $p_i^{m_i}$ nicht quadratfrei, so daß $\mu(a) = 0$ und $\mu(p_i^{m_i}) = 0$ und damit (+) für diesen Fall folgt. Gilt hingegen

* Nach dem deutschen Mathematiker A. F. MÖBIUS, 1790–1868, Professor in Leipzig.

$m_1 = m_2 = \ldots = m_r = 1$, so ergibt sich

$$\mu(a) = \mu(p_1 p_2 \cdot \ldots \cdot p_r) = (-1)^r = \mu(p_1)\,\mu(p_2) \cdot \ldots \cdot \mu(p_r)$$
$$= \mu(p_1^{m_1})\,\mu(p_2^{m_2}) \cdot \ldots \cdot \mu(p_r^{m_r}),$$

also ebenfalls (+). Damit ist μ als multiplikativ nachgewiesen.
ad 2): Wegen Satz 3, 1) genügt es, $\mu * e = o$ nachzuweisen. Nach dem bereits Bewiesenen ist μ multiplikativ, also nach Lemma 3 und Beispiel 1, 2) auch $\mu * e$. Da o ebenfalls multiplikativ und $(\mu * e)(1) = 1 = o(1)$ ist, reicht es somit nach Korollar 1 zu zeigen, daß $(\mu * e)(p^m) = o(p^m) = 0$ für alle $p \in \mathbb{P}$ und $m \in \mathbb{N}^\times$ gilt. Nun ist nach Definition der DIRICHLET-Faltung

$$(\mu * e)(p^m) = \sum_{i=0}^{m} \mu(p^i) = \mu(1) + \mu(p) + \mu(p^2) + \ldots + \mu(p^m),$$

wobei wegen $m \geqq 1$ die ersten beiden Summanden wirklich auftreten. Somit folgt gemäß der Definition der μ-Funktion

$$(\mu * e)(p^m) = 1 + (-1) + 0 + \ldots + 0 = 0,$$

so daß die Behauptung bewiesen ist. □

Die – nach der Nullfunktion – einfachste zahlentheoretische Funktion o ist also eine Summatorfunktion, nämlich gerade die der μ-Funktion. Dies mag zunächst nur amüsant und für einen mathematischen homo ludens von Interesse erscheinen. Mit dem bisher Bereitgestellten können wir jedoch in wenigen Zeilen nicht nur zeigen, daß *jede* zahlentheoretische Funktion F als Summatorfunktion genau einer zahlentheoretischen Funktion f auftritt, sondern dieses f auch mittels der μ-Funktion explizit in Form einer geschlossenen Summe durch die Werte von F ausdrücken.
Wir zeigen:

Möbiusscher Umkehrsatz: *Folgende Aussagen über zwei zahlentheoretische Funktionen f und F sind äquivalent:*

i) *F ist die Summatorfunktion von f, also $F(a) = \sum_{d \mid a} f(d)$ für $a \in \mathbb{N}^\times$.*

ii) *Es gilt $f = F * \mu$, also $f(a) = \sum_{d \mid a} F(d)\,\mu\left(\frac{a}{d}\right)$ für $a \in \mathbb{N}^\times$.*

Speziell ist jede zahlentheoretische Funktion F die Summatorfunktion genau einer zahlentheoretischen Funktion f.

Beweis: i) ⇒ ii): Es gilt $F = f * e$. Daraus folgt nach Satz 3 und dem Lemma

$$f = f * o = f * (e * \mu) = (f * e) * \mu = F * \mu.$$

ii) ⇒ i): Es gilt $f = F * \mu$. Daraus folgt nach Satz 3 und dem Lemma

$$F = F * o = F * (\mu * e) = (F * \mu) * e = f * e.$$ □

Unser Beweis des Möbiusschen Umkehrsatzes ist deshalb so kurz und elegant, weil die notwendigen Rechnungen in den Beweisen von Satz 3 und des obigen Lemmas durchgeführt wurden; hier trägt uns der Kalkül der DIRICHLET-Faltung.
Die Darstellung

$$f(a) = \sum_{d \mid a} \mu(d)\, F\left(\frac{a}{d}\right) = \sum_{d \mid a} \mu\left(\frac{a}{d}\right) F(d)$$

einer zahlentheoretischen Funktion f durch ihre Summatorfunktion F, die die Implikation i) $\Rightarrow$ ii) liefert, wird auch als *Möbiussche Umkehrformel* bezeichnet.
Aus dem Umkehrsatz ziehen wir einige

Folgerungen: *Sei f eine zahlentheoretische Funktion mit Summatorfunktion F.*

1) *Dann ist f genau dann multiplikativ, wenn F es ist.*
2) *Es gilt stets $f(p^m) = F(p^m) - F(p^{m-1})$ für $p \in \mathbb{P}$, $m \in \mathbb{N}^\times$. Ist f multiplikativ und nicht die Nullfunktion, so gilt*

$$f(a) = \prod_{\varrho=1}^{r} \left(F(p_\varrho^{m_\varrho}) - F(p_\varrho^{m_\varrho - 1})\right) \quad \textit{für jedes } a \in \mathbb{N}^\times \textit{ mit Primzerlegung}$$
$$a = \prod_{\varrho=1}^{r} p_\varrho^{m_\varrho}.$$

Beweis: ad 1): Da e und μ multiplikativ sind, folgt mittels Lemma 3 zum einen aus der Multiplikativität von f die von $F = f * e$ und zum anderen aus der Multiplikativität von F die von $f = F * \mu$.
ad 2): Nach der Möbiusschen Umkehrformel gilt für $p \in \mathbb{P}$, $m \in \mathbb{N}^\times$ stets

$$f(p^m) = (F * \mu)(p^m) = \sum_{i=0}^{m} F(p^{m-i})\, \mu(p^i) = F(p^m) \cdot 1 + F(p^{m-1}) \cdot (-1)$$
$$= F(p^m) - F(p^{m-1}).$$

Ist f zusätzlich multiplikativ und nicht die Nullfunktion, so folgt daraus für jedes $a \in \mathbb{N}^\times$ mit Primzerlegung $a = \prod_{\varrho=1}^{r} p_\varrho^{m_\varrho}$ nach Satz 1:

$$f(a) = \prod_{\varrho=1}^{r} f(p_\varrho^{m_\varrho}) = \prod_{\varrho=1}^{r} \left(F(p_\varrho^{m_\varrho}) - F(p_\varrho^{m_\varrho - 1})\right). \qquad \square$$

Hinweis: Ein Spezialfall der Aussage, daß mit F auch f multiplikativ ist, wurde bereits in Abschnitt 2 beim Nachweis der Multiplikativität der φ-Funktion gezeigt. Der interessierte Leser überlegt sich leicht, daß man den dort gegebenen Beweis auf den Allgemeinfall ausdehnen und somit den Kalkül der DIRICHLET-Faltung umgehen kann.

Während nach der Möbiusschen Umkehrformel sich jede zahlentheoretische Funktion f als *Summe* mittels ihrer Summatorfunktion F ausdrücken läßt, liefert die Folgerung für multiplikatives f eine explizite Darstellung in Form eines *Produktes* von Werten von F.

Bemerkung: Die Folgerung erschließt den in Bemerkung 2 angekündigten alternativen Zugang zur Eulerschen φ-Funktion: Man zeigt wieder zunächst die Teilersummenformel für die φ-Funktion und hat somit erkannt, daß die identische Funktion i mit $i(a) = a$ für $a \in \mathbb{N}^\times$ die Summatorfunktion von φ ist. Nach Aussage 1) der Folgerung ist mit i dann auch φ multiplikativ; weiter impliziert 2), daß für $a \in \mathbb{N}^\times$ mit Primzerlegung $a = \prod_{\varrho=1}^{r} p_\varrho^{m_\varrho}$ gilt:

$$\varphi(a) = \prod_{\varrho=1}^{r} (p_\varrho^{m_\varrho} - p_\varrho^{m_\varrho - 1}) = \prod_{\varrho=1}^{r} p_\varrho^{m_\varrho}\left(1 - \frac{1}{p_\varrho}\right) = a \cdot \prod_{p \mid a}\left(1 - \frac{1}{p}\right),$$

so daß die Aussagen von Satz 2 verifiziert sind.
Speziell folgt aus diesen Überlegungen (oder auch direkt aus dem Möbiusschen Umkehrsatz), daß die Teilersummenformel die φ-Funktion charakterisiert: *Ist* $f: \mathbb{N}^\times \to \mathbb{Q}$ *irgendeine zahlentheoretische Funktion mit* $a = \sum_{d \mid a} f(d)$ *für alle* $a \in \mathbb{N}^\times$, *so gilt notwendig*: $f = \varphi$.

Wendet man die Möbiussche Umkehrformel auf die Eulersche φ-Funktion an, so erhält man

$$\varphi(a) = \sum_{d \mid a} \mu(d)\, i\left(\frac{a}{d}\right) = \sum_{d \mid a} \mu(d) \cdot \frac{a}{d} \qquad \text{für alle } a \in \mathbb{N}^\times .$$

Diese Gleichung schreibt man häufig auch in der gefälligeren Form

$$\frac{\varphi(a)}{a} = \sum_{d \mid a} \frac{\mu(d)}{d} \qquad \text{für alle } a \in \mathbb{N}^\times ;$$

in Worten besagen diese Formeln: *Die zahlentheoretische Funktion* $\mathbb{N}^\times \to \mathbb{Q}$, $a \mapsto \frac{\varphi(a)}{a}$ *ist die Summatorfunktion der zahlentheoretischen Funktion* $\mathbb{N}^\times \to \mathbb{Q}$, $a \mapsto \frac{\mu(a)}{a}$.

In der folgenden Tabelle sind für wichtige zahlentheoretische Funktionen f die Summatorfunktionen F angegeben:

$f =$	μ	o	e	φ	i	$\frac{\mu}{i}$
$F =$	o	e	τ	i	σ	$\frac{\varphi}{i}$

Aufgaben:

1) Zeigen Sie: Für jedes $n \in \mathbb{N}^\times$ gibt es unendlich viele $a \in \mathbb{N}^\times$ mit $n \mid \varphi(a)$.
2) Bestimmen Sie alle $n \in \mathbb{N}^\times$, für die $\varphi(n)$ eine Potenz von 2 ist.
3) Beweisen Sie für $n \geqq 2$:
   a) $\varphi_1(n) = \frac{1}{2}\, n\, \varphi(n)$,
   b) $\varphi_2(n) = \frac{1}{3}\, n^2 \varphi(n) + \frac{n}{6} \prod_{p \mid n} (1 - p)$.

4) Sei $f\colon \mathbb{N}^\times \to \mathbb{Q}$ eine zahlentheoretische Funktion mit $f(1) \neq 0$. Zeigen Sie:
   a) Es gibt genau eine zahlentheoretische Funktion $\hat{f}\colon \mathbb{N}^\times \to \mathbb{Q}$ mit $f * \hat{f} = \hat{f} * f = o$.
   b) Mit f ist auch $\hat{f}$ multiplikativ.

5) Seien f und g zahlentheoretische Funktionen und F bzw. G ihre Summatorfunktionen. Zeigen Sie für $a \in \mathbb{N}^\times$:

$$\sum_{d \mid a} f(d)\, G\left(\frac{a}{d}\right) = \sum_{d \mid a} g(d)\, F\left(\frac{a}{d}\right).$$

6) Sei $f\colon \mathbb{N}^\times \to \mathbb{Q}$ multiplikativ und nicht die Nullfunktion.
   a) Zeigen Sie: $\sum_{d \mid n} f(d)\, \mu(d) = \prod_{p \mid n} (1 - f(p))$.
   b) Berechnen Sie: $\sum_{d \mid n} (\mu(d))^2$.

7) Wir definieren die Liouvillesche λ-Funktion durch $\lambda(1) := 1$,

$$\lambda(n) := (-1)^{m_1 + \ldots + m_r}, \qquad \text{falls } n = \prod_{\varrho=1}^{r} p_\varrho^{m_\varrho} > 1.$$

   a) Zeigen Sie: λ ist multiplikativ, und es gilt

$$\sum_{d \mid n} \lambda(d) = \begin{cases} 1, & \text{falls } n = l^2,\ l \in \mathbb{N}^\times, \\ 0, & \text{sonst}. \end{cases}$$

   b) Zeigen Sie: $\lambda(n) = \sum_{d^2 \mid n} \mu\left(\frac{n}{d^2}\right)$.

Kapitel 3 Zahlentheorie in allgemeinen Integritätsringen

In diesem Kapitel werden Begriffe und Resultate, die in den ersten Kapiteln für den Integritätsring $\mathbb{Z}$ der ganzen Zahlen gewonnen wurden, auf allgemeinere Integritätsringe übertragen. Dazu müssen zunächst in Paragraph 0 die grundlegenden Begriffe der Ringtheorie und der Teilbarkeitstheorie abstrakt gefaßt werden. Wir erläutern diese Begriffe an klassischen Beispielen: Als neue Integritätsringe lernen wir u.a. Polynomringe $K[X]$ in einer Unbestimmten X über Körpern und quadratische Zahlbereiche $\mathbb{Z}[\sqrt{m}]$ kennen.
Die zentralen Begriffe der Teilbarkeitstheorie sind die Begriffe des unzerlegbaren Elements und des Primelements. Es wird eine wesentliche Erkenntnis unserer Überlegungen sein, daß diese beiden Begriffe, die für $\mathbb{Z}$ gleichbedeutend sind, in allgemeinen Integritätsringen nicht mehr inhaltsgleich sind. Wir zeigen dies am klassischen Beispiel des Dedekindschen Zahlbereichs $\mathbb{Z}[\sqrt{-5}]$. Auch die Theorie des größten gemeinsamen Teilers zeigt sich hier in einem gänzlich anderen Licht. Es ist unvermeidbar, daß im Verlauf der Untersuchungen weitere Begriffe wie faktorieller Ring, Hauptidealring und euklidischer Ring eine große Rolle spielen. Unsere Ausführungen sind dabei unter dem Aspekt zu sehen, möglichst große Klassen von Integritätsringen zu finden, in denen die Gesetze der elementaren Zahlentheorie, wie sie für $\mathbb{Z}$ erarbeitet wurden, weitgehend ihre Gültigkeit behalten.
Bei den Sätzen über die Zerlegung von Primzahlen in quadratischen Zahlbereichen in Abschnitt 6 von Paragraph 2 stehen wir an einem Punkt, wo sich elementare und höhere Zahlentheorie begegnen; allerdings wird hier nur die Spitze eines Eisbergs sichtbar. Eine Stoffauswahl ist immer subjektiv; wir meinen aber, daß die Zerlegungsgesetze von Primzahlen im Ring $\mathbb{Z}[i]$ der Gaußschen Zahlen in einem Text zur elementaren Zahlentheorie nicht fehlen dürfen.
Wir beschließen dieses Kapitel mit dem Zerlegungssatz für noethersche Integritätsringe und stellen damit den Anschluß an Begriffsbildungen und Denkweisen der modernen Algebra her.

§ 0 Integritätsringe

Dieser Paragraph enthält in seinem ersten Abschnitt elementare Definitionen und Eigenschaften in der heute allgemein üblichen Terminologie; im zweiten und dritten Abschnitt werden wichtige klassische Beispiele von Integritätsringen besprochen.

1. Allgemeine Begriffe der Ringtheorie. Die Rechenregeln für die Operationen der Addition, Subtraktion und Multiplikation im Bereich $\mathbb{Z}$ der ganzen Zahlen haben wir in 1.0.1 auf wenige einfache „Postulate" zurückgeführt. Wir stellen jetzt allgemein solche Postulate für das Rechnen in abstrakten Bereichen auf. Es sei R irgendeine Menge; wir bezeichnen die Elemente von R mit $a, b, c, \ldots$. Wir diskutieren das folgende System von Postulaten.

Addition $+$	*Multiplikation* $\cdot$

1. *Eindeutige Ausführbarkeit*

Zu je zwei Elementen $a, b \in R$ existiert eindeutig in R

eine Summe $a + b$	ein Produkt $a \cdot b$

2. *Assoziativgesetze*

Für alle Elemente $a, b, c \in R$ gilt:

$(a + b) + c = a + (b + c)$	$(a \cdot b) \cdot c = a \cdot (b \cdot c)$

3. *Kommutativgesetze*

Für alle Elemente $a, b \in R$ gilt:

$a + b = b + a$	$a \cdot b = b \cdot a$

4. *Existenz neutraler Elemente*

Es gibt ein Element $n \in R$ mit der Eigenschaft, daß für jedes Element $a \in R$ gilt: $a + n = a$.	Es gibt ein Element $e \in R$ mit der Eigenschaft, daß für jedes Element $a \in R$ gilt: $a \cdot e = a$.

Es gilt $n \neq e$.

Schreibweise: $0 := n$	Schreibweise: $1 := e$
5a. *Umkehrbarkeit*:	5b. *Nullteilerfreiheit*:
Zu jedem Element $a \in R$ gibt es ein Element $(-a) \in R$, so daß gilt: $a + (-a) = 0$.	Aus $a \cdot b = 0$ mit $a, b \in R$ folgt: $a = 0$ oder $b = 0$.

6. *Distributivgesetz*:

Für alle Elemente $a, b, c \in R$ gilt: $(a + b) \cdot c = (a \cdot c) + (b \cdot c)$.

Eine Menge R, für deren Elemente eine Addition $+$ und eine Multiplikation $\cdot$ so erklärt sind, daß die Postulate 1.–4., 5a. und 6. erfüllt sind, heißt ein *kommutativer Ring mit Einselement* 1 (im folgenden kurz: *Ring*). Ein Ring R, für den auch das Postulat 5b. erfüllt ist, heißt *nullteilerfrei* oder auch *Integritätsring* oder auch *Integritätsbereich*.
Diese Definition ist so gefaßt, daß sie mit den Redeweisen aus 1.0.1 konsistent ist: $\mathbb{Z}$ *ist ein Integritätsring*. Man schreibt ab statt $a \cdot b$ und überträgt alle

Konventionen von $\mathbb{Z}$ auf allgemeine Ringe R, so schreibt man $ab + cd$ statt $(ab) + (cd)$ sowie $a - b$ statt $a + (-b)$ usw.
Wir werden bald (im Abschnitt 3 und dann im Paragraph 3 von Kapitel 5) Beispiele von Ringen kennenlernen, die keine Integritätsringe sind. Im Hinblick auf solche Ringe führen wir bereits hier die Redeweise ein, daß ein Element a eines Ringes R ein *Nullteiler* heißt, wenn es ein Element $b \neq 0$ in R gibt, so daß gilt: $ab = 0$.
Das Element $a = 0$ ist stets ein Nullteiler (der sogenannte triviale Nullteiler); *ein Ring R ist genau dann ein Integritätsring, wenn* 0 *der einzige Nullteiler ist.*
Es gibt wichtige Ringe, die statt des Postulats 5b. das folgende anspruchsvollere Postulat 5b'. erfüllen.

5b'. *Umkehrbarkeit der Multiplikation*:
Zu jedem Element $a \in R$, $a \neq 0$, gibt es ein Element $a^{-1} \in R$, so daß gilt: $a(a^{-1}) = 1$.

Ein Ring R, für den das Postulat 5b'. erfüllt ist, heißt ein *Körper*.
Die Definition ist, wie der Leser sich sofort überlegt, konsistent mit der Redeweise aus 1.0.1: *Die Menge* $\mathbb{Q}$ *der rationalen Zahlen ist ein Körper.*
Wir geben, ohne Anspruch auf Vollständigkeit zu erheben, einige Folgerungen aus den Postulaten 1.–6. an.

Folgerungen: *Es sei R ein Ring, es seien $a, b, c \in R$. Dann gilt:*

1) *Es gibt genau ein Element $x \in R$ mit $x + b = a$, nämlich $x := a + (-b)$ (Möglichkeit und Eindeutigkeit der Subtraktion).*
2) *Das neutrale Element* 0 *der Addition (Null) und das neutrale Element* 1 *der Multiplikation (Eins) sind eindeutig bestimmt.*
3) $a \cdot 0 = 0$, $-(-a) = a$, $(-a)b = -(ab)$.
4) *Ist R ein Integritätsring, so hat $ab = ac$ und $a \neq 0$ zur Folge $b = c$ (Kürzungsregel).*
5) *Ist R ein Körper, und gilt $b \neq 0$, so gibt es zu jedem $a \in R$ genau ein Element $x \in R$ mit $x \cdot b = a$, nämlich $x := b^{-1}a$ (Möglichkeit und Eindeutigkeit der Division).*
6) *Jeder Körper ist ein Integritätsring.*

Die einfachen Verifikationen können dem Leser überlassen werden.

Die in diesem Abschnitt aufgestellten Postulate für einen Ring sind nicht minimal. So ist z.B. das Kommutativgesetz der Addition eine logische Folge aus den übrigen Postulaten: Ist R eine Menge, für deren Elemente eine Addition $+$ und eine Multiplikation $\cdot$ so erklärt sind, daß die Postulate 1., 2., 4., 5a. und 6. erfüllt sind und $a \cdot b = b \cdot a$ für alle $a, b \in R$ gilt, so ist R bereits ein Ring (Hinweis zum Beweis: Man berechne $(1 + 1)(a + b)$ auf zweierlei Art).

2. Polynomringe. Bisher haben wir ausschließlich im Integritätsring $\mathbb{Z}$ und im Körper $\mathbb{Q}$ gearbeitet. Wir werden nun wichtige Beispiele von Integritätsringen kennenlernen, in denen sich ebenso wie in $\mathbb{Z}$ eine einfache Zahlentheorie entwickeln läßt.

Gegeben seien ein Ring R und eine Unbestimmte X. Unter einem *Polynom f in X über dem Grundring R* versteht man einen Ausdruck von der Form $f = a_0 + a_1 X + a_2 X^2 + \ldots + a_m X^m = \sum_{\mu=0}^{m} a_\mu X^\mu$, wobei m eine natürliche Zahl und die *Koeffizienten* $a_0, a_1, \ldots, a_m$ Elemente aus R sind. Statt f schreibt man auch $f(X)$, statt $1 \cdot X$ schreibt man X. Ist neben f ein zweites solches Polynom $g = b_0 + b_1 X + b_2 X^2 + \ldots + b_n X^n$ gegeben, so werden die Rechenoperationen folgendermaßen erklärt:

Gleichheit: $f = g$ genau dann, wenn $a_0 = b_0,\ a_1 = b_1, \ldots$.

Addition: $f + g := (a_0 + b_0) + (a_1 + b_1) X + \ldots$ (koeffizientenweise Addition).

Multiplikation: $f \cdot g := \sum_{\varrho} c_\varrho X^\varrho$ mit $c_\varrho := \sum_{\mu+\nu=\varrho} a_\mu b_\nu$.

Es ist also z. B. für $R = \mathbb{Z}$: $(1 + 2X) + (1 - 2X + X^2) = 2 + X^2$,

$$\begin{aligned}(1 + 2X) \cdot (1 + 4X + X^2) &= 1 + (1 \cdot 4 + 2 \cdot 1) X + (1 \cdot 1 + 2 \cdot 4) X^2 + 2 \cdot 1 X^3 \\ &= 1 + 6X + 9X^2 + 2X^3.\end{aligned}$$

Wir bezeichnen mit $R[X]$ die Menge aller Polynome über R. Man rechnet unmittelbar nach:

Die Menge $R[X]$ ist ein Ring. Das „Nullpolynom" $f := a_0 := 0$ ist die Null, das „Einspolynom" $f := a_0 := 1$ ist das Einselement von $R[X]$. Man identifiziert in der Regel ein Element $a_0 \in R$ mit dem „konstanten" Polynom $f := a_0$, dadurch wird R zu einer Teilmenge von $R[X]$.

Wir haben im vorangehenden den Polynomring $R[X]$ *naiv* eingeführt. Kritiker wenden gern zu Recht ein, daß nicht klar ist, was eine Unbestimmte ist. Wenn man solche Einwände entkräften möchte, kann man wie folgt vorgehen: Man verstehe unter einem Polynom f eine *Folge* $(a_\nu)_{\nu \geqq 0}$ *von Elementen $a_\nu \in R$ derart, daß fast alle a_ν null sind.* Gleichheit von Folgen und Addition zweier Folgen werden kanonisch definiert. Für zwei Polynome $f = (a_\nu)_{\nu \geqq 0}$, $g = (b_\nu)_{\nu \geqq 0}$ definiert man das Produkt $f \cdot g$ als die Folge $(c_\varrho)_{\varrho \geqq 0}$ mit $c_\varrho = \sum_{\mu+\nu=\varrho} a_\mu b_\nu$. Dann gelten alle Rechenregeln, die für einen Ring zu gelten haben, die Folge $(0, 0, \ldots, 0, \ldots)$ ist die Null, die Folge $(1, 0, 0, \ldots, 0, \ldots)$ ist die Eins des Ringes. Identifiziert man nun $a \in R$ mit der Folge $(a, 0, 0, \ldots, 0, \ldots)$, und definiert man $X := (0, 1, 0, \ldots, 0, \ldots)$, so verifiziert man unmittelbar $X^2 = (0, 0, 1, 0, \ldots, 0, \ldots)$ und allgemeiner $a_n X^n = (0, \ldots, 0, a_n, 0, \ldots, 0, \ldots)$. Hieraus erhält man die übliche Darstellung von Polynomen: $(a_\nu)_{\nu \geqq 0} = a_0 + a_1 X + \ldots + a_m X^m$, wobei man rechts aufhört zu summieren, sobald alle auf a_m folgenden a_ν verschwinden.

Für Polynome definiert man den Grad wie folgt:

Ist $f = a_0 + a_1 X + \ldots + a_m X^m$ und gilt $a_m \neq 0$, so heißt m der *Grad des Polynoms f*, in Zeichen: $m = \operatorname{grad} f \in \mathbb{N}$.

Auf Grund dieser Definition haben alle Polynome mit Ausnahme des Nullpolynoms einen wohldefinierten Grad; genau die konstanten Polynome $f = a, a \in R$ mit $a \neq 0$, haben den Grad 0. Offensichtlich gilt:
Ist $f \neq 0,\ g \neq 0,\ f + g \neq 0$, so ist stets: $\operatorname{grad}(f+g) \leqq \max(\operatorname{grad} f, \operatorname{grad} g)$.
Wichtiger ist folgende

Gradregel: *Ist R ein Integritätsring, und sind $f, g \in R[X]$ zwei Polynome, von denen keines das Nullpolynom ist, so gilt:*

$$\operatorname{grad}(f \cdot g) = \operatorname{grad} f + \operatorname{grad} g.$$

Speziell ist mit R auch $R[X]$ ein Integritätsring.

Beweis: Sei $m := \operatorname{grad} f,\ n := \operatorname{grad} g$, etwa $f = \sum_{\mu=0}^{m} a_\mu X^\mu,\ g = \sum_{\nu=0}^{n} b_\nu X^\nu$ mit $a_m \neq 0,\ b_n \neq 0$. Dann gilt auf Grund der Produktdefinition

$$f \cdot g = c_0 + c_1 X + \ldots + c_{m+n} X^{m+n} \quad \text{mit} \quad c_{m+n} = a_m b_n.$$

Wegen der Nullteilerfreiheit von R gilt $a_m b_n \neq 0$. Dann sehen wir $m + n = \operatorname{grad}(f \cdot g)$, womit die Gradregel bewiesen ist.
Wir haben speziell gesehen: Aus $f \neq 0,\ g \neq 0$ folgt $f \cdot g \neq 0$. Daher ist $R[X]$ ein Integritätsring. □

Insbesondere ist für jeden Körper K der Polynomring $K[X]$ nullteilerfrei. Indessen ist $K[X]$ niemals wieder ein Körper, denn zum Polynom X gibt es kein Polynom $h \in K[X]$ mit $X \cdot h = 1$, da die Gradregel den Widerspruch $1 + \operatorname{grad} h = 0$, also $\operatorname{grad} h = -1$ liefern würde.

3. Quadratische Zahlbereiche. Es bezeichne m eine fest vorgegebene ganze Zahl ungleich 0, es bezeichne R den Integritätsring $\mathbb{Z}$ bzw. den Körper $\mathbb{Q}$. Wir betrachten die Menge aller geordneten Paare (a_0, a_1), wo $a_0, a_1 \in R$. Wir schreiben abkürzend $\alpha := (a_0, a_1),\ \beta := (b_0, b_1)$ für solche Paare. Wir definieren wie folgt Rechenoperationen:

Gleichheit: $\alpha = \beta$ genau dann, wenn $a_0 = b_0$ und $a_1 = b_1$,
Addition: $\alpha + \beta := (a_0 + b_0, a_1 + b_1)$,
Multiplikation: $\alpha \cdot \beta := (a_0 b_0 + a_1 b_1 m, a_0 b_1 + a_1 b_0)$.

Die vorgegebene Zahl $m \in \mathbb{Z},\ m \neq 0$, spielt also erst bei der Definition der Multiplikation eine Rolle.
Man rechnet unmittelbar (aber mühsam z.B. beim Assoziativgesetz der Multiplikation) nach:

Die Menge aller Paare $\{(a, b): a, b \in R\}$ bildet bezüglich der Addition und Multiplikation einen Ring. Das Element $(0, 0)$ ist die Null, das Element $(1, 0)$ ist die Eins dieses Ringes.

Die obige Definition der Multiplikation sieht gekünstelt aus. Sie wird aber sofort verständlich, wenn man folgende Verabredungen trifft:
Man identifiziere $a \in R$ mit $(a, 0)$ und schreibe $\sqrt{m} := (0, 1)$; letzteres wird nahegelegt, wenn man beachtet: $(0, 1) \cdot (0, 1) = (m, 0)$. Dann schreibe man mutig

$$\alpha = (a_0, a_1) = (a_0, 0) + (0, a_1) = a_0 + (a_1, 0) \cdot (0, 1) = a_0 + a_1 \sqrt{m}.$$

Ohne dies als reelle oder komplexe Zahl aufzufassen (!), hat man jetzt eine suggestive Schreibweise für die Elemente des eingeführten Ringes, insbesondere kann man sich beim Multiplizieren kaum noch verrechnen:

$$\begin{aligned} \alpha \cdot \beta &= (a_0 + a_1 \sqrt{m}) \cdot (b_0 + b_1 \sqrt{m}) \\ &= (a_0 b_0 + a_1 b_1 m) + (a_0 b_1 + a_1 b_0) \sqrt{m}. \end{aligned}$$

Nach diesen Bemerkungen ist es auch naheliegend, den eingeführten Ring selbst mit $R[\sqrt{m}]$ zu bezeichnen. Wir haben somit zu jeder ganzen Zahl m ungleich 0 zwei Ringe $\mathbb{Z}[\sqrt{m}]$ und $\mathbb{Q}[\sqrt{m}]$ konstruiert. Es bestehen die Inklusionen: $\mathbb{Z} \subset \mathbb{Z}[\sqrt{m}] \subset \mathbb{Q}[\sqrt{m}]$, $\mathbb{Z} \subset \mathbb{Q} \subset \mathbb{Q}[\sqrt{m}]$.
Es erhebt sich die Frage, unter welchen Voraussetzungen über m die Ringe $\mathbb{Z}[\sqrt{m}]$ und $\mathbb{Q}[\sqrt{m}]$ nullteilerfrei sind. Man verifiziert unmittelbar:

Ist $m \neq 0$ *eine Quadratzahl in* $\mathbb{Z}$, *etwa* $m = r^2$ *mit* $r \in \mathbb{Z}$, *so gilt*: $\alpha_0 \beta_0 = 0$ *für* $\alpha_0 := r + \sqrt{m}$, $\beta_0 := r - \sqrt{m} \in \mathbb{Z}[\sqrt{m}]$. *Das Element* $\alpha_0 \neq 0$ *ist also ein Nullteiler; speziell sind die Ringe* $\mathbb{Z}[\sqrt{m}]$ *und* $\mathbb{Q}[\sqrt{m}]$ *im Fall einer Quadratzahl* m *keine Integritätsbereiche.*
Um weitere Aussagen zu machen, führen wir zunächst zwei neue Begriffe ein: Ist $\alpha = a_0 + a_1 \sqrt{m} \in R[\sqrt{m}]$, so heißt $\bar{\alpha} := a_0 - a_1 \sqrt{m} \in R[\sqrt{m}]$ das *zu* α *konjugierte Element*. Das Element

$$N(\alpha) := \alpha \bar{\alpha} = a_0^2 - a_1^2 m \in R$$

heißt die *Norm von* α.
Aus diesen Definitionen folgert man sofort:

Für alle $\alpha, \beta \in R[\sqrt{m}]$ *gilt*

$$\overline{\alpha \pm \beta} = \bar{\alpha} \pm \bar{\beta}, \quad \overline{\alpha \beta} = \bar{\alpha} \bar{\beta},$$
$$N(\alpha \beta) = N(\alpha)\, N(\beta) \qquad (\textit{Normenproduktsatz}).$$

Beweis: Sei $\alpha = a_0 + a_1 \sqrt{m}$, $\beta = b_0 + b_1 \sqrt{m}$. Dann gilt:

$$\begin{aligned} \overline{\alpha \pm \beta} &= (a_0 \pm b_0) - (a_1 \pm b_1) \sqrt{m} = (a_0 - a_1 \sqrt{m}) \pm (b_0 - b_1 \sqrt{m}) \\ &= \bar{\alpha} \pm \bar{\beta}, \end{aligned}$$

$$\begin{aligned} \overline{\alpha \beta} &= (a_0 b_0 + a_1 b_1 m) - (a_0 b_1 + a_1 b_0) \sqrt{m} \\ &= (a_0 - a_1 \sqrt{m})(b_0 - b_1 \sqrt{m}) = \bar{\alpha} \bar{\beta}, \end{aligned}$$

$$N(\alpha \beta) = \alpha \beta \cdot \overline{\alpha \beta} = \alpha \beta \bar{\alpha} \bar{\beta} = \alpha \bar{\alpha} \beta \bar{\beta} = N(\alpha)\, N(\beta).$$ □

Nach dem oben Bemerkten sind die Ringe $\mathbb{Z}[\sqrt{m}]$ und $\mathbb{Q}[\sqrt{m}]$ höchstens dann nullteilerfrei, wenn m keine Quadratzahl ist. Wir behaupten:

Folgende Aussagen über eine ganze Zahl m sind äquivalent:

i) *m ist keine Quadratzahl.*

ii) *In $\mathbb{Q}[\sqrt{m}]$ gilt $N(\alpha) = 0$ genau dann, wenn $\alpha = 0$.*

iii) *$\mathbb{Q}[\sqrt{m}]$ ist ein Körper.*

iv) *$\mathbb{Z}[\sqrt{m}]$ ist ein Integritätsring.*

Beweis: i) $\Rightarrow$ ii): Sei $\alpha = a_0 + a_1\sqrt{m} \in \mathbb{Q}[\sqrt{m}]$ mit $0 = N(\alpha) = a_0^2 - a_1^2 m$. Wäre $a_1 \neq 0$, so wäre $m = \left(\frac{a_0}{a_1}\right)^2$. Die Zahl m wäre also ein Quadrat in $\mathbb{Q}$ und folglich auch (vgl. Rationalitätskriterium 1.4.2) ein Quadrat in $\mathbb{Z}$ im Widerspruch zur Annahme. Es muß folglich gelten: $a_1 = 0$. Aus $0 = a_0^2$ ergibt sich dann $a_0 = 0$ und insgesamt $\alpha = 0$.

ii) $\Rightarrow$ iii): Wir haben das Postulat 5 b'. der Umkehrbarkeit der Multiplikation zu verifizieren. Sei $\alpha = a_0 + a_1\sqrt{m} \in \mathbb{Q}[\sqrt{m}]$, $\alpha \neq 0$. Dann ist das Element $\alpha^{-1} := \dfrac{\overline{\alpha}}{N(\alpha)} = \dfrac{a_0}{N(\alpha)} - \dfrac{a_1}{N(\alpha)}\sqrt{m} \in \mathbb{Q}[\sqrt{m}]$ wohldefiniert. Es gilt $\alpha(\alpha^{-1}) = \alpha \cdot \dfrac{\overline{\alpha}}{N(\alpha)} = \dfrac{\alpha\,\overline{\alpha}}{N(\alpha)} = 1$.

iii) $\Rightarrow$ iv): Da $\mathbb{Z}[\sqrt{m}]$ in $\mathbb{Q}[\sqrt{m}]$ enthalten ist und da in $\mathbb{Z}[\sqrt{m}]$ genau so wie in $\mathbb{Q}[\sqrt{m}]$ gerechnet wird, so ist mit $\mathbb{Q}[\sqrt{m}]$ auch $\mathbb{Z}[\sqrt{m}]$ nullteilerfrei.

iv) $\Rightarrow$ i): Dies wurde bereits oben bemerkt. □

In allen späteren Anwendungen betrachten wir nur noch die Ringe $\mathbb{Z}[\sqrt{m}]$ und $\mathbb{Q}[\sqrt{m}]$ für quadratfreie Zahlen $m \neq 1$. Wir benutzen folgende klassische Redeweise:

Ist $m \in \mathbb{Z}$ keine Quadratzahl, so heißt $\mathbb{Z}[\sqrt{m}]$ der quadratische Zahlbereich und $\mathbb{Q}[\sqrt{m}]$ der quadratische Zahlkörper zu m.

Für $m := -1$ hat man die berühmten, bereits von GAUSS studierten Ringe vor sich. Man schreibt traditionsbewußt i anstelle von $\sqrt{-1}$ und nennt $\mathbb{Z}[i]$ bzw. $\mathbb{Q}[i]$ den *Ring* bzw. *Körper der Gaußschen Zahlen.*

§ 1 Teilbarkeitstheorie in Integritätsringen

Der Fundamentalbegriff der Teilbarkeit läßt sich in jedem Ring R definieren (wörtlich so wie in 1.1.1). Da in allen Anwendungen der Ring R stets nullteilerfrei sein wird, setzen wir in diesem ganzen Paragraphen R als Integritätsbereich voraus.

1. Grundbegriffe der Teilbarkeitstheorie. Wie in $\mathbb{Z}$ heißt ein Element $d \in R$ ein *Teiler des Elementes* $a \in R$, in Zeichen: $d \mid a$, wenn es ein Element $v \in R$ gibt, so daß gilt: $a = dv$. Man sagt dann auch, daß *a durch d teilbar* ist (in R).
Wie früher ist das Element $v \in R$ in der Gleichung $a = dv$ auf Grund der Kürzungsregel eindeutig bestimmt, falls $d \neq 0$.
In einem Körper K ist die Gleichung $dx = a$ stets lösbar, wenn $d \neq 0$. Daher ist in Körpern die Teilbarkeitstheorie trivial: Jedes Element $a \in K$ besitzt sämtliche von 0 verschiedenen Elemente $d \in K$ als Teiler.

Folgerungen: *Seien* $a, b, c, d \in R$. *Dann gilt*:

1) $a \mid a$. (*Reflexivität*)
2) *Aus* $a \mid b$ *und* $b \mid c$ *folgt* $a \mid c$. (*Transitivität*)
3) *Aus* $a \mid b$ *und* $c \mid d$ *folgt* $ac \mid bd$.
4) *Aus* $a \mid b$ *und* $a \mid c$ *folgt* $a \mid (xb + yc)$ *für alle* $x, y \in R$.

Der *Beweis* verläuft wörtlich so wie der Beweis der Rechenregeln 1.1.1; es kommt nicht darauf an, was die Elemente $a, b, \ldots$ sind, lediglich die Rechenregeln eines Ringes spielen eine Rolle. □

Ein Element $e \in R$ heißt eine *Einheit*, wenn e ein Teiler der Eins $1 \in R$ ist.

Beispiele: 1) Der Ring $\mathbb{Z}$ hat genau die beiden Einheiten 1 und -1.
2) In jedem Körper K sind alle Elemente ungleich 0 Einheiten.
3) In jedem Polynomring $K[X]$ über einem Körper K sind auf Grund der Gradregel genau alle Polynome 0-ten Grades, d.h. die konstanten Polynome ungleich 0, d.h. die Elemente aus $K \setminus \{0\}$, Einheiten.

Folgerungen: 5) *In jedem Ring* R *sind die Elemente* $+1$ *und* -1 *Einheiten.*
6) *Sind* e_1 *und* e_2 *Einheiten in* R, *so ist auch* $e_1 e_2$ *eine Einheit in* R.
7) *Ist* e *eine Einheit in* R, *so teilt* e *jedes Element* $a \in R$.

Beweis: Die Behauptung 5) ist klar, da $1 \cdot 1 = (-1) \cdot (-1) = 1$ in jedem Ring gilt.
Die Behauptung 6) folgt aus Folgerung 3): Aus $e_1 \mid 1$ und $e_2 \mid 1$ folgt $e_1 e_2 \mid 1 \cdot 1$.
Die Behauptung 7) ist klar wegen der Transitivität: Da stets $1 \mid a$, so hat $e \mid 1$ zur Folge: $e \mid a$. □

Auf Grund von Folgerung 7) sind Einheiten bei Teilbarkeitsuntersuchungen uninteressante Elemente.

Zwei Elemente a, b eines Ringes R heißen *assoziiert*, in Zeichen $a \sim b$, wenn gilt: $a \mid b$ und $b \mid a$.
Die zu 1 assoziierten Elemente sind also genau die Einheiten von R; zur Null ist nur die Null assoziiert.

Folgerungen: 8) *Assoziiertsein ist eine Äquivalenzrelation: Für alle $a, b, c \in R$ gilt:*

$a \sim a$.	(*Reflexivität*)
Aus $a \sim b$ *folgt* $b \sim a$.	(*Symmetrie*)
Aus $a \sim b$ *und* $b \sim c$ *folgt* $a \sim c$.	(*Transitivität*)

9) *Seien a, b assoziiert. Dann gilt $a \mid c$ genau dann, wenn gilt $b \mid c$.*
10) *Die Elemente a, b sind genau dann assoziiert, wenn es eine Einheit $e \in R$ gibt, so daß gilt: $b = ae$.*

Beweis: Die Behauptungen aus 8) ergeben sich alle unmittelbar aus der Definition.
Die Behauptung 9) folgt aus der Transitivität der Teilbarkeit: Aus $b \mid a$ und $a \mid c$ folgt $b \mid c$; aus $a \mid b$ und $b \mid c$ folgt $a \mid c$.
Die Behauptung 10) ergibt sich wie folgt: Sei zunächst $a \sim b$, also $a \mid b$ und $b \mid a$, d.h. $b = ea$ und $a = db$ mit $e, d \in R$. Falls $a = 0$, so gilt $b = 0$, und die Behauptung ist wegen $0 = 0 \cdot 1$ richtig. Falls $a \neq 0$, so folgt aus $a = d(ea) = (de)a$ nach der Kürzungsregel: $1 = de$, d.h. $e \mid 1$. Mithin ist in der Gleichung $b = ae$ das Element e eine Einheit in R.
Sei umgekehrt $b = ae$ mit einer Einheit $e \in R$. Dann gilt also $ed = 1$ mit $d \in R$. Es folgt: $db = a$. Wir sehen: $a \mid b$ und $b \mid a$, also $a \sim b$. □

Auf Grund von Folgerung 9) braucht man bei Teilbarkeitsuntersuchungen assoziierte Elemente nicht zu unterscheiden. Wir haben dies für $\mathbb{Z}$ bereits häufig dahingehend ausgenutzt, daß wir nur positive Zahlen betrachtet haben (denn $-a$ ist zu a assoziiert).
Teiler eines Elementes $a \in R$ sind alle Einheiten aus R und alle zu a assoziierten Elemente. Diese Teiler gelten als uninteressant und langweilig; man nennt daher einen Teiler b von a einen *trivialen Teiler von a*, wenn b eine Einheit ist oder wenn b zu a assoziiert ist. Ein Teiler b von a heißt ein *echter Teiler von a*, in Zeichen $b \parallel a$, wenn b kein trivialer Teiler von a ist.
Einheiten besitzen demnach keine echten Teiler; echte Teiler der 0 sind alle Nichteinheiten $\neq 0$.

Folgerung: 11) *Es seien $a, b, c \in R$, es gelte $a \neq 0$ und $a = bc$. Dann gilt $b \parallel a$ genau dann, wenn gilt $c \parallel a$.*

Beweis: Es genügt zu zeigen, daß $b \parallel a$ zur Folge hat $c \parallel a$. Angenommen, c wäre ein trivialer Teiler von a. Dann ist c entweder eine Einheit oder zu a assoziiert.

Im ersten Fall wäre dann a zu b assoziiert, im zweiten Fall wäre b eine Einheit (beides auf Grund von Folgerung 10)). Beides ist wegen $b \| a$ unmöglich. □

Primzahlen in $\mathbb{Z}$ sind genau die Elemente > 1, die keine echten Teiler haben (gemäß Lemma 1.1.2). Diese Eigenschaft verallgemeinernd nennt man ein Element u eines Integritätsringes R *unzerlegbar* oder auch *irreduzibel* (in R), wenn gilt:

0) $u \neq 0$, u ist keine Einheit in R.
1) u hat keine echten Teiler in R.

Folgerung: 12) *Es sei $u \in R$ unzerlegbar, und es sei $a \in R$ keine Einheit in R. Dann gilt $a \mid u$ genau dann, wenn gilt $a \sim u$.*

Der Beweis kann dem Leser überlassen werden.
Primzahlen in $\mathbb{Z}$ sind genau die Elemente > 1, die folgende Eigenschaft haben (vgl. Fundamentallemma 1.1.4): Aus $p \mid (ab)$, $a, b \in \mathbb{Z}$, folgt $p \mid a$ oder $p \mid b$. Diese Eigenschaft verallgemeinernd nennt man ein Element p eines Integritätsringes R ein *Primelement* in R, wenn gilt:

0) $p \neq 0$, p ist keine Einheit in R.
1) Aus $p \mid (ab)$, $a, b \in R$, folgt $p \mid a$ oder $p \mid b$.

Nach dieser Definition ist im Fall $R = \mathbb{Z}$ eine Zahl $p \in \mathbb{Z}$ genau dann ein Primelement in $\mathbb{Z}$, wenn p oder $-p$ eine Primzahl in $\mathbb{Z}$ ist.

Folgerungen: *Für jedes Primelement $p \in R$ gilt:*

13) *Aus $p \mid (a_1 a_2 \cdot \ldots \cdot a_n)$, $a_1, a_2, \ldots, a_n \in R$, folgt: $p \mid a_1$ oder $p \mid a_2$ oder ... oder $p \mid a_n$.*

14) *p ist unzerlegbar in R.*

15) *Jedes zu p assoziierte Element $p' \in R$ ist ein Primelement in R.*

Beweis: ad 13): Man führt Induktion nach n (wörtlich wie im Beweis von Korollar 1.1.4), der Induktionsbeginn $n = 2$ ist klar per definitionem.
ad 14): Es ist nur zu zeigen, daß die Eigenschaft 1) der Definition von Unzerlegbarkeit erfüllt ist. Sei also $a \in R$ ein Teiler von p, etwa $p = ab$ mit $b \in R$. Hieraus folgt $p \mid a$ *oder* $p \mid b$, da p Primelement ist. Da außerdem $a \mid p$ *und* $b \mid p$, so sehen wir: $p \sim a$ oder $p \sim b$. Im ersten Fall ist a ein trivialer Teiler von p. Im zweiten Fall ist a eine Einheit, also wiederum ein trivialer Teiler von p. Mithin besitzt p keine echten Teiler in R.
ad 15): Da assoziierte Elemente die gleichen Elemente teilen (Folgerung 9)), übertragen sich die Primelementeigenschaften von p auf p'. □

Der Leser wird sich fragen, warum wir die zwei signifikanten Eigenschaften von Primzahlen zur Einführung von zwei verschiedenen Begriffen benutzt haben.

Die Antwort ist, daß diese beiden Eigenschaften, die im Ring $\mathbb{Z}$ dasselbe bedeuten, in allgemeinen Integritätsringen R nicht mehr äquivalent sind. Zwar sind, wie wir eben sahen, Primelemente stets unzerlegbar, doch gilt die Umkehrung i.a. nicht! Im Zahlbereich $\mathbb{Z}[\sqrt{-5}]$ ist 2 *unzerlegbar, aber kein Primelement*, wie wir im Abschnitt 3 dieses Paragraphen zeigen werden.
Wir werden im Paragraphen 2 dieses Kapitels sehen, daß die Primelemente und nicht die unzerlegbaren Elemente die eigentlichen Bausteine sind, aus denen sich die allgemeinen Elemente multiplikativ zusammensetzen. Wir werden dann auch gut verstehen lernen, warum im Ring $\mathbb{Z}$ unzerlegbare Elemente und Primelemente „zufällig" dasselbe sind.

2. Normfunktionen. Zwischen den Teilbarkeitseigenschaften eines allgemeinen Integritätsringes R und der Anordnung in $\mathbb{N}$ besteht – rein formal – folgende Analogie:

Teilbarkeit in R	*Anordnung in* $\mathbb{N}$
$a \mid a$	$a \leqq a$
$a \mid b$ und $b \mid c \Rightarrow a \mid c$	$a \leqq b$ und $b \leqq c \Rightarrow a \leqq c$
$a \mid b \Rightarrow ac \mid bc$	$a \leqq b \Rightarrow ac \leqq bc$
$a \parallel b$	$a < b$

Diese Analogie legt es nahe, Teilbarkeitsuntersuchungen in Integritätsringen R auf die Anordnung in $\mathbb{N}$ zurückzuführen. Dazu benötigt man vorweg eine Abbildung $\mathcal{N}: R \to \mathbb{N}$, die jedem Ringelement $a \in R$ eine natürliche Zahl $\mathcal{N}a \in \mathbb{N}$ zuordnet (Makroskop). Diese Abbildung $\mathcal{N}$ soll Teilbarkeitsbeziehungen in R in Teilbarkeits- und Anordnungsbeziehungen in $\mathbb{N}$ umsetzen. Es zeigt sich, daß man auf dem rechten Weg ist, wenn man folgendes postuliert:
Es sei R ein Integritätsring. Eine Abbildung $\mathcal{N}: R \to \mathbb{N}$, $a \mapsto \mathcal{N}a$ von R in die Menge der natürlichen Zahlen heißt eine *Normfunktion* (*auf* R), wenn folgendes gilt:

1) $\mathcal{N}a = 0$ genau dann, wenn $a = 0$. (*Definitheit*)
2) $\mathcal{N}(ab) = \mathcal{N}a \cdot \mathcal{N}b$ für alle $a, b \in R$. (*Produktregel*)

Aus dieser Definition ergeben sich sofort einige einfache

Eigenschaften von Normfunktionen: *Es sei R ein Integritätsring mit einer Normfunktion $\mathcal{N}$; es seien a, b Elemente aus R. Dann gilt:*

1) *Aus $b \neq 0$ und $a \mid b$ folgt $\mathcal{N}a \mid \mathcal{N}b$ und $1 \leqq \mathcal{N}a \leqq \mathcal{N}b$.*
2) *Aus $a \sim b$ folgt $\mathcal{N}a = \mathcal{N}b$.*
3) *Für jede Einheit a ist $\mathcal{N}a = 1$.*

Beweis: ad 1): Es gibt ein $c \in R$ mit $ac = b \neq 0$. Hieraus folgt unter Verwendung der Eigenschaften 1) und 2) aus der Definition $\mathcal{N}a \cdot \mathcal{N}c = \mathcal{N}b \neq 0$. Wir sehen $\mathcal{N}a \mid \mathcal{N}b$. Da $\mathcal{N}a, \mathcal{N}b, \mathcal{N}c$ wegen $\mathcal{N}b \neq 0$ positive ganze Zahlen sein müssen, folgt weiter: $1 \leqq \mathcal{N}a \leqq \mathcal{N}b$.

ad 2): Für $b = 0$ gilt $a = 0$ und die Behauptung ist klar. Sei $b \neq 0$. Da $a \mid b$, so folgt $1 \leqq \mathcal{N}a \leqq \mathcal{N}b$ nach dem eben Bewiesenen; da auch $a \neq 0$ und $b \mid a$, so folgt ebenso: $1 \leqq \mathcal{N}b \leqq \mathcal{N}a$, insgesamt also $\mathcal{N}a = \mathcal{N}b$.
ad 3): Aus $1 \cdot 1 = 1$ folgt $\mathcal{N}1 \cdot \mathcal{N}1 = \mathcal{N}1$. Da $\mathcal{N}1 \neq 0$, so folgt $\mathcal{N}1 = 1$. Sei nun a eine Einheit in R. Dann ist a zu 1 assoziiert, so daß nach 2) folgt $\mathcal{N}a = \mathcal{N}1 = 1$. □

Beispiele von Normfunktionen: 0) Für jeden Integritätsring R wird durch $\mathcal{N}0 := 0$ und $\mathcal{N}a := 1$ für $a \neq 0$ die sogenannte *triviale* (uninteressante) *Normfunktion* definiert.

1) Der absolute Betrag in $\mathbb{Z}$, d.h. die durch

$$|a| := \begin{cases} a & \text{für } a \geqq 0 \\ -a & \text{für } a < 0 \end{cases}$$

erklärte Funktion ist eine Normfunktion auf $\mathbb{Z}$: Nach Definition gilt stets $|a| \geqq 0$, wobei Gleichheit nur für $a = 0$ gilt; weiter gilt für den absoluten Betrag die Produktregel: $|a \cdot b| = |a| \cdot |b|$.

2) In jedem Polynomring $R[X]$ über einem Integritätsring R wird vermöge

$$\mathcal{N}f := \begin{cases} 0, & \text{falls } f = 0, \\ 2^{\operatorname{grad} f} \in \mathbb{N}^\times, & \text{falls } f \neq 0, \end{cases}$$

eine Normfunktion definiert: Es gilt nämlich $\mathcal{N}f \neq 0$ für alle $f \neq 0$; weiter gilt nach 0.2 die Gradregel $\operatorname{grad}(f \cdot g) = \operatorname{grad} f + \operatorname{grad} g$ für alle $f \neq 0$, $g \neq 0$, d.h.: $\mathcal{N}(fg) = 2^{\operatorname{grad}(f \cdot g)} = 2^{\operatorname{grad} f + \operatorname{grad} g} = 2^{\operatorname{grad} f} \cdot 2^{\operatorname{grad} g} = \mathcal{N}f \cdot \mathcal{N}g$.

3) Sei $m \in \mathbb{Z}$ kein Quadrat. Im quadratischen Zahlbereich $\mathbb{Z}[\sqrt{m}]$ wurde in 0.3 vermöge $N(\alpha) := \alpha\bar{\alpha} = a_0^2 - a_1^2 m \in \mathbb{Z}$ für $\alpha := a_0 + a_1\sqrt{m}$ die Norm definiert. Wir führen nun die Abbildung

$$\mathcal{N} : \mathbb{Z}[\sqrt{m}] \to \mathbb{N}, \qquad \alpha \mapsto \mathcal{N}\alpha := |N(\alpha)|$$

ein (der Übergang zu Absolutbeträgen ist nötig, da $N\alpha = a_0^2 - a_1^2 m$ für positive Zahlen m negativ sein kann). Wir zeigen, daß $\mathcal{N}$ eine Normfunktion auf $\mathbb{Z}[\sqrt{m}]$ ist. Nach 0.3 gilt $N(\alpha) = 0$ nur für $\alpha = 0$, daher gilt auch $\mathcal{N}\alpha = 0$ nur für $\alpha = 0$. Weiter gilt

$$\mathcal{N}(\alpha\beta) = |N(\alpha\beta)| = |N(\alpha) \cdot N(\beta)| = |N(\alpha)| \cdot |N(\beta)| = \mathcal{N}\alpha \cdot \mathcal{N}\beta$$

für alle $\alpha, \beta \in \mathbb{Z}[\sqrt{m}]$ auf Grund des Normenproduktsatzes 0.3 und der Produktregel für den Absolutbetrag.

Für wirkliche teilbarkeitstheoretische Untersuchungen in einem Integritätsbereich R ist der Begriff der Normfunktion noch zu allgemein gefaßt. Im Kapitel 1 haben wir mehrfach wesentlich ausgenutzt, daß echte Teilbarkeit $a \parallel b$ in $\mathbb{N}^\times$ die echte Ungleichung $a < b$ zur Folge hat. Wir wollen dies nun für Normfunktionen postulieren.

Eine Normfunktion $\mathcal{N}: R \to \mathbb{N}$ heißt *monoton*, wenn für einen echten Teiler a eines Elements $b \neq 0$ stets gilt: $\mathcal{N}a < \mathcal{N}b$.
Monotone Normfunktionen lassen sich in einfacher Weise charakterisieren.

Monotoniekriterium: *Folgende Aussagen über eine Normfunktion* $\mathcal{N}: R \to \mathbb{N}$ *sind äquivalent*:

i) *Jedes Element* $e \in R$ *mit* $\mathcal{N}e = 1$ *ist eine Einheit in* R.
ii) $\mathcal{N}$ *ist eine monotone Normfunktion.*

Beweis: i) ⇒ ii): Seien $a, b \in R$, $b \neq 0$ und $a \parallel b$. Dann gilt $b = ac$ mit $c \in R$ und $c \neq 0$. Wegen $a \parallel b$ ist c keine Einheit in R; es gilt daher: $\mathcal{N}c > 1$. Aus $\mathcal{N}a \cdot \mathcal{N}c = \mathcal{N}b$ folgt dann, da wegen $\mathcal{N}b \neq 0$ alle hier stehenden Zahlen positiv sind: $\mathcal{N}a < \mathcal{N}b$.
ii) ⇒ i): Den Beweis dieser Implikation möge der Leser sich selbst zurecht legen. □

Beispiele von monotonen Normfunktionen: Wir prüfen, welche der oben angegebenen Normfunktionen monoton sind.

0) Die triviale Normfunktion ist offenbar i.a. (z.B. für $R = \mathbb{Z}$) *nicht* monoton.

1) Die Betragsnormfunktion $\mathcal{N}a = |a|$ auf $\mathbb{Z}$ ist *monoton* auf Grund des Monotoniekriteriums, denn es gilt $|e| = 1$ genau dann, wenn $e = \pm 1$, also e eine Einheit in $\mathbb{Z}$ ist.

2) Es sei K ein Körper. Dann ist die Gradnormfunktion $\mathcal{N}f = 2^{\text{grad} f}$ auf dem Polynomring $K[X]$ auf Grund des Monotoniekriteriums *monoton*:
Es gilt $\mathcal{N}f = 2^{\text{grad} f} = 1$ genau dann, wenn $\text{grad} f = 0$ gilt; wir wissen aus Abschnitt 1, daß genau die Polynome vom Grad 0 in $K[X]$ die Einheiten in $K[X]$ sind (hier ist wesentlich, daß K ein Körper ist!).

3) Auf jedem Integritätsbereich $\mathbb{Z}[\sqrt{m}]$ ist die durch $\mathcal{N}\alpha = |\alpha\bar{\alpha}|$ gegebene Normfunktion auf Grund des Monotoniekriteriums *monoton*: Es gilt $|\alpha\bar{\alpha}| = 1$ genau dann, wenn $\alpha\bar{\alpha} = \pm 1$, also $\alpha(\pm\bar{\alpha}) = 1$. Die α mit $\mathcal{N}(\alpha) = 1$ sind wegen $\bar{\alpha} \in \mathbb{Z}[\sqrt{m}]$ also stets Einheiten in $\mathbb{Z}[\sqrt{m}]$.

Besitzt ein Integritätsring eine monotone Normfunktion, so kann man sofort alle Einheiten charakterisieren. Aus der Eigenschaft 3) von Normfunktionen und dem Monotoniekriterium ergibt sich nämlich unmittelbar das

Korollar: *Es sei* R *ein Integritätsring mit monotoner Normfunktion* $\mathcal{N}$. *Dann sind folgende Aussagen über ein Element* $e \in R$ *äquivalent*:

i) e *ist eine Einheit in* R.
ii) $\mathcal{N}e = 1$.

Für quadratische Zahlbereiche sieht man damit insbesondere (wenn man $\mathcal{N}\alpha = |\alpha\bar{\alpha}| = |a_0^2 - a_1^2 m|$ beachtet):

Folgerung: *In einem quadratischen Zahlbereich* $\mathbb{Z}[\sqrt{m}]$, $m \in \mathbb{Z}\setminus\{1\}$ *quadratfrei, sind genau diejenigen Elemente* $\varepsilon = u + v\sqrt{m}$ *Einheiten, für die gilt:* $u^2 - mv^2 = \pm 1$.

Das soeben angeschriebene Gleichungspaar heißt, obwohl es sich um zwei Gleichungen handelt, *die Pellsche Gleichung* (*zu* m). Diese Namensgebung, die auf EULER zurückgeht, ist indessen völlig ungerechtfertigt: PELL war ein Engländer, der im 17. Jahrhundert lebte und nichts mit der Gleichung zu tun hat. Die Frage, ob es bei vorgegebenem quadratfreien $m \in \mathbb{Z}$ natürliche Zahlen $v \geqq 1$ gibt, so daß $mv^2 + 1$ wieder ein Quadrat in $\mathbb{N}$ ist, wurde 1657 von FERMAT englischen Mathematikern gestellt.
Die Auffindung aller Einheiten von $\mathbb{Z}[\sqrt{m}]$ ist gemäß der Folgerung äquivalent mit der Auffindung aller Lösungen u, v der *diophantischen* Gleichung $u^2 - mv^2 = \pm 1$, wobei das Adjektiv „diophantisch" wie üblich zum Ausdruck bringt, daß nur ganzzahlige Lösungen in Betracht kommen. Zur Lösung dieser Aufgabe unterscheidet man die beiden Fälle $m < 0$ und $m > 1$.

1. *Fall*: $m < 0$. Man spricht alsdann von *imaginär-quadratischen* Zahlbereichen; die Pellsche Gleichung hat die Form $u^2 + |m|\, v^2 = 1$, wobei rechts natürlich nur $+1$ auftreten kann, da links nichtnegative Summanden stehen. Für $m < -1$ gibt es genau die zwei Lösungen $u = \pm 1$, $v = 0$, zu denen die beiden Einheiten ± 1 gehören. Für $m = -1$ hat die Pellsche Gleichung $u^2 + v^2 = 1$ genau die vier Lösungen $u = \pm 1$, $v = 0$ und $u = 0$, $v = \pm 1$, zu denen die vier Einheiten ± 1, $\pm i$ gehören. Zusammenfassend läßt sich sagen:

Satz: *Alle imaginär-quadratischen Zahlbereiche* $\mathbb{Z}[\sqrt{m}]$, $m < -1$, *haben* (*wie* $\mathbb{Z}$) *genau die* 2 *Einheiten* 1 *und* -1; *der Ring* $\mathbb{Z}[i]$ *der Gaußschen Zahlen hat genau die vier Einheiten* $1, -1, i, -i$.

2. *Fall*: $m > 1$. Man spricht jetzt von *reell-quadratischen* Zahlbereichen; die Pellsche Gleichung hat nunmehr stets unendlich viele Lösungen. So gilt z. B. für

$$m = 2\colon\ 2v^2 + 1 = u^2 \text{ mit } v := 2,\ u := 3$$
$$m = 3\colon\ 3v^2 + 1 = u^2 \text{ mit } v := 1,\ u := 2, \text{ aber auch mit } v := 780,\ u := 1351;$$

diese letzte Lösung muß schon ARCHIMEDES (um 287–212 v. Chr.) gekannt haben, da sich bei ihm die Ungleichung $\frac{1351}{780} > \sqrt{3}$ findet.
Wir wollen hier nicht zeigen, daß es in reell-quadratischen Zahlbereichen stets unendlich viele Einheiten gibt; z.B. ist in $\mathbb{Z}[\sqrt{67}]$ die Zahl $\varepsilon := 48842 + 5967\sqrt{67}$ eine Einheit, da $\mathcal{N}\varepsilon = 48842^2 - 67 \cdot 5967^2 = 1$.

3. Zerlegungssatz für Integritätsringe mit monotoner Normfunktion. In einem Integritätsbereich R mit monotoner Normfunktion $\mathcal{N}$ hat *echte Teilbarkeit in* R *strenge Monotonie für* $\mathcal{N}$ *in* $\mathbb{N}$ *zur Folge*. Dies gibt uns die Möglichkeit, den Satz 1.2.1 über die Existenz der Primzerlegung zu verallgemeinern zum

Zerlegungssatz: *In einem Integritätsbereich R mit monotoner Normfunktion $\mathcal{N}$ ist jede Nichteinheit ungleich 0 ein Produkt von endlich vielen unzerlegbaren Elementen.*

Beweis: Angenommen, es gäbe in R Nichteinheiten ungleich 0, die dem Satz widersprechen. Dann greifen wir unter allen diesen Elementen, für die der Satz falsch ist, eine Nichteinheit $a \neq 0$ mit kleinster Norm $\mathcal{N}a$ heraus (Prinzip des kleinsten Elementes). Offenbar ist a nicht unzerlegbar, da sonst der Satz für a erfüllt wäre. Mithin besitzt a einen echten Teiler b, d.h. $a = bc$ mit $c \in R$ und $b \,\|\, a$. Nach Folgerung 11) aus Abschnitt 1 gilt dann auch $c \,\|\, a$. Auf Grund der Monotonie von $\mathcal{N}$ folgt: $\mathcal{N}b < \mathcal{N}a$ und $\mathcal{N}c < \mathcal{N}a$. Da a von denjenigen Nichteinheiten ungleich 0 aus R, die dem Satz widersprechen, eines mit kleinster Norm $\mathcal{N}a$ ist, so ist für die Elemente $b, c \in R$, die ebenfalls Nichteinheiten ungleich 0 sind, der Satz gültig: Es bestehen Gleichungen

$$b = u_1 u_2 \cdot \ldots \cdot u_r \quad \text{und} \quad c = u_{r+1} u_{r+2} \cdot \ldots \cdot u_m$$

mit in R unzerlegbaren Elementen $u_1, u_2, \ldots, u_m$. Dann ist also auch $a = bc = u_1 u_2 \cdot \ldots \cdot u_r u_{r+1} \cdot \ldots \cdot u_m$ eine Darstellung von a als Produkt unzerlegbarer Elemente im Widerspruch zu der Annahme, daß a keine solche Darstellung hat. □

Da die Integritätsringe $K[X]$ und $\mathbb{Z}[\sqrt{m}]$ monotone Normfunktionen haben, so folgt aus dem Zerlegungssatz unmittelbar:

Korollar: *In allen Polynomringen $K[X]$ über Körpern und in allen quadratischen Integritätsbereichen $\mathbb{Z}[\sqrt{m}]$ ist jede Nichteinheit ungleich 0 ein Produkt von unzerlegbaren Elementen.*

Zwei Zerlegungen einer Nichteinheit ungleich 0 eines Integritätsbereiches in unzerlegbare Elemente sind i.a. nicht gleich. Dies ist bereits im Ring $\mathbb{Z}$ so, wo z.B. gilt:

$$6 = 2 \cdot 3 = 3 \cdot 2 = (-2) \cdot (-3) = (-3) \cdot (-2).$$

Allerdings sind in $\mathbb{Z}$ die Unterschiede solcher Zerlegungen im Sinne der Teilbarkeitstheorie unwesentlich, da die Faktoren einer Zerlegung bis auf die Reihenfolge stets zu denen jeder anderen Zerlegung assoziiert sind. In diesem Sinne ist die Zerlegung von 6 in $\mathbb{Z}$ eindeutig. Es erhebt sich die Frage, ob eine solche Eindeutigkeit der Zerlegung allgemeiner für Integritätsbereiche R mit monotoner Normfunktion gilt:

Gibt es zu zwei Zerlegungen $a = u_1 u_2 \cdot \ldots \cdot u_m = v_1 v_2 \cdot \ldots \cdot v_n$ einer Nichteinheit $a \neq 0$ in unzerlegbare Elemente $u_1, u_2, \ldots, u_m$ und $v_1, v_2, \ldots, v_n$ stets eine bijektive Zuordnung zwischen den Faktoren u_μ und v_ν, so daß einander zugeordnete Faktoren assoziiert sind?

Die Antwort auf diese Frage ist: Nein! Das klassische Beispiel eines Integritätsbereiches, in dem die Zerlegung in unzerlegbare Elemente nicht mehr „im wesentlichen" eindeutig ist, ist der quadratische Zahlbereich $\mathbb{Z}[\sqrt{-5}]$. Dieses Beispiel wurde bereits im vergangenen Jahrhundert von R. DEDEKIND (1831–1916, Braunschweig) diskutiert. Wir zeigen durch elegantes Rechnen mit der Normfunktion:

Der Integritätsbereich $\mathbb{Z}[\sqrt{-5}]$ *hat folgende Eigenschaften:*

a) $6 = 2 \cdot 3 = (1 + \sqrt{-5})(1 - \sqrt{-5})$.

b) *Die Elemente* $2, 3, 1 + \sqrt{-5}, 1 - \sqrt{-5}$ *sind unzerlegbar in* $\mathbb{Z}[\sqrt{-5}]$.

c) 2 *teilt weder* $1 + \sqrt{-5}$ *noch* $1 - \sqrt{-5}$; *speziell gilt:*

$2 \nmid 1 + \sqrt{-5}$ *und* $2 \nmid 1 - \sqrt{-5}$.

d) 2 *ist kein Primelement in* $\mathbb{Z}[\sqrt{-5}]$.

Beweis: ad a): Trivial.
ad b): Für $\alpha = a_0 + a_1\sqrt{-5} \in \mathbb{Z}[\sqrt{-5}]$ gilt: $\mathcal{N}\alpha = a_0^2 + 5a_1^2$. Es folgt

$$\mathcal{N}2 = 4, \quad \mathcal{N}3 = 9, \quad \mathcal{N}(1 + \sqrt{-5}) = 6, \quad \mathcal{N}(1 - \sqrt{-5}) = 6;$$

insbesondere sind also $2, 3, 1 + \sqrt{-5}$ und $1 - \sqrt{-5}$ Nichteinheiten ungleich 0 in $\mathbb{Z}[\sqrt{-5}]$. Die Norm $\mathcal{N}\alpha$ eines echten Teilers α eines der angegebenen vier Elemente müßte daher, da $\mathcal{N}$ monoton ist, ein echter Teiler von 4, 9 oder 6, also gleich 2 oder 3 sein. Elemente mit der Norm 2 oder 3 gibt es aber in $\mathbb{Z}[\sqrt{-5}]$ nicht, denn die Gleichungen

$$a_0^2 + 5a_1^2 = 2 \quad \text{bzw.} \quad a_0^2 + 5a_1^2 = 3$$

sind mit ganzen Zahlen a_0, a_1 offensichtlich unlösbar. Keine der vier Nichteinheiten $2, 3, 1 \pm \sqrt{-5}$ hat also echte Teiler.
ad c): Wäre 2 ein Teiler von $1 \pm \sqrt{-5}$ in $\mathbb{Z}[\sqrt{-5}]$, so wäre $\mathcal{N}2 = 4$ ein Teiler von $\mathcal{N}(1 \pm \sqrt{-5}) = 6$ in $\mathbb{N}$, was absurd ist.
ad d): Klar, da $2 \mid 6$, aber $2 \nmid (1 + \sqrt{-5})$ und $2 \nmid (1 - \sqrt{-5})$. □

Die soeben für den Ring $\mathbb{Z}[\sqrt{-5}]$ beschriebenen Phänomene zeigen (vgl. auch das in 1.2.2 betrachtete Beispiel): *Unzerlegbare Elemente sind i.a. nicht Primelemente. Eine Zerlegung in unzerlegbare Elemente hat i.a. keinen Eindeutigkeitscharakter: Kein Faktor einer ersten Zerlegung braucht zu einem Faktor einer zweiten Zerlegung assoziiert zu sein!*

Wir werden im nächsten Paragraphen sehen, daß die hier aufgezeigten Schwierigkeiten nicht auftreten, wenn alle unzerlegbaren Elemente Primelemente sind.

Aufgaben:

1) Sei R ein Integritätsring, seien $a, b, c, d \in R$. Zeigen Sie:
   a) Aus $a \sim b$ und $c \sim d$ folgt: $ac \sim bd$.
   b) Aus $a \sim b$ und $ac \sim bd$ und $a \neq 0$ folgt: $c \sim d$.

2) Geben Sie alle Integritätsringe an, auf denen die triviale Normfunktion monoton ist.
3) Geben Sie in $\mathbb{Z}[\sqrt{-22}]$ ein unzerlegbares Element an, das kein Primelement ist.
4) Zeigen Sie, daß folgende Zahlen keine Primelemente in $\mathbb{Z}[i]$ sind:
   a) $2 + b^2 i$, $b \in \mathbb{Z}$, $b \neq \pm 1$;
   b) $2^n + b^2 i$, $b \in \mathbb{Z}$, $b \neq \pm 1$, $n \in \mathbb{N}$ ungerade.

§ 2 Faktorielle Ringe, Hauptidealringe und euklidische Ringe

Das Dedekindsche Beispiel $\mathbb{Z}[\sqrt{-5}]$ lehrt, daß eine Faktorzerlegung in unzerlegbare Elemente i.a. nicht eindeutig ist. Wir machen die Not zur Tugend und führen für Integritätsringe, in denen solche Zerlegungen (bis auf Einheiten) stets *eindeutig existieren*, die Redeweise „faktoriell" ein. Neben faktoriellen Ringen betrachten wir auch Hauptidealringe und unter diesen speziell euklidische Ringe.

Wir werden u.a. sehen, daß außer $\mathbb{Z}$ auch der Ring $\mathbb{Z}[i]$ der Gaußschen Zahlen faktoriell ist. Für jeden faktoriellen quadratischen Zahlbereich $\mathbb{Z}[\sqrt{m}]$ stellt sich die Frage nach der Primzerlegung (in $\mathbb{Z}[\sqrt{m}]$) von Primzahlen (aus $\mathbb{Z}$); wir gehen hierauf im letzten Abschnitt dieses Paragraphen näher ein.
Untersuchungen über faktorielle Ringe, insbesondere über Ringe $\mathbb{Z}[\sqrt{m}]$, sind aus (mindestens) zwei Gründen wichtig: Einmal, weil es an sich interessant ist zu sehen, wie weit die Eigenschaften der gewöhnlichen ganzen Zahlen einer Verallgemeinerung fähig sind, zum anderen, weil wichtige Eigenschaften der rationalen ganzen Zahlen selbst in einfacher und natürlicher Weise aus denen von $\mathbb{Z}$ umfassenden Zahlbereichen folgen.

1. Faktorielle Ringe. Nach dem Hauptsatz der elementaren Zahlentheorie hat jede ganze Zahl eine (bis auf die Reihenfolge der Faktoren und Assoziiertheit) eindeutige Darstellung als Produkt von unzerlegbaren Zahlen. Diese „faktorielle" Eigenschaft von $\mathbb{Z}$ gibt Anlaß zu folgender Definition:
Ein Integritätsring R heißt *faktoriell*, wenn gilt:

1) Jede Nichteinheit $a \in R\setminus\{0\}$ ist ein Produkt aus endlich vielen unzerlegbaren Elementen. (*Existenzpostulat*)
2) Sind zwei Darstellungen $a = u_1 u_2 \cdot \ldots \cdot u_m = v_1 v_2 \cdot \ldots \cdot v_n$ einer Nichteinheit $a \in R\setminus\{0\}$ mit unzerlegbaren Elementen $u_1, u_2, \ldots, u_m$, $v_1, v_2, \ldots, v_n \in R$ gegeben, so gilt $m = n$, und es gibt eine eindeutige Zuordnung zwischen den Faktoren $u_\mu \mapsto v_\nu$, so daß die einander zugeordneten Elemente assoziiert in R sind. (*Eindeutigkeitspostulat*)

Man drückt dies salopp auch so aus: R heißt *faktoriell*, wenn jede Nichteinheit aus $R\setminus\{0\}$ sich eindeutig (bis auf Reihenfolge und Assoziiertheit) als Produkt unzerlegbarer Elemente aus R schreiben läßt.

Jeder Körper ist faktoriell, da er überhaupt keine Nichteinheit ungleich 0 enthält. Der Ring $\mathbb{Z}$ ist faktoriell; der Ring $\mathbb{Z}[\sqrt{-5}]$ ist nicht faktoriell, da er zwar das Existenzpostulat, nicht aber das Eindeutigkeitspostulat erfüllt (vgl. Abschnitt 1.3).
Um den Begriff des faktoriellen Ringes besser zu verstehen und um weitere Beispiele solcher Ringe angeben zu können, zeigen wir einen grundlegenden Äquivalenzsatz.

Satz: *Folgende Aussagen über einen Integritätsring R sind äquivalent:*

i) *R ist faktoriell.*

ii) *Jede Nichteinheit aus $R\setminus\{0\}$ ist ein Produkt aus (endlich vielen) unzerlegbaren Elementen aus R; jedes unzerlegbare Element aus R ist ein Primelement in R.*

iii) *Jede Nichteinheit aus $R\setminus\{0\}$ ist ein Produkt aus (endlich vielen) Primelementen aus R.*

Beweis: i) $\Rightarrow$ ii): Es ist nur zu zeigen, daß jedes unzerlegbare Element $u \in R$ ein Primelement in R ist. Seien also $a, b \in R$ und gelte $u \mid ab$, etwa $ab = qu$. Falls a bzw. b Einheit ist, folgt sofort $u \mid b$ bzw. $u \mid a$. Wir dürfen daher annehmen, daß a, b beides Nichteinheiten ungleich 0 sind. Seien dann $a = v_1 v_2 \cdot \ldots \cdot v_r$, $b = w_1 w_2 \cdot \ldots \cdot w_s$ Zerlegungen von a und b in unzerlegbare Elemente. Dann ist $ab = v_1 v_2 \cdot \ldots \cdot v_r w_1 w_2 \cdot \ldots \cdot w_s$ eine Zerlegung von ab in unzerlegbare Elemente. In dieser Zerlegung von $ab = qu$ muß ein zu u assoziiertes Element u' vorkommen, da nach Voraussetzung die Zerlegung bis auf assoziierte Elemente eindeutig ist und u in einer Zerlegung von qu vorkommt. Falls $u' = v_i$ mit $1 \leqq i \leqq r$, so folgt $u' \mid a$; falls $u' = w_j$ mit $1 \leqq j \leqq s$, so folgt $u' \mid b$. Dann gilt wegen Folgerung 9) aus 1.1 aber auch $u \mid a$ bzw. $u \mid b$, d.h. u ist ein Primelement in R.
ii) $\Rightarrow$ iii): Trivial.
iii) $\Rightarrow$ i): Sei $a \neq 0$ eine Nichteinheit in R. Nach Voraussetzung besteht eine Gleichung $a = p_1 p_2 \cdot \ldots \cdot p_m$ mit Primelementen p_μ aus R. Da Primelemente nach Folgerung 14) aus 1.1 stets unzerlegbar sind, so ist das Existenzpostulat der Definition erfüllt. Um das Eindeutigkeitspostulat zu verifizieren, sei neben $a = p_1 p_2 \cdot \ldots \cdot p_m$ eine zweite Zerlegung $a = v_1 v_2 \cdot \ldots \cdot v_n$ von a in unzerlegbare Elemente $v_1, \ldots, v_n \in R$ gegeben. Dann muß p_1 als Primelement auf Grund von Folgerung 13) aus 1.1 einen Faktor v_ν teilen. Wir numerieren so, daß gilt: $p_1 \mid v_1$. Da v_1 unzerlegbar und p_1 keine Einheit ist, folgt: $p_1 \sim v_1$. Aus $p_1 p_2 \cdot \ldots \cdot p_m = v_1 v_2 \cdot \ldots \cdot v_n$ folgt nun $p_2 \cdot \ldots \cdot p_m = e v_2 \cdot \ldots \cdot v_n$ mit einer Einheit $e \in R$. Nach Folgerung 13) aus 1.1 muß p_2 einen Faktor $e, v_2, \ldots, v_n$ teilen. Da $p_2 \nmid e$, so teilt p_2 ein v_ν, $\nu \geqq 2$; wir numerieren so, daß gilt: $p_2 \mid v_2$. Hieraus folgt wieder $p_2 \sim v_2$. So fortfahrend sieht man: $m \leqq n$ und $p_1 \sim v_1$, $p_2 \sim v_2, \ldots, p_m \sim v_m$, wenn man die v_ν geeignet numeriert. Wäre $m < n$, so hätte man zu guter Letzt eine Gleichung $1 = c v_{m+1} \cdot \ldots \cdot v_n$ mit einer Einheit $c \in R$. Dies würde $v_{m+1} \mid 1$ bedeuten, d.h. v_{m+1} wäre eine Einheit in R, was nicht der Fall ist. Also gilt auch $m = n$, und die Zerlegung von a ist bis auf Assoziiertheit eindeutig. □

Auf Grund der Aussagen dieses Äquivalenzsatzes nennt man in der Literatur faktorielle Ringe auch *ZPE-Ringe* (Zerlegung in *P*rimelemente *e*xistiert); man spricht dann auch von der Primelementzerlegung der Nichteinheiten ungleich 0 solcher Ringe.
In faktoriellen Ringen kann, wie wir im Abschnitt 3.1 dieses Kapitels sehen werden, in weitgehender Analogie zum Ring $\mathbb{Z}$ die (multiplikative) Teilbarkeitstheorie entwickelt werden. Damit diese allgemeine Zahlentheorie in faktoriellen Ringen keine leere Theorie bleibt, wird unser nächstes Ziel darin bestehen, faktorielle Ringe kennenzulernen, die von $\mathbb{Z}$ verschieden sind. Wir wollen zeigen, daß Polynomringe $K[X]$ über Körpern sowie gewisse quadratische Zahlbereiche, insbesondere $\mathbb{Z}[i]$, faktoriell sind. Im nächsten Abschnitt wird unter starker Heranziehung der additiven Struktur des Ringes dafür eine hinreichende Bedingung gegeben.

2. Hauptidealringe. Wir werden jetzt eine große Klasse von Integritätsbereichen angeben, in denen alle unzerlegbaren Elemente Primelemente sind; hierbei müssen wir Sprech- und Denkweisen aus der allgemeinen Idealtheorie benutzen. Zunächst übertragen wir in kanonischer Weise die in 2.1.3 für $\mathbb{Z}$ eingeführten Begriffe auf beliebige Ringe.
So heißt eine nichtleere Teilmenge $\mathfrak{a}$ eines (kommutativen) Ringes R (mit Eins) ein *Ideal* in R, wenn gilt:

1) Mit $a, b \in \mathfrak{a}$ gilt: $a - b \in \mathfrak{a}$.
2) Mit $a \in \mathfrak{a}$ gilt: $xa \in \mathfrak{a}$ für alle $x \in R$.

Folgerungen: 1) *Für jedes Ideal* $\mathfrak{a}$ *in* R *gilt*: $0 \in \mathfrak{a}$.
2) *Sind* $a_1, a_2, \ldots, a_n \in R$ *vorgegebene Elemente, so bildet die Menge*

$$\mathfrak{a} := \left\{ z \in R \colon z = \sum_{\nu=1}^{n} x_\nu a_\nu \text{ mit } x_1, x_2, \ldots, x_n \in R \right\}$$

ein Ideal in R; *es heißt das von* $a_1, a_2, \ldots, a_n$ *erzeugte Ideal und wird wie folgt geschrieben*: $\mathfrak{a} = (a_1, a_2, \ldots, a_n) = Ra_1 + Ra_2 + \ldots + Ra_n$. *Es gilt stets*: $a_1, a_2, \ldots, a_n \in \mathfrak{a}$.

3) $R \cdot 0 = (0) =:$ *Nullideal*, $\quad R \cdot 1 = (1) = R$.

Die (nötigen) *Beweise* werden wörtlich so geführt wie im Fall des Ringes $\mathbb{Z}$. □

Ein Ideal $\mathfrak{a}$ eines Ringes R heißt ein *Hauptideal* (in R), wenn $\mathfrak{a}$ von einem Element $a \in R$ erzeugt wird: $\mathfrak{a} = Ra = (a)$. Ein Ring R heißt ein *Hauptidealring*, wenn jedes Ideal in R ein Hauptideal ist.
Jeder Körper K ist ein Hauptidealring, da (0) und K seine einzigen Ideale sind. Der Ring $\mathbb{Z}$ ist ein Hauptidealring (Hauptsatz über Ideale in $\mathbb{Z}$, vgl. 2.1.3). Das Ziel dieses Abschnittes ist zu zeigen, daß in nullteilerfreien Hauptidealringen unzerlegbare Elemente stets Primelemente sind. Dazu übersetzen wir zunächst

Teilbarkeitsaussagen für Elemente a, b in Inklusionen zwischen den von ihnen erzeugten Hauptidealen $(a), (b)$.

Lemma: *Es seien a, b Elemente eines (kommutativen) Ringes R (mit Eins). Dann gilt:*

1) $a \mid b \Leftrightarrow Rb \subset Ra$.
2) $a \sim b \Leftrightarrow Rb = Ra$.
3) *a ist Einheit in* $R \Leftrightarrow Ra = R$.
4) $a \parallel b \Leftrightarrow Rb \subset Ra \neq R$ *und* $Ra \neq Rb$.

Beweis: ad 1): $a \mid b \Leftrightarrow b = ac$ mit $c \in R \Leftrightarrow b \in Ra \Leftrightarrow Rb \subset Ra$.
ad 2): $a \sim b \Leftrightarrow a \mid b$ und $b \mid a \Leftrightarrow Rb \subset Ra$ und $Ra \subset Rb$ (nach 1)) $\Leftrightarrow Ra = Rb$.
ad 3): a ist Einheit in $R \Leftrightarrow a \sim 1 \Leftrightarrow Ra = R1 = R$ (nach 2)).
ad 4): $a \parallel b \Leftrightarrow a \mid b$, a keine Einheit, a nicht assoziiert zu $b \Leftrightarrow Rb \subset Ra$, $Ra \neq R$, $Ra \neq Rb$ (nach 1), 2) und 3)). □

Wir kommen zum Hauptresultat dieses Abschnittes, das für die allgemeine Teilbarkeitstheorie fundamental ist.

Satz: *Es sei R ein Integritätsring, der zugleich Hauptidealring ist. Dann ist jedes unzerlegbare Element $u \in R$ ein Primelement in R.*

Beweis: Seien $a, b \in R$, es gelte $u \mid (ab)$. Falls $u \mid a$, so ist nichts zu zeigen. Gelte also $u \nmid a$. Dann ist das von u und a erzeugte Ideal $\mathfrak{a} := Ru + Ra$ vom Ideal Ru verschieden, da $a \notin Ru$ wegen $u \nmid a$. Da R ein Hauptidealring ist, gibt es ein Element $c \in R$, so daß gilt: $\mathfrak{a} = Rc$. Da $u \in \mathfrak{a}$, so folgt $c \mid u$. Da u unzerlegbar ist, muß c eine Einheit oder zu u assoziiert sein. Letzteres ist aber nicht möglich, denn dann wäre (nach Aussage 2) des Lemmas) $\mathfrak{a} = Rc = Ru$ im Widerspruch zur Ausgangssituation. Also ist c eine Einheit, d.h. $Ru + Ra = \mathfrak{a} = Rc = R$ nach Aussage 3) des Lemmas. Es gibt folglich Elemente $x, y \in R$, so daß gilt: $1 = xu + ya$. Hieraus erhalten wir: $b = (xb)\,u + y(ab)$. Da $u \mid (xb)\,u$ und $u \mid (ab)$, so ergibt sich $u \mid b$. Folglich ist u ein Primelement in R. □

Der Leser vergegenwärtige sich, daß wir im Beweis des Korollars 2.1.5 analog argumentiert haben wie eben zum Beweisende. Die Hauptidealbedingung nutzt sowohl die additive als auch die multiplikative Struktur des Ringes aus.
Kombinieren wir unseren Satz mit Satz 1, ii) und dem Zerlegungssatz 1.3, so erhalten wir als

Korollar: *Jeder Integritätsring R mit monotoner Normfunktion, der ein Hauptidealring ist, ist faktoriell.*

Der Integritätsring $\mathbb{Z}[\sqrt{-5}]$ hat eine monotone Normfunktion, ist aber nicht faktoriell (vgl. Abschnitt 1.3). Daher kann $\mathbb{Z}[\sqrt{-5}]$ kein Hauptidealring sein!
Es kommt jetzt darauf an, Kriterien zu entwickeln, mit deren Hilfe sich in praktischen Fällen entscheiden läßt, ob ein vorgelegter Integritätsring ein Hauptidealring ist. Ein solches Kriterium wird im nächsten Abschnitt angegeben.

3. Euklidische Ringe. Wir kennen bisher außer Körpern nur einen einzigen Hauptidealring, nämlich den Ring $\mathbb{Z}$ der ganzen Zahlen. Um im nächsten Abschnitt überzeugende Beispiele von Hauptidealringen angeben zu können, führen wir die sogenannten euklidischen Ringe ein. Solche Ringe sind nicht nur Hauptidealringe, vielmehr ist die Eigenschaft der Euklidizität, wie wir im nächsten Abschnitt sehen werden, auch in konkreten Fällen relativ leicht verifizierbar (was von der Hauptidealeigenschaft nicht gesagt werden kann).
Unsere Absicht ist, den Beweis des Hauptsatzes über Ideale in $\mathbb{Z}$ im Fall allgemeinerer Ringe zu imitieren. Jener Beweis arbeitet mit dem Prinzip des kleinsten Elementes, also speziell mit der Anordnung in $\mathbb{N}$, und mit der Division mit Rest in $\mathbb{Z}$. Es wird sich zeigen, daß man optimal arbeiten kann, wenn man als Ersatz für die Division mit Rest folgenden Begriff einführt:
Es sei R ein Integritätsring, es sei $R^\times := R\setminus\{0\}$. Eine Abbildung $\eta: R^\times \to \mathbb{N}^\times$, $a \mapsto \eta(a)$ von $R^\times$ in die Menge $\mathbb{N}^\times$ der positiven natürlichen Zahlen heißt *euklidisch*, wenn folgendes gilt: Zu je zwei Elementen $a, b \in R^\times$ mit $b \nmid a$ und $\eta(a) \geqq \eta(b)$ gibt es zwei Elemente $q \in R$, $r \in R^\times$, so daß gilt:

$$a = qb + r \quad \text{und} \quad \eta(r) < \eta(a).$$

Ein Integritätsring R heißt *euklidisch*, wenn es eine euklidische Abbildung $\eta: R^\times \to \mathbb{N}^\times$ gibt.
Der Leser mache sich sogleich klar, daß für $R = \mathbb{Z}$ die gewöhnliche Betragsfunktion $\mathbb{Z}^\times \to \mathbb{N}^\times$, $a \mapsto |a|$ euklidisch ist! *Der Ring $\mathbb{Z}$ ist also euklidisch.*

Bemerkung: Die Bedingung dieser Definition ist, wenn man sie mit dem Satz von der Division mit Rest in $\mathbb{Z}$ vergleicht, zwar von der Art der Division mit Rest von a durch b, indessen wesentlich abgeändert: Hier soll der Rest $a - qb$ (gemessen durch η) kleiner als der Dividend a (statt des Divisors b) sein; dafür wird neben $a \neq 0$, $b \neq 0$ von vornherein noch zusätzlich angenommen, daß der Dividend a (gemessen durch η) mindestens ebenso groß wie der Divisor b ist, was gegenüber der gewöhnlichen Division mit Rest eine hilfreiche Abschwächung ist. Bei dieser Abänderung kann niemals $q = 0$ sein, d.h. es gilt stets $q \in R^\times$. □

Wir zeigen nun, daß man in allen euklidischen Ringen eine Division mit Rest durchführen kann, die *völlig analog* zur Division mit Rest in $\mathbb{Z}$ ist.

Division mit Rest: *Es sei R ein euklidischer Ring mit euklidischer Abbildung η. Es seien $a, b \in R$ zwei Ringelemente, es gelte $b \neq 0$. Dann gibt es zwei Ringelemente $q, r \in R$, so daß gilt: $a = qb + r$, wobei $r = 0$ oder $r \neq 0$ mit $\eta(r) < \eta(b)$.*

Der Leser vergleiche diesen Satz mit dem Satz von der Division mit Rest in $\mathbb{Z}$ aus 1.0.4. Es ist alles wie früher, allerdings wird jetzt *nicht mehr* behauptet, daß q und r eindeutig durch a und b bestimmt sind.
Häufig definiert man euklidische Abbildungen direkt als solche Abbildungen $\eta: R^\times \to \mathbb{N}^\times$, für welche die Aussage dieses Satzes richtig ist. Unsere Definition ist (scheinbar) schwächer und hat deshalb den Vorteil, daß sich ihre Bedingung in Anwendungen einfacher verifizieren läßt.

Beweis des Satzes von der Division mit Rest: Gibt es ein q mit $a = qb$, so kann man $r := 0$ wählen. Wir dürfen also annehmen, daß gilt: $b \nmid a$. Analog zum Beweis des Satzes von der Division mit Rest in $\mathbb{Z}$ betrachten wir nun die Menge $A := \{\eta(x) \in \mathbb{N} : x = a - zb \text{ mit } z \in R\} \subset \mathbb{N}$. Da A nicht leer ist, enthält A ein kleinstes Element; es gibt also ein $q \in R$, so daß gilt: $\eta(a - qb) \leqq \eta(a - zb)$ für alle $z \in R$. Wir setzen $r := a - qb$. Dann gilt $r \neq 0$, da $b \nmid a$. Es muß auch gelten: $\eta(r) < \eta(b)$: Wäre nämlich $\eta(r) \geqq \eta(b)$, so könnte man, da auch $b \nmid r$ wegen $b \nmid a$, auf Grund der Definition von euklidischen Abbildungen (mit r anstelle von a) ein Element $t \in R$ finden, so daß gilt: $\eta(r - tb) < \eta(r)$. Setzt man hier $r = a - qb$ ein, so folgt $\eta(a - (q + t)b) < \eta(a - qb)$ im Widerspruch zur Wahl von q. Also gilt notwendig: $\eta(r) < \eta(b)$. □

Es folgt nun (völlig analog wie früher für $\mathbb{Z}$) der

Satz: *Jeder euklidische Ring R ist ein Hauptidealring.*

Beweis: Sei $\mathfrak{a}$ irgendein Ideal in R. Da das Nullideal (0) ein Hauptideal ist, dürfen wir $\mathfrak{a} \neq (0)$ annehmen. Dann ist die Menge $\{\eta(x) : x \in \mathfrak{a} \text{ und } x \neq 0\} \subset \mathbb{N}^\times$ nicht leer. Nach dem Prinzip des kleinsten Elementes gibt es ein $d \neq 0$ in $\mathfrak{a}$, so daß gilt $\eta(d) \leqq \eta(x)$ für alle $x \in \mathfrak{a}$, $x \neq 0$. Es gilt $Rd \subset \mathfrak{a}$. Sei umgekehrt $z \in \mathfrak{a}$ irgendein Element. Die Division mit Rest liefert eine Gleichung $z = qd + r$ mit $q, r \in R$, wobei $r = 0$ oder $r \neq 0$ und $\eta(r) < \eta(d)$. Da $r = z - qd \in \mathfrak{a}$, so ist der Fall $r \neq 0$ nicht möglich, da $\eta(r) < \eta(d)$ im Widerspruch zur Wahl von d stehen würde. Es folgt $r = 0$, d.h. $z \in Rd$. Damit ist gezeigt, daß auch $\mathfrak{a} \subset Rd$ gilt. Insgesamt folgt $\mathfrak{a} = Rd$.

4. Beispiele. Wir wollen wichtige Beispiele für die in den Abschnitten 1–3 eingeführten Typen von Integritätsringen angeben, die über Körper und den Ring $\mathbb{Z}$ hinausgehen. Es ist bequem, dabei die Redeweise zu verwenden, daß eine Normfunktion $\mathcal{N} : R \to \mathbb{N}$ eines Integritätsringes R *euklidisch* heißt, wenn die induzierte Abbildung $\mathcal{N} : R^\times \to \mathbb{N}^\times$ euklidisch ist.
Wir notieren sogleich:

Jede euklidische Normfunktion $\mathcal{N} : R \to \mathbb{N}$ ist monoton.

Beweis: Sei $e \in R$ und $\mathcal{N}e = 1$. Wäre e keine Einheit in R, so gäbe es wegen $\mathcal{N}1 \geqq \mathcal{N}e$ zu $1, e \in R^\times$ Elemente $q \in R$, $r \in R^\times$, so daß gilt: $1 = qe + r$ mit $\mathcal{N}r < \mathcal{N}1 = 1$. Dies widerspricht $\mathcal{N}r \in \mathbb{N}^\times$. □

Auf Grund von Satz 3 und Korollar 2 ist nun klar:

Jeder Integritätsring mit einer euklidischen Normfunktion ist ein Hauptidealring und faktoriell.

Wir demonstrieren die Kraft der Methode der euklidischen Normfunktion an konkreten Beispielen. Natürlich ist für $\mathbb{Z}$ die Normfunktion $\mathcal{N}a = |a|$ euklidisch. Als nächstes betrachten wir Polynomringe $K[X]$ über Körpern K. Nach 1.2 ist $\mathcal{N}: K[X] \to \mathbb{N}$, $\mathcal{N}f := 2^{\operatorname{grad} f}$, falls $f \neq 0$, $\mathcal{N}0 := 0$, eine monotone Normfunktion. Wir behaupten:

Ist K ein Körper, so ist $\mathcal{N}: K[X] \to \mathbb{N}$ eine euklidische Normfunktion.

Beweis: Es ist nur die Euklidizität von $\mathcal{N}: K[X]^\times \to \mathbb{N}^\times$ zu verifizieren. Seien $g, h \in K[X]^\times$ mit $h \nmid g$ und $\mathcal{N}g \geqq \mathcal{N}h$. Sei $m := \operatorname{grad} g$, $n := \operatorname{grad} h$, also $g = a_0 + a_1 X + \ldots + a_m X^m$, $h = b_0 + b_1 X + \ldots + b_n X^n$ mit $a_\mu, b_\nu \in K$, $a_m \neq 0$, $b_n \neq 0$. Nach Voraussetzung gilt $2^m \geqq 2^n$, also $m \geqq n$. Man setze: $q := a_m b_n^{-1} X^{m-n}$, $r := g - qh$; die Definition von q ist möglich, da K ein Körper ist. Es gilt $r \neq 0$ wegen $h \nmid g$. Aus der Gleichung $r = g - qh = a_0 + a_1 X + \ldots + a_m X^m - a_m b_n^{-1} X^{m-n}(b_0 + b_1 X + \ldots + b_n X^n)$ entnimmt man, daß sich die höchsten Terme $a_m X^m$ wegheben. Es folgt $\operatorname{grad} r < m$, d.h. $\mathcal{N}r = 2^{\operatorname{grad} r} < 2^m = 2^{\operatorname{grad} g} = \mathcal{N}g$. Da auch $g = qh + r$, so ist die Bedingung der Definition (mit $a = g$, $b = h$) für die Abbildung $\mathcal{N}$ verifiziert. □

Es folgt nun unmittelbar:

Jeder Polynomring $K[X]$ über einem Körper ist faktoriell und ein Hauptidealring.

Die Faktorialität von Polynomringen ist keineswegs trivial: Im Ring der *trigonometrischen* Polynome über den reellen Zahlen ist die multiplikative Zerlegung in unzerlegbare Elemente *nicht* eindeutig; siehe H. F. Trotter: *An Overlooked Example of Nonunique Factorization*, Amer. Math. Monthly 95 (1988), 339–342.

Wir betrachten als weiteres Beispiel quadratische Zahlbereiche $\mathbb{Z}[\sqrt{m}]$. Nach 1.2 ist $\mathcal{N}: \mathbb{Z}[\sqrt{m}] \to \mathbb{N}$, $\alpha \mapsto \mathcal{N}\alpha := |\alpha\bar{\alpha}|$ eine monotone Normfunktion. *Diese Normfunktion ist aber nicht stets euklidisch*, z.B. gewiß nicht für das bereits mehrfach diskutierte Dedekindsche Beispiel $\mathbb{Z}[\sqrt{-5}]$. Wir geben zunächst eine hinreichende Bedingung für Euklidizität an.

Lemma: *Die Abbildung $\mathcal{N}: \mathbb{Z}[\sqrt{m}]^\times \to \mathbb{N}^\times$, $\alpha = a_0 + a_1\sqrt{m} \mapsto \mathcal{N}\alpha = |\alpha\bar{\alpha}| = |a_0^2 - a_1^2 m|$ ist sicher dann euklidisch, wenn die (quadratfreie) Zahl $m \in \mathbb{Z}\setminus\{1\}$ folgender Bedingung genügt:*

$$(*) \quad |d_0^2 - d_1^2 m| < 1 \text{ für alle rationalen Zahlen } d_0, d_1 \text{ mit } |d_0| \leqq \tfrac{1}{2}, |d_1| \leqq \tfrac{1}{2}.$$

Beweis: Wir zeigen, daß für die Abbildung $\mathcal{N}$ die Bedingung der Definition euklidischer Abbildungen erfüllt ist, wenn $(*)$ gilt. Seien also $\alpha, \beta \in \mathbb{Z}[\sqrt{m}]^\times$ mit $\beta \nmid \alpha$ und $\mathcal{N}\alpha \geqq \mathcal{N}\beta$ vorgegeben. Wir suchen Elemente $\gamma \in \mathbb{Z}[\sqrt{m}]$, $\varrho \in \mathbb{Z}[\sqrt{m}]^\times$, so daß gilt: $\alpha = \gamma\beta + \varrho$ mit $\mathcal{N}\varrho < \mathcal{N}\alpha$. Der Trick des folgenden Schlusses besteht darin, zunächst im $\mathbb{Z}[\sqrt{m}]$ umfassenden Körper $\mathbb{Q}[\sqrt{m}]$ zu rechnen. Wir betrachten in $\mathbb{Q}[\sqrt{m}]$ den wegen $\beta \neq 0$ wohldefinierten Quotienten $\frac{\alpha}{\beta} = c_0 + c_1\sqrt{m}$ mit *rationalen* Zahlen c_0, c_1. Wir beachten nun, daß sich jede

rationale Zahl c in der Form $c = g + d$ schreiben läßt, wobei $g \in \mathbb{Z}$ und $d \in \mathbb{Q}$ mit $-\frac{1}{2} \leqq d \leqq \frac{1}{2}$. (Man wähle in $\{|c - z| : z \in \mathbb{Z}\}$ ein kleinstes Element, also ein $g \in \mathbb{Z}$ derart, daß gilt $|c - g| \leqq |c - z|$ für alle $z \in \mathbb{Z}$. Alsdann gilt notwendig $|c - g| \leqq \frac{1}{2}$.) Wir können also schreiben: $c_0 = g_0 + d_0$, $c_1 = g_1 + d_1$ mit $g_0, g_1 \in \mathbb{Z}$ und $d_0, d_1 \in \mathbb{Q}$, $|d_0| \leqq \frac{1}{2}$, $|d_1| \leqq \frac{1}{2}$.
Wir definieren nun: $\gamma := g_0 + g_1\sqrt{m} \in \mathbb{Z}[\sqrt{m}]$, $\varrho := \alpha - \gamma\beta \in \mathbb{Z}[\sqrt{m}]$, $\delta := d_0 + d_1\sqrt{m} \in \mathbb{Q}[\sqrt{m}]$. Dann gilt $\alpha = \gamma\beta + \varrho$, wobei $\varrho = \delta\beta \in \mathbb{Z}[\sqrt{m}]^\times$ wegen $\beta \nmid \alpha$. Nach dem Normenproduktsatz für $\mathbb{Q}[\sqrt{m}]$ folgt: $N\varrho = N\beta \cdot N\delta$. Nach Voraussetzung gilt nun, da $|d_0| \leqq \frac{1}{2}$ und $|d_1| \leqq \frac{1}{2}$: $|N\delta| = |d_0^2 - d_1^2 m| < 1$. Dies impliziert, da $|N\beta| \neq 0$ wegen $\beta \neq 0$ gilt: $|N\varrho| = |N\beta| \cdot |N\delta| < |N\beta|$. Da $\mathcal{N}\varrho = |N\varrho|$, $\mathcal{N}\beta = |N\beta|$ und $\mathcal{N}\beta \leqq \mathcal{N}\alpha$ nach Voraussetzung, so folgt: $\mathcal{N}\varrho < \mathcal{N}\beta \leqq \mathcal{N}\alpha$. Damit haben wir gezeigt: $\alpha = \gamma\beta + \varrho$ mit $\gamma \in \mathbb{Z}[\sqrt{m}]$, $\varrho \in \mathbb{Z}[\sqrt{m}]^\times$, $\mathcal{N}\varrho < \mathcal{N}\alpha$. □

Es ist einfach, die eben hergeleitete hinreichende Bedingung für Euklidizität in konkreten Fällen zu prüfen. Wir behaupten:

Korollar: *In den vier Fällen $m = -2, -1, 2, 3$ ist $\mathcal{N}: \mathbb{Z}[\sqrt{m}] \to \mathbb{N}$, $\alpha \mapsto \mathcal{N}\alpha = |\alpha\bar{\alpha}|$ eine euklidische Normfunktion.*

Beweis: Für alle $d_0, d_1 \in \mathbb{Q}$ mit $|d_0| \leqq \frac{1}{2}$, $|d_1| \leqq \frac{1}{2}$ gilt $d_0^2 \leqq \frac{1}{4}$ und $d_1^2 \leqq \frac{1}{4}$. Damit erhalten wir

für $m = -2$: $|d_0^2 + 2d_1^2| \leqq \frac{3}{4} < 1$, für $m = -1$: $|d_0^2 + d_1^2| \leqq \frac{1}{2} < 1$,
für $m = 2$: $|d_0^2 - 2d_1^2| \leqq \frac{1}{2} < 1$, für $m = 3$: $|d_0^2 - 3d_1^2| \leqq \frac{3}{4} < 1$.

In diesen vier Fällen ist also die im Lemma angegebene hinreichende Bedingung für Euklidizität erfüllt. Damit ist das Korollar bewiesen. □

Aus diesem Korollar folgt sofort:

Die quadratischen Zahlbereiche $\mathbb{Z}[\sqrt{m}]$ sind für $m := -2, -1, 2, 3$ faktoriell und Hauptidealringe.

Insbesondere ist der Ring $\mathbb{Z}[i]$ der Gaußschen Zahlen, der zu $m := -1$ gehört, faktoriell. Dies war bereits Gauss bekannt.
Man wird fragen, ob es neben den vier Zahlen $-2, -1, 2, 3$ weitere quadratfreie Zahlen $m \neq 1$ gibt, so daß $\mathcal{N}: \mathbb{Z}[\sqrt{m}] \to \mathbb{N}$ eine euklidische Normfunktion ist. Man kennt die vollständige Antwort; wir werden im nächsten Abschnitt darüber in einem größeren Zusammenhang noch einiges sagen. Zunächst sei jedoch ein gewiß überraschendes negatives Ergebnis festgehalten:

Satz: *Die Primzahl $2 \in \mathbb{Z}$ ist in keinem quadratischen Zahlbereich $\mathbb{Z}[\sqrt{m}]$ ein Primelement. Ist m von der Form $4k + 1$, $k \in \mathbb{Z}$, oder gilt: $m \leqq -3$, so ist die Primzahl $2 \in \mathbb{Z}$ stets unzerlegbar in $\mathbb{Z}[\sqrt{m}]$; diese Zahlbereiche sind also weder faktoriell noch Hauptidealringe, speziell ist in diesen Fällen $\mathcal{N}: \mathbb{Z}[\sqrt{m}] \to \mathbb{N}$, $\alpha \mapsto \mathcal{N}\alpha = |\alpha\bar{\alpha}|$ keine euklidische Normfunktion.*

Beweis: 1) Da $m(m-1) \in \mathbb{Z}$ stets gerade ist, so gilt: $2 \mid m(m-1)$. Wäre 2 Primelement in $\mathbb{Z}[\sqrt{m}]$, so müßte wegen $m(m-1) = (m + \sqrt{m})(m - \sqrt{m})$ gelten: $2 \mid (m + \sqrt{m})$ oder $2 \mid (m - \sqrt{m})$. Eine Gleichung $m \pm \sqrt{m} = 2(x + y\sqrt{m})$ mit $x, y \in \mathbb{Z}$ führt aber zum Widerspruch $\pm 1 = 2y$. Mithin ist 2 kein Primelement in $\mathbb{Z}[\sqrt{m}]$.

2) Ist $\alpha = a_0 + a_1\sqrt{m}$ ein echter Teiler von 2 in $\mathbb{Z}[\sqrt{m}]$, so ist $\mathcal{N}\alpha = |a_0^2 - a_1^2 m|$ ein echter Teiler von $\mathcal{N}2 = 4$ in $\mathbb{Z}$, d.h. es muß gelten: $2 = \mathcal{N}\alpha = |a_0^2 - a_1^2 m| = \pm(a_0^2 - a_1^2 m)$ mit $a_0, a_1 \in \mathbb{Z}$. Wir zeigen, daß dies im Fall $m = 4k + 1$, $k \in \mathbb{Z}$, sowie im Fall $m \leqq -3$ unmöglich ist. Im ersten Fall müßte gelten: $(*)\ a_0^2 - a_1^2 = 2(2ka_1^2 \pm 1)$. Das hätte zur Folge, daß a_0 und a_1 beide gerade oder beide ungerade sind: $a_0 = 2s$, $a_1 = 2t$ oder $a_0 = 2u + 1$, $a_1 = 2v + 1$ mit $s, t, u, v \in \mathbb{Z}$. In jedem Fall wäre dann aber $a_0^2 - a_1^2$ durch 4 teilbar: $a_0^2 - a_1^2 = 4(s^2 - t^2)$ oder $a_0^2 - a_1^2 = 4(u^2 + u - v^2 - v)$. Das ist aber auf Grund von $(*)$ unmöglich. Im zweiten Fall $m \leqq -3$ müßte gelten: $2 = |a_0^2 - a_1^2 m| = a_0^2 + |m|\, a_1^2$, $a_0, a_1 \in \mathbb{Z}$. Das ist mit $|m| \geqq 3$ ebenfalls unmöglich. Da 2 keine Einheit von $\mathbb{Z}[\sqrt{m}]$ ist, so ist 2 also in den Fällen $m = 4k + 1$ oder $m \leqq -3$ unzerlegbar in $\mathbb{Z}[\sqrt{m}]$.

3) Auf Grund des in 1) und 2) Bewiesenen folgt aus den Sätzen 1 und 2, daß $\mathbb{Z}[\sqrt{m}]$ für $m = 4k + 1$ oder $m \leqq -3$ weder faktoriell noch ein Hauptidealring ist; $\mathcal{N}$ ist dann auch keine euklidische Normfunktion. □

Wir wollen noch einmal die wichtigsten Tatsachen der Teilbarkeitstheorie in Integritätsringen, die wir bisher kennengelernt haben, zusammen- und gegenüberstellen.

1) *Jedes Primelement ist unzerlegbar; ein unzerlegbares Element ist i.a. kein Primelement. In nullteilerfreien Hauptidealringen sind unzerlegbare Elemente stets Primelemente.*
2) *In einem Integritätsbereich mit monotoner Normfunktion existiert stets eine Zerlegung in unzerlegbare Elemente; eine Zerlegung in Primelemente braucht nicht zu existieren.*
3) *Eine Zerlegung in unzerlegbare Elemente ist i.a. nicht eindeutig; eine Zerlegung in Primelemente ist stets eindeutig.*
4) *In einem Integritätsring mit monotoner Normfunktion, der zusätzlich ein Hauptidealring ist, existiert stets eine Zerlegung in Primelemente. Ringe dieser Art sind alle Ringe, die eine euklidische Normfunktion haben.*
5) *Die Ringe $\mathbb{Z}$, $K[X]$, $\mathbb{Z}[\sqrt{m}]$ mit $m - -2, \quad 1, 2, 3$ haben eine euklidische Normfunktion; in allen Zahlbereichen $\mathbb{Z}[\sqrt{m}]$ mit $m \leqq -3$ bzw. $m = 4k + 1$ existiert keine Primelementzerlegung.*

Es gehört zu den grundlegenden mathematischen Erkenntnissen des 19. Jahrhunderts, daß die Zerlegung in unzerlegbare Elemente in quadratischen Zahlbereichen *nicht notwendig wesentlich eindeutig* ist.

5*. Weiterführende Ergebnisse. Wir wollen nun ohne Beweise noch über weiterführende (und z.T. sehr tiefliegende) Ergebnisse aus der Theorie der quadratischen Zahlbereiche und Zahlkörper berichten. Auf Grund von Satz 4 ist $\mathbb{Z}[\sqrt{m}]$ niemals faktoriell, wenn m von der Form $4k + 1$ ist; daher sind die Ringe $\mathbb{Z}[\sqrt{m}]$ höchstens dann zahlentheoretisch interessant, wenn m bei Division durch 4 den Rest 2 oder 3 läßt. Diese Tatsache spiegelt sich (implizit) auch im folgenden Satz wider, der Korollar 4 abrundet:

Satz A: *Genau dann ist* $\mathcal{N}: \mathbb{Z}[\sqrt{m}] \to \mathbb{N}$, $\alpha \mapsto \mathcal{N}\alpha := |\alpha\bar{\alpha}|$ *eine euklidische Normfunktion, wenn gilt:* $m \in \{-2, -1, 2, 3, 6, 7, 11, 19\}$.

Zu den uns bekannten vier Fällen treten also noch genau vier weitere Fälle hinzu. Weiter läßt sich zeigen:

Satz B: *Genau dann ist der Ring* $\mathbb{Z}[\sqrt{m}]$ *faktoriell, wenn* $\mathbb{Z}[\sqrt{m}]$ *ein Hauptidealring ist. Es gibt faktorielle Hauptidealringe* $\mathbb{Z}[\sqrt{m}]$*, deren Normfunktion* $\mathcal{N}$ *nicht euklidisch ist; z.B. ist* $\mathbb{Z}[\sqrt{23}]$ *ein solcher Ring.*

Wir müssen an dieser Stelle auf folgendes hinweisen: In der Zahlentheorie der quadratischen Zahlkörper betrachtet man im Falle $m = 4k + 1$ überhaupt nicht die (wenig interessanten) Ringe $\mathbb{Z}[\sqrt{m}]$; vielmehr stellt man für solche m die Menge

$$I_m := \{\alpha = \tfrac{1}{2}(a_0 + a_1\sqrt{m}) \in \mathbb{Q}[\sqrt{m}]: a_0, a_1 \in \mathbb{Z} \text{ mit } 2 \mid (a_0 - a_1)\}$$

in den Mittelpunkt der Untersuchungen. Die Zahlen a_0, a_1 sind also entweder beide gerade oder beide ungerade; im letzteren Fall kann 2 wirklich als Nenner auftreten, z.B. gilt $\frac{1}{2}(1 + \sqrt{5}) \in I_5$.
Man verifiziert sofort: *Für jede (quadratfreie) Zahl* $m = 4k + 1$, $k \in \mathbb{Z}\setminus\{0\}$, *ist* I_m *ein Integritätsring, der* $\mathbb{Z}[\sqrt{m}]$ *echt umfaßt.*
Da ersichtlich stets $\alpha\bar{\alpha} = \frac{1}{4}(a_0^2 - ma_1^2) \in \mathbb{Z}$, falls $m = 4k + 1$ und $2 \mid (a_0 - a_1)$, so hat man auch für alle diese Integritätsringe I_m vermöge $\mathcal{N}: I_m \to \mathbb{N}$, $\alpha \mapsto \mathcal{N}\alpha := |\alpha\bar{\alpha}|$ wieder eine Normfunktion, die sich als monoton erweist. Es gilt nun in Analogie zu Satz A:

Satz C: *Für eine (quadratfreie) Zahl* $m = 4k + 1$, $k \in \mathbb{Z}\setminus\{0\}$, *ist die Normfunktion* $\mathcal{N}: I_m \to \mathbb{N}$, $\alpha \mapsto \mathcal{N}\alpha := |\alpha\bar{\alpha}|$ *genau dann euklidisch, wenn einer der folgenden 13 Fälle vorliegt:* $m \in \{-11, -7, -3, 5, 13, 17, 21, 29, 33, 37, 41, 57, 73\}$.
Der Übergang von den Ringen $\mathbb{Z}[\sqrt{m}]$ zu den großen Ringen I_m im Falle $m = 4k + 1$ ist also sehr lohnend: Man gewinnt 13 weitere euklidische Ringe I_m, während keiner der entsprechenden Ringe $\mathbb{Z}[\sqrt{m}]$ auch nur faktoriell ist.
Auch zum Satz B gibt es ein Analogon, nämlich:

Satz D: *Für eine (quadratfreie) Zahl* $m = 4k + 1$, $k \in \mathbb{Z}\setminus\{0\}$, *ist der Ring* I_m *genau dann faktoriell, wenn* I_m *ein Hauptidealring ist. Es gibt faktorielle Hauptidealringe* I_m*, deren Normfunktion* $\mathcal{N}$ *nicht euklidisch ist, z.B. sind* I_m *mit* $m := -19$ *oder* $m := 53$ *solche Ringe.*

Der Leser findet weitere Einzelheiten zu diesen Fragen im Buch [7] von HASSE sowie im Buch [6] von HARDY und WRIGHT.
Es ist ein klassisches Problem, *alle* quadratfreien Zahlen $m \neq 1$ anzugeben, so daß $\mathbb{Z}[\sqrt{m}]$ bzw. I_m faktoriell ist. Für negative Zahlen m kennt man die vollständige Antwort: Von den Ringen $\mathbb{Z}[\sqrt{m}]$ sind dann auf Grund von Satz 4 nur die beiden mit $m = -1$ und $m = -2$ faktoriell; für die Ringe I_m gilt:

Satz E: *Falls* $m = 4k + 1 < 0$, *so ist der Integritätsbereich* I_m *genau dann faktoriell, wenn gilt:* (*) $m \in \{-3, -7, -11, -19, -43, -67, -163\}$.

Dieser Satz ist sehr berühmt; er wurde erst 1967 von H. M. STARK mit tiefliegenden analytischen Hilfsmitteln vollständig bewiesen. Vor STARK war das schärfste bekannte Resultat das von H. HEILBRONN und E. H. LINFOOT (1934): Außer den sieben durch (*) beschriebenen Integritätsbereichen könne es höchstens einen weiteren faktoriellen Ring I_m geben, wobei notwendig $m < -5 \cdot 10^9$ gelten müßte; ob es aber einen solchen achten Ring gibt oder nicht, war mit ihrer Methode nicht zu entscheiden.
Für positive Zahlen m ist die Aufgabe, *alle* faktoriellen Ringe $\mathbb{Z}[\sqrt{m}]$ und I_m zu bestimmen, bis heute ungelöst.
Es sei hier abschließend noch ein auf GAUSS zurückgehendes Resultat über faktorielle Ringe angegeben, welches aussagt, daß die ZPE-Eigenschaft eines Ringes sich bei Übergang zu Polynomringen vererbt.

Satz F (GAUSS): *Ist R ein faktorieller Ring, so ist auch der Polynomring $R[X]$ faktoriell.*

Da $\mathbb{Z}$ und $\mathbb{Q}$ faktoriell sind, so sind auf Grund dieses Satzes auch die Polynomringe $\mathbb{Z}[X]$, $\mathbb{Q}[X]$ faktoriell; für $\mathbb{Q}[X]$ haben wir das in Abschnitt 4 bereits bewiesen.
Durch wiederholte Anwendung des Satzes von GAUSS ergibt sich:

Ist R faktoriell, so ist auch jeder Polynomring $R[X_1, X_2, \ldots, X_n]$ in endlich vielen Unbestimmten faktoriell.

6. Zerlegung von Primzahlen in quadratischen Zahlbereichen. Für jeden Integritätsring stellt sich die Frage, welche Elemente unzerlegbar bzw. Primelemente sind. Dieses Problem ist allgemein unangreifbar, in speziellen Situationen lassen sich aber interessante Aussagen herleiten. Wir studieren in diesem Abschnitt den Fall (faktorieller) quadratischer Zahlbereiche; hier läßt sich mit Hilfe der Normfunktion $\mathcal{N}$ ein Überblick über alle Primelemente gewinnen.
Wir bemerken vorweg, daß in einem quadratischen Zahlbereich $\mathbb{Z}[\sqrt{m}]$ mit $\pi \in \mathbb{Z}[\sqrt{m}]$ auch das konjugierte Element $\bar{\pi}$ unzerlegbar ist, denn jede Zerlegung $\pi = \alpha\beta$ in $\mathbb{Z}[\sqrt{m}]$ ist mit der Zerlegung $\bar{\pi} = \bar{\alpha}\bar{\beta}$ gleichwertig, und α bzw. β ist genau dann eine Einheit, wenn $\bar{\alpha}$ bzw. $\bar{\beta}$ eine Einheit ist. Ebenso ist evident, daß $a \mid \alpha$ mit $a \in \mathbb{Z}$, $\alpha \in \mathbb{Z}[\sqrt{m}]$ äquivalent zu $a \mid \bar{\alpha}$ ist (wegen $\bar{a} = a$). Schließlich ist klar, daß eine Zahl $a \in \mathbb{Z}$ genau dann durch eine Zahl $b \in \mathbb{Z}$ in $\mathbb{Z}[\sqrt{m}]$ teilbar ist, wenn a in $\mathbb{Z}$ durch b teilbar ist, denn eine Gleichung $a = \gamma b$ mit $\gamma = c_0 + c_1\sqrt{m} \in \mathbb{Z}[\sqrt{m}]$ besteht genau dann, wenn $c_1 = 0$ gilt, d.h. wenn γ zu $\mathbb{Z}$ gehört. Wir notieren nun als erstes das beinahe selbstverständliche

Lemma: *Jedes Element $\alpha \in \mathbb{Z}[\sqrt{m}]$, für das $\mathcal{N}\alpha \in \mathbb{N}$ eine Primzahl ist, ist unzerlegbar in $\mathbb{Z}[\sqrt{m}]$ und also, falls $\mathbb{Z}[\sqrt{m}]$ faktoriell ist, ein Primelement in $\mathbb{Z}[\sqrt{m}]$.*

Der Beweis sei dem Leser als Aufgabe gestellt.

Beispiele: 1) In $\mathbb{Z}[i]$ sind $1 \pm i$, $2 \pm i$, $3 \pm 2i$ Primelemente, da $\mathcal{N}(1 \pm i) = 2$, $\mathcal{N}(2 \pm i) = 5$, $\mathcal{N}(3 \pm 2i) = 13$ Primzahlen sind. Man hat jeweils die Primzerlegungen $2 = (1 + i)(1 - i) = i(1 - i)^2$, $5 = (2 + i)(2 - i)$, $13 = (3 + 2i)(3 - 2i)$.

2) In $\mathbb{Z}[\sqrt{3}]$ sind $4 \pm \sqrt{3}$ und $5 \pm 2\sqrt{3}$ Primelemente, da $\mathcal{N}(4 \pm \sqrt{3}) = 13$, $\mathcal{N}(5 \pm 2\sqrt{3}) = 13$ Primzahlen sind. Man hat die Primzerlegungen $13 = (4 + \sqrt{3})(4 - \sqrt{3})$, $13 = (5 + 2\sqrt{3})(5 - 2\sqrt{3})$.

Bemerkung: Die Umkehrung des Lemmas ist nicht richtig: Z.B. ist für 3 und $7 \in \mathbb{Z}[i]$ die Zahl $\mathcal{N}3 = 3^2$ und $\mathcal{N}7 = 7^2$ keine Primzahl in $\mathbb{Z}$, trotzdem sind 3 und 7 Primelemente in $\mathbb{Z}[i]$. Der Leser führe den Beweis aus.

Wir wollen als nächstes zeigen, daß die Primelemente eines jeden Zahlbereichs $\mathbb{Z}[\sqrt{m}]$ sich grundsätzlich mit Hilfe der Primzahlen von $\mathbb{Z}$ bestimmen lassen.

Satz: *Zu jedem Primelement $\pi \in \mathbb{Z}[\sqrt{m}]$ gibt es genau eine Primzahl $p \in \mathbb{P}$ in $\mathbb{Z}$, so daß gilt: $\pi \mid p$ in $\mathbb{Z}[\sqrt{m}]$. Es sind zwei (sich gegenseitig ausschließende) Fälle möglich:*

a) $\pi\bar{\pi} = \pm p$.
b) $\pi \sim p$ *in* $\mathbb{Z}[\sqrt{m}]$.

Beweis: Sei π vorgegeben. Da π keine Einheit in $\mathbb{Z}[\sqrt{m}]$ ist, so ist auch $\pi\bar{\pi} = \pm \mathcal{N}\pi \in \mathbb{Z}$ keine Einheit in $\mathbb{Z}$. Es gilt also eine Gleichung $\pi\bar{\pi} = \pm p_1 p_2 \cdot \ldots \cdot p_k$ mit Primzahlen $p_1, p_2, \ldots, p_k$, wobei $k \geqq 1$. Da π ein Primelement ist, so teilt π in $\mathbb{Z}[\sqrt{m}]$ eine dieser Primzahlen p_i, etwa $p := p_1$. Damit ist bereits eine Primzahl $p \in \mathbb{P}$ mit $\pi \mid p$ gefunden. Es kann keine weitere Primzahl $q \neq p$ in $\mathbb{Z}$ mit $\pi \mid q$ geben, denn alsdann würde π auch die Einheit 1 teilen, da 1 in $\mathbb{Z}$ als Linearkombination von p und q darstellbar ist. Wegen $\pi \mid p$ gilt $p = \pi\alpha$ mit $\alpha \in \mathbb{Z}[\sqrt{m}]$. Es sind zwei Fälle möglich:

a) *Das Element α ist keine Einheit*: Dann gilt $\mathcal{N}\alpha > 1$. Aus $p^2 = \mathcal{N}p = \mathcal{N}\pi \cdot \mathcal{N}\alpha$ folgt nun $\mathcal{N}\pi = p$, da auch $\mathcal{N}\pi > 1$. Schreibt man $p = \pi\alpha$ in der Form $p\bar{\pi} = \pi\bar{\pi}\alpha = \pm(\mathcal{N}\pi)\,\alpha = \pm p\alpha$, so folgt $\alpha = \pm\bar{\pi}$. Damit sind wir in der Situation $\pi\bar{\pi} = \pm p$.

b) *Das Element α ist eine Einheit*: Dann gilt $p = \pi\alpha \sim \pi$. □

Aus diesem Satz folgt unmittelbar:

Ein Element $\pi \in \mathbb{Z}[\sqrt{m}]$ ist höchstens dann ein Primelement in $\mathbb{Z}[\sqrt{m}]$, wenn gilt $\mathcal{N}\pi = p$ oder $\mathcal{N}\pi = p^2$ mit einer Primzahl $p \in \mathbb{P}$.

Wir werden von nun an nur noch faktorielle Ringe $\mathbb{Z}[\sqrt{m}]$ betrachten. Dann ist die Gleichung $p = \pm\pi\bar{\pi}$ bzw. $p \sim \pi$ des Satzes natürlich jeweils die Primzerlegung von p in $\mathbb{Z}[\sqrt{m}]$. Wir sehen damit: *Man erhält bereits sämtliche Primelemente von $\mathbb{Z}[\sqrt{m}]$, wenn man „lediglich" die Primzahlen aus $\mathbb{Z}$ in $\mathbb{Z}[\sqrt{m}]$ faktorisiert* (das ist a priori überhaupt nicht selbstverständlich!).
Wir wollen nun den Satz in eine etwas andere Form bringen, wobei die Primzahlen aus $\mathbb{Z}$ und nicht mehr die Primelemente aus $\mathbb{Z}[\sqrt{m}]$ im Vordergrund des Interesses stehen.

Korollar (Zerlegung von Primzahlen in $\mathbb{Z}[\sqrt{m}]$): *Es sei $\mathbb{Z}[\sqrt{m}]$ faktoriell, es sei $p \in \mathbb{P}$ eine Primzahl in $\mathbb{Z}$. Dann gibt es für die Primzerlegung von p in $\mathbb{Z}[\sqrt{m}]$ drei Möglichkeiten:*

1) *p ist Primelement in $\mathbb{Z}[\sqrt{m}]$.*
2) *p ist assoziiert zum Quadrat eines Primelementes π aus $\mathbb{Z}[\sqrt{m}]$, das zu $\bar{\pi}$ assoziiert ist: $p = \pm\pi\bar{\pi} \sim \pi^2$ mit $\pi \sim \bar{\pi}$.*

3) *p ist assoziiert zum Produkt zweier konjugierter Primelemente $\pi, \bar{\pi}$, die nicht zueinander assoziiert sind*: $p = \pm \pi\bar{\pi}, \pi \nsim \bar{\pi}$.

Beweis: Da p wegen $\mathcal{N}p = p^2 > 1$ keine Einheit ist, gibt es ein Primelement $\pi \in \mathbb{Z}[\sqrt{m}]$ mit $\pi \mid p$. Damit ist man in der Situation des Satzes. Der dortige Fall b) ist jetzt der Fall 1). Der dortige Fall a) führt zu den Fällen 2) und 3), je nachdem, ob π zu $\bar{\pi}$ assoziiert ist oder nicht. □

In der Situation des Korollars, d.h., wenn $\mathbb{Z}[\sqrt{m}]$ faktoriell ist, nennt man eine Primzahl p aus $\mathbb{Z}$ *träge* bzw. *verzweigt* bzw. *unverzweigt in* $\mathbb{Z}[\sqrt{m}]$, wenn der Fall 1) bzw. der Fall 2) bzw. der Fall 3) des Korollars vorliegt.
Am Beispiel $m = -1$ des Ringes $\mathbb{Z}[i]$ sieht man sogleich, daß es sowohl träge als auch verzweigte als auch unverzweigte Primzahlen gibt:

1) $3 \in \mathbb{P}$ ist *träge* in $\mathbb{Z}[i]$.
2) $2 \in \mathbb{P}$ ist *verzweigt* in $\mathbb{Z}[i]$: $2 = i(1-i)^2 \sim (1-i)^2$, wobei $1 - i$ Primelement ist.
3) $5 \in \mathbb{P}$ ist *unverzweigt* in $\mathbb{Z}[i]$: $5 = (2+i)(2-i)$, wobei $2 + i$ Primelement ist mit $2 + i \nsim \overline{2+i} = 2 - i$. (In der Tat ist $2 + i$ nicht assoziiert zu $2 - i$, denn dann müßte, da $\mathbb{Z}[i]$ genau die vier Einheiten ± 1, $\pm i$ hat, vgl. Satz 1.2, eine Gleichung $2 - i = \varepsilon(2 + i)$ mit $\varepsilon = \pm 1$ oder $\varepsilon = \pm i$ bestehen, was nicht der Fall ist.)

7. Charakterisierung von Primzahlen in quadratischen Zahlbereichen. Man wird fragen, welche Primzahlen aus $\mathbb{Z}$ in einer faktoriellen quadratischen Erweiterung $\mathbb{Z}[\sqrt{m}]$ von $\mathbb{Z}$ träge sind, welche verzweigt und welche unverzweigt. Das muß grundsätzlich durch die alleinige Kenntnis der quadratfreien ganzen Zahl $m \neq 1$ entscheidbar sein. Wir beweisen als erstes den

Verzweigungssatz für $\mathbb{Z}[\sqrt{m}]$: *Es sei $\mathbb{Z}[\sqrt{m}]$ faktoriell* (*mit quadratfreiem $m \neq 1$*). *Dann sind folgende Aussagen über eine Primzahl $p \in \mathbb{P}$ äquivalent*:

i) $p \mid 2m$.
ii) *p verzweigt in $\mathbb{Z}[\sqrt{m}]$: $p \sim \pi^2$, π Primelement in $\mathbb{Z}[\sqrt{m}]$.*

Beweis: i) ⇒ ii): Wir zeigen zunächst, daß p kein Primelement in $\mathbb{Z}[\sqrt{m}]$ ist. Angenommen, das würde doch so sein. Dann kann jedenfalls nicht gelten $p \mid m$, da sonst aus $m = \sqrt{m} \cdot \sqrt{m}$ folgen würde $p^2 \mid m$, was der Quadratfreiheit von m widerspricht. Es bliebe also, da $p \mid 2m$ vorausgesetzt wird, nur der Fall $p = 2$ übrig. Das geht aber auch nicht wegen Satz 4. Mithin ist p kein Primelement in $\mathbb{Z}[\sqrt{m}]$. Nach Korollar 6 folgt daher $p \sim \pi\bar{\pi}$ mit einem Primelement $\pi \in \mathbb{Z}[\sqrt{m}]$. Es bleibt zu zeigen: $\pi \sim \bar{\pi}$. Wir können schreiben: $\pi = a + b\sqrt{m}$ mit $a, b \in \mathbb{Z}$. Dann gilt $\bar{\pi} = a - b\sqrt{m}$ und also $\pi - \bar{\pi} = 2b\sqrt{m}$. Wegen $p \mid 2m$ und $\pi \mid p$ gilt auch $\pi \mid 2m$. Da π Primelement ist, so folgt aus $2m = 2\sqrt{m} \cdot \sqrt{m}$ weiter: $\pi \mid 2\sqrt{m}$. Daraus ergibt sich $\pi \mid (\pi - \bar{\pi})$ und hieraus $\pi \mid \bar{\pi}$ wegen $\bar{\pi} = \pi - (\pi - \bar{\pi})$. Die Aussage $\pi \mid \bar{\pi}$ ist gleichwertig mit $\pi \sim \bar{\pi}$, da $\pi, \bar{\pi}$ Primelemente sind.

ii) $\Rightarrow$ i): Da p wegen $p \sim \pi^2$ kein Primelement in $\mathbb{Z}[\sqrt{m}]$ ist, so gilt nach Korollar 6 notwendig $\pi \sim \bar{\pi}$. Dies impliziert $\pi \mid (\pi - \bar{\pi})$. Schreibt man wieder $\pi = a + b\sqrt{m}$, so gilt $\pi - \bar{\pi} = 2b\sqrt{m}$ und es folgt $\pi \mid 2b\sqrt{m}$, also $p \mid 4b^2 m$ wegen $p \sim \pi^2$. Wir behaupten $p \nmid b$ in $\mathbb{Z}$. Da nämlich $\pm p = \pi\bar{\pi} = a^2 - b^2 m$, so würde im Fall $p \mid b$ auch gelten $p \mid a$. Schreibt man $a = pa'$, $b = pb'$ mit $a', b' \in \mathbb{Z}$, so wäre $\pm p = p^2(a'^2 - b'^2 m)$, also $1 = \pm p(a'^2 - b'^2 m)$, was unsinnig ist. Also gilt $p \nmid b$. Aus $p \mid 4b^2 m$ folgt nun $p \mid 4m$, also auch $p \mid 2m$. □

Da die Menge aller Primteiler von $2m$ endlich ist und 2 enthält, so ergibt sich aus dem Verzweigungssatz sofort das

Korollar: *Für jeden faktoriellen Ring $\mathbb{Z}[\sqrt{m}]$ ist die Menge der in $\mathbb{Z}[\sqrt{m}]$ verzweigten Primzahlen aus $\mathbb{Z}$ endlich, die Primzahl 2 ist stets verzweigt.*

Für die laut Korollar 4 faktoriellen Ringe $\mathbb{Z}[\sqrt{m}]$, $m = -2, -1, 2, 3$, ergibt sich auf Grund des Verzweigungssatzes folgende explizite Verzweigungsaussage:

In den faktoriellen Ringen $\mathbb{Z}[\sqrt{-2}]$, $\mathbb{Z}[i]$ und $\mathbb{Z}[\sqrt{2}]$ ist 2 die einzige Primzahl, die verzweigt; im faktoriellen Ring $\mathbb{Z}[\sqrt{3}]$ verzweigen genau die Primzahlen 2 und 3. Es gilt jeweils: $2 = (-1)(\sqrt{-2})^2$, $2 = i(1-i)^2$, $2 = (\sqrt{2})^2$; $2 = (2-\sqrt{3})(1+\sqrt{3})^2$, $3 = (\sqrt{3})^2$ (wobei $2 - \sqrt{3}$ eine Einheit in $\mathbb{Z}[\sqrt{3}]$ ist).

Die Aussage des Verzweigungssatzes ist leer, falls m von der Form $4k+1$ ist, da alsdann $\mathbb{Z}[\sqrt{m}]$ niemals faktoriell ist (Satz 4). Für solche m haben wir im Abschnitt 5 die größeren Ringe

$$I_m = \{\tfrac{1}{2}(a_0 + a_1\sqrt{m}) \colon a_0, a_1 \in \mathbb{Z},\ 2 \mid (a_0 - a_1)\}$$

eingeführt, von denen viele faktoriell sind (Sätze C, D und E aus Abschnitt 5). Die im vorigen Abschnitt bewiesenen Aussagen über das Verhalten von Primzahlen $p \in \mathbb{Z}$ bei Übergang zu $\mathbb{Z}[\sqrt{m}]$ gelten mutatis mutandis auch, wenn man zu I_m übergeht. Es gibt im Fall eines faktoriellen Ringes I_m zu jedem Primelement $\pi \in I_m$ wieder genau eine Primzahl p in $\mathbb{Z}$, so daß gilt $\pi \mid p$ in I_m; dann sind wiederum die zwei Fälle $\pi\bar{\pi} = \pm p$ oder $\pi \sim p$ möglich. Ebenso ergeben sich für die Zerlegung einer Primzahl p aus $\mathbb{Z}$ in I_m wieder drei Möglichkeiten:

1) *p ist Primelement in I_m.*
2) *Es gilt: $p \sim \pi^2$ mit einem Primelement $\pi \in I_m$, wobei $\pi \sim \bar{\pi}$.*
3) *Es gilt: $p \sim \pi\bar{\pi}$ mit einem Primelement $\pi \in I_m$, wobei $\pi \not\sim \bar{\pi}$.*

Man kann also auch jetzt von trägen bzw. verzweigten bzw. unverzweigten Primzahlen (bezüglich I_m) sprechen. Der Verzweigungssatz lautet nun fast wörtlich wie oben (es fehlt lediglich der Faktor 2):

Verzweigungssatz für I_m: *Es sei $m = 4k+1$, $k \in \mathbb{Z} \setminus \{0\}$, quadratfrei, und es sei I_m faktoriell. Dann verzweigt eine Primzahl p aus $\mathbb{Z}$ genau dann in I_m, wenn gilt: $p \mid m$. Insbesondere ist die Menge der in I_m verzweigenden Primzahlen aus $\mathbb{Z}$ stets nicht leer und endlich.*

Wir wenden uns nun wieder den faktoriellen Zahlbereichen $\mathbb{Z}[\sqrt{m}]$ zu. Als nächstes wären jetzt die trägen und die unverzweigten Primzahlen zu charakterisieren. Wir wollen dies nur im besonders wichtigen Fall der Gaußschen Zahlen genauer durchführen; wir verweisen den am Allgemeinfall interessierten Leser wieder auf das Hassesche Buch [7]. Zunächst ergibt sich noch leicht:

Satz: *Ist $\mathbb{Z}[\sqrt{m}]$ faktoriell, so sind folgende Aussagen über eine Primzahl $p \in \mathbb{Z}$ äquivalent:*

i) *p ist nicht träge in $\mathbb{Z}[\sqrt{m}]$.*

ii) *Es gibt ganze Zahlen $x, y \in \mathbb{Z}$, so daß gilt: $x^2 - y^2 m = \pm p$.*

Beweis: i) $\Rightarrow$ ii): Laut Definition gilt $p = \pm \pi\bar{\pi}$. Schreibt man $\pi = x + y\sqrt{m}$, wobei $x, y \in \mathbb{Z}$, so folgt $\pm p = \pi\bar{\pi} = x^2 - y^2 m$.
ii) $\Rightarrow$ i): Sind $x, y \in \mathbb{Z}$ so beschaffen, daß gilt: $x^2 - y^2 m = \pm p$, so setze man $\pi := x + y\sqrt{m} \in \mathbb{Z}[\sqrt{m}]$. Dann gilt offensichtlich $p = \pm \pi\bar{\pi}$ und $\mathcal{N}\pi = p$. Da π nach Lemma 6 ein Primelement ist, so ist p also nicht träge in $\mathbb{Z}[\sqrt{m}]$. □

Wir notieren eine einfache, aber wichtige

Folgerung: *Jede Primzahl $p \in \mathbb{Z}$ der Form $4k + 3$, $k \in \mathbb{Z}$, ist träge in $\mathbb{Z}[i]$.*

Der Beweis sei dem Leser als Aufgabe gestellt.
Wir zeigen nun den

Zerlegungssatz für Primzahlen in $\mathbb{Z}[i]$: *Folgende Aussagen über eine ungerade Primzahl $p \in \mathbb{P}$ sind äquivalent:*

i) *p ist unverzweigt in $\mathbb{Z}[i]$, d.h. $p = \pi\bar{\pi}$, $\pi \nsim \bar{\pi}$.*

ii) *Es gibt eine Zahl $u \in \mathbb{Z}$, so daß gilt: $p \mid (u^2 + 1)$.*

Beweis: i) $\Rightarrow$ ii): Mit $\pi = a + ib$, $a, b \in \mathbb{Z}$, gilt: $p = \pi\bar{\pi} = a^2 + b^2$. Aus $p \mid b$ würde folgen $p \mid a$ und dann wegen $p^2 \mid b^2$, $p^2 \mid a^2$ der Widerspruch $p^2 \mid p$. Mithin sind p und b teilerfremd in $\mathbb{Z}$, und man kann schreiben: $1 = rp + sb$ mit $r, s \in \mathbb{Z}$. Es folgt $s^2 b^2 = (1 - rp)^2 = 1 - 2rp + r^2 p^2$ und also $s^2 p = s^2 a^2 + s^2 b^2 = s^2 a^2 + 1 - p(2r - r^2 p)$. Setzt man $u := sa \in \mathbb{Z}$, so sieht man: $p \mid (u^2 + 1)$.
ii) $\Rightarrow$ i): Für $\alpha := u + i$ gilt $\alpha\bar{\alpha} = u^2 + 1$ und also: $p \mid \alpha\bar{\alpha}$. Nun gilt weder $p \mid \alpha$ noch $p \mid \bar{\alpha}$ in $\mathbb{Z}[i]$, denn eine Gleichung $u \pm i = p(r + is)$ mit Zahlen $r, s \in \mathbb{Z}$ ist unmöglich, da $\pm 1 = ps$ folgen würde. Mithin ist p kein Primelement in $\mathbb{Z}[i]$. Da p wegen $p \neq 2$ nicht verzweigt ist, so ist p also unverzweigt in $\mathbb{Z}[i]$. □

Bemerkung: Der Leser mache sich klar, daß in den vorangehenden Aussagen über $\mathbb{Z}[i]$ folgender Satz über die Darstellbarkeit von Primzahlen aus $\mathbb{Z}$ als Summe von zwei Quadraten enthalten ist:

1) *Eine Primzahl der Form $4k + 3$, $k \in \mathbb{N}$, ist nicht als Summe zweier (ganzzahliger) Quadrate darstellbar.*
2) *Jede Primzahl, die eine Zahl der Form $u^2 + 1$, $u \in \mathbb{Z}$, teilt, ist die Summe zweier (ganzzahliger) Quadrate.*

Wir werden in 5.2.3 mit Hilfe des Wilsonschen Satzes und der Bedingung 2) sehen, daß alle Primzahlen der Form $4k + 1$ als Summe von zwei Quadraten darstellbar sind.

Aufgaben:

1) Geben Sie ein Ideal in $\mathbb{Z}[\sqrt{-5}]$ an, das kein Hauptideal ist.
2) Geben Sie einen faktoriellen Ring an, der kein Hauptidealring ist.
3) Sei $q \in \mathbb{P}$ eine vorgegebene Primzahl, es bezeichne $w_q\colon \mathbb{Q}^\times \to \mathbb{Z}$ die zu q gehörige Vielfachheitsfunktion. Man definiere $R \subset \mathbb{Q}$ durch $R := \{0\} \cup \{\gamma \in \mathbb{Q}^\times : w_q(\gamma) \geqq 0\}$.
   a) Zeigen Sie: R ist ein Integritätsring, aber kein Körper.
   b) Geben Sie alle Einheiten von R an.
   c) Zeigen Sie: R ist ein Hauptidealring.
   d) Geben Sie alle Primelemente von R an.
4) Geben Sie jeweils drei unverzweigte Primzahlen in $\mathbb{Z}[\sqrt{-2}]$, $\mathbb{Z}[\sqrt{2}]$, $\mathbb{Z}[\sqrt{3}]$ und $\mathbb{Z}[\sqrt{23}]$ an.
5) Beweisen Sie, daß jede Primzahl der Form $4k + 3$, $k \in \mathbb{N}$, sich nicht als Summe zweier ganzzahliger Quadrate darstellen läßt, und folgern Sie, daß eine solche Primzahl träge in $\mathbb{Z}[i]$ ist.

§ 3 Zahlentheorie in faktoriellen Ringen und in Hauptidealringen

Wir formulieren zunächst für beliebige faktorielle Ringe den Hauptsatz der elementaren Zahlentheorie. Das Teilbarkeitskriterium wird *divisorentheoretisch* ausgesprochen. Die Theorie des größten gemeinsamen Teilers wird für beliebige (nicht notwendig faktorielle) Integritätsringe entwickelt; speziell werden solche Integritätsringe näher untersucht, in denen je zwei Elemente einen größten gemeinsamen Teiler haben. Des weiteren charakterisieren wir faktorielle Ringe durch „innere" Eigenschaften; schließlich zeigen wir, daß für jeden noetherschen Integritätsring der Satz von der (nicht notwendig eindeutigen) Zerlegung in unzerlegbare Elemente gilt.

1. Zahlentheorie in faktoriellen Ringen. Wir wollen in diesem Abschnitt skizzieren, wie man in allgemeinen faktoriellen Integritätsringen die elementare Zahlentheorie aufbaut. Zunächst wird man (wie im Ring $\mathbb{Z}$) in einer Primelementzerlegung $a = p_1 p_2 \cdot \ldots \cdot p_n$ einer Nichteinheit $a \neq 0$ aus R assoziierte Primfaktoren zu Potenzen zusammenfassen. Man numeriere die $p_1, \ldots, p_n$ etwa so, daß die ersten r Primfaktoren $p_1, p_2, \ldots, p_r$ untereinander nicht assoziiert sind, daß aber jeder weitere Primfaktor zu einem der ersten r Faktoren assoziiert ist. Faßt man nun alle zu $p_1, p_2, \ldots, p_r$ assoziierten Faktoren jeweils zu einem Produkt zusammen, so erhält man eine Gleichung $a = e_1 p_1^{m_1} e_2 p_2^{m_2} \cdot \ldots \cdot e_r p_r^{m_r}$ mit Exponenten $m_1, m_2, \ldots, m_r \in \mathbb{N}^\times$, wobei $e_1, e_2, \ldots, e_r$ Einheiten in R sind. Da deren Produkt wieder eine Einheit $e \in R$ ist, erhält man schließlich die *Zerlegung* $a = e p_1^{m_1} \cdot p_2^{m_2} \cdot \ldots \cdot p_r^{m_r}$ *in Primelementpotenzen*, wobei e Einheit und p_i, p_j für $i \neq j$ nicht assoziiert sind. Man schreibt auch $a \sim p_1^{m_1} p_2^{m_2} \cdot \ldots \cdot p_r^{m_r}$, $p_i \nsim p_j$ für $i \neq j$. Ist $a \sim q_1^{n_1} q_2^{n_2} \cdot \ldots \cdot q_s^{n_s}$, $q_i \nsim q_j$ für $i \neq j$ eine weitere solche Darstellung, die aus einer anderen Primelementzerlegung von a hervorgegangen ist, so gilt auf Grund der Eindeutigkeit der Primelementzerlegung bei entsprechender Numerierung: $r = s$, $p_i \sim q_i$, $m_i = n_i$ für $i = 1, \ldots, r$. Dies bedeutet, daß die Zerlegung in Primelementpotenzen bis auf Assoziiertheit eindeutig bestimmt ist. Man läßt auch (wie für $\mathbb{Z}$) den Fall $r = 0$ zu, dadurch werden gerade die Einheiten $a \sim 1$ erfaßt. Damit können wir den Hauptsatz der elementaren Zahlentheorie für beliebige faktorielle Ringe wie folgt aussprechen:

Hauptsatz der elementaren Zahlentheorie für faktorielle Ringe: *Es sei R ein faktorieller Ring. Dann besitzt jedes Element $a \neq 0$ aus R eine Darstellung*

$$a = e p_1^{m_1} p_2^{m_2} \cdot \ldots \cdot p_r^{m_r} \quad \textit{mit} \quad r \in \mathbb{N} \quad \textit{und} \quad m_1, m_2, \ldots, m_r \in \mathbb{N}^\times,$$

wobei e eine Einheit in R ist und $p_1, p_2, \ldots, p_r$ Primelemente in R sind derart, daß p_i, p_j für $i \neq j$ nicht assoziiert sind.
Ist $a = e' q_1^{n_1} q_2^{n_2} \cdot \ldots \cdot q_s^{n_s}$ eine zweite solche Darstellung von a, so gilt $s = r$, und man kann so numerieren, daß gilt: $q_i \sim p_i$ und $n_i = m_i$ für $i = 1, 2, \ldots, r$.

Um die schwerfällige Formulierung „bis auf Assoziiertheit" zu vermeiden, faßt man die Primelemente mittels der Äquivalenzrelation „assoziiert" in Klassen zusammen und nennt die Menge aller zu einem fixierten Primelement $p \in R$ assoziierten Primelemente aus R einen *Primdivisor von R*. Der Primdivisor, der p enthält, wird mit $\mathfrak{p}$ bezeichnet; $p \in \mathfrak{p}$ heißt ein *Repräsentant von $\mathfrak{p}$*.
Jedem Element $a \in R \setminus \{0\}$ wird nun bezüglich eines jeden Primdivisors $\mathfrak{p}$ ein Exponentenwert $w_{\mathfrak{p}}(a) \in \mathbb{N}$ zugeordnet: Ist $m \geqq 0$ der Exponent, mit dem ein Repräsentant von $\mathfrak{p}$ in einer Zerlegung von a als Primelementpotenz auftritt, so setzen wir $w_{\mathfrak{p}}(a) := m$. Da die Exponenten in Primelementpotenzzerlegungen eindeutig sind, so ist m vom speziell gewählten Repräsentanten von $\mathfrak{p}$ und von der speziell gewählten Zerlegung unabhängig; es gilt $w_{\mathfrak{p}}(a) = 0$ genau dann, wenn kein Repräsentant von $\mathfrak{p}$ in einer Zerlegung von a vorkommt. Analog zu 1.4.4 heißt die natürliche Zahl $w_{\mathfrak{p}}(a)$ die *Vielfachheit* (*Multiplizität*) *von $a \neq 0$ bezüglich des Primdivisors $\mathfrak{p}$* (dem Nullelement wird keine Vielfachheit zugeordnet).
Von einer Primelementpotenzzerlegung $a = e \prod_{\varrho=1}^{r} p_\varrho^{m_\varrho}$ oder $a \sim \prod_{\varrho=1}^{r} p_\varrho^{m_\varrho}$ geht man nun (analog wie früher für $\mathbb{Z}$) zur formalen Darstellung $a \sim \prod_{\mathfrak{p}} \mathfrak{p}^{w_{\mathfrak{p}}(a)}$ über, wobei jetzt das Produkt über *alle* Primdivisoren $\mathfrak{p}$ von R erstreckt wird (wobei aber ebenso wie früher bei $\mathbb{Z}$ fast alle Faktoren den Wert $\mathfrak{p}^{w_{\mathfrak{p}}(a)} = \mathfrak{p}^0 = 1$ haben). Man nennt $\prod_{\mathfrak{p}} \mathfrak{p}^{w_{\mathfrak{p}}(a)}$ den *Divisor von a*.

Durch die Divisorenschreibweise wird die lästige, durch Assoziiertheit bedingte Mehrdeutigkeit vermieden und die Invarianz der Primelementzerlegung sehr gut zum Ausdruck gebracht: Aus dem Divisor von a gewinnt man bis auf Einheiten die Primelementpotenzzerlegung von a zurück, indem man für jeden Primdivisor $\mathfrak{p}$ einen Repräsentanten $p \in \mathfrak{p}$ einsetzt.
Die Vielfachheit $w_{\mathfrak{p}}(a)$ ist in bezug auf den Primdivisor $\mathfrak{p}$ eine in $R \setminus \{0\}$ erklärte Funktion mit Werten in $\mathbb{N}$. Die wichtigsten Eigenschaften dieser Vielfachheitsfunktion stellen wir im folgenden Lemma zusammen (vgl. hiermit Lemma 1.4.4):

Lemma: *Es sei R ein faktorieller Ring, es sei* $R^{\times} := R \setminus \{0\}$. *Dann ist für jeden Primdivisor* p *von R die Abbildung* $w_p\colon R^{\times} \to \mathbb{N}$, $a \mapsto w_p(a)$ *eine additive Bewertung von R, d.h., es gilt für alle* $a, b \in R^{\times}$:

1) $w_p(ab) = w_p(a) + w_p(b)$;
2) $w_p(a+b) \geqq \min(w_p(a), w_p(b))$, *falls* $a \neq -b$.

Weiter sind die folgenden Eigenschaften erfüllt:

3) *Für festes* $a \neq 0$ *gilt* $w_p(a) \neq 0$ *für nur endlich viele Primdivisoren* p *von R. (Endlichkeitseigenschaft)*
4) *Gilt* $w_p(a) = w_p(b)$ *für alle Primdivisoren* p, *so folgt* $a \sim b$.

Der *Beweis* verläuft völlig analog wie im Fall des Ringes $\mathbb{Z}$ und sei daher dem Leser überlassen.
Die Teilbarkeitsverhältnisse in faktoriellen Ringen lassen sich bequem mit Hilfe der Exponentenwerte beschreiben. In völliger Analogie zum Teilbarkeitskriterium 1.3.1 gilt folgendes

Teilbarkeitskriterium: *Folgende Aussagen über zwei Elemente* $a \neq 0$, $b \neq 0$ *eines faktoriellen Ringes R sind äquivalent:*

i) $b \mid a$.
ii) $w_p(b) \leqq w_p(a)$ *für alle Primdivisoren* p *von R.*

Mit diesem Teilbarkeitskriterium ist die Hauptaufgabe der elementaren Zahlentheorie, einen Überblick über die Teilbarkeitsverhältnisse in R zu gewinnen, gelöst. Man kann jetzt u.a. die Anzahl aller paarweise nicht assoziierten Teiler (analog wie in $\mathbb{Z}$) bestimmen; wir gehen darauf hier nicht weiter ein.

2. Theorie des größten gemeinsamen Teilers. Es sei R ein (nicht notwendig faktorieller) Integritätsring, es seien $a, b \in R$. Ein Element $d \in R$ heißt ein *größter gemeinsamer Teiler von a und b*, wenn gilt:

1) $d \mid a$ und $d \mid b$.
2) Aus $t \mid a$ und $t \mid b$ folgt $t \mid d$.

Der Leser bemerkt, daß wir nahezu wörtlich die Definition aus 2.1.1 übertragen haben. Man versteht jetzt auch, warum wir damals als Maßstab für die Größe eines Teilers diese Definition gewählt haben; nur in dieser Fassung (ohne Bezugnahme auf die Anordnung von $\mathbb{Z}$) ist die Verallgemeinerung auf beliebige Integritätsbereiche möglich.
Es stellt sich wie im Fall $\mathbb{Z}$ die Frage nach der Existenz und Eindeutigkeit von größten gemeinsamen Teilern. Ganz trivial ist die

Eindeutigkeit des größten gemeinsamen Teilers: *Es sei d ein größter gemeinsamer Teiler von* $a, b \in R$. *Dann ist* $d' \in R$ *genau dann ein größter gemeinsamer Teiler von* a, b, *wenn* d' *zu d assoziiert ist:* $d' \sim d$.

Beweis: Sei d' ein größter gemeinsamer Teiler von a, b. Dann gilt $d \mid d'$ nach Definition, da $d \mid a$ und $d \mid b$. Es gilt aber auch $d' \mid d$ nach Definition wegen $d' \mid a$ und $d' \mid b$. Also folgt: $d' \sim d$. Sei umgekehrt $d' \sim d$. Dann gilt $d' \mid a$ und $d' \mid b$ (Transitivität, da $d' \mid d$); aus $t \mid a$ und $t \mid b$ folgt $t \mid d$ und also $t \mid d'$ (Transitivität, da $d \mid d'$); mithin ist d' ein größter gemeinsamer Teiler von a, b. □

Wie im Falle der ganzen Zahlen benutzt man auch bei allgemeinen Integritätsringen gern die Schreibweise $d = \mathrm{ggT}(a, b)$, falls $a, b \in R$ den größten gemeinsamen Teiler $d \in R$ haben. Die Notation ist in beliebigen Integritätsringen jedoch nicht ganz unproblematisch, da der größte gemeinsame Teiler auf Grund des Eindeutigkeitssatzes nur bis auf Assoziiertheit festgelegt ist (im Gegensatz zu $\mathbb{Z}$, wo er durch die Forderung $d \geqq 0$ „normiert" werden konnte). Konsequenter ist daher die Schreibweise $d \sim \mathrm{ggT}(a, b)$, die wir im folgenden durchweg benutzen. Wir wenden uns nun dem Existenzproblem für größte gemeinsame Teiler zu. Wir zeigen, daß in beliebigen Integritätsbereichen i. a. zu zwei Elementen kein größter gemeinsamer Teiler existiert:

Satz: *Im Integritätsbereich $\mathbb{Z}[\sqrt{-5}]$ haben die Elemente $\alpha := 6$ und $\beta := 2(1 + \sqrt{-5})$ keinen größten gemeinsamen Teiler.*

Beweis: Wir schließen indirekt durch elegantes Rechnen mit der Normfunktion $\mathcal{N}$. Angenommen, $\delta \in \mathbb{Z}[\sqrt{-5}]$ wäre ein ggT von α und β. Dann müßte gelten $\delta \mid \alpha$ und $\delta \mid \beta$ in $\mathbb{Z}[\sqrt{-5}]$, also $\mathcal{N}\delta \mid \mathcal{N}\alpha$ und $\mathcal{N}\delta \mid \mathcal{N}\beta$ in $\mathbb{Z}$. Nun ist $\mathcal{N}\alpha = 36$, $\mathcal{N}\beta = \mathcal{N}2 \cdot \mathcal{N}(1 + \sqrt{-5}) = 4 \cdot 6 = 24$; unsere erste Information über $\mathcal{N}\delta$ ist daher: (1) $\mathcal{N}\delta \mid 36$ und $\mathcal{N}\delta \mid 24$, also $\mathcal{N}\delta \mid 12$ wegen $\mathrm{ggT}(36, 24) = 12$ (Teilbarkeit hier in $\mathbb{Z}$). Da $2 \mid \alpha$ und $2 \mid \beta$ in $\mathbb{Z}[\sqrt{-5}]$, so folgt $2 \mid \delta$ in $\mathbb{Z}[\sqrt{-5}]$, also $\mathcal{N}2 \mid \mathcal{N}\delta$ in $\mathbb{Z}$, d. h.: (2) $4 \mid \mathcal{N}\delta$ in $\mathbb{Z}$. Da $(1 + \sqrt{-5}) \mid \alpha$ und $(1 + \sqrt{-5}) \mid \beta$ in $\mathbb{Z}[\sqrt{-5}]$, so folgt ebenso $(1 + \sqrt{-5}) \mid \delta$ in $\mathbb{Z}[\sqrt{-5}]$ und also $\mathcal{N}(1 + \sqrt{-5}) \mid \mathcal{N}\delta$ in $\mathbb{Z}$, d. h.: (3) $6 \mid \mathcal{N}\delta$ in $\mathbb{Z}$. Aus den Informationen (1), (2) und (3) folgern wir nun, da jedenfalls $\delta \neq 0$ und also $\mathcal{N}\delta \geqq 1$ gilt: (4) $\mathcal{N}\delta = 12$. Da δ in $\mathbb{Z}[\sqrt{-5}]$ von $1 + \sqrt{-5}$ geteilt wird, besteht eine Gleichung $\delta = (1 + \sqrt{-5})\tau$ und folglich $\mathcal{N}\delta = \mathcal{N}(1 + \sqrt{-5})\,\mathcal{N}\tau$ mit einem Element $\tau = t_0 + t_1\sqrt{-5} \in \mathbb{Z}[\sqrt{-5}]$. Wegen $\mathcal{N}(1 + \sqrt{-5}) = 6$ und $\mathcal{N}\delta = 12$ folgt $2 = \mathcal{N}\tau = t_0^2 + 5t_1^2$ mit $t_0, t_1 \in \mathbb{Z}$. Diese Gleichung ist aber unmöglich. Die Elemente 6 und $2(1 + \sqrt{-5})$ haben also in $\mathbb{Z}[\sqrt{-5}]$ keinen ggT. □

Wir haben soeben an Hand des Dedekindschen Beispiels gesehen, daß die Existenz eines größten gemeinsamen Teilers keineswegs etwas Selbstverständliches ist. In faktoriellen Ringen wird diese Existenz garantiert durch den folgenden Satz:

Existenz des größten gemeinsamen Teilers: *In einem faktoriellen Integritätsbereich R existiert zu je zwei Elementen $a, b \in R$ stets ein größter gemeinsamer Teiler.*

Falls $a \sim \prod_{p} p^{w_p(a)}$ *und* $b \sim \prod_{p} p^{w_p(b)}$, *so gilt*: $\mathrm{ggT}(a, b) \sim \prod_{p} p^{\min(w_p(a), w_p(b))}$. *Weiter ist*: $a \sim \mathrm{ggT}(a, 0)$, $b \sim \mathrm{ggT}(0, b)$.

Beweis: Analog wie der Beweis des entsprechenden Satzes aus 2.1.1. □

Bemerkung: Entsprechend wie in 2.1.7 definiert man auch das *kleinste gemeinsame Vielfache* zweier Elemente $a, b \in R$ in beliebigen Integritätsringen. Man hat wiederum eine Eindeutigkeitsaussage bis auf Assoziiertheit; i.a. existiert aber kein kleinstes gemeinsames Vielfaches: Als Beispiel kann wieder der Dedekindsche Ring $\mathbb{Z}[\sqrt{-5}]$ dienen. In faktoriellen Ringen ist die Existenz wieder gesichert; die Essenz liegt dann in folgender Aussage:

Falls $a \sim \prod_{p} p^{w_p(a)}$ *und* $b \sim \prod_{p} p^{w_p(b)}$, *so gilt*: $\mathrm{kgV}(a, b) \sim \prod_{p} p^{\max(w_p(a), w_p(b))}$.

Es läßt sich dann auch (analog zum Satz 2.1.7) zeigen: $\mathrm{ggT}(a, b) \cdot \mathrm{kgV}(a, b) \sim a \cdot b$ *für alle* $a, b \in R$. Wir gehen auf diese einfachen Dinge nicht näher ein.

3. Integritätsringe mit ggT. Es sollen nun Integritätsringe betrachtet werden, die nicht notwendig faktoriell sind, in denen aber nichtsdestoweniger je zwei Elemente einen größten gemeinsamen Teiler haben. Wir werden sehen, daß man für solche Ringe eine elegante Theorie entwickeln kann, die überraschende Aussagen bringt. Um bequem formulieren zu können, nennen wir einen Integritätsring R einen *Integritätsring mit* ggT, wenn je zwei Elemente aus R einen größten gemeinsamen Teiler in R haben.
Alle faktoriellen Integritätsringe sind auf Grund des Existenzsatzes 2 Integritätsringe mit ggT*. Hingegen ist $\mathbb{Z}[\sqrt{-5}]$ kein Integritätsring mit ggT (vgl. Satz 2). Ist $d \in R$ ein größter gemeinsamer Teiler von $a, b \in R$, so schreiben wir (motiviert durch den Eindeutigkeitssatz 2) konsequent: $d \sim \mathrm{ggT}(a, b)$.
Wir beweisen als erstes grundlegende

Rechenregeln für Integritätsringe mit ggT: *Es sei R ein Integritätsring mit* ggT; *es seien $a, b, c \in R$. Dann gilt*:

1) $\mathrm{ggT}(a, a) \sim a$.
2) $a \mid b \Leftrightarrow \mathrm{ggT}(a, b) \sim a$.
3) $\mathrm{ggT}(\mathrm{ggT}(a, b), c) \sim \mathrm{ggT}(a, \mathrm{ggT}(b, c))$. (*Assoziativität*)
4) $\mathrm{ggT}(ca, cb) \sim c \cdot \mathrm{ggT}(a, b)$. (*Distributivität*)
5) $\mathrm{ggT}(ab, c) \sim \mathrm{ggT}(\mathrm{ggT}(a, c) \cdot b, c)$. (*Produktformel*)

Vorbemerkung: Für faktorielle Ringe lassen sich diese Behauptungen sämtlich, wie der Leser sich klar machen möge, direkt aus dem Existenzsatz 2 herleiten, wie wir es für den Ring $\mathbb{Z}$ in

* Es scheint kein naheliegendes Beispiel aus Zahlentheorie und Algebra zu geben für einen Integritätsring mit ggT, der nicht faktoriell ist; der Leser vergleiche dazu auch die Bemerkung und die Charakterisierung faktorieller Ringe im folgenden Abschnitt. Hingegen ist in der Funktionentheorie einer komplexen Veränderlichen z. B. der Ring der auf der ganzen komplexen Zahlenebene holomorphen Funktionen ein nicht faktorieller Integritätsring mit ggT.

2.1.1 getan haben. Der hier zu führende Beweis darf natürlich keine ZPE-Eigenschaft verwenden, er hat sich ausschließlich auf die charakteristischen Eigenschaften eines ggT zu stützen.

Beweis: Die Verifikation der Regeln 1) und 2) ist kanonisch und sei dem Leser überlassen.
ad 3): Sei $d \sim \mathrm{ggT}(a, b)$, $v \sim \mathrm{ggT}(d, c)$, $u \sim \mathrm{ggT}(b, c)$, $w \sim \mathrm{ggT}(a, u)$. Wir müssen zeigen: $v \sim w$, d.h. $v \mid w$ und $w \mid v$. Nach Voraussetzung gilt: $v \mid d$ und $v \mid c$. Da $d \mid a$ und $d \mid b$, so folgt: $v \mid a$ und $v \mid b$ und $v \mid c$. Wegen $u \sim \mathrm{ggT}(b, c)$ ergibt sich hieraus: $v \mid a$ und $v \mid u$; wegen $w \sim \mathrm{ggT}(a, u)$ folgt weiter $v \mid w$. Ebenso ergibt sich: $w \mid v$.
ad 4): Sei $d \sim \mathrm{ggT}(a, b)$, $w \sim \mathrm{ggT}(ca, cb)$. Dann ist zu zeigen: $w \sim cd$, d.h. $cd \mid w$ und $w \mid cd$. Dies ist trivial für $c = 0$, da $\mathrm{ggT}(0, 0) = 0$. Sei $c \neq 0$. Aus $d \mid a$ und $d \mid b$ folgt $cd \mid ca$ und $cd \mid cb$, also $cd \mid w$. Um $w \mid cd$ zu zeigen, gehen wir aus (auf Grund des soeben Gezeigten) von der Gleichung (*) $w = (cd)f$ mit $f \in R$. Wegen $w \mid ca$ und $w \mid cb$ bestehen weiter Gleichungen $ca = wr = cdfr$ und $cb = ws = cdfs$ mit $r, s \in R$. Da $c \neq 0$, so folgt auf Grund der Kürzungsregel: $a = dfr$ und $b = dfs$, also $df \mid a$ und $df \mid b$. Dies impliziert: $df \mid d$, also wegen (*): $w \mid cd$.
ad 5): Nach 4) gilt: $\mathrm{ggT}(a, c) \cdot b \sim \mathrm{ggT}(ab, cb)$. Damit folgt auf Grund von 3), da $\mathrm{ggT}(cb, c) \sim c$ nach 2): $\mathrm{ggT}(\mathrm{ggT}(a, c) \cdot b, c) \sim \mathrm{ggT}(\mathrm{ggT}(ab, cb), c)$ $\sim \mathrm{ggT}(ab, \mathrm{ggT}(cb, c)) \sim \mathrm{ggT}(ab, c)$. □

Bemerkung: Die vorangehenden Rechnungen sind elementar, machen aber einen schwerfälligen Eindruck. Dafür ist nicht zuletzt die klassische Notation ggT mitverantwortlich. Man kann diese für Rechnungen unhandliche Bezeichnung durch ein eleganteres Symbol ersetzen. So wurde u.a. vorgeschlagen, $a \wr b$ anstelle von $\mathrm{ggT}(a, b)$ zu schreiben. Außer evidenten typographischen Gründen werden damit die Rechenregeln 1)–5) suggestiver; sie lesen sich dann wie folgt:

1) $a \wr a \sim a$.
2) $a \mid b \Leftrightarrow a \wr b \sim a$.
3) $(a \wr b) \wr c \sim a \wr (b \wr c)$. (*Assoziativität*)
4) $ca \wr cb \sim c(a \wr b)$. (*Distributivität*)
5) $ab \wr c \sim ((a \wr c) \cdot b) \wr c$. (*Produktformel*)

Jetzt werden die Redeweisen „Assoziativität" und „Distributivität" unmittelbar verständlich. Man sieht an diesem Beispiel, wie wichtig gute Notationen sind; leider schreibt man auch heute noch in der Literatur traditionsbewußt $\mathrm{ggT}(a, b)$.

Die Assoziativitätsregel 3) ermöglicht es, in Ringen mit ggT zu jeder endlichen Menge von Ringelementen einen größten gemeinsamen Teiler zu bilden. Es läßt sich zeigen:
In einem Integritätsring R mit ggT *gibt es zu jeder endlichen Menge* $a_1, a_2, \ldots, a_n \in R$ *ein Element* $d \in R$ *mit folgenden Eigenschaften*:

1) $d \mid a_1, d \mid a_2, \ldots, d \mid a_n$.
2) *Aus* $t \mid a_1, t \mid a_2, \ldots, t \mid a_n$ *folgt* $t \mid d$.

Das Element d ist bis auf Assoziiertheit eindeutig durch $a_1, a_2, \ldots, a_n$ *bestimmt; man nennt d wieder einen größten gemeinsamen Teiler von* $a_1, a_2, \ldots, a_n$ *in R und schreibt*: $d \sim \mathrm{ggT}(a_1, a_2, \ldots, a_n)$.

Es gilt dann stets $\operatorname{ggT}(a_1, \operatorname{ggT}(a_2, \ldots, a_n)) \sim \operatorname{ggT}(a_1, a_2, \ldots, a_n)$; wir können aus Platzgründen auf diese Dinge nicht näher eingehen.
Wie für $\mathbb{Z}$ nennt man zwei Elemente a, b eines Integritätsringes R *teilerfremd*, wenn ihr größter gemeinsamer Teiler existiert und eine Einheit in R ist: $\operatorname{ggT}(a, b) \sim 1$.
Aus den Rechenregeln für Integritätsringe mit ggT ergibt sich nun folgendes

Lemma: *Es sei R ein Integritätsring mit* ggT. *Es seien $a, b, c \in R$, es gelte:* $\operatorname{ggT}(a, b) \sim 1$. *Dann folgt aus $a \mid (bc)$ stets $a \mid c$.*

Beweis: Wegen $a \mid (bc)$ gilt $\operatorname{ggT}(bc, a) \sim a$ nach Rechenregel 2). Mittels der Produktformel ergibt sich dann wegen $\operatorname{ggT}(b, a) \sim 1$: $a \sim \operatorname{ggT}(bc, a) \sim \operatorname{ggT}(\operatorname{ggT}(b, a) \cdot c, a) \sim \operatorname{ggT}(c, a)$. Mithin ist a ein Teiler von c. □

Der eben geführte Beweis ist *nicht* analog zum Beweis des entsprechenden Korollars 2.1.5. Damals wurde idealtheoretisch argumentiert und eine Darstellung $1 = ra + sb$ wesentlich verwendet; hier spielen Ideale im Beweis keine Rolle.
Aus dem Lemma erhalten wir folgendes

Korollar: *In einem Integritätsring R mit* ggT *ist jedes unzerlegbare Element $u \in R$ ein Primelement in R.*

Beweis: Es ist zu zeigen: Aus $u \mid bc$ mit $b, c \in R$ folgt $u \mid b$ oder $u \mid c$. Man nehme an $u \nmid b$. Dann gilt $\operatorname{ggT}(u, b) \not\sim u$ nach Rechenregel 2). Da u unzerlegbar ist und da $\operatorname{ggT}(u, b)$ ein Teiler von u ist, folgt: $\operatorname{ggT}(u, b) \sim 1$. Aus dem Lemma ergibt sich nun: $u \mid c$. □

In einem Integritätsring R mit ggT kann man auch wie früher in $\mathbb{Z}$ Systeme von *paarweise teilerfremden Elementen* betrachten, d.h. endliche Systeme $a_1, a_2, \ldots, a_n \in R$, so daß gilt: $\operatorname{ggT}(a_i, a_j) \sim 1$ für alle $i \neq j$. Solche Systeme werden in 5.2.4 beim Chinesischen Restsatz eine wichtige Rolle spielen.
Wir haben bisher die Theorie des ggT ausschließlich multiplikativ entwickelt. Um Kriterien für die Existenz eines ggT zu erhalten, ziehen wir nun auch die additive Struktur heran. Ausgangspunkt ist der

Hilfssatz: *Es sei R ein Integritätsring. Es seien $a, b \in R$ zwei Elemente derart, daß $Ra + Rb$ ein Hauptideal Rd ist. Dann ist d ein größter gemeinsamer Teiler von a und b.*

Beweis: Da $a \in Rd$ und $b \in Rd$, so gilt $d \mid a$ und $d \mid b$. Da aber wegen $d \in Ra + Rb$ auch eine Gleichung $d = ra + sb$ mit Elementen $r, s \in R$ besteht, so hat $t \mid a$ und $t \mid b$ stets $t \mid d$ zur Folge. Damit ist $d \sim \operatorname{ggT}(a, b)$ gezeigt. □

Wir haben gesehen, daß in $\mathbb{Z}[\sqrt{-5}]$ die Elemente 6 und $2(1 + \sqrt{-5})$ keinen ggT besitzen. Auf Grund des Hilfssatzes ist damit $(6, 2(1 + \sqrt{-5}))$ ein Beispiel eines Nichthauptideals in $\mathbb{Z}[\sqrt{-5}]$.

Aus dem Hilfssatz folgt unmittelbar:

Satz: *Jeder nullteilerfreie Hauptidealring R ist ein Integritätsring mit* ggT. *Folgende Aussagen über drei Elemente $a, b, d \in R$ sind äquivalent:*

i) $d \sim \mathrm{ggT}(a, b)$.
ii) $Ra + Rb = Rd$ *oder kürzer:* $(a, b) = (d)$.

Speziell ist ein größter gemeinsamer Teiler d von a und b stets linear aus a und b kombinierbar: $d = ra + sb$ mit $r, s \in R$.

Beweis: Da für je zwei Elemente $a, b \in R$ das Ideal $Ra + Rb$ stets wieder ein Hauptideal Rd ist, so ist R auf Grund des Hilfssatzes ein Integritätsring mit ggT; weiter ist die Implikation ii) ⇒ i) klar. Es bleibt die Implikation i) ⇒ ii) zu verifizieren. Da R Hauptidealring ist, gibt es jedenfalls ein Element $c \in R$, so daß gilt: $Ra + Rb = Rc$. Mit dem Hilfssatz folgt hieraus: $c \sim \mathrm{ggT}(a, b)$. Da $d \sim \mathrm{ggT}(a, b)$ nach Voraussetzung, so sind c und d assoziiert in R. Nach Lemma 2.2, 2) folgt: $Rc = Rd$. □

Wir haben soeben gesehen, daß neben faktoriellen Ringen auch alle nullteilerfreien Hauptidealringe Integritätsringe mit ggT sind. Solche Ringe können also als Verallgemeinerung sowohl von faktoriellen Ringen als auch von nullteilerfreien Hauptidealringen aufgefaßt werden; in diesem Sinne ist das oben bewiesene Korollar eine natürliche Verallgemeinerung von Satz 2.2.
Euklidische Ringe sind als Hauptidealringe Integritätsringe mit ggT. In solchen Ringen lassen sich wie im Ring $\mathbb{Z}$ mittels des Euklidischen Algorithmus größte gemeinsame Teiler ausrechnen, ohne daß man auf Primelementzerlegungen zurückgreifen muß. Es gilt (mit Notationen wie im Abschnitt 2.3):

Euklidischer Algorithmus: *Es sei R ein euklidischer Ring und $\eta\colon R^\times \to \mathbb{N}^\times$ eine euklidische Abbildung. Es seien $a, b \in R^\times$ zwei Ringelemente mit $b \nmid a$. Man setze $a_0 := a$, $a_1 := b$. Dann bricht die iterierte Division mit Rest*

$$\begin{array}{llll} a_0 = q_1 a_1 + a_2 & \text{mit } q_1, a_2 \in R, & \eta(a_2) < \eta(a_1), & \text{wobei } a_1 \nmid a_0, \\ a_1 = q_2 a_2 + a_3 & \text{mit } q_2, a_3 \in R, & \eta(a_3) < \eta(a_2), & \text{falls } a_2 \nmid a_1, \\ a_2 = q_3 a_3 + a_4 & \text{mit } q_3, a_4 \in R, & \eta(a_4) < \eta(a_3), & \text{falls } a_3 \nmid a_2, \\ \vdots & \quad\vdots & \quad\vdots & \quad\vdots \end{array}$$

nach endlich vielen Schritten ab: Es gibt einen ersten Index k, $1 \leqq k \leqq \eta(b)$, so daß gilt: $a_j \neq 0$ für $j \leqq k$, $a_k \mid a_{k-1}$. Das Element a_k ist ein größter gemeinsamer Teiler von a und b.

Der *Beweis* verläuft analog wie der Beweis für $\mathbb{Z}$. □

Man kann mit dem Euklidischen Algorithmus besonders gut arbeiten, wenn man die Abbildung η handhaben kann. Dies ist z. B. der Fall für den Ring $R := \mathbb{Z}[i]$ mit $\eta(a + ib) := \mathcal{N}(a + ib) = a^2 + b^2$ sowie für den Polynomring $R := \mathbb{Q}[X]$ mit $\eta(f) = 2^{\operatorname{grad} f}$.

4. Charakterisierung faktorieller Ringe. Zerlegungssatz für noethersche Ringe. Ein Integritätsring R ist laut Satz 2.1 faktoriell genau dann, wenn jedes unzerlegbare Element ein Primelement ist und wenn jede Nichteinheit ungleich 0 aus R Produkt unzerlegbarer Elemente ist. Während wir für die erste Eigenschaft allgemeine hinreichende Bedingungen kennengelernt haben (Hauptidealringe bzw. Integritätsringe mit ggT), haben wir die zweite Zerlegungseigenschaft bisher nur mittels ad hoc eingeführter monotoner Normfunktionen verifiziert (Zerlegungssatz 1.3). Es ist naheliegend zu fragen, ob sich nicht „innere Eigenschaften" von R angeben lassen, die den Zerlegungssatz für R implizieren (ohne daß wie bisher eine makroskopische Abbildung von R nach $\mathbb{N}$ ins Spiel kommt, mit deren Hilfe Teilbarkeitseigenschaften von R in Teilbarkeitseigenschaften von $\mathbb{N}$ übersetzt werden). Das Problem ist, eine Bedingung zu finden, die garantiert, daß der Prozeß des Faktorisierens in echte Teiler für jede Nichteinheit ungleich 0 nach endlich vielen Schritten abbricht. Es ist intuitiv klar, daß dies gewiß dann der Fall sein wird, wenn es überhaupt keine ins Unendliche laufende Kette echter Teiler in R gibt. Wir führen dementsprechend die Redeweise ein, daß ein Integritätsring R der *Teilerkettenbedingung* genügt, wenn es keine unendliche Folge $(a_n)_{n \geqq 0}$ von Elementen $a_n \in R$ gibt, so daß gilt: $a_{n+1} \parallel a_n$ für alle $n \geqq 0$. Wir zeigen nun

Teilerkettenkriterium: *Genügt der Integritätsring R der Teilerkettenbedingung, so ist jede Nichteinheit ungleich* 0 *aus R ein Produkt von endlich vielen unzerlegbaren Elementen.*

Beweis: Wir schließen indirekt. Angenommen, es gäbe eine Nichteinheit $a_0 \neq 0$ in R, die sich nicht als Produkt endlich vieler unzerlegbarer Elemente schreiben läßt. Dann ist a_0 notwendig ein Produkt $a_0 = a_1 b_1$ zweier Nichteinheiten $a_1, b_1 \in R \setminus \{0\}$. Es gilt sowohl $a_1 \parallel a_0$ als auch $b_1 \parallel a_0$. Besäßen beide Elemente a_1 und b_1 Zerlegungen als Produkt endlich vieler unzerlegbarer Elemente, so ergäbe sich daraus eine ebensolche Zerlegung von a_0. Es ist also etwa die Nichteinheit $a_1 \neq 0$ nicht als Produkt endlich vieler unzerlegbarer Elemente darstellbar. Man kann nun mit a_1 anstelle von a_0 den genau analogen Prozeß durchführen; man erhält eine Gleichung $a_1 = a_2 b_2$, wobei a_2, b_2 dieselben Eigenschaften haben wie eben a_1, b_1. Setzt man diesen Prozeß fort, so erhält man eine unendliche Folge $(a_n)_{n \geqq 0}$ von Ringelementen, so daß a_{n+1} jeweils ein echter Teiler von a_n ist. Dies widerspricht der Voraussetzung. Mithin ist doch jede Nichteinheit ungleich 0 aus R als Produkt endlich vieler unzerlegbarer Elemente darstellbar. □

Die Teilerkettenbedingung ist offensichtlich für alle Ringe mit monotoner Normfunktion erfüllt, daher ist der frühere Zerlegungssatz 1.3 im Teilerkettenkriterium enthalten.

Bemerkung: Es soll ein Integritätsbereich R beschrieben werden, der nicht der Teilerkettenbedingung genügt. Aus der Theorie der reellen Zahlen entnehmen wir, daß es zu jeder natürlichen Zahl n genau eine positive Zahl ζ_n gibt, so daß gilt: $\zeta_n^{2^n} = 2$, nämlich $\zeta_n := \sqrt[2^n]{2}$. Für jedes n ist die Menge R_n aller Werte von „Polynomen“ $a_0 + a_1\zeta_n + \ldots + a_d\zeta_n^d$ in ζ_n mit Koeffizienten $a_0, a_1, \ldots, a_d$ in $\mathbb{Z}$, wobei d alle natürlichen Zahlen durchläuft, ein Integritätsbereich. Es gilt $\mathbb{Z} = R_0 \subset R_1 \subset R_2 \subset \ldots \subset R_n \subset R_{n+1} \subset \ldots$, daher ist die (im Körper $\mathbb{R}$ der reellen Zahlen gebildete) Vereinigung $R := \bigcup_{n=0}^{\infty} R_n$ wieder ein Integritätsbereich. Es läßt sich zeigen:

Kein Element ζ_n ist eine Einheit in R; in der Folge $(\zeta_n)_{n \geqq 0}$ ist jeweils ζ_{n+1} ein echter Teiler von ζ_n (es gilt: $\zeta_{n+1}^2 = \zeta_n$).

Die exakten Beweise dieser Aussagen seien dem Leser überlassen.

Wir können nun faktorielle Ringe in zufriedenstellender Weise charakterisieren.

Charakterisierung faktorieller Ringe: *Folgende Aussagen über einen Integritätsring R sind äquivalent:*

i) *R ist faktoriell.*
ii) *R ist ein Ring mit* ggT, *und R genügt der Teilerkettenbedingung.*

Beweis: i) $\Rightarrow$ ii): Auf Grund des Existenzsatzes 2 ist R ein Ring mit ggT. Ferner genügt R der Teilerkettenbedingung; denn ist $a \sim p_1^{m_1} p_2^{m_2} \cdot \ldots \cdot p_r^{m_r}$ eine Primelementpotenzdarstellung eines Elementes ungleich 0, so sind die $(m_1 + 1) \cdot (m_2 + 1) \cdot \ldots \cdot (m_r + 1) - 2$ Elemente $p_1^{\mu_1} p_2^{\mu_2} \cdot \ldots \cdot p_r^{\mu_r}$, $0 \leqq \mu_1 \leqq m_1, \ldots, 0 \leqq \mu_r \leqq m_r$, nicht alle $\mu_j = 0$, nicht alle $\mu_j = m_j$, bis auf Assoziiertheit alle echten Teiler von a; daher kann es in R keine unendliche Folge $(a_n)_{n \geqq 0}$ mit $a_{n+1} \parallel a_n$ für alle $n \geqq 0$ geben.
ii) $\Rightarrow$ i): Jedes unzerlegbare Element von R ist ein Primelement in R, weil R Ring mit ggT ist (Korollar 3); da R die Teilerkettenbedingung erfüllt, ist jede Nichteinheit ungleich 0 von R Produkt unzerlegbarer Elemente. Nach Satz 2.1 ist R dann faktoriell. □

Es stellt sich zwangsläufig die Frage, ob es außer Ringen mit monotoner Normfunktion noch weitere interessante Integritätsringe gibt, die der Teilerkettenbedingung genügen.
Wir übersetzen diese Bedingung zunächst in die Sprache der Idealtheorie: Aus Lemma 2.2 erhalten wir unmittelbar, daß folgende Aussagen über einen Integritätsring R äquivalent sind:

i) *R genügt der Teilerkettenbedingung.*
ii) *Jede aufsteigende Kette $\mathfrak{a}_0 \subset \mathfrak{a}_1 \subset \mathfrak{a}_2 \subset \ldots \subset \mathfrak{a}_n \subset \mathfrak{a}_{n+1} \subset \ldots$ von Hauptidealen $\mathfrak{a}_n$ aus R ist stationär, d.h. es gibt einen Index $m \in \mathbb{N}$, so daß gilt: $\mathfrak{a}_n = \mathfrak{a}_m$ für alle $n \geqq m$.*

Es ist nun verblüffend einfach, Ringe anzugeben, in denen jede aufsteigende Idealkette (nicht nur jede aufsteigende Hauptidealkette) stationär wird. Dazu zeigen wir zunächst einen einfachen, aber grundlegenden

Hilfssatz: *Ist R irgendein Ring und $\mathfrak{a}_0 \subset \mathfrak{a}_1 \subset \ldots \subset \mathfrak{a}_n \subset \mathfrak{a}_{n+1} \subset \ldots$ irgendeine aufsteigende Kette von Idealen in R, so ist die Vereinigungsmenge $\mathfrak{a} := \bigcup_{n=0}^{\infty} \mathfrak{a}_n$ wieder ein Ideal in R.*

Beweis: Seien $a, b \in \mathfrak{a}$. Es gibt Indices j, k, so daß gilt: $a \in \mathfrak{a}_j$, $b \in \mathfrak{a}_k$. Setzt man $l := \max(j, k)$, so gilt $a \in \mathfrak{a}_l$ und $b \in \mathfrak{a}_l$, da $\mathfrak{a}_j \subset \mathfrak{a}_l$ und $\mathfrak{a}_k \subset \mathfrak{a}_l$ wegen $\mathfrak{a}_n \subset \mathfrak{a}_{n+1}$ für $n \in \mathbb{N}$. Da $\mathfrak{a}_l$ ein Ideal in R ist, folgt $a - b \in \mathfrak{a}_l$ und $xa \in \mathfrak{a}_l$ für alle $x \in R$. Wegen $\mathfrak{a}_l \subset \mathfrak{a}$ ist gezeigt: $a - b \in \mathfrak{a}$ und $xa \in \mathfrak{a}$ für alle $x \in R$, d.h. $\mathfrak{a}$ ist ein Ideal in R. □

Man beachte, daß im Beweis des Hilfssatzes die Inklusionen $\mathfrak{a}_n \subset \mathfrak{a}_{n+1}$, $n \in \mathbb{N}$, wesentlich benutzt wurden. Die mengentheoretische Vereinigung von zwei beliebigen Idealen ist i.a. *kein* Ideal.
Es folgt nun schnell der

Satz: *Es sei R ein (nicht notwendig nullteilerfreier) Ring derart, daß jedes Ideal in R von endlich vielen Elementen erzeugt wird. Dann gibt es zu jeder aufsteigenden Kette $\mathfrak{a}_0 \subset \mathfrak{a}_1 \subset \mathfrak{a}_2 \subset \ldots \subset \mathfrak{a}_n \subset \mathfrak{a}_{n+1} \subset \ldots$ von Idealen $\mathfrak{a}_n$ in R einen Index $m \in \mathbb{N}$, so daß gilt: $\mathfrak{a}_n = \mathfrak{a}_m$ für alle $n \geqq m$.*

Beweis: Auf Grund des Hilfssatzes ist $\mathfrak{a} := \bigcup_{n=0}^{\infty} \mathfrak{a}_n$ ein Ideal in R. Nach Voraussetzung gibt es *endlich viele* Elemente $a_1, a_2, \ldots, a_r \in \mathfrak{a}$, so daß gilt: $\mathfrak{a} = (a_1, a_2, \ldots, a_r)$. Jedes Element a_ϱ liegt in einem Ideal $\mathfrak{a}_{m_\varrho}$, $\varrho = 1, \ldots, r$. Wir setzen $m := \max(m_1, m_2, \ldots, m_r) \in \mathbb{N}$. Dann liegen die Elemente $a_1, a_2, \ldots, a_r$ in allen Idealen $\mathfrak{a}_n$ mit $n \geqq m$, denn wegen $m_\varrho \leqq m \leqq n$ gilt stets: $a_\varrho \in \mathfrak{a}_{m_\varrho} \subset \mathfrak{a}_m \subset \mathfrak{a}_n$. Wir sehen somit: $\mathfrak{a} = (a_1, a_2, \ldots, a_r) \subset \mathfrak{a}_n$ für alle $n \geqq m$. Da stets $\mathfrak{a}_n \subset \mathfrak{a}$ laut Definition des Ideals $\mathfrak{a}$, so folgt: $\mathfrak{a}_n = \mathfrak{a} = \mathfrak{a}_m$ für alle $n \geqq m$. □

Ringe, in denen jedes Ideal endlich erzeugbar ist, spielen in der Mathematik eine ganz wichtige Rolle, sie werden durch eine Definition ausgezeichnet: Ein Ring R heißt *noethersch*, wenn jedes Ideal $\mathfrak{a}$ in R endlich erzeugbar ist, d.h. wenn es zu jedem Ideal $\mathfrak{a}$ in R endlich viele Elemente $a_1, a_2, \ldots, a_n \in \mathfrak{a}$ gibt, so daß gilt: $\mathfrak{a} = Ra_1 + Ra_2 + \ldots + Ra_n$ (dabei hängt die Anzahl n vom Ideal $\mathfrak{a}$ ab).
Die Bezeichnung „noethersch" ist gewählt zu Ehren der deutschen Mathematikerin Emmy NOETHER (1882–1935, Göttingen und Bryn Mawr, Pa.), die die Bedeutung solcher Ringe für die höhere Zahlentheorie und Algebra erstmals klar sah und herausstellte. Emmy NOETHER wußte auch bereits, daß die Aussage des Satzes umkehrbar ist: *Ein Ring ist genau dann noethersch, wenn jede aufsteigende Idealkette stationär ist.*
Es folgt nun unmittelbar der für die allgemeine Teilbarkeitstheorie wichtige

Zerlegungssatz für noethersche Integritätsringe: *In einem noetherschen Integritätsring R ist jede Nichteinheit ungleich 0 ein Produkt von endlich vielen unzerlegbaren Elementen.*

Beweis: Auf Grund des Satzes sind in noetherschen Ringen aufsteigende Idealketten stets stationär. Integritätsringe dieser Art genügen der Teilerkettenbedingung. Daher folgt die Behauptung aus dem Teilerkettenkriterium. □

Die meisten der in der Mathematik vorkommenden Ringe sind nicht noethersch. Die einfachsten noetherschen Ringe sind die Hauptidealringe (jedes Ideal wird bereits von einem *einzigen* Element, also gewiß von endlich vielen Elementen, erzeugt). Aus Satz 2.2 und dem Zerlegungssatz für noethersche Integritätsringe ergibt sich nun unmittelbar:

Korollar: *Jeder nullteilerfreie Hauptidealring ist faktoriell.*

Wir sehen jetzt von unserem „höheren Standpunkt", daß die Überlegungen im Abschnitt 1.3, in deren Mittelpunkt die monotonen Normfunktionen standen, nicht notwendig sind, um die Resultate des Abschnittes 2.4 zu gewinnen, daß alle Polynomringe $K[X]$ über Körpern K sowie die vier quadratischen Zahlbereiche $\mathbb{Z}[\sqrt{m}]$, $m = -2, -1, 2, 3$, faktoriell sind. Diese Ringe sind faktoriell, weil sie Hauptidealringe sind! Indessen muß einschränkend hier sofort hinzugefügt werden, daß wir die „Hauptidealringeigenschaft" immer nur mit Hilfe einer euklidischen Abbildung verifiziert haben, und dazu mußten wir in unseren Beispielen dann doch wieder die Normfunktionen verwenden. Im nachstehenden Diagramm sind die Typen von Integritätsringen, die wir in diesem Kapitel zahlentheoretisch betrachtet haben, schematisch zusammengestellt; Pfeile bedeuten logische Implikationen.

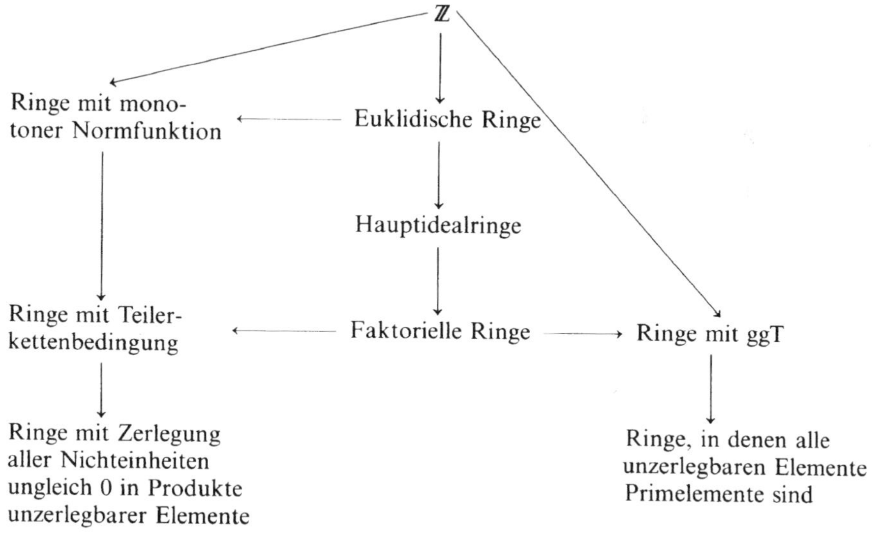

Aufgaben:

1) Zeigen Sie, daß in $\mathbb{Z}[\sqrt{10}]$ die Elemente $\alpha := 10$ und $\beta := 2\sqrt{10}$ keinen größten gemeinsamen Teiler besitzen.
2) Geben Sie einen größten gemeinsamen Teiler der Polynome $f := X^3 + 5X^2 + 8X + 4$ und $g := X^5 + X^4 + 3X^2 - X + 2$ aus $\mathbb{Q}[X]$ an.
3) Beweisen Sie: Ist R ein Ring derart, daß jede aufsteigende Kette von Idealen in R stationär ist, so ist R noethersch.
4) Sei R ein Integritätsring mit ggT. Zeigen Sie, daß zu zwei Elementen $a, b \in R$ stets ein kleinstes gemeinsames Vielfaches existiert.

Kapitel 4
Der g-adische Algorithmus

Wir beginnen – etwas spät vielleicht – in Paragraph 1 mit den einfachsten Dingen aus der Theorie des „bürgerlichen Rechnens"; wir befinden uns wieder in der Menge $\mathbb{N}$ und benötigen von der gesamten bisher kennengelernten Theorie eigentlich nur den Satz von der Division mit Rest. Bereits im Elementarunterricht werden Schüler nicht nur mit der Dezimaldarstellung, sondern auch mit allgemeinen g-adischen Darstellungen natürlicher Zahlen vertraut gemacht, wobei insbesondere die 2-adische Darstellung Aufmerksamkeit genießt wegen ihrer fundamentalen Bedeutung für die elektronische Datenverarbeitung. Cantorschen Darstellungen natürlicher Zahlen hingegen fehlt jede vermeintliche Lebensnähe, und dennoch weisen erst diese Darstellungen in letzter Klarheit auf das Wesentliche hin, das alle Zifferndarstellungen verbindet.

Beliebige nichtnegative rationale Zahlen lassen sich ebenfalls g-adisch darstellen unter Zuhilfenahme des g-adischen Algorithmus, den wir in den Paragraphen 2 und 3 als eine Verfeinerung der Division mit Rest behandeln. Einen breiten Raum in der Theorie der g-adischen Bruchentwicklungen nehmen naturgemäß die Periodizitätskriterien ein. Sie führen zu nichttrivialen Einsichten, die in dem Satz von FERMAT-EULER und dem kleinen Fermatschen Satz gipfeln, Resultaten, die in den folgenden Kapiteln in anderem Zusammenhang noch intensiv studiert werden.

In einem Anhang betrachten wir den g-adischen Algorithmus unter einem etwas anderen Gesichtspunkt als Approximationsalgorithmus. Unter Einsatz elementarer Resultate über konvergente reelle Reihen lassen sich dann auch beliebige positive reelle Zahlen in den Kalkül der g-adischen Darstellung einordnen.

§ 1 g-adische und Cantorsche Darstellung natürlicher Zahlen

Wir rechnen im täglichen Leben im Dezimalsystem, d.h. wir zeichnen die Grundzahl 10 aus und stellen jede natürliche Zahl $a \geqq 1$ unter Benutzung der zehn Ziffern 0, 1, 2, 3, 4, 5, 6, 7, 8, 9 als Summe von Potenzen der Zahl 10 dar, z.B. $a = 3452 = 3 \cdot 10^3 + 4 \cdot 10^2 + 5 \cdot 10^1 + 2 \cdot 10^0$. Die Wahl des Zehnersystems ist in der Anatomie des menschlichen Körpers, nicht in der Mathematik begründet. Prinzipiell kann man die Zerlegung der natürlichen Zahlen nach Potenzen *irgendeiner* vorgegebenen natürlichen Zahl $g \geqq 2$ betrachten. Man gewinnt alsdann allgemeine Aussagen, die im Spezialfall $g := 10$ des Dezimalsystems hinlänglich bekannt sind.

0. Historisches Präludium. Die Entwicklung der Zahlzeichen und der Zahlschrift ist ein wesentlicher Teil der Kulturgeschichte. Schon bei einer noch recht primitiven Staats- und Gesellschaftsordnung ist das Rechnen mit „größeren“ Zahlen wenigstens an einzelnen zentralen Stellen erforderlich. Sobald Handel und Wirtschaft anwachsen, wird die Beherrschung des elementaren Rechnens mit großen Zahlen an vielen Stellen im Staate notwendig. Außerdem führen z. B. astronomische Beobachtungen zum Verlangen, Rechnungen größeren Ausmaßes durchzuführen. Die Möglichkeit, solche Rechnungen vorzunehmen, hängt maßgeblich von der Entwicklung der Zahlschrift ab.
Die ersten Zahlzeichen entstanden aus der Bündelung von Marken, die beim Abzählen gesetzt werden. So notiert man heute noch bei Abstimmungen vielfach

drei $\leftrightarrow$ |||, fünf $\leftrightarrow$ 𝍸.

Es ist nicht ausgeschlossen, daß die römische Ziffer V als Abkürzung für 𝍸 entstanden ist. Die römische Ziffer X für „zehn“ ist ebenfalls ein typisches Bündelungszeichen. Auch die anderen gebräuchlichen römischen Ziffern V, L, C, D, M sowie die älteren römischen Zeichen (I) für „tausend“ und ((I)) für „zehntausend“ sind aus solchen Bündelungszeichen entstanden.
Ein systematisches einfaches Rechnen ist mit der römischen Zahlschrift nicht möglich. Man denke nur an die Schreibweise von Jahreszahlen, z. B. MDCCCLXXXVIII für 1888. So kam schon bei den Römern das Rechenbrett auf, an dem mit Rechenmünzen gerechnet wurde. In vielerlei Gestalt ist das Rechenbrett noch bis weit in die Neuzeit hinein benutzt worden. In Deutschland wie in Rom *Abakus* genannt, war es bis in die Mitte des 16. Jahrhunderts hinein bei den vereidigten Rechenmeistern in den Städten allgemein in Gebrauch, erst um 1700 verschwindet in Deutschland das Rechenbrett vollständig.
Das Rechenbrett ist durch eine Reihe äquidistanter, horizontaler Linien aufgeteilt, welche die verschiedenen Zehnerpotenzen charakterisieren. Eine Münze in der Mitte zwischen 2 Linien vertritt 5 Münzen der vorangehenden Linie; so wird die Zahl 2763 wie folgt gegeben:

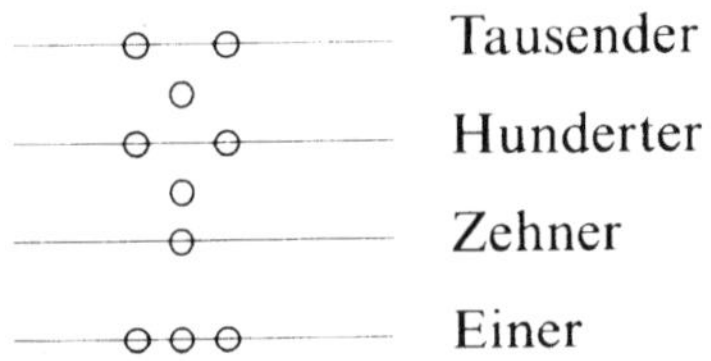

Bei dieser Darstellung der Zahlen sind offenbar Addition und Subtraktion recht bequem durchführbar. Kompliziert wird dagegen schon das Multiplizieren. Es gibt naheliegende Verfahren zur Verzehnfachung, Verfünffachung und Halbierung; mit solchen Hilfsoperationen wird eine Multiplikation kunstvoll auf eine Serie von Additionen zurückgeführt.
Unser heutiges algorithmisches Rechnen kam in einzelnen Schriften im 12. Jahrhundert von den Arabern nach Europa. Um 820 nach Christus hatte ein Perser,

ALCHWARIZMI MUHAMMED (Astronom in Bagdad), nach indischer Überlieferung ein Rechenbuch geschrieben, von dem sich alle diese Schriften ableiten. Dieser Muhammed leiht der neuen Rechenkunst auch seinen Namen. So beginnt eine der überlieferten Schriften (Codex des Klosters Salem): „Incipit liber algorizmi …".
Durch das neue Stellenrechnen wird der Rechenvorgang „algorithmiert"; er wird auf einfach überschaubare Einzelschritte von Rechnungen mit Zahlen unter 10 reduziert. Dazu war ein Zeichen für die Null notwendig. „Es muß etwas da sein, das anzeigt, daß nichts da ist!"
Um 1500 erscheinen in Deutschland die ersten Rechenbücher, die das algorithmische Verfahren auseinandersetzen. Adam RIESE gab 1518, 1525 und 1550 in drei Auflagen die bekannten Rechenbücher heraus, in denen neben dem Rechnen auf dem Rechenbrett unser heutiges (Stellen-)Rechnen erklärt wird. Die 2. Auflage hat auf der Vorderseite das Bild einer Rechenstube, in der sich ein Rechenmeister mit einem Verfechter des neuen Rechnens streitet.
Die erste bekannte Kultur, in der das Stellenrechnen mit Nullsymbol weit entwickelt war, soll die Kultur der Mayas gewesen sein. Man benutzte (vor gut zweitausend Jahren) ein System, das auf der Grundzahl 20 basierte. Die Babylonier verwendeten bereits im zweiten Jahrtausend vor Christus das Sexagesimalsystem (zur Grundzahl 60), allerdings ohne ein Zeichen für die Null zu kennen. Eine wirkliche Null und damit ein echtes Stellenrechnen findet sich in Eurasien erst im indischen Rechnen im 6. Jahrhundert nach Christi Geburt.
Die Babylonier kannten auch das Duodezimalsystem (mit der Grundzahl 12). Vom früheren Rechnen in diesem System zeugen heute noch die Einteilung der Uhr in 12 Stunden und die Einteilung des Jahres in 12 Monate sowie die Worte „Dutzend" und „Gros" (für 12 Dutzend).
Bezüglich weiterer Details der Entwicklung des Ziffernsystems verweisen wir den Leser auf das zweibändige Werk von K. MENNINGER [9].

1. Existenz und Eindeutigkeit der g-adischen Darstellung. Mit g wird in diesem Abschnitt stets eine fest gewählte natürliche Zahl, die größer als 1 ist, bezeichnet. Wir nennen g *Grundzahl.*
Ist dann $a \neq 0$ eine natürliche Zahl, so heißt eine Gleichung $a = q_n g^n + q_{n-1} g^{n-1} + \ldots + q_1 g + q_0$ eine *g-adische Darstellung von a*, wenn folgendes gilt:

1) $n \in \mathbb{N},\ q_0, q_1, \ldots, q_n \in \mathbb{N}$;
2) $q_n \neq 0,\ 0 \leq q_\nu \leq g-1$ *für alle* $\nu = 0, 1, \ldots, n$.

Beispiele: $a = 4 \cdot 5^3 + 2 \cdot 5^2 + 3$ ist eine 5-adische Darstellung; im Zehnersystem ist dies die Zahl $553 = 5 \cdot 10^2 + 5 \cdot 10 + 3$. Die Darstellung $a = 6 \cdot 8^2 + 4 \cdot 8 + 6$ ist 8-adisch; im Zehnersystem handelt es sich um die Zahl $422 = 4 \cdot 10^2 + 2 \cdot 10 + 2$.

Als Anwendung des Satzes von der Division mit Rest 1.0.4 zeigen wir die

Existenz einer g-adischen Darstellung: *Jede natürliche Zahl $a \neq 0$ besitzt eine g-adische Darstellung.*

Beweis: Wir führen den Beweis durch vollständige Induktion; der Induktionsbeginn $a := 1$ ist trivial: Es gilt $1 = q_n g^n + \ldots + q_1 g + q_0$ mit $n := 0$, $q_0 := 1$, die Bedingung $q_0 < g$ ist erfüllt wegen $g \geqq 2$. Sei nun $a > 1$, und sei die Behauptung für alle natürlichen Zahlen b mit $1 \leqq b < a$ bereits bewiesen (erweiterte Induktionsvoraussetzung). Nach dem Satz von der Division mit Rest 1.0.4 gilt eine Gleichung $a = qg + r$ mit $q, r \in \mathbb{N}$, $0 \leqq r < g$, $q \geqq 0$. Wir setzen $q_0 := r$. Falls $q = 0$, so ist $a = q_0$ die gesuchte g-adische Darstellung von a. Falls $q > 0$, so gilt jedenfalls $q < a$, denn im Fall $q \geqq a$ ergäbe sich wegen $g \geqq 2$ der Widerspruch: $a = qg + r \geqq ag > a$. Da $1 \leqq q < a$, so besitzt q nach Induktionsvoraussetzung eine g-adische Darstellung, etwa $q = t_m g^m + \ldots + t_1 g + t_0$, wobei also gilt $m \in \mathbb{N}$, $t_0, \ldots, t_m \in \mathbb{N}$, $t_m \neq 0$, $0 \leqq t_\mu < g$ für alle $\mu = 0, 1, \ldots, m$. Für $a = qg + r$ folgt nun: $a = t_m g^{m+1} + t_{m-1} g^m + \ldots + t_1 g^2 + t_0 g + r$. Dies ist eine g-adische Darstellung von a mit $n := m + 1$, $q_0 := r$, $q_1 := t_0, \ldots, q_\nu := t_{\nu-1}, \ldots, q_n := t_{n-1} = t_m$. □

Bemerkung: Der Beweis dieses Existenzsatzes liefert sogleich auch ein bequemes Verfahren, zu vorgegebener Zahl $a \neq 0$ eine g-adische Darstellung zu finden. Man wendet sukzessive die Division mit Rest an:

$$\begin{aligned} a &= a_1 g + q_0, & 0 &\leqq q_0 < g, \\ a_1 &= a_2 g + q_1, & 0 &\leqq q_1 < g, \\ &\vdots & &\vdots \\ a_j &= a_{j+1} g + q_j, & 0 &\leqq q_j < g. \end{aligned}$$

Die Reste $q_0, q_1, q_2, \ldots$ sind dann die gesuchten Zahlen, denn durch sukzessives Einsetzen entsteht:

$$\begin{aligned} a &= (a_2 g + q_1) g + q_0 = a_2 g^2 + q_1 g + q_0 = (a_3 g + q_2) g^2 + q_1 g + q_0 \\ &= a_3 g^3 + q_2 g^2 + q_1 g + q_0 = \ldots = a_{j+1} g^{j+1} + q_j g^j + \ldots + q_1 g + q_0. \end{aligned}$$

Da $a > a_1 > a_2 > \ldots$, so bricht dieses Verfahren ab, d.h. es führt schließlich zu einer Gleichung mit $a_k < g$. Die hier beschriebene Methode wird übrigens häufig beim Zählen von Kleingeld benutzt; wir illustrieren das Verfahren an einem

Beispiel: Es soll eine 9-adische Darstellung der (im Dezimalsystem geschriebenen) Zahl 1537 ermittelt werden. Man schreibt:

$$\begin{aligned} 1537 &= 170 \cdot 9 + 7, \\ 170 &= 18 \cdot 9 + 8, \\ 18 &= 2 \cdot 9, \end{aligned}$$

woraus folgt:

$$1537 = (18 \cdot 9 + 8) \cdot 9 + 7 = 18 \cdot 9^2 + 8 \cdot 9 + 7 = 2 \cdot 9^3 + 8 \cdot 9 + 7.$$

Wir zeigen nun, daß es nicht zwei verschiedene Darstellungen derselben Zahl im g-adischen System gibt.

Eindeutigkeit der g-adischen Darstellung: *Es sei $a \in \mathbb{N}^{\times}$, und es seien*

$$\begin{aligned} a &= q_n g^n + q_{n-1} g^{n-1} + \ldots + q_1 g + q_0 \\ &= q'_m g^m + q'_{m-1} g^{m-1} + \ldots + q'_1 g + q'_0 \end{aligned}$$

zwei g-adische Darstellungen von a. Dann gilt:

1) $m = n = \min\{l \in \mathbb{N}: g^{l+1} > a\}$;
2) $q'_0 = q_0, q'_1 = q_1, \ldots, q'_n = q_n$.

Beweis: Wegen $q_n \geqq 1$, $q'_m \geqq 1$ folgt, da alle q_ν und alle q'_μ nicht negativ sind: $a \geqq g^n$, $a \geqq g^m$. Auf Grund von $q_\nu \leqq g - 1$ für alle $\nu = 0, 1, \ldots, n$ folgt weiter (Summenformel der endlichen geometrischen Reihe 1.0.1):

$$\begin{aligned} a &= q_n g^n + q_{n-1} g^{n-1} + \ldots + q_1 g + q_0 \\ &\leqq (g-1)\, g^n + (g-1)\, g^{n-1} + \ldots + (g-1)\, g + (g-1) \\ &= (g-1)(1 + g + g^2 + \ldots + g^n) = (g-1)\frac{g^{n+1}-1}{g-1} = g^{n+1} - 1 < g^{n+1}. \end{aligned}$$

Ebenso findet man, da auch $q'_\mu \leqq g - 1$ für alle $\mu = 0, 1, \ldots, m$, die Ungleichung $a < g^{m+1}$. Damit hat sich ergeben: $g^n \leqq a < g^{n+1}$ und $g^m \leqq a < g^{m+1}$, so daß $m = n = \min\{l \in \mathbb{N}: g^{l+1} > a\}$, also die Behauptung 1) verifiziert ist. Um die Behauptung 2) zu beweisen, sei k, $0 \leqq k \leqq n$, der größte Index, für den $q'_\nu = q_\nu$ noch fraglich ist (es gelte also $q'_{k+1} = q_{k+1}, \ldots, q'_n = q_n$, dabei ist diese Prämisse im Fall $k = n$ leer). Durch Subtraktion der beiden Gleichungen

$$\begin{aligned} a &= q_n g^n + \ldots + q_{k+1} g^{k+1} + q_k g^k + q_{k-1} g^{k-1} + \ldots + q_1 g + q_0 \\ a &= q'_n g^n + \ldots + q'_{k+1} g^{k+1} + q'_k g^k + q'_{k-1} g^{k-1} + \ldots + q'_1 g + q'_0 \end{aligned}$$

voneinander erhält man:

$$(q_k - q'_k)\, g^k = (q'_{k-1} - q_{k-1})\, g^{k-1} + \ldots + (q'_1 - q_1)\, g + (q'_0 - q_0).$$

Wegen $0 \leqq q_\nu \leqq g - 1$ und $0 \leqq q'_\nu \leqq g - 1$ für alle $\nu = 0, 1, \ldots, n$ gilt stets $-(g-1) \leqq q'_\nu - q_\nu \leqq g - 1$, d.h. $|q'_\nu - q_\nu| \leqq g - 1$ für alle $\nu = 0, 1, \ldots, n$. Übergang zu Absolutbeträgen (Dreiecksungleichung) führt nun unter Verwendung der gerade notierten Abschätzung zur Ungleichung

$$\begin{aligned} |q_k - q'_k|\, g^k &\leqq |q'_{k-1} - q_{k-1}|\, g^{k-1} + \ldots + |q'_1 - q_1|\, g + |q'_0 - q_0| \\ &\leqq (g-1)(g^{k-1} + \ldots + g + 1) = g^k - 1. \end{aligned}$$

Hieraus folgt: $|q_k - q'_k| \leqq 1 - \frac{1}{g^k} < 1$. Da $q_k - q'_k \in \mathbb{Z}$, so resultiert: $q_k = q'_k$. Damit ist auch die Behauptung 2) bestätigt.

2. Rechnen im g-adischen System. Wie im Abschnitt 1 bezeichnet $g \geqq 2$ eine fest gewählte Grundzahl. Ist $a = q_n g^n + q_{n-1} g^{n-1} + \ldots + q_1 g + q_0$ die g-adische Darstellung von a, so kann man – in Analogie zu der im Dezimalsystem völlig vertrauten Schreibweise – diese Gleichung abkürzend wie folgt schreiben: $a = (q_n q_{n-1} \ldots q_1 q_0)_g$. Wir nennen diese Gleichung die *g-adische Zifferndarstellung* und die Elemente $q_0, q_1, \ldots, q_n$ die *(g-adischen) Ziffern von a*.

Beispiel: Die Zahl $a = (5926)_{10}$ hat im Achtersystem die Zifferndarstellung $a = (13446)_8$.

Sobald die Grundzahl g größer als zehn ist, ergibt sich eine technische Schwierigkeit in der Schreibweise. So hat die Zahl elf im Zwölfersystem die Darstellung $0 \cdot 12^1 + 11$ und in abgekürzter Schreibweise also $(11)_{12}$. Diese Abkürzung ist jedoch mißverständlich, weil man sie auch auffassen kann als 12-adische Schreibweise für $1 \cdot 12^1 + 1 = (13)_{10}$. Die Ziffernschreibweise wird nur dann unmißverständlich, wenn man verabredet, daß Ziffern stets *eingliedrig* sein sollen. Nur dann kann man feststellen, daß in der Zifferndarstellung jedes Symbol für genau eine Ziffer q_ν steht. Man benötigt also bei der g-adischen Ziffernschreibweise für jede der g Zahlen $0, 1, 2, \ldots, g-1$ ein eingliedriges Symbol. Im Zwölfersystem muß man dementsprechend neben $0, 1, 2, \ldots, 9$ zwei weitere Ziffern einführen. Wir verabreden etwa „x für zehn" und „y für elf". Dann gilt z. B.

$$(5)_{12} + (7)_{12} = (10)_{12}, \qquad (3)_{12} + (8)_{12} = (y)_{12},$$
$$(x)_{12} + (y)_{12} = (19)_{12}, \qquad (5)_{12} \cdot (7)_{12} = (2y)_{12},$$
$$(x)_{12} \cdot (x)_{12} = (84)_{12}, \qquad (1x)_{12} : (2)_{12} = (y)_{12}.$$

Man überlegt sich mühelos auf Grund der expliziten g-adischen Darstellungen $a = q_n g^n + \ldots + q_0$, $a' = q'_m g^m + \ldots + q'_0$ zweier Zahlen a, a', daß sich die elementaren Rechenoperationen $a + a'$, $a - a'$, $a \cdot a'$, $a : a'$ in jedem g-adischen System ebenso durchführen lassen wie im Zehnersystem. So beherrscht man die Multiplikation, wenn man das „kleine Einmaleins" des g-adischen Systems, d. h. die Multiplikation $a \cdot a'$ aller Zahlen mit $1 \leqq a, a' < g$ lernt.

Beispiele:

$$\begin{array}{r} (646)_8 \\ +\,(537)_8 \\ \hline (1405)_8 \end{array} \qquad \begin{array}{r} (646)_{12} \\ +\,(537)_{12} \\ \hline (y81)_{12} \end{array} \qquad \begin{array}{r} (646)_8 \\ -\,(537)_8 \\ \hline (107)_8 \end{array} \qquad \begin{array}{r} (646)_{12} \\ -\,(537)_{12} \\ \hline (10y)_{12} \end{array}$$

$$\begin{array}{r}
(15)_{10} \cdot (27)_{10} \\
\hline
(300)_{10} \\
(105)_{10} \\
\hline
(405)_{10}
\end{array}
\qquad
\begin{array}{r}
(15)_{8} \cdot (27)_{8} \\
\hline
(320)_{8} \\
(133)_{8} \\
\hline
(453)_{8}
\end{array}
\qquad
\begin{array}{r}
(15)_{12} \cdot (27)_{12} \\
\hline
(2x0)_{12} \\
(9y)_{12} \\
\hline
(37y)_{12}
\end{array}$$

$$\begin{array}{l}
(4752)_8 : (144)_8 = (31 \text{ Rest } 46)_8 \\
(4540)_8 \\
\hline
(212)_8 \\
(144)_8 \\
\hline
\quad (46)_8
\end{array}
\qquad
\begin{array}{l}
(4752)_{12} : (144)_{12} = (34 \text{ Rest } yx)_{12} \\
(4100)_{12} \\
\hline
(652)_{12} \\
(554)_{12} \\
\hline
\quad (yx)_{12}
\end{array}$$

Als besonders wichtig hat sich in der Computertechnik das Zweiersystem (*Dualsystem*) mit der Grundzahl $g := 2$ erwiesen. Im Dualsystem kann man jede natürliche Zahl allein mit Hilfe der beiden Ziffern 0 und 1 darstellen. So gilt etwa $(94)_{10} = 1 \cdot 2^6 + 0 \cdot 2^5 + 1 \cdot 2^4 + 1 \cdot 2^3 + 1 \cdot 2^2 + 1 \cdot 2^1 + 0 \cdot 2^0 = (1\,011\,110)_2$. Das kleine Einmaleins des Dualsystems besteht aus der *einen* Gleichung $1 \cdot 1 = 1$; diesem Vorteil des Dualsystems steht als Nachteil gegenüber, daß kleine Zahlen schon sehr viele Ziffern haben.

3*. Cantorsche Darstellung natürlicher Zahlen. Georg CANTOR (1845–1918, Halle a. d. Saale, der Vater der Mengenlehre) hat bemerkt, daß die Sätze von der Existenz und der Eindeutigkeit der g-adischen Entwicklung wesentlich verallgemeinert werden können. Statt einer einzigen Grundzahl $g \geqq 2$ wird eine Folge $g_0, g_1, g_2, \ldots, g_\nu, \ldots$ von natürlichen Zahlen g_ν vorgegeben. Wir schreiben abkürzend $(g_\nu)_{\nu \geqq 0}$ für diese Folge und setzen ein für allemal voraus: $g_0 = 1$, $g_\nu \geqq 2$ für alle $\nu \geqq 1$. Wir nennen jede solche Folge eine (*Cantorsche*) *Grundfolge.*
Ist dann $a \neq 0$ eine natürliche Zahl und $(g_\nu)_{\nu \geqq 0}$ eine Grundfolge, so heißt eine Gleichung

$$\begin{aligned} a = {} & c_n(g_n g_{n-1} \cdot \ldots \cdot g_2 g_1) + c_{n-1}(g_{n-1} \cdot \ldots \cdot g_2 g_1) + \ldots + c_2(g_2 g_1) \\ & + c_1 g_1 + c_0 \end{aligned}$$

eine *Cantorsche Darstellung von a zur Grundfolge* $(g_\nu)_{\nu \geqq 0}$, wenn folgendes gilt:

1) $n \in \mathbb{N}$, $c_0, c_1, \ldots, c_n \in \mathbb{N}$;
2) $c_n \neq 0$, $0 \leqq c_\nu \leqq g_{\nu+1} - 1$ für alle $\nu = 0, 1, \ldots, n$.

Wir bemerken sofort: *Für jede natürliche Zahl* $g \geqq 2$ *ist die Folge* $(g_\nu)_{\nu \geqq 0}$ *mit* $g_0 := 1$, $g_\nu := g$ *für alle* $\nu \geqq 1$, *eine Cantorsche Grundfolge. Cantorsche Darstellungen zu dieser Grundfolge sind gerade die g-adischen Darstellungen.*

Wir formulieren nun die Cantorsche Verallgemeinerung der Sätze von der Existenz und Eindeutigkeit g-adischer Darstellungen:

Existenz und Eindeutigkeit der Cantorschen Darstellung: *Es sei* $(g_\nu)_{\nu \geqq 0}$ *irgendeine Cantorsche Grundfolge. Dann besitzt jede natürliche Zahl* $a \neq 0$ *genau eine Cantorsche Darstellung*

$$a = \sum_{\nu=0}^{n} c_\nu (g_\nu g_{\nu-1} \cdot \ldots \cdot g_1 g_0).$$

Vorbemerkung zum Beweis: Wir werden die Beweise der Sätze aus Abschnitt 1 simulieren, dadurch gewinnen wir zugleich ein besseres Verständnis für jene Beweise. Wir halten unsere Ausführungen knapp; der Leser vergleiche jeweils die hier durchgeführten Schlüsse mit den früheren Argumenten. Es ist für den Eindeutigkeitsbeweis bequem, folgende abkürzende Schreibweise zu benutzen:

$$h_0 := 1,\ h_1 := g_1,\ h_2 := g_2 g_1, \ldots, h_\nu := g_\nu g_{\nu-1} \cdot \ldots \cdot g_2 g_1, \ldots.$$

Dann gilt offensichtlich $0 < h_0 < h_1 < h_2 < \ldots < h_\nu < h_{\nu+1} < \ldots$ (strenge Monotonie), $h_{\nu+1} = g_{\nu+1} h_\nu$ für alle $\nu \geqq 0$, $\sum_{\nu=0}^{n} (g_{\nu+1} - 1)\, h_\nu = h_{n+1} - 1$ für alle $n \in \mathbb{N}$. Nur zur letzten Gleichung ist etwas zu sagen, sie ergibt sich wie folgt:

$$\begin{aligned}\sum_{\nu=0}^{n} (g_{\nu+1} - 1)\, h_\nu &= \sum_{\nu=0}^{n} (g_{\nu+1} h_\nu - h_\nu) = \sum_{\nu=0}^{n} (h_{\nu+1} - h_\nu)\\ &= (h_1 - h_0) + (h_2 - h_1) + \ldots + (h_n - h_{n-1}) + (h_{n+1} - h_n)\\ &= h_{n+1} - h_0 = h_{n+1} - 1.\end{aligned}$$

Beweis des Satzes: *Existenz einer Cantorschen Darstellung*: Wir führen Induktion nach a; der Fall $a := 1$ ist trivial: Mit $n := 0$, $c_0 := 1$ gilt $1 = c_0 g_0$, wobei $c_0 \leqq g_1 - 1$ wegen $g_\nu \geqq 2$. Sei $a > 1$, und sei die Behauptung für alle $b \in \mathbb{N}$ mit $1 \leqq b < a$ und alle Cantorschen Grundfolgen schon bewiesen. Division mit Rest liefert $a = qg_1 + r$ mit $q, r \in \mathbb{N}$, $0 \leqq r \leqq g_1 - 1$. Sei $c_0 := r$. Im Falle $q = 0$ ist $a = c_0 g_0$ die gesuchte Cantorsche Darstellung von a. Falls $q > 0$, so gilt $q < a$, denn aus $q \geqq a$ folgt wegen $g_1 \geqq 2$ der Widerspruch $a = qg_1 + r \geqq ag_1 > a$. Da $1 \leqq q < a$, so besitzt q nach Induktionsannahme eine Cantorsche Darstellung zur Grundfolge $(\tilde{g}_\nu)_{\nu \geqq 0}$, wobei $\tilde{g}_0 := 1$, $\tilde{g}_\nu := g_{\nu+1}$ für $\nu \geqq 1$ (dieser Übergang zu einer neuen Grundfolge ist ein Witz des Beweises, der im Beweis des Existenzsatzes 1 unsichtbar blieb: g_1 wird ausgelassen). Sei etwa $q = \sum_{\mu=0}^{m} t_\mu (\tilde{g}_\mu \tilde{g}_{\mu-1} \cdot \ldots \cdot \tilde{g}_1 \tilde{g}_0)$, wobei also gilt $m \in \mathbb{N}$, $t_0, \ldots, t_m \in \mathbb{N}$, $t_m \neq 0$, $0 \leqq t_\mu \leqq \tilde{g}_{\mu+1} - 1$ für alle $\mu = 0, 1, \ldots, m$. Für $a = qg_1 + r$ folgt nun, wenn man $\tilde{g}_\mu = g_{\mu+1}$ für $\mu \geqq 1$ beachtet:

$$a = \sum_{\mu=0}^{m} t_\mu (g_{\mu+1} g_\mu \cdot \ldots \cdot g_2 g_1 g_0) + c_0.$$

Setzt man $n := m + 1$, $c_1 := t_0, \ldots, c_\mu := t_{\mu-1}, \ldots, c_n := t_{n-1} = t_m$, so folgt

$$(*) \quad a = \sum_{\nu=0}^{n} c_\nu (g_\nu g_{\nu-1} \cdot \ldots \cdot g_2 g_1 g_0).$$

Da $c_n \neq 0$, $0 \leqq c_0 \leqq g_1 - 1$, und weiter für alle $\nu \geqq 1$ gilt: $0 \leqq c_\nu = t_{\nu-1} \leqq \tilde{g}_\nu - 1 = g_{\nu+1} - 1$, so ist $(*)$ eine Cantorsche Darstellung von a zur Grundfolge $(g_\nu)_{\nu \geqq 0}$.

Eindeutigkeit der Cantorschen Darstellung: Wir benutzen jetzt die oben eingeführte Schreibweise $h_\nu = g_\nu \cdot \ldots \cdot g_1$. Es seien zwei Cantorsche Darstellungen einer natürlichen Zahl a gegeben, etwa

$$a = \sum_{\nu=0}^{n} c_\nu h_\nu = \sum_{\mu=0}^{m} c'_\mu h_\mu.$$

Wegen $c_n \geqq 1$, $c'_m \geqq 1$ folgt, da alle c_ν und alle c'_μ nicht negativ sind: $h_n \leqq a$, $h_m \leqq a$. Wegen $c_\nu \leqq g_{\nu+1} - 1$ für alle $\nu = 0, 1, \ldots, n$ hat man andererseits folgende Abschätzung von a nach oben (beachte die Vorbemerkung zum Beweis):

$$a = \sum_{\nu=0}^{n} c_\nu h_\nu \leqq \sum_{\nu=0}^{n} (g_{\nu+1} - 1)\, h_\nu = h_{n+1} - 1 < h_{n+1}.$$

Ebenso findet man $a < h_{m+1}$, so daß wir insgesamt sehen: $h_n \leqq a < h_{n+1}$ und $h_m \leqq a < h_{m+1}$. Da $0 < h_0 < h_1 < \ldots < h_\nu < h_{\nu+1} < \ldots$, so gibt es nur einen Index s mit $h_s \leqq a < h_{s+1}$, nämlich $s := \min\{l \in \mathbb{N}: h_{l+1} > a\}$. Somit gilt $m = n = \min\{l \in \mathbb{N}: h_{l+1} > a\}$. Es sei nun k, $0 \leqq k \leqq n$, der größte Index, für den $c'_\nu = c_\nu$ noch nicht feststeht. Aus $c'_\nu = c_\nu$ für alle $\nu > k$ und $\sum_{\nu=0}^{n} c_\nu h_\nu = \sum_{\nu=0}^{n} c'_\nu h_\nu$ folgt dann $(c_k - c'_k)\, h_k = \sum_{\nu=0}^{k-1} (c'_\nu - c_\nu)\, h_\nu$. Wegen $0 \leqq c_\nu \leqq g_{\nu+1} - 1$ und $0 \leqq c'_\nu \leqq g_{\nu+1} - 1$ für alle ν gilt stets $|c'_\nu - c_\nu| \leqq g_{\nu+1} - 1$; daher ergibt sich

$$|c_k - c'_k|\, h_k \leqq \sum_{\nu=0}^{k-1} |c'_\nu - c_\nu|\, h_\nu \leqq \sum_{\nu=0}^{k-1} (g_{\nu+1} - 1)\, h_\nu = h_k - 1 < h_k.$$

Hieraus folgt $|c_k - c'_k| < 1$, also $c_k = c'_k$ wegen $c_k - c'_k \in \mathbb{Z}$. Damit ist die Eindeutigkeit der Cantorschen Darstellung bewiesen. □

Es ist konsequent, die durch a eindeutig bestimmten Zahlen $c_\nu \in \mathbb{N}$ in der Gleichung

$$a = \sum_{\nu=0}^{n} c_\nu (g_\nu g_{\nu-1} \cdot \ldots \cdot g_1 g_0),$$

die den Nebenbedingungen $c_n \neq 0$ und $0 \leqq c_\nu < g_{\nu+1}$ für $\nu = 0, 1, \ldots, n$ unterliegen, wieder die *Ziffern von a in der Cantorschen Darstellung von a zur Grundfolge $(g_\nu)_{\nu \geqq 0}$* zu nennen. Hier ist jedoch Vorsicht geboten! Da die Elemente g_ν der Grundfolge i.a. beliebig groß werden können (im Unterschied zur g-adischen Darstellung, wo stets $g_\nu = g$ für $\nu \geqq 1$ gilt), so benötigt man i.a. *unendlich viele* verschiedene Ziffern. Aus diesem Grunde sind Cantorsche Darstellungen für praktische Rechnungen ungeeignet.

Aufgaben:

1) Zeigen Sie, daß jede Zahl $a \in \mathbb{N}^\times$ genau eine Darstellung der Gestalt $a = \sum_{\mu=1}^{m} b_\mu \cdot \mu!$ besitzt, wobei $m \in \mathbb{N}^\times$, $b_1, \ldots, b_m \in \mathbb{N}$, $b_m \neq 0$ und $0 \leqq b_\mu \leqq \mu$ für $1 \leqq \mu \leqq m$.
2) Bestimmen Sie alle Grundzahlen $g \geqq 2$, so daß die Zahl $c := (11111)_g$ eine Quadratzahl ist.
3) Sei a eine dreistellige Zahl im 10-adischen System. Zeigen Sie: Kennt man von $a \cdot 143$ die letzten drei Ziffern, so ist a bekannt.
4) Sei $a \in \mathbb{N}^\times$ mit 2-adischer Darstellung $a = (q_n q_{n-1} \cdots q_1 q_0)_2$. Für $b \in \mathbb{Z}$ definiere man rekursiv ganze Zahlen $b_n, b_{n-1}, \ldots, b_0$ durch

   $b_n := b$,

   $$b_\nu := \begin{cases} b_{\nu+1}^2, & \text{falls } q_\nu = 0 \\ b_{\nu+1}^2 \cdot b, & \text{falls } q_\nu = 1 \end{cases} \qquad \text{für } \nu \in \{0, \ldots, n-1\}.$$

   Beweisen Sie, daß $b_0 = b^a$ gilt und daß man bei diesem Verfahren zur Berechnung von b^a höchstens $2n$ Multiplikationen durchzuführen hat, während bei der Berechnung gemäß der induktiven Definition $b^a := b(b^{a-1})$ genau $a - 1$, also mindestens $2^n - 1$ Multiplikationen notwendig sind.
5) Man definiere die Grundfolge $(g_\nu)_{\nu \geqq 1}$ durch $g_0 := 1$, $g_\nu := (\nu + 1)!$ für $\nu \geqq 1$. Geben Sie die Cantorsche Darstellung der Zahl $(10000000)_{10}$ zur Grundfolge $(g_\nu)_{\nu \geqq 0}$ an.

§ 2 g-adische Darstellung rationaler Zahlen

Wir erinnern zunächst an die Darstellung von Brüchen im Zehnersystem und führen drei signifikante Beispiele an:

1. Es gibt *endliche* Dezimalbrüche, etwa:

   $\frac{1}{2} = 0{,}5, \quad \frac{43}{40} = 1{,}075.$

2. Es gibt *rein-periodische* Dezimalbrüche, etwa:

   $\frac{4}{9} = 0{,}\overline{4} = 0{,}444\ldots, \quad \frac{15}{7} = 2{,}\overline{142857}.$

3. Es gibt *gemischt-periodische* Dezimalbrüche, etwa:

   $\frac{19}{6} = 3{,}1\overline{6} = 3{,}1666\ldots, \quad \frac{3}{14} = 0{,}2\overline{142857}.$

Es soll nun allgemein die Darstellung von nichtnegativen Brüchen $\gamma \in \mathbb{Q}$ in einem g-adischen System untersucht werden (*g-adische Bruchrechnung*). Dabei bezeichnet $g \in \mathbb{N}$ wieder eine fest vorgegebene Grundzahl $\geqq 2$. Vom Standpunkt der Bruchrechnung wäre es für Anwendungen bequem, ein g mit vielen Teilern zu wählen, etwa $g := 60 = 2^2 \cdot 3 \cdot 5$ mit $\tau(60) = 3 \cdot 2 \cdot 2 = 12$ und nicht $g := 10 = 2 \cdot 5$, wo nur $\tau(10) = 2 \cdot 2 = 4$. Ein Nachteil von Grundzahlen mit vielen Teilern ist allerdings, daß das kleine Einmaleins sehr umfangreich wird (die Babylonier benutzten Tabellen für das kleine Einmaleins).
Wir schreiben einen vorgelegten Bruch $\gamma \geqq 0$ durchweg in seiner *reduzierten Bruchdarstellung*, also (vgl. 2.1.6):

$$\gamma = \frac{a}{b} \text{ mit } a, b \in \mathbb{N}^{\times},\ \operatorname{ggT}(a, b) = 1, \text{ falls } \gamma > 0,\ \gamma = \frac{0}{1}, \text{ falls } \gamma = 0.$$

1. g-adischer Algorithmus. Um zur g-adischen Darstellung von $\gamma = \frac{a}{b} \geqq 0$ zu gelangen, bedienen wir uns des sogenannten g-adischen Algorithmus. Wir dividieren zunächst a durch b mit Rest:

$$a = c_0 b + r_0 \quad \text{mit} \quad c_0, r_0 \in \mathbb{N}, \quad 0 \leqq r_0 < b.$$

Wir dividieren nun gr_0 durch b mit Rest:

$$gr_0 = c_1 b + r_1 \quad \text{mit} \quad c_1, r_1 \in \mathbb{N}, \quad 0 \leqq r_1 < b \quad \text{und} \quad 0 \leqq c_1 < g;$$

dabei gilt $c_1 < g$ wegen $r_0 < b$.
Wir dividieren weiter gr_1 durch b mit Rest:

$$gr_1 = c_2 b + r_2 \quad \text{mit} \quad c_2, r_2 \in \mathbb{N}, \quad 0 \leqq r_2 < b \quad \text{und} \quad 0 \leqq c_2 < g.$$

In dieser Weise kann man unbegrenzt fortfahren. Man erhält folgende Gleichungskette:

$$(*)\qquad \begin{array}{rlllll} a &= c_0 b + r_0 & \text{mit} & c_0, r_0 \in \mathbb{N}, & 0 \leqq r_0 < b, & \\ g r_0 &= c_1 b + r_1 & \text{mit} & c_1, r_1 \in \mathbb{N}, & 0 \leqq r_1 < b, & 0 \leqq c_1 < g, \\ g r_1 &= c_2 b + r_2 & \text{mit} & c_2, r_2 \in \mathbb{N}, & 0 \leqq r_2 < b, & 0 \leqq c_2 < g, \\ &\vdots & & \vdots & \vdots & \vdots \\ g r_{n-1} &= c_n b + r_n & \text{mit} & c_n, r_n \in \mathbb{N}, & 0 \leqq r_n < b, & 0 \leqq c_n < g, \\ &\vdots & & \vdots & \vdots & \vdots \end{array}$$

Man nennt den durch $(*)$ beschriebenen Prozeß den *g-adischen Algorithmus zu γ*. Durch diesen Algorithmus werden jeder rationalen Zahl $\gamma \geqq 0$ zwei Folgen $(c_n)_{n \geqq 0}$ und $(r_n)_{n \geqq 0}$ natürlicher Zahlen c_n, r_n zugeordnet, wobei für alle c_n, $n \geqq 1$, nur die g Werte $0, 1, 2, \ldots, g-1$ und für alle r_n, $n \geqq 0$, nur die b Werte $0, 1, 2, \ldots, b-1$ in Frage kommen. Wir zeigen sofort:

Lemma: *Für die durch den g-adischen Algorithmus bestimmten Zahlen $c_n, r_n \in \mathbb{N}$ gilt:*

$$\gamma = c_0 + \frac{c_1}{g} + \frac{c_2}{g^2} + \ldots + \frac{c_n}{g^n} + \frac{r_n}{b} \cdot \frac{1}{g^n} \qquad \textit{für alle } n \geqq 0,$$

$$r_n = a g^n - b(c_0 g^n + c_1 g^{n-1} + \ldots + c_n) \qquad \textit{für alle } n \geqq 0.$$

Beweis: Die erste Gleichung folgt aus der zweiten durch Division durch $b g^n$ wegen $\gamma = \frac{a}{b}$. Die zweite Gleichung wird durch vollständige Induktion verifiziert. Der Induktionsbeginn $n = 0$ ist klar, da $a = c_0 b + r_0$. Sei $n > 0$, und sei die Gleichung $r_{n-1} = a g^{n-1} - b(c_0 g^{n-1} + \ldots + c_{n-1})$ bereits verifiziert. Da $r_n = g r_{n-1} - c_n b$ nach $(*)$, so folgt durch Einsetzen die gewünschte Gleichung

$$\begin{aligned} r_n &= g(a g^{n-1} - b(c_0 g^{n-1} + \ldots + c_{n-1})) - c_n b \\ &= a g^n - b(c_0 g^n + \ldots + c_{n-1} g + c_n). \end{aligned} \qquad \square$$

Sind in der obigen Situation $(c_n)_{n \geqq 0}$ und $(r_n)_{n \geqq 0}$ die nach dem g-adischen Algorithmus zu $\gamma = \frac{a}{b} \geqq 0$ gehörenden Folgen, so heißen die Zahlen c_n, $n \geqq 1$, die *g-adischen Ziffern* und die Zahlen r_n, $n \geqq 0$, die *g-adischen Reste von γ*. Wir schreiben (kurz und suggestiv): $\gamma = \frac{a}{b} \cong (c_0, c_1 c_2 \ldots c_n \ldots)_g$ und sprechen auch von der *g-adischen Darstellung* bzw. von der *g-adischen Entwicklung des Bruches γ*.

Die Kommasetzung hinter c_0 wird verständlich, wenn man beachtet, daß wegen $\gamma = c_0 + \frac{r_0}{b}$ mit $0 \leqq \frac{r_0}{b} < 1$ die Zahl c_0 die *größte in γ enthaltene ganze Zahl* ist: So schreibt man im Dezimalsystem seit eh und je: $\frac{5}{4} = 1{,}25$, $\frac{70}{3} = 23{,}\overline{3}$, usw.

Die Zahl $c_0 \in \mathbb{N}$ unterliegt nicht der Bedingung $c_0 < g$ (aus diesem Grund wurde sie oben auch nicht als g-adische Ziffer von γ bezeichnet). Es ist nur konsequent, im Falle $c_0 \geqq g$ diese Zahl wiederum durch ihre g-adische Zifferndarstellung $c_0 = (q_l q_{l-1} \dots q_0)_g$, $q_l \neq 0$, $0 \leqq q_\nu < g$, anzugeben. So gewinnt man für jeden Bruch $\gamma \geqq 0$ eine Darstellung $\gamma \cong (q_l q_{l-1} \dots q_0, c_1 c_2 \dots c_n \dots)_g$, wobei *alle* Ziffern q_ν, c_ν kleiner oder gleich $g-1$ sind (im Fall $\gamma < 1$ ist $l := 0$ und $q_0 := 0$ zu setzen). Es gilt stets:

$$\gamma = q_l g^l + q_{l-1} g^{l-1} + \dots + q_0 + \frac{c_1}{g} + \frac{c_2}{g^2} + \dots + \frac{c_n}{g^n} + \frac{r_n}{b} \cdot \frac{1}{g^n}, \qquad n \in \mathbb{N}.$$

Man nennt $(c_n)_{n \geqq 0}$ die *g-adische Ziffernfolge von γ.*

Bemerkung: Wir haben verabredet, γ stets in reduzierter Bruchdarstellung $\frac{a}{b}$ mit $a, b \in \mathbb{N}$, $\operatorname{ggT}(a,b) = 1$ anzugeben. Geht man statt dessen von irgendeiner Bruchdarstellung $\gamma = \frac{\hat{a}}{\hat{b}}$ mit Zahlen $\hat{a}, \hat{b} \in \mathbb{N}$ aus, so gilt $\hat{a} = da$ und $\hat{b} = db$ mit $d := \operatorname{ggT}(\hat{a}, \hat{b}) \geqq 1$ auf Grund von 2.1.6. Führt man den Algorithmus (*) mit $\hat{a}, \hat{b}$ als Ausgangszahlen anstelle von a, b aus, so erhält man Gleichungen, die aus den alten Gleichungen durch Multiplikation mit d hervorgehen:

$$\begin{aligned}
\hat{a} &= c_0 \hat{b} + \hat{r}_0 && \text{mit} \quad 0 \leqq \hat{r}_0 = d r_0 < \hat{b},\\
g\hat{r}_0 &= c_1 \hat{b} + \hat{r}_1 && \text{mit} \quad 0 \leqq \hat{r}_1 = d r_1 < \hat{b},\\
&\ \vdots && \qquad\quad \vdots\\
g\hat{r}_{n-1} &= c_n \hat{b} + \hat{r}_n && \text{mit} \quad 0 \leqq \hat{r}_n = d r_n < \hat{b},\\
&\ \vdots && \qquad\quad \vdots
\end{aligned}$$

Man erhält in diesem Fall also dieselbe Ziffernfolge $(c_n)_{n \geqq 0}$ wie früher, die neue Restefolge $(\hat{r}_n)_{n \geqq 0}$ unterscheidet sich indessen von der alten Restefolge $(r_n)_{n \geqq 0}$ überall durch den Faktor d.

Wir zeigen nun, daß g-adische Ziffernfolgen die zugehörigen Brüche eindeutig bestimmen.

Eindeutigkeit der g-adischen Darstellung: *Es seien γ, γ' nichtnegative rationale Zahlen mit gleicher g-adischer Darstellung: $\gamma \cong (c_0, c_1 c_2 \dots)_g$ und $\gamma' \cong (c_0, c_1 c_2 \dots)_g$. Dann gilt: $\gamma = \gamma'$.*

Vorbemerkung zum Beweis: Wir benutzen folgendes Faktum: *Es seien $\delta \geqq 0$, $M \geqq 0$ rationale (oder auch reelle) Zahlen, so daß gilt: $g^l \cdot \delta \leqq M$ für unendlich viele $l \in \mathbb{N}$. Dann gilt: $\delta = 0$.*
Das folgt letztlich aus dem Satz von ARCHIMEDES (der Infinitesimalrechnung): Da g^l wegen $g \geqq 2$ mit wachsendem l beliebig groß wird, die rechte Seite aber von l unabhängig ist, folgt notwendig $\delta = 0$.

Beweis des Eindeutigkeitssatzes: Sei $\gamma = \frac{a}{b}$, $\gamma' = \frac{a'}{b'}$ mit $b, b' \in \mathbb{N}^\times$, seien $(r_n)_{n \geqq 0}$, $(r'_n)_{n \geqq 0}$ die zu γ, γ' gehörenden g-adischen Restefolgen. Auf Grund des Lemmas gilt:

$$\gamma = \sum_{\nu=0}^{n} \frac{c_\nu}{g^\nu} + \frac{r_n}{b} \cdot \frac{1}{g^n}, \quad \gamma' = \sum_{\nu=0}^{n} \frac{c_\nu}{g^\nu} + \frac{r'_n}{b'} \cdot \frac{1}{g^n} \qquad \text{für alle } n \geqq 0;$$

daher folgt:

$$\gamma - \gamma' = \left(\frac{r_n}{b} - \frac{r'_n}{b'}\right) \frac{1}{g^n} \qquad \text{für alle } n \geqq 0.$$

Da stets $0 \leqq r_n < b$ und $0 \leqq r'_n < b'$, so sehen wir: $g^n \cdot |\gamma - \gamma'| \leqq 1$ für alle $n \geqq 0$. Dies ist aber, wie oben bemerkt, nur möglich, falls $|\gamma - \gamma'| = 0$, d.h. falls $\gamma = \gamma'$. □

Für jede natürliche Zahl $\gamma = c_0$ gilt offensichtlich $\gamma \cong (c_0, 00\ldots)_g$. Durch den Eindeutigkeitssatz wird insbesondere sichergestellt, daß auch die Umkehrung richtig ist: *Hat ein Bruch* $\gamma \geqq 0$ *die g-adische Darstellung* $\gamma \cong (c_0, 00\ldots)_g$, *so gilt*: $\gamma = c_0 \in \mathbb{N}$.
Die Aussage des Eindeutigkeitssatzes läßt sich wie folgt verschärfen:

Vergleichssatz: *Es seien* γ, γ' *nichtnegative rationale Zahlen*; *es gelte*: $\gamma \cong (c_0, c_1 c_2 \ldots)_g$, $\gamma' \cong (c'_0, c'_1 c'_2 \ldots)_g$. *Dann gilt* $\gamma < \gamma'$ *genau dann, wenn es einen Index* $m \in \mathbb{N}$ *gibt, so daß gilt*: $c_0 = c'_0, c_1 = c'_1, \ldots, c_{m-1} = c'_{m-1}, c_m < c'_m$.

Die Durchführung des Beweises sei als Aufgabe gestellt.
Anhand dieses Vergleichssatzes wird sogleich evident, warum man sich im täglichen Leben (etwa bei Weitenangaben in der Leichtathletik) und bei Messungen in der Physik in der Regel der Dezimaldarstellung rationaler Zahlen bedient: Es kommt hierbei eben nicht darauf an, solche Zahlen zu addieren o.ä., sondern in erster Linie zu vergleichen, und darin liegt der Vorteil von Dezimaldarstellungen gegenüber Bruchdarstellungen; während sich nämlich bei zwei rationalen Zahlen in Dezimaldarstellung auf den ersten Blick entscheiden läßt, welche dieser Zahlen die größere ist, ist dies bei den entsprechenden Brüchen nicht immer der Fall.
Im folgenden Satz sind die grundlegenden Eigenschaften der g-adischen Ziffern zusammengestellt; nicht trivial und überraschend ist dabei die Eigenschaft b).

Satz: *Es sei* $\gamma \in \mathbb{Q}$, $\gamma \geqq 0$. *Dann haben die g-adischen Ziffern* $c_n, n \geqq 0$, *von* γ *folgende Eigenschaften*:

a) *Für alle* $n \in \mathbb{N}^\times$ *gilt*: $0 \leqq c_n \leqq g - 1$.
b) *Für unendlich viele* $n \in \mathbb{N}^\times$ *gilt*: $0 \leqq c_n \leqq g - 2$.
c) *Falls* $\gamma > 0$, *so gibt es einen Index* $m \in \mathbb{N}$ *mit* $c_m \neq 0$.

Beweis: Die Eigenschaft a) ist bereits im g-adischen Algorithmus $(*)$ enthalten; die Eigenschaft c) ist Spezialfall des Eindeutigkeitssatzes, da $0 \cong (0, 0 \ldots 0)_g$. Die Eigenschaft b) beweisen wir indirekt: Angenommen, es gibt einen Index $j \geqq 1$, so daß für alle $k \geqq j$ gilt: $c_k = g - 1$. Bezeichnet $(r_n)_{n \geqq 0}$ die g-adische Restefolge von γ, so gilt $g r_k = (g-1)\, b + r_{k+1}$ für alle $k \geqq j$ nach dem Algorithmus $(*)$. Wir schreiben diese Gleichungen in der Form: $g(b - r_k) = b - r_{k+1}$ für alle $k \geqq j$. Hieraus erhalten wir sukzessive für alle $l \in \mathbb{N}$:

$$g^l(b - r_j) = g^{l-1}(b - r_{j+1}) = g^{l-2}(b - r_{j+2}) = \ldots = b - r_{j+l}.$$

Da stets $0 \leqq r_{j+l} < b$, so gilt $|b - r_{j+l}| \leqq b$ und also: $g^l\,|b - r_j| \leqq b$ für alle $l \in \mathbb{N}$. Dies impliziert (vgl. Vorbemerkung zum Beweis des Eindeutigkeitssatzes): $|b - r_j| = 0$, d.h. $r_j = b$ im Widerspruch zu $r_j < b$. Es kann also keinen solchen Index j geben. Mithin gilt die Ungleichung $c_n \leqq g - 2$ unendlich oft. □

Beispiel: Es gibt keine rationale Zahl mit der dekadischen Darstellung $(2, 17999\ldots)_{10}$, wo also $c_\nu = 9$ für alle $\nu \geqq 3$ wäre. Es gibt aber ein γ mit $\gamma \cong (2, 18000\ldots)_{10}$, wo $c_\nu = 0$ für alle $\nu \geqq 3$, nämlich $\gamma = \frac{109}{50}$.

Für Dezimalbrüche ist uns die „Kommaverschiebungsregel" geläufig: Man multipliziert mit 10 bzw. dividiert durch 10, indem man das Komma um eine Stelle nach rechts bzw. nach links schiebt. Diese Regel gilt mutatis mutandis für beliebige g-adische Darstellungen.

Kommaverschiebungsregel: *Es sei* $\gamma \in \mathbb{Q}$, $\gamma \geqq 0$; *es gelte* $\gamma \cong (c_0, c_1 c_2 \ldots)_g$. *Ist dann* $s \in \mathbb{N}$ *irgendeine natürliche Zahl, so gilt*: $g^s \gamma \cong (\hat{c}, c_{s+1} c_{s+2} \ldots)_g$ *mit* $\hat{c} := c_0 g^s + c_1 g^{s-1} + \ldots + c_s \in \mathbb{N}$.

Beweis: Falls $\gamma = \frac{a}{b}$, so gilt nach dem Lemma die Gleichung $g^s \gamma = c_0 g^s + c_1 g^{s-1} + \ldots + c_s + \frac{r_s}{b}$, d.h. $g^s a = \hat{c} b + r_s$. Da $0 \leqq r_s < b$, so beschreibt die letzte Gleichung gerade die Division von $g^s a$ durch b mit Rest. Der g-adische Algorithmus, angewendet auf $\frac{g^s a}{b}$, liefert also die Gleichungskette $g^s a = \hat{c} b + r_s$, $g r_s = c_{s+1} b + r_{s+1}$, $g r_{s+1} = c_{s+2} b + r_{s+2}, \ldots$. Die zweite Gleichung hier ist die $(s+1)$-te Gleichung, die der g-adische Algorithmus für $\frac{a}{b}$ liefert; die folgenden Gleichungen setzen diesen Algorithmus für $\frac{a}{b}$ fort. Damit gewinnt man sukzessive $c_{s+1}, c_{s+2} \ldots$ als 1-te, 2-te, ... g-adische Ziffer von $g^s \gamma$. (Man hat die obige Bemerkung zu beachten, da $\frac{g^s a}{b}$ nicht notwendig die reduzierte Bruchdarstellung von $g^s \gamma$ ist!) □

Es gibt keine einfachen Regeln für die Addition und Multiplikation von g-adisch dargestellten Brüchen. Wir werden aber sehen, daß die g-adische Darstellung eines Bruches wichtige *arithmetische* Informationen über den Bruch enthält. Es sei nachdrücklich hervorgehoben, daß wir bei allen Überlegungen die g-adische Entwicklung stets als den durch die Gleichungen (∗) beschriebenen Algorithmus auffassen: Für zahlentheoretische Belange ist es müßig zu wissen, daß die endlichen Summen

$$\gamma = \sum_{\nu=0}^{n} \frac{c_\nu}{g^\nu} + \frac{r_n}{b\,g^n}, \qquad n \geqq 0,$$

schließlich zur Gleichung $\gamma = \sum_{\nu=0}^{\infty} \frac{c_\nu}{g^\nu}$ führen, wobei die hier stehende unendliche Reihe im Sinne der Analysis gegen γ konvergiert (vgl. hierzu aber Abschnitt 3 in Paragraph 4).

2. Endliche g-adische Darstellungen. Die g-adische Darstellung $\frac{a}{b} \cong (c_0, c_1 c_2 \ldots)_g$ eines reduzierten Bruches $\frac{a}{b}$ heißt *endlich*, wenn es ein $m \in \mathbb{N}$ gibt, so daß gilt: $c_j = 0$ für alle $j > m$. Die kleinste solche Zahl m heißt die *g-adische Länge der Darstellung.*
Die eingangs angegebenen Dezimalbrüche $\frac{1}{2} \cong (0{,}500\ldots)_{10}$, $\frac{43}{40} \cong (1{,}07500\ldots)_{10}$ sind nach dieser Definition endlich, ihre Länge ist 1 bzw. 3.

Wir wollen zeigen, daß $\frac{a}{b}$ genau dann eine endliche g-adische Darstellung besitzt, wenn b eine Potenz von g teilt. Genauer zeigen wir zunächst:

Satz: *Es sei $\frac{a}{b} \in \mathbb{Q}$ mit $a, b \in \mathbb{N}$, $b \geqq 1$, und teilerfremden Zahlen a, b; es sei $m \in \mathbb{N}$. Dann sind folgende Aussagen äquivalent:*

i) $b \mid g^m$.
ii) *Der m-te Rest von $\frac{a}{b}$ ist null:* $r_m = 0$.
iii) *Es gilt $\frac{a}{b} \cong (c_0, c_1 c_2 \ldots)_g$ mit $c_j = 0$ für alle $j > m$.*

Beweis: i)$\Leftrightarrow$ii): Wegen $0 \leqq r_m < b$ gilt $r_m = 0$ genau dann, wenn $b \mid r_m$. Nach Lemma 1 gilt: $r_m = ag^m - b(c_0 g^m + \ldots + c_m)$. Hieraus lesen wir ab, daß b genau dann r_m teilt, wenn gilt: $b \mid ag^m$. Da a und b teilerfremd sind, so gilt $b \mid ag^m$ genau dann (man hat Korollar 2.1.5 zu benutzen!), wenn gilt $b \mid g^m$. Insgesamt haben wir gezeigt: $r_m = 0 \Leftrightarrow b \mid r_m \Leftrightarrow b \mid g^m$.
ii)$\Rightarrow$iii): Aus $r_m = 0$ folgt nach dem g-adischen Algorithmus (∗): $gr_m = 0 = 0 \cdot b + 0$, also $r_{m+1} = 0$ und $c_{m+1} = 0$. So fortfahrend findet man $r_j = 0$ und $c_j = 0$ für alle $j > m$.
iii)$\Rightarrow$ii): Aus $c_j = 0$ für alle $j > m$ erhält man auf Grund von (∗) die Gleichungskette: $gr_m = r_{m+1}$, $gr_{m+1} = r_{m+2}, \ldots, gr_{m+k-1} = r_{m+k}$, also $g^k r_m = g^{k-1} r_{m+1}$

$= g^{k-2} r_{m+2} = \ldots = g r_{m+k-1} = r_{m+k}$ für alle $k \geqq 1$. Da stets $r_{m+k} < b$, so folgt $g^k r_m < b$ für alle $k = 1, 2, \ldots$, was wegen $r_m \geqq 0$ nur für $r_m = 0$ möglich ist. □

Korollar: *Die g-adische Darstellung $\frac{a}{b} \cong (c_0, c_1 c_2 \ldots)_g$ des reduzierten Bruches $\frac{a}{b}$ ist genau dann endlich, wenn b eine Potenz g^m, $m \in \mathbb{N}$, von g teilt. Für die Länge l dieser Darstellung gilt dann:*

$$l = \min\{m \in \mathbb{N} : b \mid g^m\} = \min\{m \in \mathbb{N} : r_m = 0\}.$$

Der *Beweis* ergibt sich unmittelbar aus der Definition und dem Satz. □

Wir sehen insbesondere, daß die Länge l der Darstellung nur von der Grundzahl g und dem Nenner b des Bruches, nicht aber von seinem Zähler a abhängt.

Bemerkung: Die Länge l läßt sich explizit angeben, wenn man die Primzerlegungen von g und b kennt. Sei $b > 1$. Dann gibt es genau dann ein $m \in \mathbb{N}^\times$ mit $b \mid g^m$, wenn in der Primzerlegung $b = p_1^{l_1} p_2^{l_2} \cdot \ldots \cdot p_r^{l_r}$ mit $l_1 > 0, l_2 > 0, \ldots, l_r > 0$ von b nur solche Primzahlen vorkommen, die auch in der Primzerlegung von g vorkommen (d. h., wenn $w_p(b) = 0$ für alle Primzahlen p mit $w_p(g) = 0$): Alsdann ist $b \mid g^m$ mit den r Ungleichungen $l_j \leqq m w_{p_j}(g)$, $j = 1, 2, \ldots, r$, äquivalent. In dieser Situation gilt also auf Grund des Korollars:

$$l = \min\left\{m \in \mathbb{N}^\times : m \geqq \frac{l_j}{w_{p_j}(g)}, j = 1, 2, \ldots, r\right\}.$$

Ist insbesondere g ein Produkt aus lauter verschiedenen Primzahlen, d.h., gilt stets $w_p(g) = 0$ oder $w_p(g) = 1$, so haben wir die handliche Formel $l = \max\{l_1, l_2, \ldots, l_r\}$, wobei $b = p_1^{l_1} p_2^{l_2} \cdot \ldots \cdot p_r^{l_r}$, zur Bestimmung der g-adischen Länge von $\frac{a}{b}$.

Die letzte Formel ist z. B. im Dezimalsystem, wo $g = 10 = 2 \cdot 5$, anwendbar. Für $b := 40 = 2^3 \cdot 5$ folgt hier $l = \max\{3, 1\} = 3$; in der Tat gilt:

$$\tfrac{1}{40} \cong (0{,}02500\ldots)_{10}, \quad \tfrac{7}{40} \cong (0{,}17500\ldots)_{10}.$$

3. Periodische g-adische Darstellungen. Die g-adische Darstellung $\gamma \cong (c_0, c_1 c_2 \ldots)$ eines Bruches $\gamma \geqq 0$ heißt *periodisch*, wenn es natürliche Zahlen s, t mit $t \geqq 1$ gibt, so daß gilt: $c_{s+\nu} = c_{s+\nu+t}$ für alle $\nu \in \mathbb{N}^\times$. Alsdann heißt s eine *(g-adische) Vorperiode* und t eine *zugehörige (g-adische) Periode von γ.*
Die zu Beginn dieses Paragraphen angegebenen Dezimalbrüche sind sämtlich periodisch. Jede endliche g-adische Darstellung ist periodisch mit ihrer Länge als kleinster Vorperiode und 1 als zugehöriger Periode. Die Verwendung der Wörter „Vorperiode“ und „Periode“ wird durch folgende Aussage gut verständlich.

Hilfssatz: *Besitzt der Bruch γ eine periodische g-adische Darstellung $(c_0, c_1 c_2 \dots)_g$ und ist s eine g-adische Vorperiode und t eine zugehörige g-adische Periode von γ, so gilt: $c_{s+v} = c_{s+v+nt}$ für alle $v, n \in \mathbb{N}$, $v \geqq 1$. Dies bedeutet, daß sich von der Ziffer c_s an der Ziffernkomplex $c_{s+1} \dots c_{s+t}$ ad infinitum wiederholt: $\gamma \cong (c_0, c_1 \dots c_s c_{s+1} \dots c_{s+t} c_{s+1} \dots c_{s+t} c_{s+1} \dots)_g$.*

Beweis: Die Gleichung $c_{s+v} = c_{s+v+nt}$ gilt nach Voraussetzung für alle $v \geqq 1$ und $n = 0$ sowie $n = 1$. Hieraus erhält man den Allgemeinfall durch Induktion nach n. Die so gewonnenen Gleichungen besagen aber gerade, daß der Komplex der t Zahlen $c_{s+1} \dots c_{s+t}$ dauernd wiederkehrt. □

Ist γ ein Bruch mit einer periodischen g-adischen Darstellung $(c_0, c_1 c_2 \dots)_g$, so bezeichnen wir mit $l \geqq 0$ die kleinste g-adische Vorperiode von γ und mit $\pi \geqq 1$ die kleinste zu l gehörende g-adische Periode von γ. Die Zahl π heißt die *g-adische Grundperiode von γ.*
Die Existenz von l und π ergibt sich aus dem Prinzip des kleinsten Elementes. Die eben eingeführten Notationen ermöglichen die Einführung einer bequemen und eindeutigen Kurzschrift für periodische g-adische Darstellungen.

Schreibweise: Die g-adische Darstellung $(c_0, c_1 c_2 \dots)_g$ des Bruches γ sei periodisch. Ist dann l die kleinste g-adische Vorperiode und π die g-adische Grundperiode von γ, so schreibt man $\gamma \cong (c_0, c_1 \dots c_l \overline{c_{l+1} \dots c_{l+\pi}})_g$; diese Darstellung heißt die *g-adische Normalform von γ.*

Der Querstrich besagt also, daß sich der Ziffernkomplex $c_{l+1} \dots c_{l+\pi}$ unaufhörlich wiederholt, z.B. ist $\gamma \cong (c_0, c_1 \dots c_l \overline{0})_g$ mit $c_l \neq 0$ die g-adische Normalform eines Bruches γ mit endlicher g-adischer Darstellung der Länge $l \geqq 1$. Im Dezimalsystem ist uns die Schreibweise in der Normalform wohlvertraut; in der folgenden Tabelle findet der Leser die g-adischen Normalformen der Stammbrüche $\frac{1}{2}, \frac{1}{3}, \dots, \frac{1}{13}$ in den Systemen zu $g = 7, 10, 12$, wobei für $g = 12$ wieder die Ziffernsymbole „x“ (für zehn) und „y“ (für elf) verwendet werden, vgl. 1.2.

$\frac{a}{b}$	$g = 10$	$g = 7$	$g = 12$
$\frac{1}{2}$	$0{,}5$	$0{,}\overline{3}$	$0{,}6$
$\frac{1}{3}$	$0{,}\overline{3}$	$0{,}\overline{2}$	$0{,}4$
$\frac{1}{4}$	$0{,}25$	$0{,}\overline{15}$	$0{,}3$
$\frac{1}{5}$	$0{,}2$	$0{,}\overline{1254}$	$0{,}\overline{2497}$
$\frac{1}{6}$	$0{,}1\overline{6}$	$0{,}\overline{1}$	$0{,}2$
$\frac{1}{7}$	$0{,}\overline{142857}$	$0{,}1$	$0{,}\overline{186x35}$
$\frac{1}{8}$	$0{,}125$	$0{,}\overline{06}$	$0{,}16$
$\frac{1}{9}$	$0{,}\overline{1}$	$0{,}\overline{053}$	$0{,}14$
$\frac{1}{10}$	$0{,}1$	$0{,}\overline{0462}$	$0{,}1\overline{2497}$
$\frac{1}{11}$	$0{,}\overline{09}$	$0{,}\overline{0431162355}$	$0{,}\overline{1}$
$\frac{1}{12}$	$0{,}08\overline{3}$	$0{,}\overline{04}$	$0{,}1$
$\frac{1}{13}$	$0{,}\overline{076923}$	$0{,}\overline{035245631421}$	$0{,}\overline{0y}$

Die Grundperiode π ist laut Definition *die kleinste Periode*, die zur *kleinsten Vorperiode* l gehört. Es ist nicht ohne weiteres klar, daß π die kleinste Periode überhaupt ist (es wäre denkbar, daß es Perioden $t < \pi$ gibt, die zu Vorperioden $s > l$ gehören!). Wir werden im nächsten Paragraphen sehen, daß genau die natürlichen Vielfachen $\pi, 2\pi, 3\pi, \ldots$ von π *alle* Perioden von γ sind.
Grundlegend für die weitere Entwicklung der Theorie der g-adischen Bruchdarstellungen ist folgendes

Periodizitätskriterium: *Folgende Aussagen über einen Bruch $\gamma \geqq 0$ und Zahlen $s, t \in \mathbb{N}$, $t \geqq 1$, sind äquivalent:*

i) *$r_s = r_{s+t}$ für die zu γ gehörenden g-adischen Reste.*
ii) *γ hat eine periodische g-adische Darstellung mit g-adischer Vorperiode s und zugehöriger g-adischer Periode t.*

Beweis: i) $\Rightarrow$ ii): Auf Grund des g-adischen Algorithmus (*) aus Abschnitt 1 bestehen die Gleichungen $gr_s = c_{s+1}b + r_{s+1}$ und $gr_{s+t} = c_{s+1+t}b + r_{s+1+t}$. Wegen der Eindeutigkeit der Division mit Rest hat $r_s = r_{s+t}$ zur Folge: $c_{s+1} = c_{s+1+t}$ und $r_{s+1} = r_{s+1+t}$. Hieraus gewinnt man induktiv $c_{s+v} = c_{s+v+t}$ und $r_{s+v} = r_{s+v+t}$ für alle $v \in \mathbb{N}^\times$.
ii) $\Rightarrow$ i): Nach dem g-adischen Algorithmus gilt: $gr_{j-1} = c_j b + r_j$ und $gr_{j-1+t} = c_{j+t}b + r_{j+t}$ für alle $j \geqq 1$. Da $c_j = c_{j+t}$ für alle $j > s$ vorausgesetzt wird, so folgt: $r_j - r_{j+t} = g(r_{j-1} - r_{j-1+t})$ für jeden Index $j > s$. Hieraus erhält man sukzessiv (durch Indexabstieg) für alle $j > s$: $r_j - r_{j+t} = g^2(r_{j-2} - r_{j-2+t}) = \ldots = g^{j-s}(r_s - r_{s+t})$. Wegen $|r_j - r_{j+t}| < b$ sehen wir: $g^j\,|r_s - r_{s+t}| = g^s\,|r_j - r_{j+t}| < bg^s$ für alle $j > s$. Da die Schranke rechts nicht von j abhängt, so folgt: $|r_s - r_{s+t}| = 0$, d.h. $r_s = r_{s+t}$. □

Bemerkung: Die Bedingung i) des Periodizitätskriteriums besteht aus *einer einzigen* Gleichung $r_s = r_{s+t}$, während die Periodizitätsbedingung der Definition aus den *unendlich vielen* Gleichungen $c_{s+v} = c_{s+v+t}$ für *alle* $v \geqq 1$ besteht. Man wird daher bei Periodizitätsbetrachtungen bequemer mit den Resten r_n als mit den Ziffern c_n rechnen. Natürlich impliziert $r_s = r_{s+t}$ auf Grund des g-adischen Algorithmus $r_{s+v} = r_{s+v+t}$ für alle $v \in \mathbb{N}$. Aus der Gleichheit zweier *Ziffern* hingegen folgt nichts über die Gleichheit der anschließenden Ziffern, wie z.B. die Darstellung $\frac{127}{5000} \cong (0{,}025400\ldots0\ldots)_{10}$ zeigt, wo $c_1 = c_5$, aber $c_2 \neq c_6$, $c_3 \neq c_7$.
Wir fragen, welche Brüche eine periodische g-adische Darstellung besitzen. Die auf den ersten Blick verblüffende Antwort ist: *alle*. Wir zeigen als Anwendung des Periodizitätskriteriums folgenden

Satz: *Jeder Bruch $\gamma = \dfrac{a}{b} \geqq 0$ hat eine periodische g-adische Darstellung, genauer: Es gibt eine g-adische Vorperiode $s \in \mathbb{N}$ und eine zugehörige g-adische Periode $t \in \mathbb{N}^\times$ mit $s + t \leqq b$.*

Beweis: Die g-adischen Reste $r_0, r_1, r_2, \ldots$ von γ können wegen $0 \leqq r_\nu < b$ nur die b Werte $0, 1, 2, \ldots, b-1$ annehmen. Von den ersten $b+1$ Resten $r_0, r_1, \ldots, r_b$ müssen also bereits zwei gleich sein: Es gibt folglich zwei Zahlen $s, t \in \mathbb{N}$ mit $0 \leqq s < s + t \leqq b$, so daß gilt: $r_s = r_{s+t}$. Auf Grund des Periodizitätskriteriums ist daher s eine g-adische Vorperiode und t eine zugehörige Periode von γ. □

Wir sehen jetzt, daß sich *jeder* Bruch $\gamma \geqq 0$ in Normalform schreiben läßt: $\gamma \cong (c_0, c_1 \ldots c_l \overline{c_{l+1} \ldots c_{l+\pi}})_g$, wo l die minimale g-adische Vorperiode und π die g-adische Grundperiode von γ bezeichnet.
Da jeder Bruch durch seine g-adischen Ziffern eindeutig bestimmt ist, muß es möglich sein, γ durch die endlich vielen Zahlen $c_0, c_1, \ldots, c_{l+\pi}$ auszudrücken. Das folgende Lemma präzisiert den Sachverhalt:

Lemma: *Es sei $\gamma \cong (c_0, c_1 c_2 \ldots)_g$, es sei s eine g-adische Vorperiode und t eine zugehörige Periode von γ. Dann gilt:*

$$\gamma = c_0 + \frac{c_1}{g} + \ldots + \frac{c_s}{g^s} + \frac{1}{g^s(g^t - 1)} \cdot P_{s,t}$$

mit $P_{s,t} := c_{s+1} g^{t-1} + c_{s+2} g^{t-2} + \ldots + c_{s+t} < g^t - 1$. *Ist speziell* $\gamma \cong (c_0, c_1 \ldots c_l \overline{c_{l+1} \ldots c_{l+\pi}})_g$ *die Normalform von γ, so gilt:*

$$\gamma = c_0 + \frac{c_1}{g} + \ldots + \frac{c_l}{g^l} + \frac{1}{g^l} \cdot \frac{P}{g^\pi - 1}$$

mit $P := c_{l+1} g^{\pi-1} + c_{l+2} g^{\pi-2} + \ldots + c_{l+\pi} < g^\pi - 1$.
Der *Beweis* besteht aus einer einfachen Nachrechnung, wenn man Lemma 1 und die Gleichung $r_s = r_{s+t}$ beachtet; die Durchführung sei dem Leser als Aufgabe gestellt. □

Auf Grund dieses Lemmas kann *jeder* Bruch $\gamma > 0$ in der Form $\gamma = \dfrac{c}{g^l(g^\pi - 1)}$ mit $c \in \mathbb{N}^\times$ geschrieben werden; wir werden hiervon noch Gebrauch machen (z. B. im Abschnitt 2 des Paragraphen 4). Für das Dezimalsystem haben wir die Einsicht gewonnen, daß ein Bruch $\gamma > 0$ mit minimaler Vorperiode l und Grundperiode π stets eine Darstellung $\gamma = \dfrac{c}{10^l \cdot 999 \ldots 999}$ mit $c \in \mathbb{N}^\times$ zuläßt, wobei im Nenner π-mal die Ziffer 9 steht.

Aufgaben:

1) Geben Sie einen Bruch $\frac{a}{b}$ und drei verschiedene Grundzahlen $g, \hat{g}, \tilde{g}$ an, so daß gilt:
   a) Die g-adische und die $\hat{g}$-adische Darstellung von $\frac{a}{b}$ sind endlich, die Längen l und $\hat{l}$ dieser Darstellungen sind verschieden.
   b) Die $\tilde{g}$-adische Darstellung von $\frac{a}{b}$ ist nicht endlich.
2) Für welche Grundzahlen g haben alle Stammbrüche $\frac{1}{b}$, $b = 1, \ldots, 100$, endliche g-adische Darstellungen?

§ 3 Periodizitätssätze. Satz von FERMAT-EULER

Es werden zunächst zwei Kriterien für reine Periodizität bewiesen. Als Folgerung zeigen wir, daß für zwei teilerfremde Zahlen $b > 1$, $g > 1$ stets gilt: $b \mid (g^{\pi} - 1)$, wo π die g-adische Grundperiode des Stammbruches $\frac{1}{b}$ ist; überdies bestimmen wir für jeden Bruch $\frac{a}{b}$ die minimale Vorperiode und alle Perioden. Mittels der Methode der zyklischen Ziffernverschiebung zeigen wir weiter, daß für teilerfremde Zahlen $b > 1, g > 1$ stets gilt: $\pi \mid \varphi(b)$, wo π wieder die Grundperiode von $\frac{1}{b}$ und φ die Eulersche φ-Funktion bezeichnet. Hieraus gewinnen wir nebenbei den berühmten Satz von FERMAT-EULER:

$$b \mid (g^{\varphi(b)} - 1) \quad \textit{für alle } b, g \in \mathbb{N}^{\times} \quad \textit{mit} \quad \operatorname{ggT}(b, g) = 1.$$

1. Kriterien für reine Periodizität. Wie bisher bezeichnet $g \geqq 2$ stets eine fest vorgegebene Grundzahl. Die g-adische Darstellung $\gamma \cong (c_0, c_1 c_2 \ldots c_n \ldots)_g$ eines Bruches γ heißt dann *rein-periodisch*, wenn $s = 0$ eine Vorperiode ist, andernfalls heißt die Darstellung *gemischt-periodisch*.
Die g-adische Normalform eines rein-periodischen Bruches ist demnach $\gamma \cong (c_0, \overline{c_1 \ldots c_\pi})_g$; im Dezimalsystem sind z.B. $\frac{4}{9} \cong (0,\overline{4})_{10}$ und $\frac{1}{7} \cong (0,\overline{142857})_{10}$ solche Darstellungen. Nur die natürlichen Zahlen $a \neq 0$ haben eine zugleich endliche und rein-periodische Darstellung: $a \cong (a, \overline{0})_g$.
Auf Grund des Periodizitätskriteriums 2.3 besitzt γ genau dann eine rein-periodische g-adische Darstellung, wenn es ein $t \in \mathbb{N}^{\times}$ gibt, so daß gilt: $r_0 = r_t$. Im folgenden Kriterium kommen g-adische Reste nicht mehr explizit vor.

Lemma: *Folgende Aussagen über einen reduzierten Bruch* $\gamma = \frac{a}{b} \geqq 0$ *und eine Zahl* $t \in \mathbb{N}^{\times}$ *sind äquivalent:*

i) $b \mid (g^t - 1)$.
ii) *γ besitzt eine rein-periodische g-adische Darstellung, und die Zahl t ist eine g-adische Periode von γ zur Vorperiode $s = 0$.*

Beweis: Auf Grund des Periodizitätskriteriums 2.3 gilt ii) genau dann, wenn $r_0 = r_t$. Dies trifft wegen $|r_0 - r_t| < b$ genau dann zu, wenn gilt: $b \mid (r_t - r_0)$. Nun gilt $r_t - r_0 = a(g^t - 1) - bv$ mit $v := c_0 g^t + c_1 g^{t-1} + \ldots + c_t - c_0 \in \mathbb{Z}$ auf Grund von Lemma 2.1. Dies bedeutet $b \mid (r_t - r_0) \Leftrightarrow b \mid a(g^t - 1)$. Da $\operatorname{ggT}(a, b) = 1$, so folgern wir (Korollar 2.1.5): $b \mid a(g^t - 1) \Leftrightarrow b \mid (g^t - 1)$. □

Wir sehen speziell, daß (wie früher die Endlichkeit) reine Periodizität nur von g und dem Nenner b des Bruches, nicht aber vom Zähler a abhängt.

Beispiele: 1) Für $g := 10$, $b := 9$ gilt $b \mid (10^t - 1)$ mit $t := 1$; es ist z.B. $\frac{4}{9} \cong (0,\overline{4})_{10}$.

2) Für $g := 10$, $b := 7$ gilt $b \mid (10^t - 1)$ mit $t := 6$, aber $b \nmid (10^n - 1)$ für $n = 1, 2, \ldots, 5$; es gilt: $\frac{1}{7} \cong (0,\overline{142857})_{10}$.

3) Die g-adische Darstellung aller reduzierten Brüche $\dfrac{a}{g^n - 1}$, $n \geqq 1$, ist rein-periodisch mit n als Periode, z.B. $\dfrac{1}{g^n - 1} \cong (0,\overline{00\ldots01})_g$ oder $\frac{7}{99} \cong (0,\overline{07})_{10}$.

In der Bedingung $b \mid (g^t - 1)$ des Lemmas ist das Auftreten des i.a. unbekannten Exponenten t unangenehm. Es gibt ein besseres Kriterium für reine Periodizität, das nur eine Bedingung an b und g allein enthält.

Satz: *Folgende Aussagen über einen reduzierten Bruch* $\gamma = \dfrac{a}{b} \geqq 0$ *sind äquivalent:*

i) *b und g sind teilerfremd.*
ii) *Die g-adische Darstellung von γ ist rein-periodisch.*

Beweis: i) ⇒ ii): Es gibt in jedem Fall Zahlen $m, n \in \mathbb{N}$ mit $m < n$, so daß gilt: $r_m = r_n$. Falls $m = 0$, so ist 0 Vorperiode (nach Periodizitätskriterium 2.3), und wir sind fertig. Sei $m \geqq 1$. Wir betrachten die Gleichungen $g \cdot r_{m-1} = c_m b + r_m$, $g \cdot r_{n-1} = c_n b + r_n$. Wegen $r_m = r_n$ folgt: $g(r_{m-1} - r_{n-1}) = b(c_m - c_n)$, d.h. $b \mid g(r_{m-1} - r_{n-1})$. Da $\mathrm{ggT}(b, g) = 1$, so muß gelten: $b \mid (r_{m-1} - r_{n-1})$. Wegen $|r_{m-1} - r_{n-1}| < b$ bedeutet dies: $r_{m-1} = r_{n-1}$. Wiederholte Anwendung dieses Schlusses führt zu $r_0 = r_{n-m}$. Auf Grund des Periodizitätskriteriums 2.3 ist daher die g-adische Darstellung von γ rein-periodisch.
ii) ⇒ i) Sei $t \in \mathbb{N}^\times$ eine Periode von γ zu $s = 0$. Aus dem Lemma folgt: $g^t = 1 - vb$ mit $v \in \mathbb{Z}$. Die Gleichung $vb + g^{t-1} g = 1$ besagt dann wegen $t \geqq 1$ (vgl. Teilerfremdheitskriterium 2.1.5): $\mathrm{ggT}(b, g) = 1$. □

Beispiel: Die dekadische Entwicklung eines Stammbruches $\dfrac{1}{b}$ ist genau dann rein-periodisch, wenn b weder durch 2 noch durch 5 teilbar ist.

Die Bedingung „$\mathrm{ggT}(b, g) = 1$" des Satzes hat inhaltlich nichts mit g-adischen Darstellungen zu tun. Man kann sie und die Bedingung „$b \mid (g^t - 1)$" des Lemmas benutzen, um folgende rein zahlentheoretische Aussage zu beweisen:

Korollar: *Zu je zwei teilerfremden natürlichen Zahlen $b > 1$, $g > 1$ existiert eine natürliche Zahl $t \in \mathbb{N}^\times$, so daß gilt: $b \mid (g^t - 1)$; für t kann man insbesondere die g-adische Grundperiode π des Stammbruches $\dfrac{1}{b}$ wählen.*

Beweis: Die g-adische Darstellung von $\dfrac{1}{b}$ ist rein-periodisch auf Grund des Satzes. Daher kann man auf Grund des Lemmas für t jede g-adische Periode von $\dfrac{1}{b}$ zur Vorperiode $s = 0$, insbesondere also die Grundperiode π wählen. □

Die Existenzaussage dieses Korollars ist unabhängig von der Theorie der g-adischen Bruchdarstellung; sie ist ein Vorläufer des Satzes von FERMAT-EULER, der im Abschnitt 4 dieses Paragraphen hergeleitet wird.

2. Charakterisierung von Vorperioden und Perioden. Die Periodizitätsbedingung „$\operatorname{ggT}(b, g) = 1$" des Satzes 1 und die Endlichkeitsbedingung „b teilt eine Potenz g^m, $m \in \mathbb{N}$" des Satzes 2.2 beschreiben extreme Situationen des Teilbarkeitsverhaltens von b und g. Im Allgemeinfall ist keine dieser Bedingungen erfüllt, d. h. im allgemeinen ist eine g-adische Bruchdarstellung nicht endlich und nicht rein-periodisch, sondern gemischt-periodisch. So muß z. B. die dekadische Entwicklung von $\frac{5}{12}$ notwendig nicht endlich und gemischt-periodisch sein, da 12 keine Potenz von 10 teilt und auch nicht teilerfremd zu 10 ist; in der Tat gilt: $\frac{5}{12} \cong (0{,}41\overline{6})_{10}$.
Es erhebt sich die Frage, ob es allgemein möglich ist, die minimale Vorperiode l und die Grundperiode π eines reduzierten Bruches $\gamma = \dfrac{a}{b}$ zu bestimmen, ohne daß man die Ziffern $c_1, c_2, \ldots$ explizit ausrechnet. Wir werden im folgenden ein Verfahren zur Bestimmung von l und π angeben. Um bequem formulieren zu können, zeigen wir zunächst:

Lemma (und Definition): *Jede Zahl $b \in \mathbb{N}^\times$ ist Produkt zweier Zahlen $b_1, b_2 \in \mathbb{N}^\times$, so daß gilt:*

1) *Es gibt ein $m \in \mathbb{N}$, so daß gilt $b_1 \mid g^m$.*
2) $\operatorname{ggT}(b_2, g) = 1$.

Die Zahlen $b_1, b_2 \in \mathbb{N}^\times$ sind durch 1) *und* 2) *eindeutig bestimmt. Wir nennen $b = b_1 b_2$ die g-Faktorisierung von b.*

Beweis: Sei $b = p_1^{m_1} p_2^{m_2} \cdot \ldots \cdot p_r^{m_r}$ die Primzerlegung von b. Die Bedingung „$\operatorname{ggT}(b_2, g) = 1$" fordert, daß kein Primteiler von g ein Teiler von b_2 sein soll, daher kann b_2 nur Primfaktoren p_ϱ mit $p_\varrho \nmid g$ haben. Da b_1 wegen $b_1 \mid g^m$ solche Primfaktoren nicht haben darf, so ist $b = b_1 b_2$ höchstens dann möglich, wenn gesetzt wird:

$$b_1 := \prod_{p_\varrho \mid g} p_\varrho^{m_\varrho}, \qquad b_2 := \prod_{p_\varrho \nmid g} p_\varrho^{m_\varrho}.$$

Es ist klar, daß für die so definierten Zahlen b_1, b_2 gilt: $b = b_1 b_2$ und $\operatorname{ggT}(b_2, g) = 1$; weiter ist klar: $b_1 \mid g^m$ mit $m := \max(m_1, m_2, \ldots, m_r)$. □

Bemerkung: Ist $b = b_1 b_2$ die g-Faktorisierung von b, so sind natürlich die Fälle $b_1 = 1$ bzw. $b_2 = 1$ möglich. Der erste Fall charakterisiert die rein-periodischen g-adischen Entwicklungen; der zweite Fall ist für die endlichen g-adischen Entwicklungen charakteristisch. Der Allgemeinfall wird im folgenden auf diese bei-

den Spezialfälle zurückgeführt. Für die Grundzahl $g = 10$ ist b_1 stets von der Form $2^m \cdot 5^n$ mit $m, n \in \mathbb{N}$.
Wir kommen nun zum Hauptsatz dieses Abschnittes. Wir nennen eine Zahl $t \in \mathbb{N}^\times$ eine *g-adische Periode (schlechthin) von* γ, wenn es eine g-adische Vorperiode von γ gibt, zu der t gehört. Wir behaupten:

Satz: *Es sei* $\gamma = \frac{a}{b} \geqq 0$ *ein reduzierter Bruch, und es sei* $b = b_1 b_2$ *die g-Faktorisierung von b. Dann gilt:*

1) *Genau dann ist* $s \in \mathbb{N}$ *eine g-adische Vorperiode von* γ, *wenn gilt* $b_1 \mid g^s$. *Die Zahl* $l := \min\{s \in \mathbb{N}: b_1 \mid g^s\}$ *ist die minimale g-adische Vorperiode von* γ.
2) *Genau dann ist* $t \in \mathbb{N}^\times$ *eine g-adische Periode von* γ, *wenn gilt* $b_2 \mid (g^t - 1)$. *Die Zahl* $\min\{t \in \mathbb{N}^\times: b_2 \mid (g^t - 1)\}$ *ist die minimale g-adische Periode von* γ.

Beweis: Sei $\gamma \cong (c_0, c_1 c_2 \ldots)$. Dann gilt (Kommaverschiebungsregel 2.1): $g^s \gamma \cong (\hat{c}, c_{s+1} c_{s+2} \ldots)_g$ mit $\hat{c} := c_0 g^s + \ldots + c_s \in \mathbb{N}$ für jedes $s \in \mathbb{N}$. Hieraus folgt: *Genau dann ist* $s \in \mathbb{N}$ *eine g-adische Vorperiode und* $t \in \mathbb{N}^\times$ *eine zugehörige Periode von* γ, *wenn t eine g-adische Periode von* $g^s\gamma$ *zur Vorperiode* 0 *ist.*
Da $\operatorname{ggT}(a, b) = \operatorname{ggT}(g, b_2) = 1$, so hat die reduzierte Bruchdarstellung von $g^s \gamma = \frac{g^s a}{b_1 b_2}$ notwendig die Form $\frac{g' a}{b' b_2}$, wo $\frac{g'}{b'}$ die reduzierte Darstellung von $\frac{g^s}{b_1}$ ist. Nach Satz 1 und Lemma 1 ist also $t \in \mathbb{N}^\times$ genau dann eine g-adische Periode von $g^s\gamma$ zur Vorperiode 0, wenn gilt: $\operatorname{ggT}(b' b_2, g) = 1$ und $b' b_2 \mid (g^t - 1)$. Da b' als Teiler von b_1 nur Primfaktoren enthält, die auch Primfaktoren von g sind, so gilt $\operatorname{ggT}(b' b_2, g) = 1$ genau dann, wenn $b' = 1$, d.h. wenn $\frac{g^s}{b_1} = g' \in \mathbb{N}^\times$. Insgesamt ist damit gezeigt: *Genau dann ist* $s \in \mathbb{N}$ *eine g-adische Vorperiode und* $t \in \mathbb{N}^\times$ *eine zugehörige Periode von* $\gamma = \frac{a}{b}$, *wenn gilt*: $b_1 \mid g^s$ *und* $b_2 \mid (g^t - 1)$.
Hieraus folgt insbesondere, daß $l := \min\{s \in \mathbb{N}: b_1 \mid g^s\}$ die minimale g-adische Vorperiode von γ und $\min\{t \in \mathbb{N}^\times: b_2 \mid (g^t - 1)\}$ die minimale g-adische Periode von γ ist. □

Eine unmittelbare Folgerung aus diesem Satz ist folgender

Periodensatz: *Es sei* $\gamma \geqq 0$ *ein Bruch. Dann gilt:*

1) *Jede g-adische Periode t von* γ *gehört zu jeder g-adischen Vorperiode s von* γ, *insbesondere ist die g-adische Grundperiode* π *von* γ *die kleinste g-adische Periode von* γ.
2) *Genau dann ist* $t \in \mathbb{N}^\times$ *eine g-adische Periode von* γ, *wenn gilt* $t = n\pi$ *mit* $n \in \mathbb{N}^\times$.

Beweis: ad 1): In der Charakterisierung von Vorperioden s und Perioden t durch den Satz gibt es keine Bindungen mehr zwischen s und t, daher gehört jede Periode zu jeder Vorperiode. Insbesondere gehört die kleinste Periode von γ zur kleinsten Vorperiode von γ, d.h., die kleinste Periode ist die Grundperiode π.
ad 2): Auf Grund der Definition ist klar, daß mit π auch alle Zahlen $2\pi, 3\pi, \ldots, n\pi, \ldots$ Perioden von γ sind. Sei umgekehrt $t \geqq 1$ irgendeine Periode von γ. Wir schreiben (Division mit Rest):

$$t = q\pi + r \quad \text{mit} \quad q, r \in \mathbb{N}, \qquad 0 \leqq r < \pi .$$

Dann gilt: $g^t - 1 = g^r(g^{q\pi} - 1) + (g^r - 1)$. Auf Grund der Aussage 2) des Satzes folgt (mit den dortigen Bezeichnungen):

$$b_2 \mid (g^t - 1) \quad \text{und} \quad b_2 \mid (g^{q\pi} - 1).$$

Wir folgern: $b_2 \mid (g^r - 1)$. Wäre $r > 0$, so wäre r also eine Periode von γ. Das ist jedoch nicht möglich, da $r < \pi$ und π die kleinste Periode von γ ist. Es folgt $r = 0$, also $t = q\pi$ mit $q \in \mathbb{N}^{\times}$. □

Bemerkung: Wir haben den Periodensatz hier unter wesentlicher Verwendung der bereits hergeleiteten allgemeinen Periodizitätskriterien gewonnen. Es läßt sich auch ein direkter (kombinatorischer) Beweis des Periodensatzes angeben, der neben der Division mit Rest nur Hilfssatz 2.3 benutzt.

Die minimale g-adische Vorperiode l von γ läßt sich explizit berechnen:

Hilfssatz: *Es sei* $\gamma = \frac{a}{b} \geqq 0$ *ein reduzierter Bruch,* $b = b_1 b_2$ *die* g*-Faktorisierung von* b *und* $b_1 = p_1^{l_1} p_2^{l_2} \cdot \ldots \cdot p_r^{l_r}$ *die Primzerlegung von* b_1 *(wobei stets* $p_j \mid g$*). Dann ist*

$$l := \min\left\{ s \in \mathbb{N}: s \geqq \frac{l_j}{w_{p_j}(g)}, \quad j = 1, \ldots, r \right\}$$

die minimale g*-adische Vorperiode von* γ*. Speziell gilt:*

$$l = \max\{l_1, l_2, \ldots, l_r\},$$

wenn g *ein Produkt aus lauter verschiedenen Primzahlen ist.*

Beweis: Der Bruch $\frac{a}{b_1}$ hat, da b_1 eine Potenz von g teilt, auf Grund von Korollar 2.2 eine endliche g-adische Entwicklung der Länge $\min\{s \in \mathbb{N}: b_1 \mid g^s\}$. Diese Zahl ist aber auf Grund des Satzes die minimale g-adische Vorperiode l von γ.
Die Überlegungen aus der Bemerkung 2.2 zeigen, daß im Falle $b_1 > 1$ die für l behaupteten Gleichungen bestehen. Diese Gleichungen gelten selbstredend auch für $b_1 = 1$, da dann alle l_j null sind. □

Beispiel: Sei $g := 10$, sei $\gamma := \frac{19}{112}$. Dann ist $112 = 2^4 \cdot 7$ die 10-Faktorisierung von b, also $b_1 = 2^4$, $b_2 = 7$. Daher ist $l = 4$ die minimale dekadische Vorperiode von $\frac{19}{112}$. Da ferner $\min\{t \in \mathbb{N}^\times : 7 \mid (10^t - 1)\} = 6$, so ist 6 die Grundperiode von $\frac{19}{112}$. In der Tat gilt:

$$\tfrac{19}{112} \cong (0{,}1696\overline{428571})_{10}.$$

Man mag fragen, ob zu beliebig vorgegebenen Zahlen $l \in \mathbb{N}$, $\pi \in \mathbb{N}^\times$ stets Brüche γ existieren, die l als minimale g-adische Vorperiode und π als g-adische Grundperiode haben. Man ist geneigt, solche Brüche „einfach hinzuschreiben", z. B. für $l := 5$, $\pi := 8$ im dekadischen System

$$(0{,}12345\overline{98765431})_{10} \quad \text{oder} \quad (0{,}00001\overline{01001011})_{10}.$$

Dann fehlt aber noch der Nachweis, daß die hingeschriebenen Darstellungen wirklich die g-adischen Darstellungen von Brüchen sind. Dieser Existenzsatz wird im Abschnitt 2 von Paragraph 4 hergeleitet.

3. Zyklische Ziffernverschiebung. Wir haben (vermöge Hilfssatz 2) ein einfaches Verfahren, um minimale Vorperioden zu bestimmen. Zur Berechnung von Grundperioden gibt es keine so einfache Methode: Die Bestimmung der Zahl $\min\{t \in \mathbb{N}^\times : b_2 \mid (g^t - 1)\}$ ist von Natur aus mühsam, da die Primzerlegung von Differenzen $g^n - 1$ nicht mit Hilfe der Primzerlegung von g gefunden werden kann. So wird man bereits bei der Berechnung der Grundperioden der erratischen Dezimalbrüche

$$\tfrac{7}{29} \cong (0{,}2413793103448275862068965517\ldots)_{10}$$

bzw.

$$\tfrac{30}{61} \cong (0{,}4918032786885245901639344426 29508\ldots)_{10},$$

die 28 bzw. 60 sind, verzweifeln (vgl. hierzu auch 6.2.2).
Gewünscht sind Abschätzungen bzw. Teilbarkeitsbedingungen für die Grundperiode π. Unmittelbar klar ist hier:

Lemma: *Es sei $\gamma = \dfrac{a}{b} \geqq 0$ ein reduzierter Bruch; es sei $b = b_1 b_2$ die g-Faktorisierung von b. Dann hat der Bruch $\dfrac{a}{b_2}$ eine rein-periodische g-adische Darstellung; die Grundperiode π von $\dfrac{a}{b_2}$ ist die Grundperiode von γ. Es gilt: $1 \leqq \pi \leqq b_2$.*

Beweis: Der Bruch $\dfrac{a}{b_2}$ hat, da $\mathrm{ggT}(a, b_2) = \mathrm{ggT}(b_2, g) = 1$, auf Grund der Sätze 1 und 2 eine rein-periodische g-adische Entwicklung mit der Grundperiode $\min\{t \in \mathbb{N}^\times : b_2 \mid (g^t - 1)\}$. Diese Zahl ist aber die Grundperiode π von γ. Aus Satz 2.3 folgt nun unmittelbar: $1 \leqq \pi \leqq b_2$. □

Die Abschätzung $\pi \leqq b_2$ ist sehr grob; sie kann wesentlich verbessert werden. Wir werden im folgenden sehen, daß stets gilt $\pi \mid \varphi(b_2)$, wobei hier und im folgenden mit φ immer die in 2.3.2 eingeführte Eulersche φ-Funktion bezeichnet wird. Auf Grund des Lemmas dürfen wir uns auf die Diskussion des Falles $b_2 = b$, d.h. rein-periodischer Darstellungen, beschränken. Wir werden die Teilbarkeitsaussage $\pi \mid \varphi(b)$ mittels der Methode der zyklischen Ziffernverschiebung gewinnen.

Ziffernverschiebungssatz: *Sei* $\frac{a}{b}$ *ein reduzierter Bruch mit der* g*-adischen Normalform* $(0, \overline{c_1 c_2 \dots c_\pi})_g$. *Dann gilt:*

1) *Jeder* g*-adische Rest* r_ν *von* $\frac{a}{b}$ *ist teilerfremd zu* b. *Die* π *Brüche* $\frac{r_0}{b}$, $\frac{r_1}{b}, \dots, \frac{r_{\pi-1}}{b}$ *sind paarweise verschieden, sie haben sämtlich die* g*-adische Grundperiode* π.
2) *Die* g*-adische Darstellung von* $\frac{r_\nu}{b}$ *entsteht aus der von* $\frac{r_{\nu-1}}{b}$ *durch zyklische Verschiebung der Ziffern des Periodenkomplexes um eine Stelle nach links:* $\frac{r_1}{b} \cong (0, \overline{c_2 c_3 \dots c_\pi c_1})_g$, $\frac{r_2}{b} \cong (0, \overline{c_3 \dots c_\pi c_1 c_2})_g$, $\dots$, $\frac{r_{\pi-1}}{b} \cong (0, \overline{c_\pi c_1 c_2 \dots c_{\pi-1}})_g$.

Beweis: ad 1): Wegen $\frac{a}{b} \cong (0, \overline{c_1 \dots c_\pi})_g$ gilt $c_0 = 0$, also $a = r_0$. Da $\frac{a}{b}$ reduziert ist, gilt $\operatorname{ggT}(r_0, b) = 1$. Sei $\operatorname{ggT}(r_{n-1}, b) = 1$ für den Index $n \geqq 1$ bereits verifiziert, sei $d := \operatorname{ggT}(r_n, b)$. Da $gr_{n-1} = c_n b + r_n$ nach dem g-adischen Algorithmus, so folgt $d \mid gr_{n-1}$. Da $\operatorname{ggT}(b, g) = 1$ auf Grund von Satz 1, so gilt auch $\operatorname{ggT}(d, g) = 1$ wegen $d \mid b$. Daher hat $d \mid gr_{n-1}$ zur Folge $d \mid r_{n-1}$. Wir sehen $d \mid \operatorname{ggT}(r_{n-1}, b)$, d.h. $d \mid 1$, d.h. $d = 1$. Damit ist $\operatorname{ggT}(r_n, b) = 1$ klar für alle $n \in \mathbb{N}$.

Da alle Brüche $\frac{r_\nu}{b}$ reduziert sind, haben sie (auf Grund von Satz 2 mit $b_2 = b$) alle dieselbe g-adische Grundperiode π. Die π Reste $r_0, r_1, \dots, r_{\pi-1}$ sind paarweise verschieden, da $\frac{a}{b}$ sonst (auf Grund des Periodizitätskriteriums 2.3) eine Periode hätte, die kleiner als π wäre. Mithin sind die π Brüche $\frac{r_0}{b}, \frac{r_1}{b}, \dots, \frac{r_{\pi-1}}{b}$ paarweise verschieden.

ad 2): Wendet man den g-adischen Algorithmus auf $\frac{r_1}{b}$ an, so erhält man für die zugehörigen Folgen $(c'_\nu)_{\nu \geqq 0}$ und $(r'_\nu)_{\nu \geqq 0}$ die Gleichungen (beachte, daß $c_0 = 0$):

$$r_1 = c'_0 \cdot b + r'_0,\ gr'_0 = c'_1 b + r'_1, \dots, gr'_{n-1} = c'_n b + r'_n, \dots .$$

Vergleich mit den zur g-adischen Entwicklung von $\frac{a}{b}$ gehörenden Gleichungen

$$gr_1 = c_2 b + r_2, \dots, gr_n = c_{n+1} b + r_{n+1}, \dots$$

ergibt sukzessive wegen der Eindeutigkeit des Algorithmus:

$$c_0' = 0,\ r_0' = r_1,\ c_1' = c_2,\ r_1' = r_2, \ldots, r_{n-1}' = r_n,\ c_n' = c_{n+1}, \ldots,$$

d.h.

$$\frac{r_1}{b} \cong (0, \overline{c_2 c_3 \ldots c_\pi c_1})_g \qquad \text{wegen } c_{\pi+1} = c_1.$$

Wiederholung dieses Schlusses liefert die Behauptung für die restlichen Brüche $\frac{r_2}{b}, \ldots, \frac{r_{\pi-1}}{b}$. □

Für jede natürliche Zahl $b > 1$ hat die Menge

$$L_b := \left\{\frac{c}{b} : c \in \mathbb{N}^\times, c < b, \operatorname{ggT}(c, b) = 1\right\}$$

aller *reduzierten* Brüche γ mit $0 < \gamma < 1$ und Nenner b genau $\varphi(b)$ Elemente. Falls $\operatorname{ggT}(b, g) = 1$, so haben diese Brüche alle eine rein-periodische g-adische Darstellung mit gleicher Grundperiode π; auf Grund des Ziffernverschiebungssatzes ist alsdann für jeden Bruch $\frac{a}{b} \in L_b$ die Menge

$$M_a := \left\{\frac{r_0}{b}, \frac{r_1}{b}, \ldots, \frac{r_{\pi-1}}{b}\right\},$$

wobei r_n den n-ten g-adischen Rest von $\frac{a}{b}$ bezeichnet, *eine $\frac{a}{b}$ enthaltende Teilmenge von L_b mit genau π verschiedenen Elementen.* Damit haben wir im Fall $\operatorname{ggT}(b, g) = 1$ bereits die Abschätzung $\pi \leqq \varphi(b)$, welche offensichtlich schärfer ist als die durch das Lemma gewonnene Abschätzung $\pi \leqq b$. Durch ein genaueres Eingehen auf die Lage der eben eingeführten Mengen M_a in L_b läßt sich die Ungleichung $\pi \leqq \varphi(b)$ wesentlich verschärfen. Die Mengen M_a haben nämlich folgende

Zykluseigenschaft: *Es sei* $b \in \mathbb{N}$, $b > 1$, $\operatorname{ggT}(b, g) = 1$; *es sei* $M_a \subset L_b$. *Dann gilt:*

$$M_c = M_a \qquad \textit{für jeden Bruch } \frac{c}{b} \in M_a.$$

Speziell gilt:

Sind $\frac{u}{b}, \frac{v}{b} \in L_b$ *zwei Brüche mit* $M_u \cap M_v \neq \emptyset$, *so folgt bereits:* $M_u = M_v$.

Beweis: Nach Definition von M_a erhält man die g-adische Darstellung jedes Bruches $\frac{c}{b} \in M_a$ durch wiederholte zyklische Verschiebung der Ziffern des Periodenkomplexes von $\frac{a}{b}$. Da sich die g-adische Darstellung aller Brüche aus M_c

wiederum durch wiederholte zyklische Verschiebung der Ziffern des Periodenkomplexes von $\frac{c}{b}$ ergibt, so folgt, daß alle Brüche aus M_c und M_a durch zyklische Verschiebung der Elemente desselben Ziffernkomplexes entstehen. Dies bedeutet: $M_c = M_a$ für alle $\frac{c}{b} \in M_a$. Seien nun $\frac{u}{b}, \frac{v}{b} \in L_b$ und sei $M_u \cap M_v \neq \emptyset$, etwa $\frac{c}{b} \in M_u \cap M_v$. Nach dem eben Bewiesenen folgt: $M_u = M_c = M_v$. □

Die Tatsache, daß die Mengen M_a „zyklisch geschlossene Systeme" sind, liefert nun schnell:

Satz: *Es sei $b \in \mathbb{N}$, $b > 1$, ggT$(b, g) = 1$. Dann ist die g-adische Grundperiode π eines jeden reduzierten Bruches $\frac{w}{b} > 0$ ein Teiler von $\varphi(b)$; speziell ist $\varphi(b)$ eine g-adische Periode von $\frac{w}{b}$.*

Beweis: Wir dürfen $w = 1$ annehmen. Wir betrachten (unter Beibehaltung der oben eingeführten Bezeichnungen) alle Mengen $M_a \subset L_b$, wo $\frac{a}{b} \in L_b$. Wegen der Zykluseigenschaft sind zwei solche Mengen M_u, M_v entweder elementfremd oder gleich. Da jeder Bruch aus L_b in einer Menge M_a liegt $\left(\text{nämlich: } \frac{a}{b} \in M_a\right)$, so können wir also Zahlen $a_1, \ldots, a_k$ so wählen, daß gilt:

$$L_b = M_{a_1} \cup M_{a_2} \cup \ldots \cup M_{a_k},$$

wobei die rechts stehenden Mengen paarweise disjunkt sind. Da L_b genau $\varphi(b)$ Elemente hat und da jede Menge M_a jeweils genau π Brüche enthält, so folgt

$$\varphi(b) = k\pi, \qquad \text{also } \pi \mid \varphi(b).$$

Da $k \in \mathbb{N}^{\times}$, so ist $\varphi(b)$ nach dem Periodensatz 2 auch eine g-adische Periode von $\frac{1}{b}$. □

Zahlenbeispiel: Sei $g := 10$, $b := 13$. Dann gilt $\varphi(b) = 12$. Man gewinnt:

$$\tfrac{1}{13} \cong 0,\overline{076923}, \quad \tfrac{3}{13} \cong 0,\overline{230769}, \quad \tfrac{4}{13} \cong 0,\overline{307692},$$
$$\tfrac{9}{13} \cong 0,\overline{692307}, \quad \tfrac{10}{13} \cong 0,\overline{769230}, \quad \tfrac{12}{13} \cong 0,\overline{923076},$$
$$\tfrac{2}{13} \cong 0,\overline{153846}, \quad \tfrac{5}{13} \cong 0,\overline{384615}, \quad \tfrac{6}{13} \cong 0,\overline{461538},$$
$$\tfrac{7}{13} \cong 0,\overline{538461}, \quad \tfrac{8}{13} \cong 0,\overline{615384}, \quad \tfrac{11}{13} \cong 0,\overline{846153}.$$

In diesem Fall gilt also $\pi = 6$, die Menge L_{13} hat 12 Elemente und ist die Vereinigung der beiden disjunkten Mengen M_1 und M_2.
In Kenntnis des Satzes ist jetzt für die zu Anfang dieses Abschnittes diskutierten erratischen Brüche $\frac{7}{29}$ bzw. $\frac{30}{61}$ klar, daß die dekadischen Grundperioden dieser

Brüche Teiler von $\varphi(29) = 28$ bzw. $\varphi(61) = 60$ sein müssen; in beiden Fällen sind die Maximalwerte 28 bzw. 60 die Grundperioden.
Durch den Satz wird man zwangsläufig zu der Frage geführt, wann $\varphi(b)$ selbst die g-adische Grundperiode von $\frac{1}{b}$ ist, d.h., wann $\varphi(b)$ die kleinste natürliche Zahl $t \in \mathbb{N}^\times$ mit $b \mid (g^t - 1)$ ist. Wir haben gesehen, daß dies im Fall $g = 10$ für $\frac{1}{7}, \frac{1}{29}, \frac{1}{61}$ zutrifft, dagegen nicht für $\frac{1}{13}$, wo gilt: $13 \mid (10^6 - 1)$. Es gibt keine allgemeine Antwort auf die hier gestellte Frage; wir werden darauf in 6.2.2 zurückkommen.

4. Satz von FERMAT-EULER. Wir haben bereits gezeigt (Korollar 1), daß zu je zwei teilerfremden natürlichen Zahlen $b > 1$, $g > 1$ natürliche Zahlen $t \in \mathbb{N}^\times$ existieren, so daß gilt: $b \mid (g^t - 1)$. Wir wissen, daß man für t jede g-adische Periode des Stammbruches $\frac{1}{b}$ wählen kann. Da nach Satz 3 die Zahl $\varphi(b)$ stets eine g-adische Periode von $\frac{1}{b}$ ist, so ist in all unseren Informationen speziell enthalten (die Fälle $b = 1$ oder $g = 1$ sind trivial!):

Satz (FERMAT-EULER): *Für je zwei teilerfremde natürliche Zahlen $b, g \in \mathbb{N}^\times$ gilt:*

$$b \mid (g^{\varphi(b)} - 1).$$

Da $\varphi(p) = p - 1$ für jede Primzahl p, so folgt hieraus

Korollar (Kleiner Fermatscher Satz): *Ist $g \in \mathbb{N}^\times$ eine natürliche Zahl, so gilt:*

$$p \mid (g^{p-1} - 1) \quad \text{für alle Primzahlen } p \text{ mit } p \nmid g.$$

Historische Bemerkung: Bereits um 500 v. Chr. war den Chinesen bekannt, daß eine Primzahl p stets $2^p - 2$ teilt (das ist wegen $2^p - 2 = 2(2^{p-1} - 1)$ gerade der kleine Fermatsche Satz für $g = 2$). FERMAT hat seinen Satz 1640 beim Studium vollkommener Zahlen entdeckt, LEIBNIZ kannte einen Beweis. Der erste publizierte Beweis des kleinen Fermatschen Satzes erschien 1736 von EULER. 1760 formulierte und bewies EULER seine fundamentale Verallgemeinerung unter Verwendung seiner φ-Funktion; diese Ausdehnung vom Fall einer Primzahl auf beliebige zusammengesetzte Zahlen b ist für die Entwicklung der Zahlentheorie von größter Bedeutung gewesen.
Der Satz von FERMAT-EULER hat sich hier anläßlich unserer Untersuchungen über rein-periodische g-adische Darstellungen nebenbei ergeben. Man darf ohne Übertreibung sagen, daß man nicht recht versteht, wieso dieser Satz hier plötzlich auftaucht (die essentiellen Schlüsse sind in den Beweisen des Lemmas 1, des Ziffernverschiebungssatzes 3 sowie der Sätze 1 und 3 enthalten); insbesondere wird hier nicht klar, warum der Satz von FERMAT-EULER so wichtig sein soll. Wir werden in 5.1.4 mittels Kongruenzrechnung zwei weitere Beweise kennen-

lernen. Weiter werden wir dann in 6.1.3 und 6.1.4 diesen Satz unter einem gänzlich anderen Gesichtspunkt noch einmal interpretieren und dabei Einsichten gewinnen, aus denen die Bedeutung des Satzes besser hervorgeht.

Aufgaben:

1) Bestimmen Sie im Zehnersystem die minimale Vorperiode und die Grundperiode der Brüche $\frac{13}{88}$ und $\frac{19}{1040}$, ohne die Ziffern zu berechnen.
2) Es seien $b, g \in \mathbb{N}, b > 1, g > 1, \operatorname{ggT}(b, g) = 1$. Zeigen Sie: Hat der Stammbruch $\frac{1}{b}$ die g-adische Grundperiode $b - 1$, so ist b notwendig eine Primzahl.
3) Sei p eine Primzahl und seien p und g teilerfremd. Zeigen Sie: Für jeden Bruch $\frac{a}{p} = (c_0, \overline{c_1 \ldots c_\pi})_g$, für den die g-adische Grundperiode π gerade ist, gilt:
$(c_1 \ldots c_{\pi/2})_g + (c_{(\pi/2)+1} \ldots c_\pi)_g = ((g-1) \ldots (g-1))_g$.

§ 4* (Anhang) g-adische Entwicklung als Approximationsverfahren

Das Thema dieses Anhangs gehört nicht zur elementaren Zahlentheorie. Wir machen uns hier klar, daß der g-adische Algorithmus auch als ein Verfahren aufgefaßt werden kann, rationale Zahlen durch Summen der Form $\sum_{\nu=0}^{n} \frac{c_\nu}{g^\nu}$ zu approximieren. Diese Deutung führt zwangsläufig zur g-adischen Reihenentwicklung

$$\gamma = \sum_{\nu=0}^{\infty} \frac{c_\nu}{g^\nu},$$

wobei die auftretende Reihe im Sinne der Infinitesimalrechnung gegen γ konvergiert. Die *algebraische* Theorie des g-adischen Algorithmus ordnet sich so als Spezialfall in die *analytische* Theorie der konvergenten unendlichen Reihen ein. Die nichtnegativen rationalen Zahlen werden unter den nichtnegativen reellen Zahlen dadurch charakterisiert, daß sie eine periodische g-adische Darstellung haben.

1*. Approximationskriterium. Wir haben in Abschnitt 1 von Paragraph 2 die g-adische Darstellung $\gamma \cong (c_0, c_1 c_2 \ldots)_g$ eines Bruches $\gamma \geqq 0$ durch den g-adischen Algorithmus definiert; bei allen Überlegungen haben wir ausschließlich diesen Algorithmus herangezogen. Die im Lemma 2.1 bewiesenen Gleichungen

$$\gamma = c_0 + \frac{c_1}{g} + \frac{c_2}{g^2} + \ldots + \frac{c_n}{g^n} + \frac{r_n}{b} \cdot \frac{1}{g^n}, \qquad n \in \mathbb{N},$$

legen es nahe, die g-adische Darstellung als ein *Approximationsverfahren* aufzufassen: Gilt doch wegen $0 \leqq r_n < b$ stets

$$0 \leqq \gamma - \left(c_0 + \frac{c_1}{g} + \ldots + \frac{c_n}{g^n}\right) < \frac{1}{g^n}, \qquad n \in \mathbb{N}.$$

Wir zeigen nun, daß diese Abschätzungen für γ, die bei wachsendem n immer besser werden, für die g-adische Darstellung von γ signifikant sind.

Approximationskriterium: *Folgende Aussagen über einen Bruch $\gamma \geqq 0$ und endlich viele natürliche Zahlen $c_0, c_1, c_2, \ldots, c_k$ sind äquivalent:*

i) $c_0, c_1, c_2, \ldots, c_k$ *sind die ersten* $k + 1$ *Zahlen der* g*-adischen Ziffernfolge von* γ.
ii) *Es gilt* $c_\nu \leqq g - 1$ *für alle* $\nu = 1, 2, \ldots, k$, *und es besteht die Abschätzung*

$$0 \leqq \gamma - \left(c_0 + \frac{c_1}{g} + \ldots + \frac{c_k}{g^k}\right) < \frac{1}{g^k}.$$

iii) *Es gilt:*

$$0 \leqq \gamma - \left(c_0 + \frac{c_1}{g} + \ldots + \frac{c_n}{g^n}\right) < \frac{1}{g^n} \quad \textit{für alle } n = 0, 1, 2, \ldots, k.$$

Beweis: Sei $\gamma = \frac{a}{b}$ die reduzierte Bruchdarstellung. Wir bilden die Partialsummen

$$S_n := \sum_{\nu=0}^{n} \frac{c_\nu}{g^\nu} \in \mathbb{Q} \text{ für } 0 \leqq n \leqq k, \qquad \text{also } S_{n+1} = S_n + \frac{c_{n+1}}{g^{n+1}} \text{ für } n < k.$$

i) $\Rightarrow$ ii): Die Ungleichung $c_\nu \leqq g - 1$ gilt für alle g-adischen Ziffern, sobald $\nu \geqq 1$. Wir wissen weiter nach Lemma 2.1:

$$\gamma = S_k + \frac{r_k}{b} \cdot \frac{1}{g^k},$$

wo r_k der k-te g-adische Rest von γ ist. Da stets $0 \leqq r_k < b$, so gilt:

$$0 \leqq \gamma - S_k = \frac{r_k}{b} \cdot \frac{1}{g^k} < \frac{1}{g^k}.$$

ii) $\Rightarrow$ iii): Wir führen den Beweis durch *absteigende* Induktion. Für $n = k$ gilt die Behauptung nach Voraussetzung. Sei die Behauptung bereits für $n \leqq k$, $n \geqq 1$, bewiesen. Es gilt:

$$\gamma - S_{n-1} = (\gamma - S_n) + \frac{c_n}{g^n}.$$

Da $\gamma - S_n \geqq 0$ nach Induktionsvoraussetzung und da $c_n \geqq 0$, so folgt $0 \leqq \gamma - S_{n-1}$. Da $\gamma - S_n < \frac{1}{g^n}$ nach Induktionsvoraussetzung und da $c_n \leqq g - 1$ wegen $n \geqq 1$, so folgt weiter

$$\gamma - S_{n-1} < \frac{1}{g^n} + \frac{g-1}{g^n} = \frac{1}{g^{n-1}}.$$

iii) $\Rightarrow$ i): Wir setzen $\varrho_n := g^n b(\gamma - S_n) \in \mathbb{Q}$, $n = 0, 1, \ldots, k$. Dann gelten wegen $0 \leqq \gamma - S_n < \frac{1}{g^n}$ die Ungleichungen

$$0 \leqq \varrho_n < b \qquad \text{für } n = 0, 1, \ldots, k.$$

Wir zeigen induktiv, daß c_n die n-te g-adische Ziffer und ϱ_n der n-te g-adische Rest von γ ist, $0 \leqq n \leqq k$. Für $n = 0$ gilt:

$$\varrho_0 = g^0 b\left(\frac{a}{b} - S_0\right) = a - bc_0, \qquad \text{also } a = c_0 b + \varrho_0.$$

Wir sehen: $\varrho_0 \in \mathbb{Z}$ (wegen $a, b, c_0 \in \mathbb{N}$). Da $0 \leqq \varrho_0 < b$, so ist $a = c_0 b + \varrho_0$ die Gleichung, die man bei Division mit Rest erhält. Daher ist nach dem g-adischen Algorithmus c_0 die 0-te g-adische Ziffer und ϱ_0 der 0-te g-adische Rest von γ.
Sei die Behauptung bereits für $n < k$ bewiesen. Es gilt:

$$\varrho_{n+1} = g^{n+1} b(\gamma - S_{n+1}) = g g^n b\left(\gamma - S_n - \frac{c_{n+1}}{g^{n+1}}\right) = g\varrho_n - bc_{n+1}.$$

Da $b, c_{n+1} \in \mathbb{N}$ nach Voraussetzung und da $\varrho_n \in \mathbb{N}$ nach Induktionsannahme, so folgt $\varrho_{n+1} \in \mathbb{Z}$. Aus $g\varrho_n = bc_{n+1} + \varrho_{n+1}$ mit $\varrho_{n+1} \in \mathbb{Z}$ und $0 \leqq \varrho_{n+1} < b$ folgt, daß wieder eine Division mit Rest vorliegt. Da ϱ_n nach Induktionsannahme der n-te g-adische Rest von γ ist, so folgt auf Grund des g-adischen Algorithmus, daß c_{n+1} die $(n+1)$-te g-adische Ziffer und ϱ_{n+1} der $(n+1)$-te g-adische Rest von γ ist. □

Das Approximationskriterium wird im nächsten Abschnitt entscheidend herangezogen, um Brüche mit vorgegebener g-adischer Darstellung zu konstruieren.

2*. Konstruktion von Brüchen zu g-periodischen Folgen. Wir wissen auf Grund der Sätze 2.1 und 2.3, daß die g-adische Ziffernfolge $(c_n)_{n \geqq 0}$ eines jeden Bruches $\gamma \geqq 0$ den folgenden beiden einschränkenden Bedingungen unterliegt:

1) *Für alle* $n \in \mathbb{N}^\times$ *gilt*: $0 \leqq c_n \leqq g-1$; *für unendlich viele* $n \in \mathbb{N}^\times$ *gilt*: $c_n \leqq g-2$.
2) *Es gibt Zahlen* $s \in \mathbb{N}$, $t \in \mathbb{N}^\times$, *so daß gilt*: $c_{s+\nu} = c_{s+\nu+t}$ *für alle* $\nu \in \mathbb{N}^\times$.

Man muß fragen, welche Folgen dieser Art wirklich als g-adische Ziffernfolgen von Brüchen auftreten. Wir werden im folgenden sehen, daß *jede* solche Folge als g-adische Ziffernfolge eines Bruches vorkommt. Vorweg führen wir die Redeweise ein, daß bei vorgegebenem $g \in \mathbb{N}$, $g \geqq 2$, eine Folge $(c_n)_{n \geqq 0}$ natürlicher Zahlen *g-periodisch* heißt, wenn die obigen Bedingungen 1) und 2) erfüllt sind.
Die Folge $(c_n)_{n \geqq 0}$ mit $c_n := g-1$ für alle $n \in \mathbb{N}$ ist nicht g-periodisch.
Ist eine g-periodische Folge $(c_n)_{n \geqq 0}$ vorgegeben, so ist es auf Grund von Lemma 2.3 klar, daß höchstens die Zahl

$$\gamma = c_0 + \frac{c_1}{g} + \ldots + \frac{c_s}{g^s} + \frac{1}{g^s} \cdot \frac{P}{g^t - 1} \quad \text{mit} \quad P := \sum_{i=1}^{t} c_{s+i} g^{t-i}$$

die Folge $(c_n)_{n \geqq 0}$ als g-adische Ziffernfolge besitzt. Unter Heranziehung des Approximationskriteriums 1 zeigen wir nun

Satz: *Es sei* $(c_n)_{n \geqq 0}$ *eine g-periodische Folge; es gelte* $c_{s+\nu} = c_{s+\nu+t}$ *für alle* $\nu \in \mathbb{N}^\times$ *mit festen Zahlen* $s \in \mathbb{N}$, $t \in \mathbb{N}^\times$. *Dann hat der Bruch*

$$\gamma := c_0 + \frac{c_1}{g} + \ldots + \frac{c_s}{g^s} + \frac{1}{g^s} \cdot \frac{1}{g^t - 1}(c_{s+1} g^{t-1} + c_{s+2} g^{t-2} + \ldots + c_{s+t})$$

die Folge $(c_n)_{n \geqq 0}$ *als g-adische Ziffernfolge.*

Beweis: Wir setzen $P := c_{s+1} g^{t-1} + c_{s+2} g^{t-2} + \ldots + c_{s+t}$. Da $c_{s+j} \leqq g-1$ für alle $j \geqq 1$ und da wenigstens eine der t Zahlen $c_{s+1}, \ldots, c_{s+t}$ kleiner als $g-1$ ist, so gilt die wichtige Ungleichung

$$P < (g-1)(g^{t-1} + \ldots + 1) = g^t - 1 .$$

Wir bilden nun die Partialsummen

$$S_n := \sum_{\nu=0}^{n} \frac{c_\nu}{g^\nu}, \qquad n \in \mathbb{N} .$$

Auf Grund von Satz 1, ii) wird die Behauptung unseres Satzes bewiesen sein, wenn wir zeigen

$$0 \leqq \gamma - S_k < \frac{1}{g^k} \quad \text{für } \textit{alle} \text{ Zahlen } k = s + mt,\ m = 1, 2, \ldots .$$

Wir geben für $\gamma - S_k$ einen geschlossenen Ausdruck an, der diese Abschätzungen evident macht. Wegen $c_{s+\nu+\mu t} = c_{s+\nu}$ für alle $\nu \geqq 1$, $\mu \geqq 0$ gilt:

$$\sum_{i=s+1}^{s+mt} \frac{c_i}{g^i} = \sum_{\mu=0}^{m-1} \sum_{\nu=1}^{t} \frac{c_{s+\nu+\mu t}}{g^{s+\nu+\mu t}} = \sum_{\mu=0}^{m-1} \frac{1}{g^{\mu t}} \sum_{\nu=1}^{t} \frac{c_{s+\nu}}{g^{s+\nu}} .$$

Da $\sum_{\nu=1}^{t} \frac{c_{s+\nu}}{g^{s+\nu}} = \frac{P}{g^{s+t}}$ nach Definition von P und da

$$\sum_{\mu=0}^{m-1} \frac{1}{g^{\mu t}} = \frac{1 - \frac{1}{g^{mt}}}{1 - \frac{1}{g^t}} = \frac{g^t}{g^t - 1}\left(1 - \frac{1}{g^{mt}}\right),$$

so sehen wir

$$\sum_{i=s+1}^{s+mt} \frac{c_i}{g^i} = \frac{P}{g^{s+t}} \cdot \frac{g^t}{g^t - 1}\left(1 - \frac{1}{g^{mt}}\right) = \frac{P}{g^s(g^t - 1)} \cdot \left(1 - \frac{1}{g^{mt}}\right).$$

Wegen $\gamma = \sum_{\nu=0}^{s} \frac{c_\nu}{g^\nu} + \frac{P}{g^s(g^t - 1)}$ folgt somit:

$$\gamma - S_{s+mt} = \frac{P}{g^s(g^t - 1)} - \sum_{i=s+1}^{s+mt} \frac{c_i}{g^i} = \frac{P}{g^s(g^t - 1)} - \frac{P}{g^s(g^t - 1)}\left(1 - \frac{1}{g^{mt}}\right) = \frac{P}{g^{s+mt}(g^t - 1)}$$

für alle $m = 1, 2, \ldots$.
Damit ist $\gamma - S_{s+mt} \geqq 0$ klar, da $P \geqq 0$ und $t \geqq 1$. Die oben notierte Ungleichung $P < g^t - 1$ liefert nun auch die gewünschte Abschätzung

$$\gamma - S_{s+mt} < \frac{1}{g^{s+mt}} \quad \text{für } m = 1, 2, \ldots. \qquad \square$$

Aus dem Satz folgt speziell, daß es zu je zwei beliebig vorgegebenen Zahlen $l \in \mathbb{N}$, $\pi \in \mathbb{N}^\times$ einen Bruch gibt, dessen minimale g-adische Vorperiode l und dessen g-adische Grundperiode π ist.

3*. g-adische Entwicklungen und unendliche Reihen. In der Infinitesimalrechnung ordnet man jeder Folge $(a_\nu)_{\nu \geqq 0}$ reeller Zahlen a_ν die Folge $(s_n)_{n \geqq 0}$ ihrer Partialsummen $s_n := \sum_{\nu=0}^{n} a_\nu$ zu. Man sagt bekanntlich, daß die unendliche Reihe $\sum_{\nu=0}^{\infty} a_\nu$ gegen die reelle Zahl s konvergiert, und schreibt

$$s = \sum_{\nu=0}^{\infty} a_\nu := \lim_{n \to \infty} s_n,$$

wenn es zu jeder (noch so kleinen) positiven reellen Zahl $\varepsilon > 0$ einen Index $n_0 \in \mathbb{N}$ gibt, so daß gilt $-\varepsilon \leqq s - s_n \leqq \varepsilon$ für alle $n \geqq n_0$. Dann folgt sofort:

Hilfssatz: *Es sei $\gamma \in \mathbb{Q}$, $\gamma \geqq 0$, und es sei $\gamma \cong (c_0, c_1 c_2 \ldots)_g$ die g-adische Darstellung von γ zur Grundzahl $g \geqq 2$. Dann konvergiert die Reihe $\sum_{\nu=0}^{\infty} \frac{c_\nu}{g^\nu}$ gegen γ:*

$$\gamma = \sum_{\nu=0}^{\infty} \frac{c_\nu}{g^\nu}.$$

Beweis: Sei $\varepsilon > 0$ vorgegeben. Wegen $g \geqq 2$ gibt es ein $n_0 \in \mathbb{N}$, so daß für alle $n \geqq n_0$ gilt: $g^{-n} < \varepsilon$. Damit folgt für die Partialsummen $s_n = \sum_{\nu=0}^{n} \frac{c_\nu}{g^\nu}$ auf Grund von Satz 1, iii):

$$0 \leqq \gamma - s_n < \frac{1}{g^n} < \varepsilon \quad \text{für alle } n \geqq n_0. \qquad \square$$

Wir haben uns soeben davon überzeugt, daß für jede rationale Zahl $\gamma \geqq 0$ die vermöge

$$\gamma \xrightarrow[\text{Algorithmus}]{g\text{-adischer}} (c_0, c_1 c_2 \ldots c_n \ldots)_g \xrightarrow[\text{bildung}]{\text{Limes-}} s := \sum_{\nu=0}^{\infty} \frac{c_\nu}{g^\nu}$$

gewonnene reelle Zahl s mit der Ausgangszahl γ übereinstimmt. Man kann den g-adischen Algorithmus also auch als ein Verfahren auffassen, jedes $\gamma \in \mathbb{Q}$, $\gamma \geqq 0$, durch eine konvergente Reihe darzustellen. Wir wollen uns nun klar machen, daß sich der g-adische Algorithmus, den wir bisher ja nur auf rationale Zahlen anwenden können, auch für *beliebige nichtnegative reelle Zahlen* γ erklären läßt, so daß man wieder eine Darstellung von γ durch eine konvergente Reihe $\sum_{\nu=0}^{\infty} \frac{c_\nu}{g^\nu}$ mit „Ziffern" $c_\nu \in \mathbb{N}$, $0 \leqq c_\nu < g$ für $\nu \geqq 1$, erhält. Dazu führen wir zunächst das *Gauß-symbol* ein: Für jede reelle Zahl x bezeichnet $[x]$ die größte in x enthaltene ganze Zahl:

$$[x] := \max\{n \in \mathbb{Z} : n \leqq x\}.$$

Die Zahl $[x]$ existiert (z.B. nach dem Prinzip des kleinsten Elementes, wenn man $\max\{n \in \mathbb{Z} : n \leqq x\} = \min\{m \in \mathbb{Z} : m > x\} - 1$ beachtet) und ist eindeutig durch x bestimmt. Es gilt stets:

$$0 \leqq x - [x] < 1.$$

Beispiele: $[2] = 2$, $[\frac{1}{2}] = 0$, $[-\frac{3}{2}] = -2$.

Sei nun $\gamma \geqq 0$ irgendeine reelle Zahl (rational oder irrational). Wir unterwerfen γ dem folgenden Algorithmus, der uns zwei Folgen $(c_n)_{n \geqq 0}$ und $(\gamma_n)_{n \geqq 0}$ liefert:

$$\begin{array}{ll} & \gamma_0 := \gamma, \\ c_0 := [\gamma_0] \in \mathbb{N}, & \gamma_1 := g(\gamma_0 - c_0), \\ c_1 := [\gamma_1] \in \mathbb{N}, & \gamma_2 := g(\gamma_1 - c_1), \\ c_2 := [\gamma_2] \in \mathbb{N}, & \gamma_3 := g(\gamma_2 - c_2), \\ \vdots & \vdots \\ c_n := [\gamma_n] \in \mathbb{N}, & \gamma_{n+1} := g(\gamma_n - c_n), \\ \vdots & \vdots \end{array}$$

Ist γ nicht rational, so sind es offenbar die Zahlen γ_n, $n \geqq 0$, auch nicht. Die wichtigsten Eigenschaften der so aus γ gewonnenen Folgen $(c_n)_{n \geqq 0}$ und $(\gamma_n)_{n \geqq 0}$ stellen wir zusammen im folgenden

Lemma: 1) $0 \leqq \gamma_n < g$ *und* $0 \leqq c_n \leqq g - 1$ *für alle* $n \geqq 1$.

2) $\gamma = c_0 + \frac{c_1}{g} + \ldots + \frac{c_n}{g^n} + \frac{\gamma_{n+1}}{g^{n+1}}$ *für alle* $n \in \mathbb{N}$.

3) *Es gilt* $0 \leqq c_n \leqq g - 2$ *für unendlich viele* $n \in \mathbb{N}^\times$.

Ist γ *rational, so ist* $(c_n)_{n \geqq 0}$ *die* g*-adische Ziffernfolge von* γ; *ferner gilt dann* $\gamma_{n+1} = \frac{g}{b} r_n$, *wenn* $\gamma = \frac{a}{b}$ *die reduzierte Bruchdarstellung von* γ *und* r_n *der* n*-te* g*-adische Rest von* γ *ist*, $n \in \mathbb{N}$.

Beweis: ad 1): Wegen $c_n \in \mathbb{N}$, $c_n = [\gamma_n] \leqq \gamma_n$ ist nur zu zeigen: $0 \leqq \gamma_n < g$ für alle $n \geqq 1$. Da stets $0 \leqq \gamma_n - c_n = \gamma_n - [\gamma_n] < 1$ auf Grund der Definition des Gaußsymbols, so folgt für alle $n \geqq 1$:

$$0 \leqq \gamma_n = g(\gamma_{n-1} - c_{n-1}) < g \cdot 1 = g.$$

ad 2): Man schließt induktiv. Die Gleichung $\gamma = c_0 + \frac{\gamma_1}{g}$ gilt wegen $\gamma_1 = g(\gamma - c_0)$. Sei bereits

$$\gamma = c_0 + \frac{c_1}{g} + \ldots + \frac{c_{n-1}}{g^{n-1}} + \frac{\gamma_n}{g^n}$$

verifiziert. Da $\gamma_{n+1} = g(\gamma_n - c_n)$, so gilt $\gamma_n = c_n + \frac{\gamma_{n+1}}{g}$ und also

$$\gamma = c_0 + \frac{c_1}{g} + \ldots + \frac{c_{n-1}}{g^{n-1}} + \frac{c_n}{g^n} + \frac{\gamma_{n+1}}{g^{n+1}}.$$

ad 3): Angenommen, es gäbe einen Index $l \geqq 1$, so daß für alle $v \geqq l$ gilt: $c_v = g - 1$. Dann würde aus $\gamma_{v+1} = g(\gamma_v - c_v)$ folgen:

$$\gamma_v = g - 1 + \frac{\gamma_{v+1}}{g} \quad \text{für alle } v \geqq l,$$

also:

$$g - \gamma_v = \frac{g - \gamma_{v+1}}{g} \quad \text{für alle } v \geqq l.$$

Hieraus folgt sukzessive:

$$g - \gamma_l = \frac{g - \gamma_{l+1}}{g} = \ldots = \frac{g - \gamma_{l+j+1}}{g^{j+1}} \quad \text{für alle } j \in \mathbb{N}^\times.$$

Da stets $g - \gamma_{l+j+1} \leqq g$, so ergäbe sich:

$$g - \gamma_l \leqq \frac{g}{g^{j+1}} = \frac{1}{g^j} \quad \text{für alle } j \geqq 1.$$

Da j beliebig groß werden darf, folgt $g - \gamma_l \leqq 0$, während doch nach 1) gilt: $g - \gamma_l > 0$.

Sei nun $\gamma = \frac{a}{b} \in \mathbb{Q}$. Da $0 \leqq \gamma_{n+1} < g$ für alle $n \in \mathbb{N}$, so gilt wegen 2):

$$0 \leqq \gamma - \left(c_0 + \frac{c_1}{g} + \ldots + \frac{c_n}{g^n}\right) = \frac{\gamma_{n+1}}{g^{n+1}} < \frac{1}{g^n}.$$

Da alle c_v natürliche Zahlen sind, so ist c_n auf Grund von Satz 1, iii) jetzt die n-te g-adische Ziffer von γ, $n \in \mathbb{N}$. Nach Lemma 2.1 folgt für alle $n \in \mathbb{N}$:

$$\gamma = \frac{a}{b} = c_0 + \frac{c_1}{g} + \ldots + \frac{c_n}{g^n} + \frac{r_n}{b} \cdot \frac{1}{g^n}.$$

Damit sieht man

$$\frac{r_n}{b} \cdot \frac{1}{g^n} = \frac{\gamma_{n+1}}{g^{n+1}}, \quad \text{d.h.} \quad \gamma_{n+1} = \frac{g}{b} \cdot r_n \quad \text{für alle } n \in \mathbb{N}. \qquad \square$$

Auf Grund des soeben Bewiesenen ist klar, daß man den hier für beliebige reelle Zahlen $\gamma \geqq 0$ beschriebenen Algorithmus wieder den *g-adischen Algorithmus zu* γ nennen wird; ebenso wird man die Folge $(c_n)_{n \geqq 0}$ wieder die *g-adische Ziffernfolge* und die Zahlen c_n, $n \geqq 1$, die *g-adischen Ziffern von* γ nennen (die Folge $(\gamma_n)_{n \geqq 0}$, die jetzt an die Stelle der früheren Folge $(r_n)_{n \geqq 0}$ der g-adischen Reste tritt, erhält keinen Namen). Folgende Verallgemeinerung des Hilfssatzes liegt auf der Hand:

Folgerung: *Es sei* $\gamma \geqq 0$ *irgendeine reelle Zahl und* $(c_n)_{n \geqq 0}$ *die g-adische Ziffernfolge von* γ. *Dann gilt:*

$$\gamma = \sum_{v=0}^{\infty} \frac{c_v}{g^v}.$$

Beweis: Da für alle Partialsummen $s_n := \sum_{v=0}^{n} \frac{c_v}{g^v}$ auf Grund des Lemmas die Ungleichung $0 \leqq \gamma - s_n < \frac{1}{g^n}$ besteht, kann man wörtlich so schließen wie im Beweis des Hilfssatzes. $\square$

Es ist nur konsequent, auch für reelle Zahlen $\gamma \geqq 0$ die Schreibweise $\gamma \cong (c_0, c_1 c_2 \ldots)_g$ zu verwenden, die im Dezimalsystem durchweg üblich ist; wir erinnern nur an $e = 2{,}7182818\ldots$. Wie früher bestimmt die g-adische Ziffernfolge die reelle Zahl eindeutig. Wir beweisen sogleich mehr (vgl. Abschnitt 1 von Paragraph 2):

Vergleichssatz: *Es seien $\gamma \geqq 0, \gamma' \geqq 0$ reelle Zahlen und $(c_n)_{n \geqq 0}, (c'_n)_{n \geqq 0}$ ihre g-adischen Ziffernfolgen. Dann sind folgende Aussagen äquivalent:*

i) *Es gibt ein $m \in \mathbb{N}$, so daß gilt: $c_\mu = c'_\mu$ für alle $\mu < m$, $c_m < c'_m$.*
ii) $\gamma < \gamma'$.

Beweis: i) $\Rightarrow$ ii): Es gilt $\gamma_{m+1} < g$ und $c_m + 1 \leqq c'_m$. Damit folgt:

$$\gamma = \sum_{\mu=0}^{m} \frac{c_\mu}{g^\mu} + \frac{\gamma_{m+1}}{g^{m+1}} < \sum_{\mu=0}^{m-1} \frac{c_\mu}{g^\mu} + \frac{c_m + 1}{g^m} \leqq \sum_{\mu=0}^{m} \frac{c'_\mu}{g^\mu} \leqq \gamma'.$$

ii) $\Rightarrow$ i): Es gibt einen ersten Index $m \in \mathbb{N}$, so daß gilt $c_\mu = c'_\mu$ für alle $\mu < m$ und $c_m \neq c'_m$, denn im Falle $c_j = c'_j$ für alle $j \in \mathbb{N}$ würde gelten

$$\gamma = \sum_{\mu=0}^{\infty} \frac{c_\mu}{g^\mu} = \sum_{\mu=0}^{\infty} \frac{c'_\mu}{g^\mu} = \gamma'.$$

Der Fall $c_m > c'_m$ ist nicht möglich, da dann auf Grund des schon Gezeigten $\gamma > \gamma'$ gelten müßte. Es folgt: $c_m < c'_m$. □

Es erhebt sich wie für rationale Zahlen die Frage, welche Folgen $(c_n)_{n \geqq 0}$ ganzer Zahlen c_n als g-adische Ziffernfolge einer nichtnegativen reellen Zahl vorkommen. Wir sahen bereits im Lemma, daß die Zahlen c_n jedenfalls der Bedingung

1) $0 \leqq c_n \leqq g - 1$ für alle $n \in \mathbb{N}^\times$; $c_n \leqq g - 2$ für unendlich viele $n \in \mathbb{N}^\times$,

unterworfen werden müssen (dies ist die Bedingung 1) aus Abschnitt 2, die dort für rationale Zahlen γ gestellt wurde). Eine Periodizitätsbedingung darf man jetzt aber nicht mehr verlangen. Wir nennen daher bei vorgegebenem $g \in \mathbb{N}$, $g \geqq 2$, eine Folge $(c_n)_{n \geqq 0}$ natürlicher Zahlen eine *g-Folge*, wenn die obige Bedingung 1) erfüllt ist.
g-periodische Folgen (vgl. Abschnitt 2) sind g-Folgen. Auf Grund der Folgerung und wegen der nach Aussage 2) des Lemmas bestehenden Gleichungen $\gamma_n = g^n\left(\gamma - c_0 - \frac{c_1}{g} - \ldots - \frac{c_{n-1}}{g^{n-1}}\right)$ ist klar, daß bei vorgegebener g-Folge $(c_n)_{n \geqq 0}$ die durch die (a priori nicht notwendig konvergenten) Reihen

$$\gamma := \gamma_0 := \sum_{\nu=0}^{\infty} \frac{c_\nu}{g^\nu}, \qquad \gamma_n := g^n\left(\sum_{\nu=0}^{\infty} \frac{c_\nu}{g^\nu} - \sum_{\nu=0}^{n-1} \frac{c_\nu}{g^\nu}\right) = \sum_{\nu=0}^{\infty} \frac{c_{n+\nu}}{g^\nu}$$

bestimmten reellen Zahlen die alleinigen Kandidaten sind, so daß der g-adische Algorithmus zu γ die gegebene Folge $(c_n)_{n \geqq 0}$ mit zugehöriger Folge $(\gamma_n)_{n \geqq 0}$ hervorbringt. Der folgende Satz beweist diese Plausibilitätsbetrachtung.

Satz: *Es sei $(c_n)_{n \geqq 0}$ eine g-Folge. Dann ist die unendliche Reihe $\sum_{\nu=0}^{\infty} \frac{c_\nu}{g^\nu}$ konvergent, und die reelle Zahl*

$$\gamma := \sum_{\nu=0}^{\infty} \frac{c_\nu}{g^\nu}$$

besitzt die Folge $(c_n)_{n \geqq 0}$ als g-adische Ziffernfolge:

$$\gamma \cong (c_0, c_1 c_2 \ldots)_g;$$

die zugehörige Folge $(\gamma_j)_{j \geqq 0}$ wird durch die ebenfalls konvergenten Reihen

$$\gamma_j := \sum_{\nu=0}^{\infty} \frac{c_{j+\nu}}{g^\nu}, \qquad j = 0, 1, 2, \ldots$$

gegeben.

Vorbemerkung zum Beweis: Um die Konvergenz der angeschriebenen Reihen einzusehen, benutzen wir (ohne Beweis) folgendes Kriterium aus der Konvergenztheorie reeller Zahlenfolgen.

Monotoniekriterium: *Es sei $(a_n)_{n \geqq 0}$ eine Folge reeller Zahlen mit folgenden Eigenschaften:*

1) *Es gilt $a_n \leqq a_{n+1}$ für fast alle $n \in \mathbb{N}$.* (*Monotonie*)
2) *Es gibt eine reelle Zahl A, so daß gilt:*

$$a_n \leqq A \quad \text{für alle } n \in \mathbb{N}. \quad (\textit{Beschränktheit nach oben})$$

Dann ist die Folge $(a_n)_{n \geqq 0}$ konvergent.

Beweis des Satzes: Für jeden Index $j \in \mathbb{N}$ definieren wir eine Folge $(s_n^{(j)})_{n \geqq 0}$ durch die Gleichungen

$$s_n^{(j)} := \sum_{\nu=0}^{n} \frac{c_{j+\nu}}{g^\nu} = c_j + \frac{c_{j+1}}{g} + \ldots + \frac{c_{j+n}}{g^n}, \qquad n \in \mathbb{N}.$$

Da kein c_i negativ ist, so gilt stets:

$$s_0^{(j)} \leqq s_1^{(j)} \leqq s_2^{(j)} \leqq \ldots \leqq s_n^{(j)} \leqq s_{n+1}^{(j)} \leqq \ldots,$$

d. h., jede Folge $(s_n^{(j)})_{n \geqq 0}$ ist *monoton wachsend*. Da stets $c_\nu \leqq g - 1$ für $\nu \geqq 1$, so gilt weiter für alle $j, n \in \mathbb{N}$:

$$s_n^{(j)} = c_j + \sum_{\nu=1}^{n} \frac{c_{j+\nu}}{g^\nu} \leqq c_j + \sum_{\nu=1}^{n} \frac{g-1}{g^\nu} = c_j + \frac{g-1}{g}\left(1 + \frac{1}{g} + \ldots + \frac{1}{g^{n-1}}\right),$$

d. h. (endliche geometrische Reihe!):

$$s_n^{(j)} \leqq c_j + \left(1 - \frac{1}{g}\right) \frac{1 - \left(\frac{1}{g}\right)^n}{1 - \frac{1}{g}} = c_j + 1 - \left(\frac{1}{g}\right)^n < c_j + 1.$$

Jede Folge $(s_n^{(j)})_{n \geqq 0}$ ist also auch *nach oben beschränkt* (mit $A_j := c_j + 1$ als oberer Schranke). Auf Grund des Monotoniekriteriums konvergieren daher alle diese Folgen, und wir können reelle Zahlen γ_j wie folgt definieren:

$$\gamma_j := \sum_{\nu=0}^{\infty} \frac{c_{j+\nu}}{g^\nu} = \lim_{n \to \infty} s_n^{(j)}, \qquad j = 0, 1, 2, \ldots.$$

Wegen $c_j \leqq s_n^{(j)} < c_j + 1$ muß aus Limesgründen gelten:

$$c_j \leqq \gamma_j \leqq c_j + 1, \qquad j = 0, 1, 2, \ldots.$$

Dabei kann aber für keinen Index j das zweite Gleichheitszeichen (welches zunächst infolge Limesbildung zugelassen werden muß) wirklich auftreten! Denn da unendlich oft $c_\nu \leqq g - 2$ gilt, so läßt sich zu jedem Index j eine Zahl $l \geqq 1$ angeben, für welche gilt:

$$c_{j+l} \leqq g - 2, \qquad \text{also: } \frac{c_{j+l}}{g^l} \leqq \frac{g-1}{g^l} - \frac{1}{g^l}.$$

Dann folgt aber für alle $n \geqq l$, wenn man wieder $c_\nu \leqq g - 1$ beachtet, folgende Verbesserung der obigen Abschätzung:

$$\begin{aligned} s_n^{(j)} &= c_j + \frac{c_{j+1}}{g} + \ldots + \frac{c_{j+l}}{g^l} + \ldots + \frac{c_{j+n}}{g^n} \leqq c_j + \frac{g-1}{g} + \ldots + \left(\frac{g-1}{g^l} - \frac{1}{g^l}\right) + \ldots + \frac{g-1}{g^n} \\ &= c_j + \frac{g-1}{g}\left(1 + \frac{1}{g} + \ldots + \frac{1}{g^{l-1}} + \ldots + \frac{1}{g^{n-1}}\right) - \frac{1}{g^l} = c_j + 1 - \frac{1}{g^n} - \frac{1}{g^l} \\ &< c_j + 1 - \frac{1}{g^l} \qquad \text{für } n \geqq l. \end{aligned}$$

Daher ist auch $\left(\text{wieder rutscht das Zeichen } \leqq \text{ herein, doch ist es diesmal wegen des zusätzlichen Gliedes } -\frac{1}{g^l} \text{ ungefährlich}\right)$:

$$\gamma_j = \lim_{n\to\infty} s_n^{(j)} \leqq c_j + 1 - \frac{1}{g^l} < c_j + 1 .$$

Damit hat sich ergeben:

$$c_j \leqq \gamma_j < c_j + 1 \qquad \text{für alle } j \in \mathbb{N}.$$

Dies bedeutet

$$c_j = [\gamma_j] \qquad \text{für alle } j \in \mathbb{N}.$$

Da man weiter aus den Definitionsgleichungen

$$s_n^{(j)} = \sum_{\nu=0}^{n} \frac{c_{j+\nu}}{g^\nu}, \qquad s_{n-1}^{(j+1)} = \sum_{\nu=0}^{n-1} \frac{c_{j+1+\nu}}{g^\nu}$$

unmittelbar die Gleichung

$$g(s_n^{(j)} - c_j) = g \sum_{\nu=1}^{n} \frac{c_{j+\nu}}{g^\nu} = \sum_{\nu=1}^{n} \frac{c_{j+\nu}}{g^{\nu-1}} = \sum_{\nu=0}^{n-1} \frac{c_{j+1+\nu}}{g^\nu} = s_{n-1}^{(j+1)}$$

abliest, so folgt hieraus durch Grenzübergang (unter Beachtung der wohlbekannten Limesregeln) für alle $j \in \mathbb{N}$:

$$\gamma_{j+1} = \lim_{n\to\infty} s_{n-1}^{(j+1)} = g\,(\lim_{n\to\infty} s_n^{(j)} - c_j) = g(\gamma_j - c_j).$$

Man sieht damit, daß die Anwendung des g-adischen Algorithmus auf die reelle Zahl

$$\gamma := \gamma_0 = \sum_{\nu=0}^{\infty} \frac{c_\nu}{g^\nu}$$

gerade die gegebene Folge $(c_n)_{n\geqq 0}$ mit zugehöriger Folge $(\gamma_n)_{n\geqq 0}$ hervorbringt. □

Wir wollen unsere Resultate noch einmal wie folgt zusammenfassen:

Jede reelle Zahl $\gamma \geqq 0$ läßt sich bei vorgegebener Grundzahl $g \geqq 2$ auf eine und nur eine Weise als konvergente unendliche Reihe

$$\gamma = \sum_{\nu=0}^{\infty} \frac{c_\nu}{g^\nu}$$

darstellen mit natürlichen Zahlen $c_0, c_1, c_2, \ldots$, die sich mittels des g-adischen Algorithmus ergeben und folgenden Ungleichungen genügen: $c_n \leqq g-1$ für alle $n \geqq 1$, $c_n \leqq g-2$ für unendlich viele n. Jede derartige Folge $(c_n)_{n\geqq 0}$ kommt als g-adische Ziffernfolge einer nichtnegativen reellen Zahl vor.

Der g-adische Algorithmus für reelle Zahlen $\gamma \geqq 0$ liefert ein einfaches Kriterium dafür, ob γ rational oder irrational ist. Auf Grund der Ergebnisse der Sätze 2.3 und 2 sowie des Lemmas ist nämlich unmittelbar klar:

Rationalitätskriterium: *Es sei $\gamma \geqq 0$ eine reelle Zahl und $(c_n)_{n\geqq 0}$ ihre g-adische Ziffernfolge. Dann sind folgende Aussagen äquivalent:*

i) *γ ist rational.*
ii) *Die Folge $(c_n)_{n\geqq 0}$ ist periodisch, d.h. von einer gewissen Stelle an kehrt immer nur ein und derselbe Ziffernkomplex $c_{s+1} \ldots c_{s+t}$ wieder.*

Die positiven rationalen Zahlen sind also unter allen positiven reellen Zahlen dadurch gekennzeichnet, daß ihre g-adische Darstellung für eine beliebige Grundzahl g periodisch ist. Es scheint, daß für den Fall des Dezimalsystems bereits LEIBNIZ das Rationalitätskriterium kannte.

Beispiel: Die durch die Reihen

$$\gamma := \sum_{\nu=1}^{\infty} \left(\frac{1}{g}\right)^{\nu^2} \quad \text{und} \quad \tilde{\gamma} := \sum_{\nu=1}^{\infty} \left(\frac{1}{g}\right)^{\frac{1}{2}\nu(\nu+1)}$$

dargestellten Zahlen, deren g-adische Darstellung $(0{,}1001000010\ldots)_g$ bzw. $(0{,}10100100010\ldots)_g$ ist, sind irrational.

Es sei abschließend noch erwähnt, daß die Implikation ii) $\Rightarrow$ i) des Rationalitätskriteriums, die durch Satz 2 sichergestellt ist, einfacher als im Beweis von Satz 2 gefolgert werden kann, wenn man den Durchgang durchs Reelle (den wir dort vermieden haben) nicht scheut; man schließt wie folgt: Es ist zu zeigen, daß im Fall $c_{s+\nu} = c_{s+\nu+t}$, $\nu \in \mathbb{N}^\times$, wobei $s \in \mathbb{N}$, $t \in \mathbb{N}^\times$ fest vorgegeben sind, die durch die Reihe

$$\gamma := \sum_{\nu=0}^{\infty} \frac{c_\nu}{g^\nu}$$

gegebene reelle Zahl rational ist. Nach allgemeinen Rechenregeln für konvergente Reihen ist „Klammersetzen" erlaubt; daher gilt:

$$\gamma = \sum_{\nu=0}^{s} \frac{c_\nu}{g^\nu} + \left(\frac{c_{s+1}}{g^{s+1}} + \ldots + \frac{c_{s+t}}{g^{s+t}}\right) + \left(\frac{c_{s+1+t}}{g^{s+1+t}} + \ldots + \frac{c_{s+2t}}{g^{s+2t}}\right) + \ldots .$$

Setzt man (wie im Beweis von Satz 2)

$$P := c_{s+1} g^{t-1} + \ldots + c_{s+t} \in \mathbb{N},$$

so folgt wegen $c_{s+1+t} = c_{s+1}, \ldots, c_{s+2t} = c_{s+t}$ usw.:

$$\gamma = \sum_{\nu=0}^{s} \frac{c_\nu}{g^\nu} + \frac{P}{g^{s+t}} + \frac{P}{g^{s+2t}} + \frac{P}{g^{s+3t}} + \ldots = \sum_{\nu=0}^{s} \frac{c_\nu}{g^\nu} + \frac{P}{g^{s+t}}\left(1 + \frac{1}{g^t} + \frac{1}{g^{2t}} + \ldots\right)$$

$$= \sum_{\nu=0}^{s} \frac{c_\nu}{g^\nu} + \frac{P}{g^{s+t}} \cdot \frac{1}{1 - \frac{1}{g^t}} = \sum_{\nu=0}^{s} \frac{c_\nu}{g^\nu} + \frac{P}{g^s} \cdot \frac{1}{g^t - 1}.$$

Dies ist gerade die Formel des Satzes 2, d.h. $\gamma \in \mathbb{Q}$.

Aufgaben:

1) Für $n \in \mathbb{N}$ setze man $c_n := 1$, wenn n eine Primzahl ist und $c_n := 0$ sonst. Zeigen Sie: Es gibt kein $\gamma \in \mathbb{Q}$, so daß für irgendein $g \in \mathbb{N}$, $g \geqq 2$, gilt $\gamma \cong (c_0, c_1 \ldots)_g$.
2) Man berechne die 8-adische Darstellung der Eulerschen Zahl $e = 2{,}7182818\ldots$ auf $\frac{1}{1\,000\,000}$ genau.

Kapitel 5
Kongruenzen und Restklassenringe

Mathematikhistorisch gesehen bildet der von GAUSS 1801 in den *Disquisitiones* eingeführte Kongruenzbegriff das erste nichttriviale Beispiel einer Äquivalenzrelation. Wir studieren diese Verfeinerung des Teilbarkeitsbegriffs in einem etwas allgemeineren Rahmen als dem der ganzen Zahlen, wodurch wesentliche Eigenschaften umso deutlicher hervortreten.
Den Satz von FERMAT-EULER formulieren wir in der Sprache der Kongruenzen und geben zwei neuerliche Beweise. Weitere Anwendungen der Kongruenzenrechnung sind der Satz von WILSON und das als „Chinesischer Restsatz" bekannte Resultat über simultane Kongruenzen.
Im dritten Paragraphen betrachten wir Restklassen als mathematische Objekte eigener Existenzberechtigung und gelangen so zum Restklassenring. Polynomkongruenzen nach einem Ideal lassen sich nunmehr als Polynomgleichungen über dem zugehörigen Restklassenring interpretieren, was zu einem tieferen Verständnis und nichttrivialen Einsichten wie dem Satz von LAGRANGE führt.

§ 1 Kongruenzenrechnung

Bei allen bisherigen Teilbarkeitsuntersuchungen in $\mathbb{Z}$ haben wir bei vorgegebenem Element $m \in \mathbb{Z}$ die Elemente $a \in \mathbb{Z}$ lediglich danach unterschieden, ob sie durch m teilbar sind oder nicht, d.h., ob sie bei Division durch m den Rest 0 oder einen von 0 verschiedenen Rest lassen. Die Elemente mit dem Rest 0 bilden gerade das Hauptideal $\mathbb{Z}m$. Die Elemente mit einem von 0 verschiedenen Rest kann man nun noch dadurch weiter unterteilen, daß man alle Elemente mit dem gleichen Rest in eine Klasse zusammenfaßt, die man dann eine Restklasse bezüglich m nennt. Elemente aus derselben Restklasse heißen *kongruent*.

1. Kongruenzrelation. Elementares Rechnen mit Kongruenzen. Wir machen zunächst eine einfache Aussage über Resteverhalten.

Lemma: *Folgende Aussagen über drei ganze Zahlen a, b, m, wobei $m > 0$, sind äquivalent:*

i) *a und b lassen bei Division mit Rest durch m denselben Rest.*
ii) *Die Differenz $a - b$ ist durch m teilbar.*
iii) *$a - b \in \mathbb{Z}m$.*

Beweis: Seien $a = q_1 m + r_1$, $0 \leqq r_1 < m$, $b = q_2 m + r_2$, $0 \leqq r_2 < m$, die Gleichungen, die bei Division mit Rest entstehen.
i) ⇒ ii): Es gilt $a - b = (q_1 - q_2)m + (r_1 - r_2)$. Da $r_1 = r_2$ vorausgesetzt wird, folgt: $m \mid (a - b)$.
ii) ⇒ iii): Trivial.
iii) ⇒ i): Sei etwa $r_1 \geqq r_2$. Dann ist

$$a - b = (q_1 - q_2)m + r_1 - r_2, \qquad \text{wobei } 0 \leqq r_1 - r_2 < m,$$

die Division mit Rest von $a - b$ durch m. Wegen $a - b \in \mathbb{Z}m$ gilt:

$$a - b = q \cdot m + 0, \qquad \text{wobei } q \in \mathbb{Z}.$$

Auf Grund der Eindeutigkeit der Division mit Rest folgt $r_1 = r_2$. Im Fall $r_2 \geqq r_1$ schließt man ebenso mit $b - a$ anstelle von $a - b$. □

Nach GAUSS nennt man zwei Zahlen $a, b \in \mathbb{Z}$, die bei der Division durch m denselben Rest ergeben, *kongruent modulo m*. Anstelle der schwerfälligen Teilbarkeitsschreibweise $m \mid (a - b)$ führte GAUSS folgende Schreibweise ein:

$$a \equiv b \bmod m \qquad \text{oder kürzer: } a \equiv b(m).$$

Wir werden im folgenden sehen, daß man mit der Kongruenzrelation ebenso einfach wie mit der Gleichheitsrelation rechnen kann. Wir wollen aber sofort die Überlegungen für allgemeine Ringe durchführen; dabei spielt der Teilbarkeitsbegriff zunächst überhaupt keine Rolle.
Ist R irgendein (kommutativer) Ring (mit Eins) und $\mathfrak{a}$ ein Ideal in R, so heißen zwei Elemente $a, b \in R$ *kongruent modulo* $\mathfrak{a}$, in Zeichen:

$$a \equiv b \bmod \mathfrak{a} \qquad \text{oder kurz } a \equiv b(\mathfrak{a}),$$

wenn gilt: $a - b \in \mathfrak{a}$; andernfalls heißen a, b *inkongruent modulo* $\mathfrak{a}$: $a \not\equiv b(\mathfrak{a})$.

Bemerkung: Falls $R = \mathbb{Z}$ und $\mathfrak{a} = \mathbb{Z}m$, so ist dies auf Grund des Lemmas genau der von GAUSS eingeführte Kongruenzbegriff; im Falle des Nullideals $\mathfrak{a} = (0)$ ist der Kongruenzbegriff gerade der Gleichheitsbegriff in R. Man beachte, daß wir R nicht als nullteilerfrei voraussetzen.

Es bezeichne R immer einen vorgegebenen Ring und $\mathfrak{a}$ ein Ideal in R. Wir bemerken als erstes, daß die Kongruenzrelation stets eine Äquivalenzrelation ist:

Für alle Elemente $a, b, c \in R$ gilt:

1) $a \equiv a(\mathfrak{a})$ (*Reflexivität*),
2) $a \equiv b(\mathfrak{a}) \Rightarrow b \equiv a(\mathfrak{a})$ (*Symmetrie*),
3) $a \equiv b(\mathfrak{a})$ *und* $b \equiv c(\mathfrak{a}) \Rightarrow a \equiv c(\mathfrak{a})$ (*Transitivität*).

Beweis: ad 1): Da jedes Ideal die Null enthält, so gilt: $a - a = 0 \in \mathfrak{a}$ für alle $a \in R$, d.h. $a \equiv a(\mathfrak{a})$.

ad 2): Mit $a - b \in \mathfrak{a}$ gilt auch $b - a = (-1)(a - b) \in \mathfrak{a}$.
ad 3): Aus $a - b \in \mathfrak{a}$ und $b - c \in \mathfrak{a}$ folgt: $a - c = (a - b) + (b - c) \in \mathfrak{a}$. □

Wir zeigen als nächstes, daß man mit Kongruenzen (ganz analog wie mit Gleichungen) die elementaren Rechenoperationen ausführen kann.

Rechenregeln für Kongruenzen: *Es seien $a, a', b, b' \in R$, es gelte: $a \equiv b(\mathfrak{a})$ und $a' \equiv b'(\mathfrak{a})$. Dann folgt:*

1) $a + a' \equiv b + b'(\mathfrak{a})$, $\quad a - a' \equiv b - b'(\mathfrak{a})$.
2) $aa' \equiv bb'(\mathfrak{a})$.

Beweis: ad 1): Aus $a - b \in \mathfrak{a}$, $a' - b' \in \mathfrak{a}$ folgt: $(a + a') - (b + b') = (a - b) + (a' - b') \in \mathfrak{a}$, $(a - a') - (b - b') = (a - b) - (a' - b') \in \mathfrak{a}$; dies beweist 1).
ad 2): Aus $a - b \in \mathfrak{a}$ folgt $aa' - ba' = a'(a - b) \in \mathfrak{a}$, also $aa' \equiv ba'(\mathfrak{a})$. Aus $a' - b' \in \mathfrak{a}$ folgt $ba' - bb' = b(a' - b') \in \mathfrak{a}$, also $ba' \equiv bb'(\mathfrak{a})$. Die Transitivität liefert nun $aa' \equiv bb'(\mathfrak{a})$. □

Falls $m \in R$, so schreiben wir durchweg

$$a \equiv b(m) \quad \text{anstelle von} \quad a \equiv b(Rm);$$

wir nennen m auch den *Modul* der Kongruenz, gelegentlich schreiben wir auch $a \equiv b \bmod m$.
Wir wollen sofort an zwei Beispielen in $\mathbb{Z}$ die Kraft der Rechenregeln für Kongruenzen demonstrieren.

Beispiele: 1) Es soll (wie in 1.3.5 angekündigt) gezeigt werden, daß $M_{23} := 2^{23} - 1$ durch 47 teilbar und also keine Mersennesche Primzahl ist. Man schreibt $2^{23} = (2^5)^4 \cdot 2^3$. Es ist $2^5 = 32 \equiv -15\ (47)$. Zweimaliges Quadrieren ergibt:

$$(2^5)^2 \equiv (-15)^2 = 225 \equiv -10\ (47) \quad \text{und}$$
$$(2^5)^4 = ((2^5)^2)^2 \equiv (-10)^2 = 100 \equiv 6\ (47),$$

also $2^{23} = (2^5)^4 \cdot 2^3 \equiv 6 \cdot 2^3 = 48 \equiv 1\ (47)$. Mithin folgt: $47 \mid (2^{23} - 1)$.

2) Es soll (wie in 1.3.6 angekündigt) gezeigt werden, daß $2^{32} + 1$ durch 641 teilbar und also keine Fermatsche Primzahl ist. Man schreibt $641 = 640 + 1 = 5 \cdot 2^7 + 1$, also $5 \cdot 2^7 \equiv -1\ (641)$. Potenzieren mit 4 liefert: $5^4 \cdot 2^{28} \equiv 1\ (641)$. Nun gilt auch $641 = 625 + 16 = 5^4 + 2^4$, d.h. $5^4 \equiv -2^4\ (641)$. Damit ergibt sich

$$-2^{32} = -2^4 \cdot 2^{28} \equiv 5^4 \cdot 2^{28} \equiv 1\ (641),$$

also $641 \mid (2^{32} + 1)$.
Man beachte, daß in den eben diskutierten Beispielen das elegante Rechnen nur dadurch möglich wird, daß einem von vornherein gesagt wird, welchen Modul

(47 bzw. 641) man wählen muß. Es wird nichts darüber gesagt, wie man dazu geführt wird, gerade 47 bzw. 641 als Teiler der Zahl $2^{23}-1$ bzw. $2^{32}+1$ zu vermuten.

2. Kongruenzen zu verschiedenen Moduln. Häufig muß man in der Kongruenzenrechnung den Modul wechseln. Ganz trivial ist folgende Aussage: *Es seien $m, m' \in \mathbb{Z}$, es gelte $m' \mid m$. Dann folgt aus $a \equiv b\,(m)$ stets $a \equiv b\,(m')$.*
Wir notieren weiter für spätere Anwendungen

Lemma: *Es seien $m_1, m_2 \in \mathbb{Z}$ und $v := \mathrm{kgV}(m_1, m_2)$. Dann gilt:*

$$a \equiv b\,(m_1) \quad \textit{und} \quad a \equiv b\,(m_2) \quad \Leftrightarrow \quad a \equiv b\,(v).$$

Sind speziell m_1 und m_2 teilerfremd, so gilt:

$$a \equiv b\,(m_1) \quad \textit{und} \quad a \equiv b\,(m_2) \quad \Leftrightarrow \quad a \equiv b\,(m_1 m_2).$$

Beweis: Wegen $m_1 \mid v$, $m_2 \mid v$ ist die Implikation „$\Leftarrow$" trivial. Zu zeigen bleibt: „$\Rightarrow$". Die Voraussetzungen besagen $m_1 \mid (a-b)$ und $m_2 \mid (a-b)$. Nach Definition des kleinsten gemeinsamen Vielfachen folgt daraus $v \mid (a-b)$ und also $a \equiv b\,(v)$. Da $v = |m_1 m_2|$ im Fall $\mathrm{ggT}(m_1, m_2) = 1$, so ist das Lemma bewiesen. □

Korollar: *Es seien $m_1, m_2, \ldots, m_t \in \mathbb{Z}$ paarweise teilerfremd. Dann gilt:*

$$a \equiv b\,(m_j) \quad \textit{für } j = 1, 2, \ldots, t \quad \Leftrightarrow \quad a \equiv b\,(m_1 m_2 \cdot \ldots \cdot m_t).$$

Ist speziell $m = p_1^{k_1} p_2^{k_2} \cdot \ldots \cdot p_r^{k_r}$ die Primzerlegung von $m \in \mathbb{Z}$, so gilt:

$$a \equiv b\,(m) \quad \Leftrightarrow \quad a \equiv b\,(p_j^{k_j}) \quad \textit{für } j = 1, 2, \ldots, r.$$

Die Aussagen dieses Korollars folgen sofort durch Induktion aus dem Lemma. Es ist evident, daß das Lemma und das Korollar für beliebige faktorielle Ringe gültig bleiben.
Unter den Rechenregeln für Kongruenzen findet sich keine „Kürzungsregel". Eine solche Regel gilt auch i. a. nicht; in $\mathbb{Z}$ ist z. B. $2 \cdot 2 \equiv 2 \cdot 4\,(4)$, aber $2 \not\equiv 4\,(4)$, d. h., man darf hier nicht durch 2 kürzen. Unter einschränkenden Voraussetzungen gilt jedoch folgende

Kürzungsregel: *Es sei R ein faktorieller Ring. Es seien $a, a', b, b', m \in R$, es gelte* $\mathrm{ggT}(a, m) \sim 1$. *Ist dann $aa' \equiv bb'\,(m)$ und $a \equiv b\,(m)$, so folgt $a' \equiv b'\,(m)$. Ist $p \in R$ ein Primelement, so folgt aus $aa' \equiv 0\,(p)$ stets $a \equiv 0\,(p)$ oder $a' \equiv 0\,(p)$.*

Beweis: Gilt $a \equiv b\,(m)$ und $aa' \equiv bb'\,(m)$, so folgt $ab' \equiv bb'\,(m)$ und damit $aa' \equiv ab'\,(m)$, also $m \mid a(a'-b')$. Wegen $\mathrm{ggT}(a, m) \sim 1$ ergibt sich $m \mid (a'-b')$, d. h. $a' \equiv b'\,(m)$. Ist $p \in R$ ein Primelement, so gilt $\mathrm{ggT}(a, p) \sim 1$ genau dann, wenn $a \not\equiv 0\,(p)$. Aus der Kürzungsregel (mit $m = p$, $b = a$, $b' = 0$) folgt nun: $a \not\equiv 0\,(p)$ und $aa' \equiv 0\,(p)$ impliziert $a' \equiv 0\,(p)$, und das war zu zeigen. □

Von größter Wichtigkeit in der Kongruenzenrechnung sind Regeln, die es gestatten, von Kongruenzen bzw. Inkongruenzen modulo einer Primzahlpotenz p^n zu Kongruenzen bzw. Inkongruenzen modulo der nächst höheren Potenz p^{n+1} überzugehen. Wir wollen hier bereits zeigen:

Satz: *Es seien $a, b \in \mathbb{Z}$, $p \in \mathbb{P}$, $n \in \mathbb{N}^\times$. Dann gilt:*

$$1) \quad a \equiv b(p^n) \Rightarrow a^p \equiv b^p(p^{n+1}).$$

Setzt man zusätzlich $p > 2$ oder $n > 1$ voraus, so gilt weiter:

$$2) \quad a \equiv b(p^n) \quad \text{und} \quad a \not\equiv b(p^{n+1}) \quad \text{und} \quad b \not\equiv 0(p) \Rightarrow a^p \not\equiv b^p(p^{n+2}).$$

Beweis: Nach Voraussetzung gilt (sowohl in 1) als auch in 2)): $a = b + cp^n$ mit $c \in \mathbb{Z}$. Potenzieren mit p ergibt:

$$a^p = (b + cp^n)^p = b^p + \binom{p}{1} b^{p-1} cp^n + \ldots + \binom{p}{\nu} b^{p-\nu} c^\nu p^{\nu n} + \ldots + c^p p^{pn}.$$

Da alle Binomialkoeffizienten $\binom{p}{\nu}$, $1 \leqq \nu < p$, nach Aufgabe 1.1.4) durch p teilbar sind, so sind alle rechts stehenden Summanden *vom zweiten ab* durch p^{n+1} teilbar (auch der letzte, da stets: $p^{n+1} \mid p^{pn}$ wegen $p \geqq 2$, $n \in \mathbb{N}^\times$). Damit ist die Behauptung 1) bereits bewiesen.
Sei nun $p > 2$ oder $n > 1$. Dann sind in obiger Gleichung für a^p *alle Summanden vom dritten ab* sogar durch p^{n+2} teilbar (auch der letzte, da $p^{n+2} \mid p^{pn}$ für $p > 2$ oder $n > 1$). Daher folgt jetzt:

$$(*) \quad a^p \equiv b^p + cb^{p-1}p^{n+1}(p^{n+2}).$$

Falls $a \not\equiv b(p^{n+1})$, so hat $a = b + cp^n$ zur Folge: $c \not\equiv 0(p)$. Zusammen mit $b \not\equiv 0(p)$ impliziert dies $cb^{p-1} \not\equiv 0(p)$ und also $cb^{p-1}p^{n+1} \not\equiv 0(p^{n+2})$. Aus (*) ergibt sich nun

$$a^p \not\equiv b^p(p^{n+2}). \qquad \square$$

Die Aussage 2) dieses Satzes *gilt nicht*, wenn $p = 2$ und $n = 1$. Setzt man z.B. $a = 3$, $b = 1$, so gilt $a \equiv b\,(2)$, $a \not\equiv b\,(2^2)$, aber $a^2 \equiv b^2\,(2^3)$.
Die hier auftretende Ausnahmerolle der Primzahl 2 wird für spätere Überlegungen Konsequenzen haben, insbesondere beim Studium der primen Restklassengruppen im Kapitel 6.

3. Neuner- und Elferprobe. In der Schule lernt man (gelegentlich), Multiplikationsaufgaben mittels der sogenannten Neunerprobe zu kontrollieren. Hat man z.B. gerechnet:

$$\begin{array}{r}
\underline{354 \cdot 281} \\
354 \\
2832 \\
\underline{708} \\
99474,
\end{array}$$

so nehme man die Quersummen der Faktoren, also 12 und 11, bilde ihr Produkt, also 132, und vergleiche diese Zahl mit der Quersumme des Ergebnisses, also 33. Die Aufgabe ist höchstens dann richtig gelöst, wenn das Produkt der Quersummen der Faktoren modulo 9 kongruent zur Quersumme des Ergebnisses ist (im vorliegenden Beispiel: $132 \equiv 33\,(9)$). Man kann dabei noch einfacher rechnen, wenn man iterierte Quersummen benutzt: also 3 bzw. 2 statt 12 bzw. 11 und $6 = 3 \cdot 2$ statt 132 und 6 statt 33. Die Probe besteht dann in der Gleichung $6 = 6$.

Wir wollen uns klarmachen, daß die Neunerprobe eine einfache Anwendung der Kongruenzenrechnung ist. Wir betrachten allgemein eine fest vorgegebene Grundzahl $g \geqq 2$ und ein $a \in \mathbb{N}^{\times}$ mit g-adischer Darstellung

$$a = (q_n q_{n-1} \ldots q_1 q_0)_g.$$

Dann heißt die natürliche Zahl

$$Q_g(a) := q_0 + q_1 + \ldots + q_n$$

die *g-adische Quersumme von a* und die ganze Zahl

$$Q'_g(a) := q_0 - q_1 + q_2 - \ldots + (-1)^n q_n$$

die *alternierende g-adische Quersumme von a*.
Wir wollen nun beweisen:

Satz: *Für jede Zahl $a \in \mathbb{N}^{\times}$ und jede Grundzahl $g \geqq 2$ bestehen die Kongruenzen*

$$a \equiv Q_g(a) \bmod (g-1), \qquad a \equiv Q'_g(a) \bmod (g+1).$$

Beweis: Es sei $a = (q_n q_{n-1} \ldots q_1 q_0)_g$. Für $0 \leqq \nu \leqq n$ gilt

$$g^\nu = ((g-1)+1)^\nu \equiv 1^\nu = 1 \bmod (g-1) \quad \text{bzw.}$$
$$g^\nu = ((g+1)-1)^\nu \equiv (-1)^\nu \bmod (g+1)$$

auf Grund von Rechenregel 1, 2). Mit der Rechenregel 1, 1) ergibt sich hieraus:

$$a = \sum_{\nu=0}^{n} q_\nu g^\nu \equiv \sum_{\nu=0}^{n} q_\nu \bmod (g-1) \quad \text{bzw.}$$
$$a = \sum_{\nu=0}^{n} q_\nu g^\nu \equiv \sum_{\nu=0}^{n} q_\nu (-1)^\nu \bmod (g+1).$$ □

Folgerung: *Für jede Grundzahl $g \geqq 2$ und alle $a \in \mathbb{N}^{\times}$ gilt*:

$$(g-1) \mid a \Leftrightarrow (g-1) \mid Q_g(a), \qquad (g+1) \mid a \Leftrightarrow (g+1) \mid Q'_g(a).$$

Zahlenbeispiele: Dezimalsystem: 3794 läßt bei Division durch 11 den Rest 10, da $Q'_{10}(3794) = 4 - 9 + 7 - 3 = -1$ und $-1 \equiv 10(11)$. Es ist $3794 = 344 \cdot 11 + 10$.
Zwölfersystem (mit den Ziffern $0, 1, 2, \ldots, 9, x, y$): $(87y)_{12}$ läßt bei Division durch y den Rest 4, da $Q_{12}((87y)_{12}) = (26)_{10} = 2y + 4$. Es ist $(87y)_{12} = (95)_{12} \cdot y + 4$.

Da $3 \mid 9$, so gilt im Dezimalsystem mit $a \equiv Q_{10}(a) \bmod 9$ erst recht:

$$a \equiv Q_{10}(a) \bmod 3 \quad \textit{für alle} \ a \in \mathbb{N}^{\times};$$

nach dieser Regel bestimmen Grundschüler häufig den Rest bei Division durch 3.
Aus dem Satz ergibt sich weiter

Korollar: *Für jede Grundzahl $g \geqq 2$ und für alle $a, b \in \mathbb{N}^{\times}$ gilt:*

$$Q_g(a+b) \equiv Q_g(a)+Q_g(b) \bmod (g-1), \ Q_g(a \cdot b) \equiv Q_g(a) \cdot Q_g(b) \bmod (g-1),$$
$$Q_g'(a+b) \equiv Q_g'(a)+Q_g'(b) \bmod (g+1), \ Q_g'(a \cdot b) \equiv Q_g'(a) \cdot Q_g'(b) \bmod (g+1).$$

Beweis: Auf Grund des Satzes gilt:

$$a \equiv Q_g(a) \bmod (g-1), \qquad b \equiv Q_g(b) \bmod (g-1),$$
$$a+b \equiv Q_g(a+b) \bmod (g-1), \quad ab \equiv Q_g(ab) \bmod (g-1).$$

Mit den Rechenregeln 1 folgen hieraus die beiden über Q_g gemachten Aussagen. Die Behauptungen über Q_g' ergeben sich analog. □

Im Dezimalsystem $g = 10$ gilt $g - 1 = 9$ und $g + 1 = 11$. Man spricht dann auch von der *Neunerprobe* und der *Elferprobe.*

Beispiel (zur Veranschaulichung der Methode): $g := 10$, $a := 1312$, $b := 911$.

$$\begin{array}{r} 1312 \\ +\ 911 \\ \hline 2223 \end{array} \qquad Q_{10}(a+b) = 9,\ Q_{10}(a) + Q_{10}(b) = 7 + 11 = 18;\ 9 \equiv 18\,(9).$$

$$\begin{array}{c} 1312 \cdot 911 \\ \hline 1195232 \end{array} \qquad Q'_{10}(a \cdot b) = 5,\ Q'_{10}(a) \cdot Q'_{10}(b) = 3 \cdot 9 = 27;\ 5 \equiv 27\,(11).$$

Man kann die Rechnungen vereinfachen, wenn man von Quersummen wieder Quersummen bildet, z. B. im eben gerechneten Beispiel:

$$Q_{10}(a) + Q_{10}(Q_{10}(b)) = 7 + 2 = 9, \qquad 9 \equiv 9(9).$$

Es muß betont werden, daß Neuner- und Elferprobe nur notwendige Bedingungen liefern: Man weiß, daß man falsch gerechnet haben muß, wenn die Proben nicht stimmen; man weiß aber *nicht*, daß man richtig gerechnet hat, wenn die Proben positiv ausfallen. Hätte man z. B. im obigen Beispiel für $1312 \cdot 911$ das falsche Resultat 1 193 252 (Ziffernvertauschung!) errechnet, so können weder Neuner- noch Elferprobe den gemachten Fehler aufdecken, da 1 195 232 und 1 193 252 gleiche Quersummen und gleiche alternierende Quersummen haben!

Ein weiteres Beispiel für Prüfverfahren mittels Quersummen und Kongruenzenrechnung befindet sich auf dem rückwärtigen Einbanddeckel: Die ISBN-Nummern bestehen aus zehn Ziffern, von denen die ersten neun den Verlag und die Nummer des Buches im Verlagsprogramm angeben, während die zehnte Ziffer Prüfzwecken dient. Hat die ISBN-Nummer die Gestalt $a_1 a_2 \ldots a_9 a_{10}$, so ist die Prüfziffer a_{10} so gewählt, daß

$$(*)\quad \sum_{\nu=1}^{9} \nu \cdot a_\nu \equiv a_{10}(11), \qquad \text{d.h.} \quad \sum_{\nu=1}^{10} \nu \cdot a_\nu \equiv 0\,(11)$$

gilt, wobei dem Symbol „X" der Zahlenwert 10 zugeordnet ist (man benötigt dieses zusätzliche Symbol, da man nicht mehr im dekadischen, sondern im 11-adischen System rechnet; der Leser vergleiche das in 4.1.2 Bemerkte).
Ist nun eine der Ziffern durch Verschmutzung unkenntlich geworden, etwa die n-te, so kann man sie mittels der Prüfziffer rekonstruieren: Zunächst berechnet man, was ja noch möglich ist, $r := \sum_{\substack{\nu=1 \\ \nu \neq n}}^{10} \nu \cdot a_\nu$. Nach Wahl von a_{10} weiß man, daß $n \cdot a_n + r = \sum_{\nu=1}^{10} \nu \cdot a_\nu \equiv 0\,(11)$, also $n \cdot a_n \equiv -r\,(11)$ gilt. Da $1 \leqq n \leqq 9$ ist, sind n und 11 teilerfremd, so daß man hieraus aufgrund der Kürzungsregel 2 die gesuchte Ziffer a_n bestimmen kann.
Wird genau eine der Ziffern verändert oder werden zwei von ihnen vertauscht, so ist die obige Prüfbedingung (*) nicht mehr erfüllt. Diese Art von Fehler wird also entdeckt. Hingegen kann man den Fehler nicht korrigieren und nicht einmal feststellen, welche der Ziffern er betrifft.

4. Der Satz von FERMAT-EULER als Kongruenzsatz. Wir haben in 4.3.4 den Satz von FERMAT-EULER kennengelernt:

Sind $b \geqq 1$, $g \geqq 1$ teilerfremde natürliche Zahlen, so gilt stets:

$$b \mid (g^{\varphi(b)} - 1);$$

speziell

$$p \mid (g^{p-1} - 1) \text{ für alle Primzahlen } p \text{ mit } p \nmid g.$$

Diese Aussagen wurden im Kapitel 4 en passant bei Untersuchungen über reinperiodische g-adische Darstellungen gewonnen. Der immensen zahlentheoretischen Bedeutung wegen wollen wir jetzt mittels Kongruenzenrechnung einen direkten zahlentheoretischen Beweis geben. Wir behaupten

Satz (FERMAT-EULER): *Für alle Zahlen $a, m \in \mathbb{N}^\times$ mit $\mathrm{ggT}(a, m) = 1$ gilt:*

$$a^{\varphi(m)} \equiv 1\,(m).$$

Ist speziell $m = p$ eine Primzahl, so gilt für alle $a \in \mathbb{N}^\times$ mit $p \nmid a$:

$$a^{p-1} \equiv 1\,(p) \qquad (\textit{Kleiner Fermatscher Satz}).$$

Beweis (nach EULER): 1) Der Fall $m = 1$ ist trivial. Wir behandeln zunächst den Fall einer Primzahl $m = p \in \mathbb{P}$ (dann gilt $\varphi(p) = p - 1$). Wir wissen nach Aufgabe 1.1.5):

$$(a + b)^p \equiv a^p + b^p(p) \qquad \text{für alle } a, b \in \mathbb{Z}.$$

Hieraus ergibt sich sofort

$$(a_1 + a_2 + \ldots + a_n)^p \equiv a_1^p + a_2^p + \ldots + a_n^p(p) \qquad \text{für alle } a_1, a_2, \ldots, a_n \in \mathbb{Z}$$

durch Induktion nach der Anzahl $n \in \mathbb{N}^\times$ der Summanden. Setzt man insbesondere $a_1 = a_2 = \ldots = a_n = 1$ und schreibt man a anstelle von n, so sieht man $a^p \equiv a(p)$ für alle $a \in \mathbb{N}^\times$. Da $a \not\equiv 0(p)$ nach Voraussetzung, so ergibt sich hieraus auf Grund der Kürzungsregel 2:

$$a^{p-1} \equiv 1(p) \quad \text{für alle } a \in \mathbb{N}^\times \quad \text{mit} \quad p \nmid a.$$

2) Wir reduzieren nun den Allgemeinfall auf den soeben bewiesenen Spezialfall. Sei $m > 1$, sei $m = p_1^{k_1} p_2^{k_2} \cdot \ldots \cdot p_r^{k_r}$ die Primzerlegung von m, wobei also $k_1, k_2, \ldots, k_r \in \mathbb{N}^\times$. Auf Grund von Korollar 2 genügt es zu zeigen:

$$(*) \quad a^{\varphi(m)} \equiv 1(p_j^{k_j}) \quad \text{für jedes } j = 1, 2, \ldots, r.$$

Nun wissen wir, daß für jeden Index $j = 1, \ldots, r$ gilt (Satz 2.3.2):

$$\varphi(m) = m_j \cdot p_j^{k_j - 1}(p_j - 1) \quad \text{mit} \quad m_j := \prod_{\substack{\varrho = 1 \\ \varrho \neq j}}^{r} p_\varrho^{k_\varrho - 1}(p_\varrho - 1) \in \mathbb{N}^\times.$$

Zeigen wir daher

$$(**) \quad a^{p_j^{k_j - 1}(p_j - 1)} \equiv 1(p_j^{k_j}) \quad \text{für alle } j = 1, 2, \ldots, r,$$

so folgen hieraus die Kongruenzen $(*)$ durch Potenzieren mit m_j (man verwendet Rechenregel 1, 2)). Da $p_j \nmid a$ wegen $\operatorname{ggT}(a, m) = 1$, so gilt nach dem schon Bewiesenen:

$$a^{p_j - 1} \equiv 1(p_j) \quad \text{für alle } j = 1, 2, \ldots, r.$$

Hieraus erhalten wir auf Grund von Satz 2 sukzessive:

$$a^{p_j(p_j - 1)} \equiv 1(p_j^2), \quad a^{p_j^2(p_j - 1)} \equiv 1(p_j^3), \ldots, a^{p_j^{l-1}(p_j - 1)} \equiv 1(p_j^l)$$

für alle $l \in \mathbb{N}^\times$ und alle $j = 1, 2, \ldots, r$. Setzt man $l = k_j$, so hat man gerade das Kongruenzsystem $(**)$. □

Der soeben geführte Beweis des Satzes von FERMAT-EULER benutzt neben der Kongruenz $(a + b)^p \equiv a^p + b^p(p)$, die auf den Kongruenzen $\binom{p}{\nu} \equiv 0(p)$, $1 \leqq \nu < p$, für Binomialkoeffizienten beruht, die explizite Kenntnis der Eulerschen φ-Funktion. Wir geben nun einen zweiten, eleganteren Beweis für den Fermat-Eulerschen Satz, der keine Fallunterscheidungen und keine zahlentheoretischen Eigenschaften von Binomialkoeffizienten verwendet. Dieser Beweis wurde 1806 von J. IVORY (1765–1842) gefunden und 1828 von G. P. L. DIRICHLET (1805–1859) wiederentdeckt; seine Grundidee ist verblüffend einfach und wird uns in 6.1.3 zu einem (dann nahezu trivialen) Beweis des (abstrakten) Satzes von FERMAT-EULER für endliche abelsche Gruppen führen.

Beweis des Satzes von FERMAT-EULER *nach* IVORY *und* DIRICHLET: Sei $m > 1$ fixiert, sei $n := \varphi(m)$. Seien $x_1, x_2, \ldots, x_n$ die n verschiedenen zu m teilerfremden

Zahlen aus der Menge $\{1, 2, \ldots, m\}$. Mit der vorgegebenen Zahl $a \in \mathbb{N}^{\times}$ bilden wir die n Produkte $x_1 a, x_2 a, \ldots, x_n a$. Division mit Rest durch m liefert Gleichungen

$$x_\nu a = q_\nu m + r_\nu, \qquad 0 \leqq r_\nu < m, \qquad \nu = 1, 2, \ldots, n.$$

Wegen $\operatorname{ggT}(x_\nu, m) = 1$ und $\operatorname{ggT}(a, m) = 1$ gilt auch $\operatorname{ggT}(x_\nu a, m) = 1$ und damit $\operatorname{ggT}(r_\nu, m) = 1$ für alle $\nu = 1, 2, \ldots, n$. Wir behaupten, daß alle Reste $r_1, r_2, \ldots, r_n$ paarweise verschieden sind: Aus $r_k = r_l$ folgt nämlich $(x_k - x_l)\, a = (q_k - q_l)\, m \equiv 0(m)$ und also $x_k - x_l \equiv 0(m)$ nach der Kürzungsregel 2 (wegen $\operatorname{ggT}(a, m) = 1$). Da $1 \leqq x_k < m$ und $1 \leqq x_l < m$, so gilt $|x_k - x_l| < m$. Nun hat $m \mid (x_k - x_l)$ zur Folge: $x_k = x_l$, also $k = l$, weil $x_1, x_2, \ldots, x_n$ paarweise verschieden sind. Wir sehen somit

$$(*) \quad x_1 a \equiv r_1(m), \qquad x_2 a \equiv r_2(m), \ldots, x_n a \equiv r_n(m),$$

wobei die Mengen $\{x_1, x_2, \ldots, x_n\}$ und $\{r_1, r_2, \ldots, r_n\}$ übereinstimmen. Setzt man abkürzend

$$c := \prod_{\nu=1}^{n} x_\nu = \prod_{\nu=1}^{n} r_\nu,$$

so folgt, wenn man alle n Kongruenzen aus $(*)$ miteinander multipliziert:

$$c a^n \equiv c(m).$$

Da $\operatorname{ggT}(c, m) = 1$ wegen $\operatorname{ggT}(x_\nu, m) = 1$, $\nu = 1, 2, \ldots, n$, so liefert die Kürzungsregel 2, wenn man noch $n = \varphi(m)$ beachtet, die Behauptung. □

Als direkte Anwendung des Satzes von FERMAT-EULER notieren wir:

Seien $a, m \in \mathbb{Z}$ teilerfremd, sei $m \geqq 1$. Dann ist die Gleichung $ax + my = 1$ lösbar in $\mathbb{Z}$; Lösungen sind zum Beispiel

$$x := a^{\varphi(m)-1} \in \mathbb{Z} \quad \textit{und} \quad y := \frac{1 - a^{\varphi(m)}}{m} \in \mathbb{Z}.$$

Man beachte, daß dieses Resultat, das 1829 von V. BUNYAKOWSKII (1804–1889) gefunden wurde, nur auf dem Satz von FERMAT-EULER basiert und damit einen erneuten, unabhängigen Beweis der linearen Kombinierbarkeit des größten gemeinsamen Teilers in $\mathbb{Z}$ liefert. Zusätzlich werden explizit Lösungen x und y angegeben, wobei allerdings für praktische Rechnungen die obigen Formeln schon für mäßig großes a und m sehr unhandlich werden.

Die Kongruenz $a^{\varphi(m)} \equiv 1(m)$ wird i.a. bereits für kleinere Exponenten als $\varphi(m)$ gelten; wir wissen z.B.: $10^6 \equiv 1\,(13)$, obwohl $\varphi(13) = 12$. Das Problem, die kleinstmöglichen Exponenten zu bestimmen, wird uns im nächsten Kapitel sehr interessieren; hier zeigen wir noch als Anwendung des Satzes von FERMAT-EULER:

Korollar: *Es sei $m \in \mathbb{N}$, $m > 1$; es gelte $m = m_1 m_2 \cdot \ldots \cdot m_r$ mit paarweise teilerfremden Zahlen $m_1, m_2, \ldots, m_r > 1$. Setzt man*

$$l := \mathrm{kgV}(\varphi(m_1), \varphi(m_2), \ldots, \varphi(m_r)) \in \mathbb{N}^\times,$$

so gilt bereits

$$a^l \equiv 1\,(m) \quad \textit{für alle} \quad a \in \mathbb{N}^\times \quad \textit{mit} \quad \mathrm{ggT}(a, m) = 1.$$

Beweis: Da $\mathrm{ggT}(a, m_i) = 1$ für $i = 1, 2, \ldots, r$, so gilt $a^{\varphi(m_i)} \equiv 1\,(m_i)$ für alle i nach dem Satz von FERMAT-EULER. Da l ein Vielfaches von $\varphi(m_i)$ ist, folgt: $a^l \equiv 1\,(m_i)$ für alle i. Aus Korollar 2 ergibt sich weiter: $a^l \equiv 1\,(m)$. □

Beispiel: Für $m = 15 = 3 \cdot 5$ gilt $\varphi(m) = 8$, aber $l = \mathrm{kgV}(\varphi(3), \varphi(5)) = \mathrm{kgV}(2, 4) = 4$, also folgt z.B. $11^4 \equiv 1\,(15)$ anstelle $11^8 \equiv 1\,(15)$. Da sogar $11^2 \equiv 1\,(15)$, so sieht man, daß auch der bessere Exponent l im allgemeinen noch nicht der kleinstmögliche ist.

Als weitere Anwendung des Satzes von FERMAT-EULER notieren wir:

Folgerung: *Ist p eine ungerade Primzahl, so gilt für jedes $a \in \mathbb{N}^\times$ mit $p \nmid a$ genau eine der folgenden beiden Kongruenzen*:

$$a^{\frac{1}{2}(p-1)} \equiv 1\,(p) \quad \textit{oder} \quad a^{\frac{1}{2}(p-1)} \equiv -1\,(p).$$

Beweis: Da p ungerade ist, gilt $s := \frac{1}{2}(p-1) \in \mathbb{N}^\times$ und $a^{p-1} - 1 = (a^s - 1)(a^s + 1)$. Aus dem kleinen Fermatschen Satz folgt $(a^s - 1)(a^s + 1) \equiv 0(p)$. Die Behauptung ergibt sich nun aus der Kürzungsregel 2. □

Der kleine Fermatsche Satz ist nicht umkehrbar: Es ist nicht wahr, daß eine natürliche Zahl $m > 1$ notwendig Primzahl ist, wenn für alle $a \in \mathbb{N}^\times$ mit $\mathrm{ggT}(a, m) = 1$ gilt: $a^{m-1} \equiv 1\,(m)$. So läßt sich z.B. zeigen, daß für $m := 561 = 3 \cdot 11 \cdot 17$ gilt:

$$a^{560} \equiv 1\,(561) \quad \text{für alle } a \in \mathbb{N}^\times \quad \text{mit} \quad \mathrm{ggT}(a, m) = 1.$$

Wir werden in Paragraph 1 des nächsten Kapitels eine Umkehrung des kleinen Fermatschen Satzes kennenlernen, vgl. Aufgabe 6.1.4).
Für eine spätere Anwendung notieren wir noch eine Kongruenzregel, die Exponenten erniedrigt.

Lemma: *Es sei $p \neq 2$ eine Primzahl; es sei $n \in \mathbb{N}$, $n \geqq 2$; es seien $a, b \in \mathbb{Z}$, $b \not\equiv 0(p)$. Dann folgt aus $a^p \equiv b^p(p^n)$ stets $a \equiv b(p^{n-1})$.*

Beweis: Die Behauptung ist trivial, falls $a = b$. Sei also $a \neq b$. Aus $a^p \equiv b^p(p^n)$ folgt zunächst $a^p \equiv b^p(p)$; wegen $p \nmid b$ folgt auch $p \nmid a$. Mithin gilt $a^{p-1} \equiv 1 \equiv b^{p-1}(p)$. Zusammen mit $a^p \equiv b^p(p)$ bedeutet dies: $a \equiv b(p)$. Es sei nun t die *größte* natürliche Zahl, so daß gilt: $a \equiv b(p^t)$. Wegen $a \neq b$ existiert t, nach dem bereits Bewiesenen ist $t \geqq 1$. Es gilt also:

$$a \equiv b(p^t), \; a \not\equiv b(p^{t+1}) \quad \text{mit} \quad t \in \mathbb{N}^\times; \qquad b \not\equiv 0(p).$$

Aus Satz 2 folgt nun:

$$a^p \equiv b^p(p^{t+1}), \qquad a^p \not\equiv b^p(p^{t+2}).$$

Wegen $a^p \equiv b^p(p^n)$ folgt hieraus: $t + 1 \geqq n$, d.h. $t \geqq n - 1$. Mit $a \equiv b(p^t)$ gilt daher auch $a \equiv b(p^{n-1})$. □

Die Aussage des Lemmas ist falsch für $p = 2$: Setzt man z.B. $a := 3$, $b := 1$, so gilt $a^2 \equiv b^2(2^3)$, aber keineswegs $a \equiv b(2^2)$. Die Ausnahmerolle der Primzahl 2 ist durch Satz 2 begründet, dessen zweite Aussage nicht für $p = 2$, $n = 1$ gilt; im obigen Beweis ist also im Falle $t = 1$ die Voraussetzung $p \neq 2$ unabdingbar.

5. Anwendung des Satzes von FERMAT-EULER in der Kryptographie. Auf dem Satz von FERMAT-EULER, der über zwei Jahrhunderte lang nur für Mathematiker von Interesse war, basiert ein Verschlüsselungssystem, das zur Zeit zu den sichersten Methoden der Kryptographie gehört. Zurückgehend auf eine Anregung von W. DIFFEE und M. HELLMAN (*New directions in cryptography*, IEEE Trans. on Information Theory 22 (1976), 644–654) veröffentlichten im Jahre 1977 R. L. RIVEST, A. SHAMIR und L. ADLEMAN (*A method for obtaining digital signatures and public-key cryptosystems*, Comm. A.C.M. 21 (1978), 120–126) folgendes „*public-key cryptosystem*", das auch nach den Autoren als *RSA-System* bezeichnet wird:
Zunächst stellt man die zu übermittelnde Nachricht in Form einer natürlichen Zahl a dar, indem man etwa die Buchstaben des Alphabets mit zweistelligen Zahlen im dekadischen System numeriert und die den Buchstaben der Nachricht entsprechenden Ziffern nebeneinanderreiht. Ganz abstrakt besteht das Verschlüsseln nun darin, daß der Sender der Nachricht in Abhängigkeit von a eine weitere Zahl r bestimmt, die dem Empfänger übermittelt wird und aus der dieser – und zwar nur dieser – die ursprüngliche Nachricht a zurückgewinnen kann.
Beim RSA-System hat man dazu einen Modul $m \in \mathbb{N}$, $m > 1$, und eine zu $\varphi(m)$ teilerfremde natürliche Zahl s vorgegeben. Die zu übermittelnde Nachricht darf dabei nur so lang sein, daß $1 < a < \min\{p \in \mathbb{P} : p \mid m\}$ gilt, a und m also sicher teilerfremd sind. Dann wird a verschlüsselt, indem man den Rest r von a^s bei Division durch m bestimmt.
Das Entschlüsseln geschieht folgendermaßen: Da s und $\varphi(m)$ teilerfremd sind, gibt es $t, n \in \mathbb{Z}$ mit $1 = ts - n\varphi(m)$, wobei man $t > 0$ annehmen kann. Aufgrund der Teilerfremdheit von a und m hat man nach dem Satz von FERMAT-EULER

$$a^{\varphi(m)} \equiv 1 \bmod m$$

und also

$$r^t \equiv (a^s)^t = a^{1 + n\varphi(m)} = a \cdot (a^{\varphi(m)})^n \equiv a \bmod m,$$

so daß sich a aus r zurückgewinnen läßt, wenn man m und t kennt (a ist gerade der Rest von r^t bei Division durch m).

Die Sicherheit wird bei der Verwendung des RSA-Systems in der Praxis durch geeignete Wahl der Zahl m gewährleistet: Man stelle sich etwa eine Zentrale (Bank oder auch Geheimdienst) vor, zu der eine Außenstelle (Bankkunde bzw. Geheimagent) chiffrierte Mitteilungen schicken soll (Bankanweisungen bzw. ...). In der Zentrale werden zwei „sehr große" Primzahlen p_1, p_2 ausgewählt, etwa in der Größenordnung 10^{300}, wobei es nur weniger Minuten Rechenzeit auf einem Großcomputer bedarf, von einer vorgelegten Zahl dieser Größe festzustellen, ob sie prim ist oder nicht. Dann wird $m := p_1 p_2$ gesetzt und $s \in \mathbb{N}$ so gewählt, daß es zu $\varphi(m) = (p_1 - 1)(p_2 - 1)$ teilerfremd ist (und unter anderem die rechentechnische Bedingung $1 < s < \varphi(m)$ erfüllt). Die Zahlen m und s können nun sogar *öffentlich* der Außenstelle übermittelt werden, die dann über alle zum Verschlüsseln notwendigen Daten verfügt. Sie kann jetzt ihre Nachricht $a \in \mathbb{N}$ mit $1 \leqq a < m \approx 10^{600}$ gemäß der oben beschriebenen Vorschrift

$$a \mapsto a^s \equiv r \bmod m \quad \text{mit} \quad 1 \leqq r < m$$

chiffrieren und r an die Zentrale übermitteln. (Anmerkung: In der Praxis bestimmt man a^s nicht explizit, sondern rechnet bereits beim Potenzieren modulo m; verwendet man nun noch schnelle Potenzierungsalgorithmen wie den in Aufgabe 4.1.4) beschriebenen, so hält sich der zum Chiffrieren und Dechiffrieren benötigte Rechenaufwand in akzeptablen Grenzen.)

Ein Außenstehender, der die verschlüsselte Nachricht r abfängt, mag zwar m und s kennen; zum Entschlüsseln benötigt er aber eine Zahl $t \in \mathbb{N}$ mit $t\,s \equiv 1 \bmod \varphi(m)$, also die Kenntnis der Zahl $\varphi(m)$. Wegen $m = p_1 p_2$, also $\varphi(m) = (p_1 - 1)(p_2 - 1)$ reicht es dazu, die Primzahlen p_1, p_2 zu kennen. Umgekehrt kann man aber aus $\varphi(m)$ wegen

$$2 \cdot (p_{1,2} - 1) = 2 \cdot \varphi(p_{1,2}) = m - \varphi(m) - 1 \pm \sqrt{(m - \varphi(m) - 1)^2 - 4\varphi(m)}$$

auch problemlos p_1 und p_2 bestimmen. Der Außenstehende sieht sich also im wesentlichen vor die Aufgabe gestellt, sich die Primfaktoren p_1 und p_2 zu verschaffen, die aber in der Zentrale wohlverwahrt sind. So bleibt ihm nur, einen Primfaktor der Zahl m zu bestimmen. Dafür ist aber selbst bei Verwendung der zur Zeit modernsten Methoden und Computer eine Rechenzeit vonnöten, die nach Jahrhunderten zu zählen ist.

Der Witz des RSA-Systems besteht darin, daß es etwas prinzipiell Verschiedenes ist zu testen, ob eine vorgelegte Zahl m eine Primzahl ist, d. h. nach Definition, ob überhaupt eine Zerlegung von m in kleinere Faktoren existiert, oder eine derartige Zerlegung explizit anzugeben. Als Primzahl*test* kann man zum Beispiel den Satz von FERMAT-EULER selbst verwenden, vgl. Aufgabe 6.1.4), ebenso den Satz von WILSON, vgl. Abschnitt 2 in Paragraph 2. Gängige Primzahltests haben Laufzeiten, die proportional zu $(\ln m)^{c \cdot \ln\ln\ln m}$ mit einer Konstante c sind. Im Jahre 2002 fanden MANINDRA AGRAWAL, NEERAJ KAYAL und NITIN SAXENA sogar einen Primzahltest, dessen Laufzeit proportional zu einer *festen* Potenz von $\ln m$ ist (*PRIMES is in P*. Ann. of Math. 2. Series 160 (2004), 781–793). Hingegen benötigt man für den *Zerlegungs*algorithmus wie beim Sieb des ERATOSTHENES (vgl. 2.2.4) einen Rechenaufwand, der in etwa proportional zu $\sqrt{m}$ ist, also mit wachsendem m entsprechend schneller ansteigt. *Zur Zeit* existieren keine wesentlich schnelleren Faktorisierungsalgorithmen; aber es ist keinesfalls klar, daß es einen derartigen Algorithmus, etwa mit Rechenzeiten proportional zu einer festen Potenz von $\ln m$, nicht geben kann. Dieser würde dann die Sicherheit des RSA-Systems identisch verschwinden lassen, weshalb verständlich wird, daß das Treiben derjenigen Zahlentheoretiker, die sich mit Primfaktorisierungsmethoden beschäftigen, in den Vereinigten Staaten seit neuestem die besondere Aufmerksamkeit der National Security Agency genießt.* – Der an weiteren Details zu Primzahltests und Faktorisierungsverfahren interessierte Leser sei verwiesen auf die Übersichtsartikel von F. BORNEMANN: *Ein Durchbruch für „Jedermann"*, Mitt. Dtsch. Math.-Ver. 2002, Heft 4, 14–21, von C. POMERANCE: *A tale of two sieves*, Notices Am. Math. Soc. 43 (1996), 1473–1485, und von J. STEUDING und A. WENG: *Primzahltests – von Eratosthenes bis heute*, Math. Semesterber. 51 (2004), 231–252; eine ausführliche Darstellung des RSA-Algorithmus (und viele andere Anwendungen der elementaren Zahlentheorie) findet man im Buch von M. R. SCHROEDER [13].

Aufgaben:

1) Zeigen Sie: $167 \mid M_{83}$ (wobei $M_{83} = 2^{83} - 1$).
2) Sei p eine Primzahl und n eine positive natürliche Zahl. Zeigen Sie:
   a) $(1+p)^{p^{n-1}} \equiv 1\,(p^n)$, b) $(1+p)^{p^{n-2}} \not\equiv 1\,(p^n)$, falls $p \neq 2$ und $n \geqq 2$.
3) Sei p eine ungerade Primzahl und n eine natürliche Zahl, $0 \leqq n \leqq p-1$. Zeigen Sie: $\binom{p-1}{n} \equiv (-1)^n\,(p)$.
4) Zeigen Sie: Ist $n \geqq 1$ eine natürliche Zahl, so ist $4 \cdot 14^n + 1$ keine Primzahl.
5) Zeigen Sie durch Kongruenzenrechnung modulo 8, daß jede Primzahl der Form $8n \pm 3$, $n \in \mathbb{N}$, träge in $\mathbb{Z}[\sqrt{2}]$ ist.
6) Sei a ein natürliche Zahl, $a \geqq 2$, und p eine ungerade Primzahl, $p \nmid a(a^2-1)$. Zeigen Sie:
   $m := \dfrac{a^{2p}-1}{a^2-1}$ ist eine natürliche Zahl, m ist keine Primzahl und $a^{m-1} \equiv 1\,(m)$.
   Hinweis: Machen Sie sich klar: $2p \mid (m-1)$, indem Sie zunächst zeigen: $m - 1 = a(a^p + a)\dfrac{a^{p-1}-1}{a^2-1}$; beachten Sie ferner: $a^{2p} = 1 + m(a^2-1)$.
7) Ist $a = (a_s a_{s-1} \ldots a_1 a_0)_{10}$, $a_s \neq 0$, die 10-adische Darstellung einer natürlichen Zahl a, so setze man:
   $$S(a) := \begin{cases} a, & \text{falls } s \leqq 3, \\ (a_3 a_2 a_1 a_0)_{10} - (a_s a_{s-1} \ldots a_4)_{10}, & \text{falls } s \geqq 4. \end{cases}$$
   Zeigen Sie: $a \equiv S(a) \bmod 73$.

§ 2 Satz von WILSON. Chinesischer Restsatz

Wir behandeln in Abschnitt 1 die Theorie der linearen Kongruenzen und geben für nullteilerfreie Hauptidealringe R ein notwendiges und hinreichendes Kriterium dafür an, daß die Kongruenz $aX \equiv b\,(m)$ in R lösbar ist. Als Anwendung leiten wir im Abschnitt 2 den Satz von WILSON her, der neben dem Satz von FERMAT-EULER ein wichtiges Ergebnis der elementaren Kongruenzenrechnung

---

* Beachte hierzu auch: Math. Intelligencer 10 (1988), No. 3, S. 5, rechte Spalte.

ist. Eine Folgerung aus dem Wilsonschen Satz (und früheren Resultaten) ist der Satz von EULER über die Darstellbarkeit von Primzahlen als Summe zweier Quadrate, der im dritten Abschnitt bewiesen wird.
Im vierten Abschnitt beweisen wir den Hauptsatz über simultane Kongruenzen, der in der Literatur auch unter dem Namen „Chinesischer Restsatz" bekannt ist.

1. Lineare Kongruenzen. Wir stellen folgende Frage: Unter welchen Bedingungen gibt es zu vorgegebenen ganzen Zahlen a, b, c, m eine ganze Zahl x_0, so daß gilt:

$$ax_0 + c \equiv b(m)?$$

Falls eine solche Zahl x_0 existiert, so sagen wir auch: Die Kongruenz $aX + c \equiv b(m)$ ist in $\mathbb{Z}$ *lösbar* (durch $X := x_0$).
Wir nennen $aX + c \equiv b(m)$ eine *lineare Kongruenz* (X = „Unbestimmte"). Wir können statt $\mathbb{Z}$ offensichtlich auch einen beliebigen kommutativen Ring zugrunde legen; dann gibt man sich Elemente $a, b, c \in R$ und ein Ideal $\mathfrak{a}$ in R vor und sucht Lösungen der linearen Kongruenz $aX + c \equiv b(\mathfrak{a})$ in R. Da die Lösungen von $aX + c \equiv b(\mathfrak{a})$ offenbar genau die Lösungen von $aX \equiv b - c(\mathfrak{a})$ sind, dürfen wir ohne Einschränkung der Allgemeinheit $c = 0$ annehmen.
Unmittelbar klar ist folgende Aussage.

Hilfssatz: *Es sei $x_0 \in R$ eine Lösung der linearen Kongruenz*

$$aX \equiv b(\mathfrak{a}).$$

Dann werden alle Lösungen dieser Kongruenz in R gegeben durch $x' := x_0 + z$, wo $z \in R$ alle Lösungen der linearen Kongruenz

$$aX \equiv 0(\mathfrak{a})$$

durchläuft.

Beweis: Wegen $ax_0 \equiv b(\mathfrak{a})$ gilt $ax' \equiv b(\mathfrak{a})$ genau dann, wenn gilt: $a(x' - x_0) \equiv 0(\mathfrak{a})$. Setzt man $z = x' - x_0$, so folgt die Behauptung. □

Bemerkung: Leser, die bereits aus der Linearen Algebra die Theorie der linearen Gleichungssysteme kennen, werden die Analogie des Hilfssatzes zu jener Theorie bemerken: Man gewinnt dort *alle* Lösungen eines *inhomogenen linearen Gleichungssystems* $Ax = b$ (wo A eine vorgegebene (m, n)-Matrix und b ein vorgegebener $(m, 1)$-Spaltenvektor ist), indem man sich zunächst „irgendwie" einen speziellen Lösungsvektor x_0 verschafft und dann zu x_0 alle Lösungen z des zugehörigen *homogenen linearen Gleichungssystems* $Ax = 0$ addiert; hier gewinnt man analog alle Lösungen einer „inhomogenen" linearen Kongruenz $aX \equiv b(\mathfrak{a})$, indem man zunächst irgendwie eine spezielle Lösung x_0 bestimmt und dazu alle Lösungen der zugehörigen „homogenen" linearen Kongruenz $aX \equiv 0(\mathfrak{a})$ addiert. Diese Analogie ist nicht nur oberflächlich; wir werden in 3.3 sehen, daß jede lineare Kongruenz $aX \equiv b(\mathfrak{a})$ als eine lineare Gleichung $\bar{a}X = \bar{b}$ (allerdings über einem anderen Ring) interpretiert werden kann.

Beispiel: Die lineare Kongruenz $8X \equiv -4\,(12)$ wird in $\mathbb{Z}$ durch $x_0 = 1$ gelöst. Da alle Lösungen von $8X \equiv 0\,(12)$ gerade die Zahlen $3v$, $v \in \mathbb{Z}$, sind, so werden alle Lösungen von $8X \equiv -4\,(12)$ durch $1 + 3v$, $v \in \mathbb{Z}$, gegeben.

Man wird nun nach Kriterien suchen, die garantieren, daß eine Kongruenz $aX \equiv b(\mathfrak{a})$ wenigstens eine Lösung in R besitzt. Im allgemeinen wird das nicht der Fall sein: So ist z. B. die Kongruenz $8X \equiv 3\,(12)$ in $\mathbb{Z}$ unlösbar. Für Hauptidealringe gibt es ein einfaches notwendiges und hinreichendes Lösbarkeitskriterium.

Lemma: *Es sei R ein nullteilerfreier Hauptidealring. Es seien a, b, m Elemente aus R, es sei d ein* ggT *von a und m in R. Dann sind folgende Aussagen äquivalent:*

i) *Die lineare Kongruenz $aX \equiv b(m)$ ist lösbar in R.*
ii) *$d \mid b$ in R.*

Ist ii) *erfüllt und gilt $d \neq 0$, so entspringen alle Lösungen $x' \in R$ von $aX \equiv b(m)$ aus einer speziellen Lösung x_0 wie folgt:*

$$x' = x_0 + v \cdot \frac{m}{d}, \qquad v \in R.$$

Beweis: Nach Satz 3.3.3 gilt: $Ra + Rm = Rd$.
i) $\Rightarrow$ ii): Falls $ax_0 \equiv b(m)$ mit $x_0 \in R$, so gibt es ein $y_0 \in R$, so daß gilt $ax_0 - b = y_0 m$. Das Element b liegt mithin im von a und m erzeugten Ideal von R, d.h. $b \in Ra + Rm = Rd$, d.h. $d \mid b$.
ii) $\Rightarrow$ i): Aus $d \mid b$ folgt $b \in Rd = Ra + Rm$. Es gibt also Elemente $x_0, y_0 \in R$ mit $ax_0 + my_0 = b$. Dann löst x_0 die Kongruenz $aX \equiv b(m)$.
Damit ist die Äquivalenz von i) und ii) gezeigt. Sei nun ii) erfüllt, sei $d \neq 0$ und sei $x_0 \in R$ Lösung von $aX \equiv b(m)$. Auf Grund des Hilfssatzes sind genau die Elemente $x' = x_0 + z$, wo z alle Lösungen von $aX \equiv 0(m)$ durchläuft, sämtliche Lösungen von $aX \equiv b(m)$. Nun gilt $az \equiv 0(m)$, d.h. $m \mid az$, wegen $\operatorname{ggT}(a, m) \sim d \neq 0$ genau dann, wenn gilt

$$\hat{a} z \equiv 0(\hat{m}) \quad \text{mit} \quad \hat{a} = \frac{a}{d} \in R, \qquad \hat{m} = \frac{m}{d} \in R.$$

Es sind mithin alle Lösungen z von $\hat{a}X \equiv 0(\hat{m})$ zu bestimmen. Da $\hat{a}$ und $\hat{m}$ teilerfremd sind, gilt $\hat{m} \mid \hat{a} z$ genau dann, wenn $\hat{m} \mid z$, d.h., wenn $z \in R\hat{m}$, d.h., wenn

$z = v \cdot \frac{m}{d}$, $v \in R$. □

Bemerkung: Die oben gemachte Annahme $d \neq 0$ ist vernünftig: Der Fall $d = 0$ ist nur für $a = m = 0$ möglich; dann ist die vorgelegte Kongruenz $0 \cdot X \equiv b(0)$ nur lösbar, falls $b = 0$; in diesem Fall sind *alle* Elemente aus R Lösungen.

Auf Grund des Lemmas ist die Teilbarkeitsbedingung $d \mid b$ notwendig und hinreichend dafür, daß die Kongruenz $aX \equiv b(m)$ in R lösbar ist. Man erinnere sich, daß es auch in der Theorie der linearen Gleichungen eine notwendige und hinreichende Bedingung für die Lösbarkeit von $Ax = b$ gibt: Dort muß der Rang der um b erweiterten Matrix (A, b) mit dem Rang der Matrix A übereinstimmen.

Durch das Lemma werden alle Lösungen von $aX \equiv b(m)$ explizit angegeben. Man wird fragen, wie viele modulo m inkongruente Lösungen existieren. Unmittelbar klar ist

Korollar: *Es sei R ein nullteilerfreier Hauptidealring; es seien $a, m \in R$ teilerfremde Elemente. Dann ist die lineare Kongruenz*

$$aX \equiv b(m)$$

für jedes Element $b \in R$ lösbar in R; alle Lösungen sind kongruent modulo m.

Falls $\mathrm{ggT}(a, m) \neq 1$, so wird es inkongruente Lösungen geben. So hat z.B. die Kongruenz $8X \equiv -4\,(12)$ des Beispiels die vier modulo 12 inkongruenten Lösungen 1, 4, 7, 10. Diesem Beispiel liegt der folgende allgemeine Sachverhalt zugrunde.

Satz: *Es seien $a, b, m \in \mathbb{Z}$; es sei $d := \mathrm{ggT}(a, m)$; es gelte $m \neq 0$ und $d \mid b$. Dann hat die lineare Kongruenz $aX \equiv b(m)$ in $\mathbb{Z}$ genau d modulo m inkongruente Lösungen. Genauer gilt:*

1) *Ist $x_0 \in \mathbb{Z}$ eine Lösung, so sind die d Zahlen*

$$x_0, x_1 := x_0 + \frac{m}{d}, \quad x_2 := x_0 + 2\frac{m}{d}, \ldots, x_{d-1} := x_0 + (d-1)\frac{m}{d}$$

ebenfalls Lösungen, die paarweise inkongruent modulo m sind.

2) *Jede weitere Lösung x' von $aX \equiv b(m)$ ist modulo m kongruent zu einer Lösung x_j, $0 \leq j < d$.*

Beweis: Die Zahlen $x_0, x_1, \ldots, x_{d-1}$ lösen die Kongruenz $aX \equiv b(m)$ aufgrund des Lemmas. Um zu zeigen, daß $x_0, x_1, \ldots, x_{d-1}$ paarweise inkongruent modulo m sind, gehen wir aus von einer Kongruenz $x_j \equiv x_k(m)$. Hieraus folgt zunächst, wenn wir abkürzend $\hat{m} := \frac{m}{d}$ setzen: $j\hat{m} \equiv k\hat{m}(m)$, d.h. $m \mid (j-k)\hat{m}$. Wegen $m = \hat{m}d$ impliziert dies (beachte, daß $\hat{m} \neq 0$ wegen $m \neq 0$): $d \mid (j-k)$. Da $0 \leq j < d$ und $0 \leq k < d$, so gilt $|j-k| < d$. Daher hat $d \mid (j-k)$ zur Folge: $j = k$. Mithin sind x_j, x_k für $j \neq k$ stets inkongruent modulo m.
Wir haben soeben insbesondere gezeigt, daß die Kongruenz $aX \equiv b(m)$ mindestens d inkongruente Lösungen modulo m hat. Es bleibt daher Behauptung 2) zu verifizieren. Sei also $x' \in \mathbb{Z}$ irgendeine Lösung von $aX \equiv b(m)$. Aufgrund des Lemmas gilt $x' = x_0 + v\hat{m}$, $v \in \mathbb{Z}$. Division mit Rest von v durch d liefert: $v = qd + j$ mit $0 \leq j < d$, daher folgt wegen $d\hat{m} = m$ und $x_j = x_0 + j\hat{m}$ die Kongruenz

$$x' = x_0 + qd\hat{m} + j\hat{m} \equiv x_j(m).$$

2. Der Satz von WILSON. In der Kongruenzenrechnung spielt neben dem Satz von FERMAT-EULER der Satz von WILSON eine wichtige Rolle. Wir werden

diesen Satz im folgenden aus einem einfachen „Heiratslemma“ für Kongruenzen nach Primzahlmoduln herleiten.
Es sei $p \geqq 5$ eine Primzahl. Wir wollen in der Menge

$$M := \{2, 3, 4, 5, \ldots, p-3, p-2\},$$

die aus $(p-3)$ Individuen besteht, „Ehen“ stiften. Wir nennen zwei Zahlen $a, a' \in M$ ein *Paar*, wenn gilt: $aa' \equiv 1\,(p)$. Wir zeigen:

Heiratslemma: 1) *Zu jedem $a \in M$ gibt es genau ein $a' \in M$, so daß a, a' ein Paar bilden.*

2) *Sind a, a' ein Paar, so sind auch a', a ein Paar.* (*Symmetrie*)
3) *Für jedes Paar a, a' gilt:* $a \not\equiv a'$.

Beweis: ad 1): Für jedes $a \in M$ gilt: $\mathrm{ggT}(a, p) = 1$. Daher existiert nach Korollar 1 zu jedem $a \in M$ ein $a' \in \mathbb{Z}$, so daß gilt: $aa' \equiv 1\,(p)$. Da mit a' auch alle Zahlen $a' + np$, $n \in \mathbb{Z}$, die Kongruenz lösen, können wir erreichen, daß gilt: $0 \leqq a' < p$ (Division mit Rest von a' durch p). Der Fall $a' = 0$ ist unmöglich, da $a \cdot 0 \equiv 0 \not\equiv 1\,(p)$, ebenso gilt niemals $a' = 1$ oder $a' = p - 1$, denn $a \cdot 1 \equiv 1\,(p)$ würde $p \mid a - 1$ und $a(p-1) \equiv 1\,(p)$ würde $p \mid (a+1)$ bedeuten, was wegen $2 \leqq a \leqq p - 2$ beides nicht geht. Mithin gilt sogar $a' \in M$, d.h. a, a' bilden ein Paar. Da alle Lösungen von $aX \equiv 1\,(p)$ nach Korollar 1 zueinander kongruent modulo p sind und da verschiedene Elemente von M stets inkongruent modulo p sind, so ist a' das einzige Element aus M mit $aa' \equiv 1\,(p)$.
ad 2): Da mit $aa' \equiv 1\,(p)$ auch $a'a \equiv 1\,(p)$ gilt, so ist mit a, a' auch a', a ein Paar.
ad 3): Gäbe es ein Paar a, a' mit $a = a'$, so wäre $a^2 \equiv 1\,(p)$, d.h. $(a-1)(a+1) \equiv 0\,(p)$. Dies hätte zur Folge (Kürzungsregel):

$$a \equiv 1\,(p) \quad \text{oder} \quad a \equiv -1 \equiv p - 1\,(p).$$

Da kein Element $a \in M = \{2, 3, \ldots, p-2\}$ zu 1 oder $p - 1$ kongruent ist modulo p, so hat man einen Widerspruch. Das Heiratslemma ist bewiesen. □

Bemerkung: Die Eigenschaften 2) und 3) des Heiratslemmas reflektieren Grundregeln der westlichen Zivilisation: Ist a mit a' verheiratet, so ist auch a' mit a verheiratet (Gegenseitigkeitsprinzip); niemand kann sich selbst heiraten. Die Eigenschaft 1) reflektiert das Bigamieverbot und besagt darüber hinaus, daß in der Menge M ein gesellschaftlicher Idealzustand herrscht: *Jedes* Individuum hat einen Partner (kein Junggesellenproblem).

Die Menge M besteht aus genau $\frac{1}{2}(p-3)$ Ehepaaren a, a'. Hieraus folgt nun schnell:

Lemma: *Für jede Primzahl $p \in \mathbb{P}$ gilt*: $(p-2)! \equiv 1\,(p)$.

Beweis: Für $p = 2, 3$ ist die Behauptung klar (beachte: $0! = 1$). Sei $p \geqq 5$. Dann lassen sich aufgrund des Heiratslemmas die $(p-3)$ Faktoren $2, 3, \ldots, p-2$ im Produkt $(p-2)! = 2 \cdot 3 \cdot \ldots \cdot (p-3) \cdot (p-2)$ so zu Paaren a, a' zusammenfassen, daß jeweils gilt: $aa' \equiv 1(p)$. Schreiben wir $(p-2)!$ als Produkt dieser $\frac{1}{2}(p-3)$ Paarprodukte aa', so folgt:

$$(p-2)! = \prod aa' \equiv 1(p). \qquad \square$$

Eine leichte Variante dieses Lemmas ist nun

Satz (WILSON): *Für jede Primzahl $p \in \mathbb{P}$ gilt*: $(p-1)! \equiv -1(p)$.

Beweis: Aufgrund des Lemmas gilt wegen $p-1 \equiv -1(p)$:

$$(p-1)! = (p-2)!\,(p-1) \equiv (p-1) \equiv -1(p). \qquad \square$$

Bemerkung: Der Wilsonsche Satz wurde 1770 von E. WARING (1736–1798) bewiesen; WARING schreibt den Satz Sir John WILSON (1741–1793) zu. Der Satz von WILSON war wahrscheinlich schon LEIBNIZ bekannt.
Wir werden in 6.1.4 einen weiteren Beweis des Satzes von WILSON kennenlernen, der abstrakt algebraisch ist.
Es sei noch gesagt, daß der Satz von WILSON auch als *Primzahlkriterium* aufgefaßt werden kann:

$$p \in \mathbb{N}^{\times} \setminus \{1\} \text{ ist Primzahl} \Leftrightarrow (p-1)! \equiv -1(p).$$

Die Implikation „$\Rightarrow$" ist der Inhalt des Wilsonschen Satzes; die umgekehrte Implikation „$\Leftarrow$" wurde von LAGRANGE angegeben, vgl. Aufgabe 1.1.2).

3. Ein Satz von EULER. Wir wollen als Anwendung des Satzes von WILSON den bereits früher angekündigten Satz von EULER über die Darstellbarkeit von Primzahlen als Summen zweier Quadrate beweisen (vgl. 2.2.6 und Bemerkung 3.2.7). Wir zeigen zunächst:

Lemma: *Es sei $p = 2n+1$ eine ungerade Primzahl. Dann gilt*:

$$[n!]^2 \equiv (-1)^{n+1}(p).$$

Speziell:

$$[(2k)!]^2 \equiv -1(p), \quad \textit{falls } p = 4k+1, \quad k \in \mathbb{N};$$
$$[(2k+1)!]^2 \equiv 1(p), \quad \textit{falls } p = 4k+3, \quad k \in \mathbb{N}.$$

Beweis: Es gilt: $2n = p-1$, $2n-1 = p-2, \ldots, n+1 = p-n$. Dies hat zur Konsequenz:

$$\begin{aligned}(p-1)! = (2n)! &= [1 \cdot 2 \cdot 3 \cdot \ldots \cdot (n-1) \cdot n]\,[2n \cdot (2n-1) \cdot \ldots \cdot (n+1)] \\ &= n!\,[(p-1)(p-2) \cdot \ldots \cdot (p-n)].\end{aligned}$$

Rechnet man modulo p, so folgt wegen $p - \nu \equiv -\nu(p)$:

$$(p-1)(p-2) \cdot \ldots \cdot (p-n) \equiv (-1)^n n!\,(p),$$

und also:

$$(-1)^n [n!]^2 \equiv (p-1)!\,(p).$$

Da $(p-1)! \equiv -1\,(p)$ aufgrund des Satzes von WILSON, so sehen wir (wenn man noch mit $(-1)^n$ multipliziert):

$$[n!]^2 \equiv (-1)^{n+1}\,(p).$$

Setzt man hier $n = 2k$ bzw. $n = 2k+1$, so entstehen die behaupteten Kongruenzen. □

Die Kongruenz $[(2k)!]^2 \equiv -1\,(p)$ besagt, daß -1 für alle Primzahlen der Form $p = 4k+1$ ein quadratischer Rest modulo p ist (vgl. Kapitel 7).
Wir haben mit obigem Lemma die letzte Zutat bereitgestellt, um den Satz von EULER beweisen zu können:

Satz (L. EULER 1749): *Folgende Aussagen über eine Primzahl $p \in \mathbb{N}$ sind äquivalent:*

i) *Es gilt eine Gleichung $p = a^2 + b^2$ mit natürlichen Zahlen a, b.*
ii) *Es gilt $p = 2$ oder $p = 4k+1$ mit $k \in \mathbb{N}$.*

Beweis: i) ⇒ ii): Da nach Bemerkung 3.2.7 Primzahlen der Form $4k+3$, $k \in \mathbb{N}$, nicht als Quadratsummen $a^2 + b^2$, $a, b \in \mathbb{N}$, darstellbar sind, so muß $p = 2$ oder $p = 4k+1$, $k \in \mathbb{N}$, gelten.
ii) ⇒ i): Für $p = 2$ gilt: $2 = 1^2 + 1^2$. Falls $p = 4k+1$, $k \in \mathbb{N}$, so gilt aufgrund des Lemmas, wenn man abkürzend $u = (2k)!$ setzt:

$$p \mid (u^2 + 1).$$

Jede Primzahl p mit dieser Eigenschaft ist aber nach Bemerkung 3.2.7 die Summe zweier ganzzahliger Quadrate: $p = a^2 + b^2$ mit $a, b \in \mathbb{Z}$. Natürlich kann man dann auch $a, b \in \mathbb{N}$ erreichen. □

Aus der Identität

$$(a_0^2 + a_1^2)(b_0^2 + b_1^2) = (a_0 b_0 - a_1 b_1)^2 + (a_0 b_1 + a_1 b_0)^2,$$

die nichts anderes als die Produktregel

$$\mathcal{N}\alpha \cdot \mathcal{N}\beta = \mathcal{N}(\alpha\beta), \qquad \alpha = a_0 + i a_1, \qquad \beta = b_0 + i b_1 \in \mathbb{Z}[i]$$

im Ring der Gaußschen Zahlen reflektiert, ergibt sich aufgrund des Satzes von EULER unmittelbar, daß jede Zahl $n \in \mathbb{N}^\times$, in deren Primzerlegung keine Primzahlen der Form $4k+3$ vorkommen, als Quadratsumme $a^2 + b^2$, $a, b \in \mathbb{N}$, darstellbar ist (beachte, daß $a = 0$ zulässig ist!). Es ist leicht, diejenigen Zahlen $n \in \mathbb{N}$, die Summe zweier Quadrate sind, vollständig zu charakterisieren. Wir behaupten

Korollar: *Folgende Aussagen über eine natürliche Zahl $n \in \mathbb{N}^\times$ sind äquivalent:*

i) *Es gilt eine Gleichung $n = a^2 + b^2$ mit natürlichen Zahlen $a, b \in \mathbb{N}$.*
ii) *In der Primzerlegung von n haben alle Primfaktoren von der Form $4k+3$ eine gerade Vielfachheit:*

$$w_p(n) \equiv 0(2) \quad \textit{für alle } p \in \mathbb{P} \quad \textit{mit} \quad p = 4k+3,\ k \in \mathbb{N}.$$

Beweis: i) $\Rightarrow$ ii): Wir setzen $d = \mathrm{ggT}(a, b)$ und schreiben $a = \hat{a}d$, $b = \hat{b}d$ mit $\hat{a}, \hat{b} \in \mathbb{N}$. Dann gilt:

$$n = d^2 \hat{n} \quad \text{mit} \quad \hat{n} = \hat{a}^2 + \hat{b}^2 \in \mathbb{N}^\times, \qquad \mathrm{ggT}(\hat{a}, \hat{b}) = 1.$$

Gäbe es nun eine Primzahl $q = 4l + 3$ mit ungerader Vielfachheit $w_q(n)$, so müßte wegen $0 \leqq w_q(\hat{n}) = w_q(n) - 2w_q(d) \neq 0$ gelten $q \mid \hat{n}$. Hieraus folgt $q \nmid \hat{a}$, denn aus $q \mid \hat{a}$ würde wegen $\hat{n} = \hat{a}^2 + \hat{b}^2$ folgen $q \mid \hat{b}$, was wegen $\mathrm{ggT}(\hat{a}, \hat{b}) = 1$ unmöglich ist. Mithin sind q und $\hat{a}$ teilerfremd, daher gibt es nach Korollar 1 ein $u \in \mathbb{Z}$ mit $\hat{a}u \equiv \hat{b}(q)$. Wegen $\hat{n} \equiv 0(q)$ folgt somit:

$$0 \equiv \hat{n} = \hat{a}^2 + \hat{b}^2 \equiv \hat{a}^2 + \hat{a}^2 u^2 = \hat{a}^2(1 + u^2)\,(q).$$

Da $q \nmid \hat{a}$, so sehen wir:

$$1 + u^2 \equiv 0(q), \qquad \text{d.h.} \quad q \mid (u^2 + 1).$$

Aufgrund der Bemerkung 3.2.7 wäre die Primzahl q dann die Summe zweier Quadrate. Das ist aber nicht möglich, da q die Form $4l + 3$ hat. Damit ist bewiesen, daß die Vielfachheit $w_p(n)$ für alle Primzahlen der Form $4k + 3$ gerade ist.

ii) $\Rightarrow$ i): Es bezeichne v das Produkt der Primfaktoren von n, die von der Form $4k + 3$ sind:

$$v = \prod_{p = 4k+3} p^{w_p(n)}.$$

Unsere Voraussetzung besagt, daß v eine Quadratzahl ist: $v = w^2$ mit $w \in \mathbb{N}^\times$. Daher gilt

$$n = w^2 \cdot z,$$

wo in der Primzerlegung von z keine Primzahlen der Form $4k + 3$ vorkommen. Solche Zahlen z haben, wie wir bereits sahen, Darstellungen $z = r^2 + s^2$, $r, s \in \mathbb{N}$. Setzt man $a = wr \in \mathbb{N}$, $b = ws \in \mathbb{N}$, so folgt $n = a^2 + b^2$. $\square$

Bemerkung: Die Zahl 3 ist nicht als Summe zweier Quadrate, wohl aber als Summe dreier Quadrate darstellbar: $3 = 1^2 + 1^2 + 1^2$. Der folgende Satz von GAUSS, der hier nicht bewiesen werden kann, charakterisiert alle Zahlen $n \in \mathbb{N}$, die als Summe von drei Quadraten darstellbar sind (dabei ist 0^2 ein zulässiger Summand!).

Satz (C. F. GAUSS 1801, Disquisitiones, Art. 291): *Folgende Aussagen über eine natürliche Zahl $n \in \mathbb{N}^\times$ sind äquivalent:*

i) *Es gilt eine Gleichung $n = a^2 + b^2 + c^2$ mit Zahlen $a, b, c \in \mathbb{N}$.*
ii) *Die Zahl n ist nicht von der Form $4^r(8s + 7)$ mit $r, s \in \mathbb{N}$.*

Dieser tiefliegende Satz besagt insbesondere, daß eine nicht durch 4 teilbare Zahl $n \in \mathbb{N}^\times$ genau dann Summe dreier Quadrate ist, wenn gilt:

$$n \equiv 1 \text{ oder } n \equiv 2 \text{ oder } n \equiv 3 \text{ oder } n \equiv 5 \text{ oder } n \equiv 6 \text{ modulo } 8.$$

So sind z. B. 7, 15, 23 nicht in der Form $a^2 + b^2 + c^2$, $a, b, c \in \mathbb{N}$, darstellbar. Diese Zahlen sind aber sämtlich Summen aus vier Quadraten:

$$7 = 2^2 + 1^2 + 1^2 + 1^2, \qquad 15 = 3^2 + 2^2 + 1^2 + 1^2, \qquad 23 = 3^2 + 3^2 + 2^2 + 1^2.$$

Man wird nun einen Satz erwarten, der alle Zahlen charakterisiert, die als Summe von vier Quadraten darstellbar sind. Hier gilt der überraschende

Satz (J. L. Lagrange 1770): *Jede natürliche Zahl* $n \in \mathbb{N}^\times$ *ist die Summe von vier Quadraten*:

$$n = a^2 + b^2 + c^2 + d^2 \quad \textit{mit} \quad a, b, c, d \in \mathbb{N}.$$

4. Chinesischer Restsatz. Sind in einem Integritätsring R endlich viele Kongruenzen

$$X \equiv b_1(m_1), X \equiv b_2(m_2), \ldots, X \equiv b_t(m_t)$$

vorgegeben, so sprechen wir von einem *System simultaner (linearer) Kongruenzen.* Ein solches System lösen heißt, ein Element $x' \in R$ bestimmen, so daß x' modulo m_j zu b_j kongruent ist für alle $j = 1, 2, \ldots, t$.
Unter Heranziehung von Korollar 1 zeigen wir folgenden

Hauptsatz über simultane Kongruenzen: *Es sei R ein nullteilerfreier Hauptidealring; es seien* $m_1, m_2, \ldots, m_t \in R$ *paarweise teilerfremd*: $\mathrm{ggT}(m_i, m_j) \sim 1$ *für alle* $i, j, i \neq j$; *es sei* $m := m_1 m_2 \cdot \ldots \cdot m_t \in R$. *Vorgelegt sei ein System*

$$(*) \quad X \equiv b_1(m_1), X \equiv b_2(m_2), \ldots, X \equiv b_t(m_t)$$

simultaner Kongruenzen mit beliebigen Elementen $b_1, b_2, \ldots, b_t \in R$. *Dann gilt*:

1) *Existenzsatz*: *Das System* $(*)$ *hat Lösungen in R. Setzt man*

$$a_1 = \frac{m}{m_1} \in R, a_2 = \frac{m}{m_2} \in R, \ldots, a_t = \frac{m}{m_t} \in R$$

und wählt man $x_j \in R$ *so, daß gilt*: $a_j x_j \equiv b_j(m_j)$ *für* $j = 1, 2, \ldots, t$, *so ist*

$$x' := a_1 x_1 + a_2 x_2 + \ldots + a_t x_t \in R$$

eine Lösung von $(*)$.

2) *Eindeutigkeitssatz*: *Mit* x' *sind genau alle diejenigen Elemente* $x'' \in R$ *weitere Lösungen von* $(*)$, *für die gilt*: $x'' \equiv x'(m)$.

Bemerkung: Dieser Satz wird in der Literatur auch der „Chinesische Restsatz" genannt. Im ersten Jahrhundert nach Christus hat ein chinesischer Mathematiker namens Sun-Tsu das in obiger Existenzaussage angegebene Verfahren zur Konstruktion von Lösungen simultaner Kongruenzen an Beispielen beschrieben. Die allgemeine Form des Satzes findet sich bei Gauss in den *Disquisitiones*.

Beweis des Satzes: ad 1): Da a_j das Produkt aus allen m_i mit $i \neq j$ ist und da alle m_i, $i \neq j$, zu m_j teilerfremd sind, so gilt $\mathrm{ggT}(a_j, m_j) \sim 1$ für alle $j = 1, 2, \ldots, t$. Nach Korollar 1 gibt es daher ein $x_j \in R$, so daß gilt $a_j x_j \equiv b_j(m_j)$, $1 \leqq j \leqq t$. Da m_j nach Definition von a_i alle a_i mit $i \neq j$ teilt, so gilt $a_i x_i \equiv 0(m_j)$, falls $i \neq j$. Daher hat $x' := \sum_{i=1}^{t} a_i x_i$ folgende Eigenschaft: $x' \equiv a_j x_j(m_j)$ für alle $j = 1, 2, \ldots, t$. Damit sehen wir: $x' \equiv b_j(m_j)$ für $j = 1, 2, \ldots, t$, d.h. x' löst $(*)$.

ad 2): Ist $x'' \in R$ eine weitere Lösung von (*), so gilt:

$$x'' \equiv x'(m_j), \qquad \text{d.h.} \quad m_j \mid (x'' - x')$$

für alle $j = 1, 2, \ldots, t$. Da $m_1, m_2, \ldots, m_t$ paarweise teilerfremd sind, ist $x'' - x'$ dann auch durch $m = m_1 m_2 \cdot \ldots \cdot m_t$ teilbar. Mithin gilt $x'' \equiv x'(m)$. Da umgekehrt jedes Element $x'' \in R$ mit $x'' \equiv x'(m)$ offensichtlich eine Lösung des Systems (*) ist, so ist der Satz bewiesen. □

Beispiel: Sei $R = \mathbb{Z}$, $t = 3$; vorgegeben sei das System

$$X \equiv 1\,(2), \qquad X \equiv 2\,(3), \qquad X \equiv 4\,(5).$$

Dann ist $m = 2 \cdot 3 \cdot 5 = 30$, $a_1 = 15$, $a_2 = 10$, $a_3 = 6$. Man hat sich zunächst Lösungen x_1, x_2, x_3 der drei Kongruenzen $15X \equiv 1\,(2)$, $10X \equiv 2\,(3)$, $6X \equiv 4\,(5)$ zu verschaffen. Offenbar sind $x_1 = 1$, $x_2 = 2$, $x_3 = 4$ Lösungen. Aufgrund des Satzes ist dann

$$x' = a_1 x_1 + a_2 x_2 + a_3 x_3 = 15 \cdot 1 + 10 \cdot 2 + 6 \cdot 4 = 59$$

eine Lösung des Kongruenzensystems $X \equiv 1\,(2)$, $X \equiv 2\,(3)$, $X \equiv 4\,(5)$. Da man modulo $m = 30$ rechnen darf, ist auch $x'' = -1$ eine Lösung.

Aufgaben:

1) Bestimmen Sie alle Lösungen der Kongruenzen
   a) $25X \equiv 15\,(120)$,
   b) $42X \equiv 30\,(18)$.
2) Bestimmen Sie die Lösungen folgender Systeme simultaner Kongruenzen:
   a) $X \equiv 1\,(3)$, $\quad X \equiv 2\,(4)$, $\quad X \equiv 3\,(5)$,
   b) $X \equiv 3\,(8)$, $\quad X \equiv 11\,(20)$, $\quad X \equiv 1\,(15)$.
3) Sei p eine ungerade Primzahl. Zeigen Sie:
   a) $2^2 \cdot 4^2 \cdot \ldots \cdot (p-3)^2 \cdot (p-1)^2 \equiv (-1)^{\frac{1}{2}(p+1)}\,(p)$,
   b) $1^2 \cdot 3^2 \cdot \ldots \cdot (p-4)^2 \cdot (p-2)^2 \equiv (-1)^{\frac{1}{2}(p+1)}\,(p)$.
4) Sei m eine natürliche Zahl, $m \equiv 7\,(8)$. Zeigen Sie: m läßt sich nicht als Summe dreier Quadrate natürlicher Zahlen darstellen.
5) Seien $p \in \mathbb{P}$ und $n \in \mathbb{N}^\times$. Zeigen Sie: Im Falle $n > 1$ gibt es höchstens ein Paar $(a, b) \in \mathbb{N} \times \mathbb{N}$ mit $p = a^2 + nb^2$; im Falle $n = 1$ gibt es höchstens zwei derartige Paare aus $\mathbb{N} \times \mathbb{N}$, welche sich zudem nur in der Reihenfolge der Komponenten unterscheiden.

§ 3 Restklassenringe und Polynomkongruenzen

In diesem Paragraphen wird die Theorie der Kongruenzen von einem höheren Standpunkt beleuchtet. Für jeden kommutativen Ring R mit Einselement $1 \neq 0$ und jedes Ideal $\mathfrak{a} \neq R$ in R führen wir in Abschnitt 1 den Restklassenring $R/\mathfrak{a}$ ein: Kongruenzen in R modulo $\mathfrak{a}$ werden so zu Gleichungen in $R/\mathfrak{a}$ (Abschnitt 3).

Im Abschnitt 2 untersuchen wir Primideale und maximale Ideale. Im Abschnitt 4 wird ein klassischer Satz von LAGRANGE besprochen; die neuen Methoden liefern einen weiteren Beweis des Satzes von WILSON.

1. Restklassenringe. Es sei $\mathfrak{a}$ ein Ideal in einem kommutativen Ring R. Wir betrachten zu jedem Element $a \in R$ die Menge aller zu a modulo $\mathfrak{a}$ kongruenten Elemente von R, das ist gerade die Menge

$$\{z \in R : z - a \in \mathfrak{a}\} = \{z \in R : z = a + x \text{ mit } x \in \mathfrak{a}\}.$$

Für diese Menge schreibt man kurz und suggestiv:

$$a + \mathfrak{a}.$$

Die Mengen $a + \mathfrak{a}$, $a \in R$, bilden die Äquivalenzklassen bezüglich der Äquivalenzrelation $\equiv$; statt von Äquivalenzklassen könnte man auch von „Kongruenzklassen" sprechen. Indessen hat sich seit alters her die Redeweise eingebürgert, daß jede Menge

$$a + \mathfrak{a} := \{a + x : x \in \mathfrak{a}\}, \qquad a \in R,$$

eine *Restklasse modulo* $\mathfrak{a}$ oder kurz eine *Klasse* heißt; die Elemente von $a + \mathfrak{a}$ heißen *Repräsentanten* (oder auch: *Vertreter*) *der Restklasse.*

Bemerkung: Die Wortwahl „Restklasse" wird sofort verständlich, wenn man beachtet, daß im klassischen Fall $R = \mathbb{Z}$, $\mathfrak{a} = \mathbb{Z}m$, $m \geqq 0$, jede Menge $a + \mathbb{Z}m$ genau aus denjenigen ganzen Zahlen besteht, die bei Division mit Rest durch m denselben *Rest* lassen.

Da die Kongruenzrelation modulo $\mathfrak{a}$ eine Äquivalenzrelation ist, so ist klar: *Jedes Element $a \in R$ liegt in einer Restklasse modulo $\mathfrak{a}$ (nämlich in $a + \mathfrak{a}$); zwei Restklassen modulo $\mathfrak{a}$ sind entweder elementfremd oder identisch.*
Wir bezeichnen immer mit $\bar{a}$ die Restklasse $a + \mathfrak{a}$, es gilt dann:

$$\bar{a} = \bar{b} \quad \textit{genau dann, wenn} \quad a \equiv b(\mathfrak{a}).$$

Wir fassen die Gesamtheit aller Restklassen in R modulo $\mathfrak{a}$ zu einer neuen Menge zusammen, die wir mit $R/\mathfrak{a}$ bezeichnen. In dieser Menge definieren wir die Rechenoperationen der Addition, Subtraktion und Multiplikation in naheliegender Weise wie folgt:
Es seien $\alpha, \beta \in R/\mathfrak{a}$ zwei Restklassen modulo $\mathfrak{a}$; es seien $a \in \alpha$ bzw. $b \in \beta$ Repräsentanten von α bzw. β. Dann heißt die von $a + b$ bzw. $a - b$ bzw. $a \cdot b$ repräsentierte Restklasse modulo $\mathfrak{a}$ die *Summe* bzw. die *Differenz* bzw. das *Produkt der Restklassen* α, β; in Zeichen:

$$\alpha + \beta := \overline{a + b}, \qquad \alpha - \beta := \overline{a - b}, \qquad \alpha \cdot \beta := \overline{ab}.$$

Warnung: Bei dieser Definition scheint das Ergebnis $\alpha \pm \beta$ bzw. $\alpha \cdot \beta$ zunächst von der Wahl der Repräsentanten a, b der Klassen α, β abzuhängen. Man muß daher, sollen die Definitionen sinnvoll sein, sofort zeigen, daß dies nicht der Fall

ist. Das ergibt sich aber unmittelbar aus der Tatsache, daß die Kongruenzrelation eine „Gleichheit" gegenüber Addition, Subtraktion und Multiplikation ist: Wählt man nämlich neben $a \in \alpha$ und $b \in \beta$ irgendwie weitere Repräsentanten $a' \in \alpha$ und $b' \in \beta$ dieser Restklassen, so gilt $a' \equiv a(\mathfrak{a})$ und $b' \equiv b(\mathfrak{a})$ und somit $a' + b' \equiv a + b(\mathfrak{a})$, $a' - b' \equiv a - b(\mathfrak{a})$, $a'b' \equiv ab(\mathfrak{a})$. Das bedeutet aber $\overline{a' + b'} = \overline{a + b}$, $\overline{a' - b'} = \overline{a - b}$, $\overline{a'b'} = \overline{ab}$, d.h. Gleichheit der Restklassen. Man sieht, daß die Definition der Klassen $\alpha + \beta$, $\alpha - \beta$ und $\alpha \cdot \beta$ unabhängig von der zufälligen Repräsentantenwahl ist.
Wir formulieren nun das Hauptresultat dieses Abschnittes.

Satz: *Es sei R ein Ring und* $\mathfrak{a} \neq R$ *ein Ideal in R. Dann bildet die Menge* $R/\mathfrak{a}$ *der Restklassen modulo* $\mathfrak{a}$ *bezüglich Restklassenaddition, Restklassensubtraktion und Restklassenmultiplikation einen kommutativen Ring mit Eins. Die Null* $0 \in R$ *repräsentiert das Nullelement* $\bar{0} \in R/\mathfrak{a}$; *die Eins* $1 \in R$ *repräsentiert das Einselement* $\bar{1} \in R/\mathfrak{a}$; *es gilt*: $\bar{0} \neq \bar{1}$.
Der Ring $R/\mathfrak{a}$ *heißt der Restklassenring von R modulo* $\mathfrak{a}$.

Beweis: Man muß zeigen, daß die Postulate 1.–4., 5a. und 6. der Definition aus 3.0.1 erfüllt sind. Dies geschieht durch direktes Nachrechnen; wir führen dies am Beispiel des Kommutativgesetzes der Addition sowie am Beispiel des Distributivgesetzes vor:
Seien also $\alpha, \beta \in R/\mathfrak{a}$ vorgegebene Elemente (= Restklassen), seien $a \in \alpha$, $b \in \beta$ Repräsentanten. Dann gilt laut Definition:

$$\alpha + \beta = \overline{a + b}, \qquad \beta + \alpha = \overline{b + a}.$$

Da $a + b = b + a$ in R, so gilt erst recht: $a + b \equiv b + a(\mathfrak{a})$. Dies bedeutet aber: $\overline{a + b} = \overline{b + a}$, d.h. $\alpha + \beta = \beta + \alpha$.
Seien nun neben α, β eine weitere Restklasse $\gamma \in R/\mathfrak{a}$ und ein Repräsentant c von γ gegeben. Dann sind $a + b$, ac, bc Repräsentanten der Restklassen $\alpha + \beta$, $\alpha\gamma$, $\beta\gamma$, so daß per definitionem gilt:

$$(\alpha + \beta)\,\gamma = \overline{(a + b)\,c}, \qquad (\alpha\gamma) + (\beta\gamma) = \overline{ac + bc}.$$

Da $(a + b)\,c = (ac) + (bc)$ in R, so gilt auch $(a + b)\,c \equiv (ac) + (bc)\,(\mathfrak{a})$. Dies bedeutet: $\overline{(a + b)\,c} = \overline{(ac) + (bc)}$, d.h. $(\alpha + \beta)\,\gamma = (\alpha\gamma) + (\beta\gamma)$.
Es ist klar, daß die „Nullklasse" $\bar{0}$ bzw. die „Einsklasse" $\bar{1}$ die neutralen Elemente bzgl. Addition bzw. Multiplikation sind. Es gilt $\bar{0} \neq \bar{1}$, denn es ist $0 \not\equiv 1\,(\mathfrak{a})$, da $1 \notin \mathfrak{a}$ wegen $\mathfrak{a} \neq R$. □

Restklassenringe $R/\mathfrak{a}$ dienen als Makroskope für den Ring R. Die wichtigen Eigenschaften der „Verkleinerungsabbildung" $a \mapsto \bar{a}$ werden herausgestellt durch folgendes

Lemma: *Es sei R ein Ring und* $\mathfrak{a} \neq R$ *ein Ideal in R. Dann wird R vermöge der Restklassenabbildung*

$$R \to R/\mathfrak{a}, \qquad x \mapsto \bar{x}$$

auf $R/\mathfrak{a}$ abgebildet. Für alle Elemente $a, b \in R$ gilt:

1) $\overline{a \pm b} = \bar{a} \pm \bar{b}$ *(Additionstreue),*
2) $\overline{a \cdot b} = \bar{a} \cdot \bar{b}$ *(Multiplikationstreue),*
3) $\bar{0}$ *bzw.* $\bar{1}$ *ist die Null bzw. die Eins von* $R/\mathfrak{a}$.

Der Beweis folgt sofort aus der Definition der Rechenoperationen für Restklassen.
In der Algebra nennt man surjektive Abbildungen zwischen Ringen, die die Eigenschaften 1)–3) haben, *Ringepimorphismen*; man spricht im vorliegenden Fall vom *(natürlichen) Restklassenepimorphismus.*
Wir diskutieren nun die klassischen Restklassenringe des Ringes $\mathbb{Z}$ nach seinen Hauptidealen. Sei $m \in \mathbb{Z}$, $m > 1$. Dann gilt $\mathbb{Z}m \neq \mathbb{Z}$; wir bezeichnen mit $\mathbb{Z}_m$ den Restklassenring von $\mathbb{Z}$ nach dem Hauptideal $\mathbb{Z}m$, also:

$$\mathbb{Z}_m := \mathbb{Z}/\mathbb{Z}m, \qquad m = 2, 3, 4, \ldots .$$

Wir bemerken sofort:

Der Ring $\mathbb{Z}_m$ hat genau m verschiedene Elemente, nämlich

$$\bar{0}, \bar{1}, \bar{2}, \ldots, \overline{m-2}, \overline{m-1}.$$

Das ist klar, da es genau m verschiedene Restklassen modulo m in $\mathbb{Z}$ gibt, die z. B. durch die Zahlen $0, 1, 2, \ldots, m-2, m-1 \in \mathbb{Z}$, die gerade alle möglichen Reste bei der Division durch m sind, repräsentiert werden (Elemente $a, b \in \mathbb{Z}$ mit $0 \leqq a < m$, $0 \leqq b < m$ und $a \neq b$ sind notwendig modulo m inkongruent, denn $a - b$ ist wegen $0 < |a - b| < m$ nicht durch m teilbar).
Wir sehen hier zum ersten Mal ein Beispiel eines *endlichen Ringes*. Wir diskutieren vier Spezialfälle:

1) $m = 2$: Der Ring $\mathbb{Z}_2$ besteht nur aus der Null $\bar{0}$ und der Eins $\bar{1}$; wir stellen fest, daß $\mathbb{Z}_2$ sogar ein *Körper* ist.

2) $m = 4$: Der Ring $\mathbb{Z}_4$ besteht aus den vier Restklassen $\bar{0}, \bar{1}, \bar{2}, \bar{3}$. Es gilt z. B.:

$$\bar{1} + \bar{3} = \bar{0}, \quad \bar{2} - \bar{3} = \bar{3}, \quad \bar{2} \cdot \bar{3} = \bar{2}, \quad \bar{3} \cdot \bar{3} = \bar{1}, \quad \bar{2} \cdot \bar{2} = \bar{0}.$$

Die letzte Gleichung $\bar{2} \cdot \bar{2} = \bar{0}$ zeigt, daß die Restklasse 2 ein *Nullteiler* und $\mathbb{Z}_4$ also *kein Integritätsring* ist.

3) $m = p \in \mathbb{P}$: *Der Ring $\mathbb{Z}_p$ ist ein Integritätsring*: Denn $\bar{a}\bar{b} = \bar{0}$ in $\mathbb{Z}_p$ bedeutet $ab \equiv 0(p)$, und hieraus folgt $a \equiv 0(p)$ oder $b \equiv 0(p)$ nach der Kürzungsregel 1.2, d. h. $\bar{a} = \bar{0}$ oder $\bar{b} = \bar{0}$.

4) $m = pq$ mit $p, q \in \mathbb{P}$: *Der Ring $\mathbb{Z}_{pq}$ ist kein Integritätsring*: Die Elemente $\bar{p}, \bar{q} \in \mathbb{Z}_{pq}$ sind Nullteiler:

$$\bar{p} \cdot \bar{q} = \bar{0}, \quad \bar{p} \neq \bar{0}, \quad \bar{q} \neq \bar{0}.$$

Man nennt die m Zahlen $0, 1, \ldots, m-1$ ein vollständiges Repräsentantensystem modulo m. Ist R ein Ring und $\mathfrak{a}$ ein Ideal in R, so heißt allgemein jede Teilmenge von R, die aus jeder Restklasse modulo $\mathfrak{a}$ genau ein Element enthält, ein *vollständiges Repräsentantensystem modulo $\mathfrak{a}$*.

2. Primideale und maximale Ideale. Die Beispiele der Ringe $\mathbb{Z}/\mathbb{Z}m$ zeigen, daß Restklassenringe i.a. nicht nullteilerfrei sind und zwar selbst dann nicht, wenn der Ausgangsring ein Integritätsbereich ist. Es gibt ein einfaches notwendiges und hinreichendes Kriterium dafür, daß ein Restklassenring $R/\mathfrak{a}$ nullteilerfrei ist. Wir führen zunächst zwei Begriffe ein, die überall in der Mathematik eine große Rolle spielen.
Es sei R ein Ring und $\mathfrak{a} \neq R$ ein Ideal in R. Man nennt $\mathfrak{a}$ ein *Primideal*, wenn aus $a \in R$, $b \in R$, $ab \in \mathfrak{a}$ stets folgt: $a \in \mathfrak{a}$ oder $b \in \mathfrak{a}$. Man nennt $\mathfrak{a}$ ein *maximales Ideal*, wenn für jedes Ideal $\mathfrak{b}$ in R mit $\mathfrak{a} \subset \mathfrak{b}$ stets gilt: $\mathfrak{b} = R$ oder $\mathfrak{b} = \mathfrak{a}$.
Unter Benutzung dieser Begriffsbildungen zeigen wir nun:

Satz: *Es sei R ein Ring und $\mathfrak{a} \neq R$ ein Ideal in R. Dann gilt:*

1) *Genau dann ist der Restklassenring $R/\mathfrak{a}$ ein Integritätsring, wenn das Ideal $\mathfrak{a}$ ein Primideal ist.*
2) *Genau dann ist der Restklassenring $R/\mathfrak{a}$ ein Körper, wenn das Ideal $\mathfrak{a}$ maximal ist.*

Beweis: ad 1): Der Ring $R/\mathfrak{a}$ ist genau dann nullteilerfrei, wenn aus $\bar{a}\bar{b} = \bar{0}$ stets folgt: $\bar{a} = \bar{0}$ oder $\bar{b} = \bar{0}$. Nun besagen die Gleichungen $\overline{ab} = \bar{a}\bar{b} = \bar{0}, \bar{a} = \bar{0}, \bar{b} = \bar{0}$ jeweils $ab \in \mathfrak{a}$, $a \in \mathfrak{a}$, $b \in \mathfrak{a}$. Daher ist $R/\mathfrak{a}$ genau dann nullteilerfrei, wenn aus $ab \in \mathfrak{a}$ stets folgt: $a \in \mathfrak{a}$ oder $b \in \mathfrak{a}$, d.h., wenn $\mathfrak{a}$ ein Primideal ist.
ad 2): Sei zunächst $R/\mathfrak{a}$ ein Körper. Ist dann $\mathfrak{b}$ ein Ideal in R mit $\mathfrak{a} \subset \mathfrak{b}$ und $\mathfrak{a} \neq \mathfrak{b}$, so müssen wir zeigen: $\mathfrak{b} = R$. Wir wählen ein Element $b \in \mathfrak{b}$, das nicht in $\mathfrak{a}$ liegt. Dann ist die Restklasse $\bar{b}$ von b modulo $\mathfrak{a}$ nicht die Nullklasse; daher existiert, da $R/\mathfrak{a}$ ein Körper ist, ein Inverses von $\bar{b}$ in $R/\mathfrak{a}$. Es gibt also ein $a \in R$, so daß gilt: $\bar{a}\bar{b} = \bar{1}$ in $R/\mathfrak{a}$. Dies bedeutet $1 - ab \in \mathfrak{a}$. Wegen $\mathfrak{a} \subset \mathfrak{b}$ und $b \in \mathfrak{b}$ folgt $1 \in \mathfrak{b}$, also $\mathfrak{b} = R$.
Sei umgekehrt $\mathfrak{a}$ ein maximales Ideal. Dann ist zu zeigen, daß jede Restklasse $\alpha \in R/\mathfrak{a}, \alpha \neq \bar{0}$, ein Inverses γ besitzt: $\alpha\gamma = \bar{1}$. Sei $a \in \alpha$, wegen $\alpha \neq \bar{0}$ gilt $a \notin \mathfrak{a}$. Wir setzen: $\mathfrak{b} := \{z \in R: z = x + ya, x \in \mathfrak{a}, y \in R\}$; diese Menge ist ersichtlich ein Ideal in R. Da $\mathfrak{a} \subset \mathfrak{b}$ und $\mathfrak{a} \neq \mathfrak{b}$ wegen $a \notin \mathfrak{a}$, so gilt $\mathfrak{b} = R$ wegen der Maximalität von $\mathfrak{a}$. Es folgt $1 \in \mathfrak{b}$. Somit besteht eine Gleichung $1 = x_0 + ca$ mit $x_0 \in \mathfrak{a}, c \in R$. Geht man zu Restklassen modulo $\mathfrak{a}$ über, so folgt: $\bar{1} = \bar{c}\alpha$. Mithin ist $\gamma := \bar{c}$ das gesuchte Inverse. □

Folgerung: *Jedes maximale Ideal $\mathfrak{a}$ von R ist ein Primideal.*

Um den Satz anwenden zu können, benötigt man Kriterien, mit deren Hilfe man entscheiden kann, wann ein vorgelegtes Ideal Primideal bzw. maximal ist. Zunächst ist trivial, daß in Integritätsringen das Nullideal stets ein Primideal ist. Wir zeigen weiter:

Hilfssatz: *Ist R ein Integritätsring und $p \in R$ ein Primelement in R, so ist das von p erzeugte Hauptideal Rp ein Primideal und der Restklassenring R/Rp also wieder ein Integritätsring.*

Beweis: Da Primelemente Nichteinheiten sind, so gilt zunächst $Rp \neq R$. Seien $a, b \in R$, es gelte $ab \in Rp$. Dies bedeutet: $p \mid ab$. Hieraus folgt, da p Primelement ist: $p \mid a$ oder $p \mid b$, d.h. $a \in Rp$ oder $b \in Rp$. Mithin ist Rp ein Primideal und R/Rp also aufgrund des Satzes ein Integritätsring. □

Insbesondere erhalten wir im Spezialfall $R = \mathbb{Z}$:

Alle Restklassenringe $\mathbb{Z}/\mathbb{Z}p$, $p \in \mathbb{P}$, *sind Integritätsringe.*

Ohne große Anstrengungen läßt sich allgemeiner zeigen:

Lemma: *Es sei R ein Hauptidealring. Dann sind folgende Aussagen über ein Ideal* $\mathfrak{a} \neq (0)$ *in R äquivalent*:

i) $\mathfrak{a}$ *ist ein maximales Ideal.*
ii) $\mathfrak{a}$ *ist ein Primideal.*
iii) *Es gilt* $\mathfrak{a} = Rp$ *mit einem Primelement* $p \in R$.
iv) *Es gilt* $\mathfrak{a} = Ru$ *mit einem unzerlegbaren Element* $u \in R$.

Beweis: i) $\Rightarrow$ ii): Klar nach obiger Folgerung.
ii) $\Rightarrow$ iii): Da R ein Hauptidealring ist, gilt $\mathfrak{a} = Rp$ mit einem Element $p \in R$. Wegen $(0) \neq \mathfrak{a} \neq R$ ist p eine Nichteinheit ungleich 0. Seien $a, b \in R$ und $p \mid (ab)$. Dann gilt also $ab \in Rp = \mathfrak{a}$. Da $\mathfrak{a}$ ein Primideal ist, folgt $a \in Rp$ oder $b \in Rp$. Dies besagt $p \mid a$ oder $p \mid b$. Mithin ist p ein Primelement in R.
iii) $\Rightarrow$ iv): Klar, da Primelemente stets unzerlegbar sind.
iv) $\Rightarrow$ i): Angenommen, es gäbe ein Ideal $\mathfrak{b}$ in R, so daß gilt: $\mathfrak{a} \subsetneqq \mathfrak{b} \subsetneqq R$. Da R Hauptidealring ist, so gilt $\mathfrak{b} = Rb$. Da $(0) \neq \mathfrak{b} \neq R$, so ist b eine Nichteinheit ungleich 0. Wegen $Ru \subset Rb$ folgt $b \mid u$, wegen $Ru \neq Rb$ wäre b dann sogar ein echter Teiler von u. Das widerspricht der Unzerlegbarkeit von u. Es kann also kein Ideal $\mathfrak{b}$ der angenommenen Art in R geben. Mithin ist $\mathfrak{a} = Ru$ ein maximales Ideal in R. □

Wir können jetzt insbesondere alle Primideale des Ringes $\mathbb{Z}$ angeben:

Korollar: *Folgende Aussagen über ein Ideal* $\mathfrak{a}$ *in* $\mathbb{Z}$ *sind äquivalent*:

i) $\mathfrak{a}$ *ist ein Primideal.*
ii) *Es gilt* $\mathfrak{a} = (0)$ *oder* $\mathfrak{a} = \mathbb{Z}p$ *mit einer Primzahl* p.

Wir sehen jetzt auch, daß $\mathbb{Z}$ genau ein nicht maximales Primideal, nämlich das Nullideal, besitzt.

3. Polynomkongruenzen und Polynomgleichungen. Im Abschnitt 2.1 haben wir *lineare* Kongruenzen $aX + c \equiv b(\mathfrak{a})$ betrachtet. Das Adjektiv linear weist darauf hin, daß links ein *lineares Polynom* in X steht. Es ist naheliegend, beliebige Polynome

$$f = f(X) = a_0 + a_1 X + \ldots + a_n X^n \in R[X]$$

mit Koeffizienten in R zuzulassen und entsprechend Kongruenzen

$$f(X) \equiv b(\mathfrak{a})$$

zu studieren. Man spricht dann von einer *Polynomkongruenz modulo* $\mathfrak{a}$ oder auch von einer *allgemeinen Kongruenz höheren Grades*. Wie bei linearen Kongruenzen sucht man Lösungen solcher Kongruenzen in R: Dabei heißt $x_0 \in R$ eine *Lösung der Kongruenz* $f(X) \equiv b(\mathfrak{a})$, wenn für den Wert $f(x_0) \in R$ von f an der Stelle x_0 gilt: $f(x_0) \equiv b(\mathfrak{a})$.

Da die Lösungen von $f(X) \equiv b(\mathfrak{a})$ genau die Lösungen von $f(X) - b \equiv 0(\mathfrak{a})$ sind und da $f(X) - b = (a_0 - b) + a_1 X + \ldots + a_n X^n$ wieder ein Polynom über R ist, darf man ohne Einschränkung der Allgemeinheit $b = 0$ annehmen.

Ist $x_0 \in R$ eine Lösung von $f(X) \equiv 0(\mathfrak{a})$, so ist auch jedes Element $x_0' \in R$ mit $x_0' \equiv x_0(\mathfrak{a})$ eine Lösung von $f(X) \equiv 0(\mathfrak{a})$, denn aus $x_0' \equiv x_0(\mathfrak{a})$ folgt stets $f(x_0') \equiv f(x_0)\,(\mathfrak{a})$ aufgrund der Rechenregeln 1.1.

Man nennt nun jede Lösung $x_0 \in R$ von $f(X) \equiv 0(\mathfrak{a})$ eine *Wurzel der Polynomkongruenz* in R. Zwei Wurzeln $x_0, x_0' \in R$ von $f(X) \equiv 0(\mathfrak{a})$ heißen *verschieden*, wenn sie modulo $\mathfrak{a}$ inkongruent sind.

Beispiele: Sei $R := \mathbb{Z}$.

1) Für jede Primzahl p hat die Polynomkongruenz $X^{p-1} - 1 \equiv 0(p)$ in $\mathbb{Z}$ genau die $p-1$ verschiedenen Wurzeln $1, 2, \ldots, p-1$ (Kleiner Fermatscher Satz).

2) Für jede Primzahl p der Form $4k+1$ hat die Polynomkongruenz $X^2 + 1 \equiv 0(p)$ zwei Wurzeln in $\mathbb{Z}$, nämlich $\pm\,(2k)!$ (vgl. Lemma 2.3).

3) Die Polynomkongruenz $X^4 - 1 \equiv 0\,(16)$ hat *acht verschiedene* Wurzeln in $\mathbb{Z}$, nämlich 1, 3, 5, 7, 9, 11, 13, 15; dagegen besitzt die Polynomkongruenz $X^4 - 2 \equiv 0\,(16)$ überhaupt keine Lösung in $\mathbb{Z}$.

Bemerkung: Besitzt ein Polynom $f(X) \in \mathbb{Z}[X]$ eine Nullstelle in $\mathbb{Z}$, so ist trivialerweise die Polynomkongruenz $f(X) \equiv 0(m)$ für jeden Modul $m \in \mathbb{N}^\times$ lösbar. Die Umkehrung dieser Aussage ist jedoch i. a. falsch: Es gibt Polynome $\hat{f}(X) \in \mathbb{Z}[X]$ derart, daß $\hat{f}(X) \equiv 0\,(m)$ für jedes $m \in \mathbb{N}^\times$ eine Wurzel besitzt, während $\hat{f}(X) = 0$ in $\mathbb{Z}$ nicht lösbar ist, vgl. Aufgabe 7.1.3).

Eine Polynomgleichung $f(X) = 0$, wo $f \in \mathbb{Z}[X]$ ein Polynom n-ten Grades ist, hat bekanntlich höchstens n verschiedene Nullstellen in $\mathbb{Z}$ (vgl. hierzu auch Lemma 4). Die Kongruenz $X^4 - 1 \equiv 0\,(16)$ des Beispiels 3) zeigt, daß Polynomkongruenzen über $\mathbb{Z}$ *zu viele* Wurzeln haben können. Die Theorie der Polynomkongruenzen über $\mathbb{Z}$ ist daher komplizierter als die Theorie der Polynomgleichungen über $\mathbb{Z}$.

Wir werden uns nun klar machen, daß sich – ungeachtet des eben aufgezeigten Phänomens – das allgemeine Problem der Lösbarkeit von Polynomkongruenzen modulo einem Ideal $\mathfrak{a}$ eines beliebigen Ringes R auf das allgemeine Problem der Lösbarkeit von Polynomgleichungen im Restklassenring $R/\mathfrak{a}$ zurückführen läßt. Der Ring $R/\mathfrak{a}$ hat i. a. eine kompliziertere Struktur als der Ausgangsring R

(z. B. ist $\mathbb{Z}$ nullteilerfrei, doch hat der Ring $\mathbb{Z}_{16} = \mathbb{Z}/16\mathbb{Z}$ Nullteiler!), dadurch werden die bei Polynomkongruenzen auftretenden Phänomene ihre natürliche Erklärung finden. Um das soeben angekündigte Programm durchzuführen, setzen wir zunächst die in Lemma 1 studierte Restklassenabbildung

$$R \to R/\mathfrak{a}, \qquad x \mapsto \bar{x}$$

zu einer Abbildung $R[X] \to (R/\mathfrak{a})[X]$ der Polynomringe fort:
Es sei $\mathfrak{a} \neq R$ ein Ideal in R. Für jedes Polynom $f = a_0 + a_1 X + \ldots + a_n X^n \in R[X]$ über R heißt das durch

$$\bar{f} := \overline{a_0} + \overline{a_1} X + \ldots + \overline{a_n} X^n \in (R/\mathfrak{a})[X],$$
$$\overline{a_\nu} := \text{Restklasse von } a_\nu \text{ modulo } \mathfrak{a},$$

definierte Polynom das *Restklassenpolynom von f modulo $\mathfrak{a}$ über $R/\mathfrak{a}$.*
Für das Rechnen mit Restklassenpolynomen gilt folgende Erweiterung von Lemma 1:

Lemma: *Es sei R ein Ring und $\mathfrak{a} \neq R$ ein Ideal in R. Dann wird der Polynomring $R[X]$ über R vermöge der Restklassenabbildung*

$$R[X] \to (R/\mathfrak{a})[X], \qquad f \mapsto \bar{f}$$

auf den Polynomring $(R/\mathfrak{a})[X]$ über $R/\mathfrak{a}$ abgebildet. Für alle Polynome $f, g \in R[X]$ und alle Elemente $c \in R$ gilt:

1) $\overline{f(c)} = \bar{f}(\bar{c})$ (*Einsetzungstreue*),
2) $\overline{f \pm g} = \bar{f} \pm \bar{g}$ (*Additionstreue*),
3) $\overline{f \cdot g} = \bar{f} \cdot \bar{g}$ (*Multiplikationstreue*).

Die Durchführung des einfachen Beweises sei dem Leser als Aufgabe gestellt.
Aus dem Lemma folgt sofort:

Reduktionssatz: *Es sei $\mathfrak{a} \neq R$ ein Ideal, es sei $f \in R[X]$ irgendein Polynom und $\bar{f}$ das Restklassenpolynom von f modulo $\mathfrak{a}$. Dann gilt:*

1) *Ist $x_0 \in R$ eine Wurzel der Polynomkongruenz $f(X) \equiv 0(\mathfrak{a})$, so ist die Restklasse $\overline{x_0} \in R/\mathfrak{a}$ von x_0 eine Wurzel der Polynomgleichung $\bar{f}(X) = \bar{0}$.*
2) *Ist $\xi \in R/\mathfrak{a}$ eine Wurzel der Polynomgleichung $\bar{f}(X) = \bar{0}$, so ist jeder Vertreter $x_0 \in \xi$ eine Wurzel der Polynomkongruenz $f(X) \equiv 0(\mathfrak{a})$.*

Beweis: ad 1): Nach Voraussetzung gilt: $f(x_0) \in \mathfrak{a}$. Daher repräsentiert $f(x_0)$ die Nullklasse von $R/\mathfrak{a}$, d.h. $\overline{f(x_0)} = \bar{0}$. Da $\bar{f}(\overline{x_0}) = \overline{f(x_0)}$ aufgrund von Aussage 1) des Lemmas, so folgt: $\bar{f}(\overline{x_0}) = \bar{0}$.
ad 2): Nach Voraussetzung gilt: $\bar{f}(\xi) = \bar{0}$. Für jedes Element $x_0 \in \xi$ gilt $\overline{x_0} = \xi$ und mithin

$$\overline{f(x_0)} = \bar{f}(\overline{x_0}) = \bar{0}, \qquad \text{d.h. } f(x_0) \in \mathfrak{a}, \qquad \text{d.h. } f(x_0) \equiv 0(\mathfrak{a}).$$ □

Durch den Reduktionssatz wird die Theorie der Polynomkongruenzen modulo $\mathfrak{a}$ in R auf die Theorie der Polynomgleichungen über dem Restklassenring $R/\mathfrak{a}$ zurückgeführt. Man könnte meinen, daß diese Reduktion des Kongruenzproblems nur akademischen Wert hat, da die Theorie von Polynomgleichungen in allgemeinen kommutativen Ringen ebenfalls sehr kompliziert ist. Nichtsdestoweniger gibt der Reduktionssatz in wichtigen Fällen gute Informationen, so folgt z. B. schnell:

Korollar: *Es sei $\mathfrak{a}$ ein maximales Ideal in R; es sei $a \in R$, $a \notin \mathfrak{a}$. Dann ist für jedes Element $b \in R$ die lineare Kongruenz*

$$aX \equiv b(\mathfrak{a})$$

lösbar in R; alle Lösungen sind kongruent modulo $\mathfrak{a}$.

Im nächsten Abschnitt geben wir eine weitere Anwendung des Reduktionssatzes.

4. Satz von LAGRANGE. Die Theorie der Polynomkongruenzen modulo einem Ideal $\mathfrak{a}$ in R bleibt besonders übersichtlich, wenn das Ideal $\mathfrak{a}$ ein Primideal ist. Dann ist nämlich der Restklassenring $R/\mathfrak{a}$ ein Integritätsring (vgl. Satz 2), und für die Theorie der Polynomgleichungen über Integritätsringen besteht das einfache, aber grundlegende

Lemma: *Es sei S irgendein (kommutativer) Integritätsring (mit Eins 1). Dann hat jedes Polynom $f \in S[X]$ vom Grad $n \in \mathbb{N}$ höchstens n verschiedene Nullstellen in S.*

Beweis (durch Induktion nach n): Sei $f := a_0 + a_1 X + \ldots + a_n X^n$, $a_n \neq 0$. Falls $n = 0$, so ist $f = a_0$ nullstellenfrei und die Behauptung zutreffend. Sei $n \geqq 1$. Ist $c \in S$ eine Nullstelle von f, so gilt

$$f = f - f(c) = \sum_{\nu=0}^{n} a_\nu (X^\nu - c^\nu) = (X - c)\, g,$$

wobei g ein Polynom vom Grad $n - 1$ ist, nämlich:

$$g := \sum_{\nu=1}^{n} a_\nu (X^{\nu-1} + X^{\nu-2} c + \ldots + X c^{\nu-2} + c^{\nu-1}) \in S[X].$$

Nun gilt $f(b) = (b - c)\, g(b)$ für alle $b \in S$. Da S nullteilerfrei ist, so trifft $f(b) = 0$ für $b \neq c$ nur dann zu, wenn gilt: $g(b) = 0$, d. h., f hat neben c nur noch dort Nullstellen, wo g solche hat. Da g als Polynom $(n - 1)$-ten Grades nach Induktionsvoraussetzung höchstens $(n - 1)$ verschiedene Nullstellen hat, so kann f höchstens n verschiedene Nullstellen haben. □

Für die Gültigkeit des Lemmas ist wesentlich, daß S nullteilerfrei ist. So hat z. B. über dem Restklassenring $\mathbb{Z}_{16} = \mathbb{Z}/16\mathbb{Z}$ das Polynom vierten Grades $X^4 - \bar{1}$ acht verschiedene Nullstellen (vgl. Beispiel 3, 3)).

Eine unmittelbare Folgerung aus dem Lemma und dem Reduktionssatz ist folgender

Satz: *Es sei R ein kommutativer Ring mit* 1, *und es sei* $\mathfrak{p}$ *ein Primideal in R. Es sei* $f = a_0 + a_1 X + \ldots + a_n X^n \in R[X]$ *irgendein Polynom n-ten Grades derart, daß für wenigstens einen Index* ν *gilt*: $a_\nu \not\equiv 0(\mathfrak{p})$. *Dann hat die Polynomkongruenz*

$$f(X) \equiv 0(\mathfrak{p})$$

höchstens n verschiedene Wurzeln in R.

Beweis: Da $\mathfrak{p}$ ein Primideal ist, so ist der Restklassenring $R/\mathfrak{p}$ ein Integritätsring. Das Restklassenpolynom $\overline{f} = \overline{a_0} + \overline{a_1} X + \ldots + \overline{a_n} X^n \in (R/\mathfrak{p})[X]$ von f ist nicht das Nullpolynom, da $\overline{a_\nu} \neq 0$; daher ist der Grad von $\overline{f}$ wohldefiniert und höchstens n. Seien nun $c_1, c_2, \ldots, c_k \in R$ verschiedene Wurzeln von $f(X) \equiv 0(\mathfrak{p})$. Dann sind aufgrund des Reduktionssatzes 3 die Restklassen $\overline{c_1}, \overline{c_2}, \ldots, \overline{c_k} \in R/\mathfrak{p}$ Nullstellen von $\overline{f}$, und zwar sind auch $\overline{c_1}, \overline{c_2}, \ldots, \overline{c_k}$ verschieden. Aus dem Lemma folgt daher: $k \leqq n$. □

Im Falle des Ringes $\mathbb{Z}$, der uns vor allem interessiert, läßt sich der Satz auch wie folgt aussprechen:

Korollar (Satz von LAGRANGE): *Es sei* $f = a_0 + a_1 X + \ldots + a_{n-1} X^{n-1} + X^n \in \mathbb{Z}[X]$ *ein Polynom n-ten Grades über* $\mathbb{Z}$ *mit höchstem Koeffizienten* 1. *Dann hat die Polynomkongruenz*

$$f(X) \equiv 0(p)$$

für jede Primzahl $p \in \mathbb{P}$ *höchstens n inkongruente Lösungen in* $\mathbb{Z}$.

Beweis: Da der höchste Koeffizient $a_n := 1$ von f für jede Primzahl p inkongruent zu 0 ist und da jedes Ideal $\mathbb{Z}p$, $p \in \mathbb{P}$, ein Primideal in $\mathbb{Z}$ ist, so folgt die Behauptung direkt aus dem Satz. □

Bemerkung: Der französische Mathematiker Joseph Louis LAGRANGE (1736–1813, von 1766–1787 als Nachfolger von EULER an der Berliner Akademie der Wissenschaften) hat sich von 1768 bis 1771 intensiv mit den Eulerschen Arbeiten zum kleinen Fermatschen Satz beschäftigt. Unter seinen Resultaten findet sich auch folgende Aussage: *Ist p eine Primzahl und f ein Polynom n-ten Grades mit ganzzahligen Koeffizienten, die nicht sämtlich durch p teilbar sind, so gibt es höchstens n verschiedene Zahlen* $c \in \mathbb{Z}$ *zwischen* $-\frac{p}{2}$ *und* $\frac{p}{2}$, *so daß* $f(c)$ *durch p teilbar ist.* Es ist daher nur folgerichtig, das obige Korollar als Satz von LAGRANGE zu bezeichnen.

Im allgemeinen werden Kongruenzen $f(X) \equiv 0(p)$, wie sie im Satz von LAGRANGE betrachtet werden, weniger als n Wurzeln in $\mathbb{Z}$ haben, z. B. hat die Kongruenz $X^2 - 2 \equiv 0\,(3)$ überhaupt keine Lösung in $\mathbb{Z}$. Es können aber auch wirklich n inkongruente Lösungen vorhanden sein: Dies ist, wie Beispiel 3, 1) zeigt, der Fall (mit $n := p - 1$) für alle Kongruenzen

$$X^{p-1} - 1 \equiv 0(p), \qquad p \in \mathbb{P}.$$

Hieraus und aus dem Satz von LAGRANGE ziehen wir eine einfache Folgerung, die später im Gaußschen Existenzbeweis von Primitivwurzeln (Beweis von Satz 6.2.2) entscheidend herangezogen wird.

Folgerung: *Es sei $p \in \mathbb{P}$ eine Primzahl und $d \in \mathbb{N}^\times$ ein Teiler von $p - 1$. Dann hat die Kongruenz*

$$X^d - 1 \equiv 0(p)$$

genau d inkongruente Lösungen in $\mathbb{Z}$.

Beweis: Nach Voraussetzung gilt: $p - 1 = dq$, $q \in \mathbb{N}^\times$. Damit ist $g := 1 + X^d + X^{2d} + \ldots + X^{(q-1)d} \in \mathbb{Z}[X]$ ein Polynom vom Grad $p - 1 - d$ mit höchstem Koeffizienten 1, für das gilt:

$$X^{p-1} - 1 = (X^d - 1)\, g.$$

Es bezeichne l bzw. k die Anzahl der inkongruenten Lösungen von $X^d - 1 \equiv 0(p)$ bzw. $g(X) \equiv 0(p)$ in $\mathbb{Z}$. Nach dem Satz von LAGRANGE gilt:

$$(*) \quad 0 \leqq l \leqq d, \qquad 0 \leqq k \leqq (q-1)\, d = p - 1 - d.$$

Nun ist aufgrund der Kürzungsregel 1.2 jede Lösung der Kongruenz $(X^d - 1)\, g(X) \equiv 0(p)$ notwendig eine Lösung von $X^d - 1 \equiv 0(p)$ oder von $g(X) \equiv 0(p)$. Da $X^{p-1} - 1 \equiv 0(p)$ genau $p - 1$ verschiedene Wurzeln hat, so folgt:

$$l + k = p - 1.$$

Dies ist wegen (*) nur möglich, wenn $l = d$ (und $k = p - 1 - d$); daher hat die Kongruenz $X^d - 1 \equiv 0(p)$ genau d inkongruente Lösungen in $\mathbb{Z}$. □

Der Satz von LAGRANGE kann offensichtlich auch wie folgt formuliert werden:

Es sei $f = a_0 + a_1 X + \ldots + a_n X^n \in \mathbb{Z}[X]$ ein Polynom n-ten Grades und p eine Primzahl derart, daß die Polynomkongruenz

$$f(X) \equiv 0(p)$$

mehr als n inkongruente Lösungen in $\mathbb{Z}$ hat. Dann ist jeder Koeffizient $a_0, a_1, \ldots, a_n$ durch p teilbar.

Unter Verwendung dieser Erkenntnis läßt sich nun ein eleganter zweiter Beweis für den Satz von WILSON führen: Man betrachtet das Polynom

$$f := (X-1)(X-2) \cdot \ldots \cdot (X-(p-1)) - (X^{p-1} - 1) \in \mathbb{Z}[X].$$

Es hat einen kleineren Grad als $p-1$, da sich beim Ausmultiplizieren des Produktes aus $p-1$ Faktoren ebenfalls der Summand X^{p-1} einstellt. Da aufgrund des kleinen Fermatschen Satzes die Kongruenz $f(X) \equiv 0(p)$ die $p-1$ inkongruenten Lösungen $1, 2, \ldots, p-1$ hat, so ist jeder Koeffizient von f durch p teilbar. Insbesondere ist das konstante Glied von f, das ist die Zahl $f(0) = (-1)(-2) \cdot \ldots \cdot (-(p-1)) + 1 = (-1)^{p-1}(p-1)! + 1$, durch p teilbar. Dies besagt: $(-1)^{p-1}(p-1)! \equiv -1(p)$. Das aber ist die Aussage des Satzes von WILSON; für $p \neq 2$ ist nämlich $(-1)^{p-1} = 1$.

Aufgaben:

1) a) Zeigen Sie, daß ein endlicher Integritätsring ein Körper ist.
   b) Zeigen Sie, daß eine natürliche Zahl $n \geqq 1$ genau dann eine Primzahl ist, wenn $\mathbb{Z}_n$ ein Körper ist.
2) Sei R ein (kommutativer) Ring (mit 1) mit der Eigenschaft, daß jedes Ideal $\mathfrak{a}$ in R, $\mathfrak{a} \neq R$, ein Primideal ist. Zeigen Sie: R ist ein Körper.
3) Bestimmen Sie alle Lösungen der Kongruenz

   $$3X^2 + 6X + 1 \equiv 0(10).$$

4) Bestimmen Sie alle Lösungen der Kongruenzen
   a) $X^2 \equiv 5(19)$,
   b) $X^2 \equiv 5(29)$.
5) Sei p eine Primzahl und $n \in \mathbb{N}^\times$. Zeigen Sie: Die Kongruenz $X^n \equiv 1(p)$ hat genau $d := \mathrm{ggT}(n, p-1)$ inkongruente Lösungen in $\mathbb{Z}$.
6) Es sei $p \in \mathbb{P}$, $p \geqq 5$. Zeigen Sie

   a) $\displaystyle\sum_{k=1}^{p-1} \frac{(p-1)!}{k} \equiv 0(p^2)$.

   b) Ist $\displaystyle\sum_{k=1}^{p} \frac{1}{k} = \frac{r}{ps}$ mit teilerfremden natürlichen Zahlen r, s, so gilt: $r \equiv s(p^3)$.

Kapitel 6
Prime Restklassengruppen

Für Integritätsringe haben wir in Kapitel 3 den Begriff der Einheit eingeführt. Dieser Begriff spielt auch in der Theorie beliebiger Ringe eine zentrale Rolle. Durch Einheiten kann man einschränkungslos dividieren. Die Einheiten eines jeden kommutativen Ringes mit Eins bilden eine abelsche Gruppe. Im Fall des Restklassenringes $\mathbb{Z}/\mathbb{Z}m$ ist die Gruppe endlich; sie heißt die *prime Restklassengruppe modulo m*. GAUSS hat in seinen *Disquisitiones Arithmeticae* die Struktur der primen Restklassengruppen bestimmt. In diesem Kapitel werden wir diese Gaußschen Resultate kennenlernen.
Vorbereitend geben wir im ersten Paragraphen eine Einführung in die elementare Theorie der endlichen Gruppen. Wir übertragen den Satz von FERMAT-EULER auf beliebige endliche Gruppen und machen so das bereits Vertraute durchsichtiger: Es handelt sich um ein überzeugendes Beispiel von Vertiefung durch Verallgemeinerung.
Bei der Bestimmung aller zyklischen primen Restklassengruppen ist im zweiten Paragraphen die Existenz von Primitivwurzeln zu Primzahlen entscheidend. Wir haben hierfür den klassischen (konkreten) Beweis nach GAUSS aufgenommen, der auf der Teilersummenformel $a = \sum_{d|a} \varphi(d)$ basiert; diesem stellen wir ein allgemeines (abstraktes) Zyklizitätskriterium für endliche abelsche Gruppen gegenüber, welches ebenfalls die Existenz von Primitivwurzeln zu Primzahlen impliziert. Der Leser möge selbst entscheiden, welchem Beweis er den Vorzug gibt.

§ 1 Elementare Gruppentheorie

Wir stellen allgemeine gruppentheoretische Grundbegriffe und Sätze zusammen, die für das Studium primer Restklassengruppen unerläßlich sind. Wir gelangen so u.a. mühelos zum gruppentheoretischen Verständnis des Satzes von FERMAT-EULER.

1. Gruppenbegriff. Beispiele aus der Zahlentheorie. Wir erweitern zunächst den in 3.1.1 für Integritätsringe eingeführten Begriff der Einheit auf den Fall eines beliebigen kommutativen Ringes R mit Einselement 1: Ein Element $a \in R$ heißt eine *Einheit in* R, wenn es ein Element $a' \in R$ mit $aa' = 1$ gibt. Wir bezeichnen mit R^* die Menge aller Einheiten von R. Dann ist unmittelbar klar:

1) $a, b \in R^* \Rightarrow ab \in R^*$
2) $(ab)\,c = a(bc)$ *für alle* $a, b, c \in R^*$
3) $1 \in R^*$, $a \cdot 1 = 1 \cdot a = a$ *für alle* $a \in R^*$
4) *Zu jedem* $a \in R^*$ *existiert ein* $a' \in R^*$ *mit* $aa' = a'a = 1$.

Mengen, in denen eine Verknüpfung erklärt ist, die den eben angegebenen Gesetzen genügt, kommen in der Mathematik häufig vor und werden durch eine Definition herausgestellt.
Eine Menge G heißt eine *Gruppe bzgl. einer Operation* $\circ$, wenn gilt:

1) *Eindeutige Ausführbarkeit*: Je zwei Elementen $a, b \in G$ ist eindeutig ein Element $a \circ b \in G$ zugeordnet.
2) *Assoziativgesetz*: $(a \circ b) \circ c = a \circ (b \circ c)$ für alle $a, b, c \in G$.
3) *Existenz eines neutralen Elementes*: Es gibt ein Element $e \in G$ mit der Eigenschaft: $a \circ e = e \circ a = a$ für alle $a \in G$.
4) *Existenz inverser Elemente*: Zu jedem $a \in G$ existiert ein $a' \in G$, so daß gilt: $a \circ a' = a' \circ a = e$.

Man bemerkt die enge Verwandtschaft zwischen Gruppenaxiomen und Ringaxiomen (aus 3.0.1). Wir notieren sogleich wichtige Gruppeneigenschaften, die immer wieder (ohne Zitat) benutzt werden.

a) *Eine Gruppe G hat genau ein neutrales Element.*
b) *Für jede Gruppe G gelten die „Kürzungsregeln“:*

$$a \circ b = a \circ c \Rightarrow b = c; \qquad b \circ a = c \circ a \Rightarrow b = c.$$

c) *Seien a, b beliebige Elemente einer Gruppe G. Dann gibt es genau ein Element c_r und genau ein Element c_l in G, so daß gilt:*

$$a \circ c_r = b \quad \text{und} \quad c_l \circ a = b.$$

Beweis: ad a): Sind $e, \hat{e}$ neutrale Elemente von G, so gilt: $\hat{e} = \hat{e} \circ e = e$ wegen 3).
ad b): Sei $a' \in G$ gemäß 4) gewählt, also $a' \circ a = e$. Aus $a \circ b = a \circ c$ folgt sukzessive: $a' \circ (a \circ b) = a' \circ (a \circ c)$, $(a' \circ a) \circ b = (a' \circ a) \circ c$, $e \circ b = e \circ c$, $b = c$. Analog ergibt sich wegen $a \circ a' = e$ aus $b \circ a = c \circ a$ die Gleichung $b = c$.
ad c): Sei wieder $a \circ a' = a' \circ a = e$. Für $c_r := a' \circ b$, $c_l := b \circ a'$ gilt dann: $a \circ c_r = a \circ (a' \circ b) = (a \circ a') \circ b = e \circ b = b$, entsprechend: $c_l \circ a = b$. Ist $c \in G$ irgendein Element mit $a \circ c = b$, so gilt $a \circ c = a \circ c_r$ und also $c = c_r$ nach der Kürzungsregel. Analog zeigt man die Eindeutigkeit von c_l. □

Die Kürzungsregeln implizieren die *Eindeutigkeit inverser Elemente*: Aus $a \circ a' = e = a \circ a''$ folgt $a' = a''$. Wir schreiben entsprechend allgemeiner Gepflogenheit a^{-1} für *das* Inverse von a in G; dann gilt stets:

$$(a \circ b)^{-1} = b^{-1} \circ a^{-1}, \qquad (a^{-1})^{-1} = a.$$

Es ist üblich, bei allgemeinen Gruppen die Gruppenoperationen stets *multiplikativ* zu schreiben, wobei man statt $a \circ b$ kurz ab schreibt. Man nennt ab das *Produkt* aus a und b in G.
Die „Potenzen" a^n, $n \in \mathbb{N}^\times$, eines Gruppenelementes $a \in G$ werden induktiv definiert:

$$a^1 := a \quad \text{und} \quad a^n := a(a^{n-1}) \quad \text{für } n > 1\,.$$

Weiter setzt man

$$a^0 := e \quad \text{und} \quad a^{-n} := (a^n)^{-1} \quad \text{für } n \in \mathbb{N}^\times.$$

Man verifiziert alsdann die allgemeinen

Potenzregeln: $a^{m+n} = a^m a^n$, $(a^m)^n = a^{mn}$ *für alle* $m, n \in \mathbb{Z}$.

Die Elemente jedes Ringes bilden bzgl. der Addition als Verknüpfung eine Gruppe; das neutrale Element ist hierbei die Null. Die Elemente ungleich 0 jedes Körpers bilden bzgl. der Multiplikation als Verknüpfung eine Gruppe; das neutrale Element ist hierbei die Eins.
Wir haben uns eingangs klar gemacht, daß in jedem Ring R die Menge R^* aller Einheiten von R bzgl. der Multiplikation als Verknüpfung eine Gruppe bildet mit der Eins $1 \in R^*$ als neutralem Element; diese heißt die *Einheitengruppe von* R.
Ist die Gruppenverknüpfung wie in den vorangehenden Beispielen die Addition bzw. die Multiplikation in einem Ring, so spricht man von einer *additiven* bzw. *multiplikativen* Gruppe.
In obiger Aussage c), wo die Existenz zweier Elemente c_r und c_l mit

$$a \circ c_r = b = c_l \circ a$$

behauptet wird, kann man i.a. nicht erwarten, daß gilt: $c_r = c_l$. Das trifft nur dann zu, wenn gilt:

$$a^{-1} \circ b = b \circ a^{-1}\,.$$

Eine Gruppe G heißt *abelsch* (oder *kommutativ*), wenn sie dem Kommutativgesetz genügt: $a \circ b = b \circ a$ für alle $a, b \in G$.
In unseren Beispielen sind alle Gruppen abelsch, speziell gilt: *In jedem (kommutativen) Ring R ist die Einheitengruppe R^* abelsch.*
Für jeden Ring R stellt sich das Problem, die „Struktur" der multiplikativen Gruppe R^* zu bestimmen. Für spezielle Ringe, z.B. $\mathbb{Z}_p$, werden wir sehr gute Aussagen beweisen können. Hier zeigen wir vorab:

Satz: *Es sei R ein (nullteilerfreier) Hauptidealring und $m \in R$, $m \neq 0$, keine Einheit. Dann sind folgende Aussagen über ein Element $a \in R$ äquivalent:*

i) $\operatorname{ggT}(a, m) \sim 1$.
ii) *Die Restklasse $\bar{a} \in R/Rm$ von a modulo m ist eine Einheit:* $\bar{a} \in (R/Rm)^*$.
iii) *$\bar{a}$ ist kein Nullteiler in R/Rm.*

Beweis: i) $\Rightarrow$ ii): Es gibt Elemente $r, s \in R$, so daß gilt: $ra + sm = 1$. Für die Restklassen modulo m folgt $\bar{r}\bar{a} = \bar{1}$, d.h., $\bar{a}$ ist Einheit in R/Rm.
ii) $\Rightarrow$ iii): Einheiten sind stets Nichtnullteiler (trivial für beliebige Ringe).
iii) $\Rightarrow$ i): Sei $d \in R$ ein ggT von a und m. Dann gilt $a = a'd$, $m = m'd$ mit $a', m' \in R$. Es folgt $am' = a'm$, d.h. $\bar{a}\overline{m'} = \bar{0}$. Da $\bar{a}$ kein Nullteiler ist, folgt $\overline{m'} = \bar{0}$, d.h. $m' = qm$ mit $q \in R$. Wir sehen $m = qdm$, d.h. $1 = qd$ wegen $m \neq 0$. Mithin ist d Einheit in R, d.h., es gilt $\mathrm{ggT}(a, m) \sim 1$. □

Aufgrund des Satzes wird folgende Definition verständlich, wenn man bedenkt, daß teilerfremde Elemente auch (*relativ*) *prim* genannt werden (vgl. 2.1.5):
Es sei R ein (nullteilerfreier) Hauptidealring und $m \neq 0$ eine Nichteinheit aus R. Dann heißt jede Einheit aus R/Rm eine *prime Restklasse von R modulo m*. Die Gruppe $(R/Rm)^*$ aller Einheiten des Restklassenringes R/Rm heißt die *prime Restklassengruppe von R modulo m*.
Aus dem Satz folgt unmittelbar:

Korollar: *Es sei $m > 1$ eine natürliche Zahl. Dann besitzt die prime Restklassengruppe $\mathbb{Z}_m^*$ von $\mathbb{Z}$ modulo m genau $\varphi(m)$ verschiedene Elemente.*

Beweis: Die Restklassen modulo m der Zahlen $0, 1, 2, \ldots, m-1$ stellen die m verschiedenen Elemente von $\mathbb{Z}_m = \mathbb{Z}/\mathbb{Z}m$ dar (vgl. 5.3.1). Aufgrund des Satzes ist $\bar{a}$ für $a \in \{0, 1, \ldots, m-1\}$ genau dann eine Einheit in $\mathbb{Z}_m$, wenn $\mathrm{ggT}(a, m) = 1$, speziell also $a \neq 0$ gilt. Da die Menge $\{1, 2, \ldots, m-1\}$ nach Definition der Eulerschen φ-Funktion wegen $\mathrm{ggT}(m, m) \neq 1$ genau $\varphi(m)$ verschiedene zu m teilerfremde Zahlen enthält, so ist das Korollar bewiesen. □

Beispiele: 1) Sei $m := 4$. Die Gruppe $\mathbb{Z}_4^*$ hat die $\varphi(4) = 2$ Elemente $\bar{1}, \bar{3}$; es gilt: $\bar{3}^2 = \bar{1}$.

2) Sei $m := 5$. Die Gruppe $\mathbb{Z}_5^*$ hat die $\varphi(5) = 4$ Elemente $\bar{1}, \bar{2}, \bar{3}, \bar{4}$; es gilt: $\mathbb{Z}_5^* = \{\bar{2}, \bar{2}^2, \bar{2}^3, \bar{2}^4\} = \{\bar{3}, \bar{3}^2, \bar{3}^3, \bar{3}^4\}$, aber $\mathbb{Z}_5^* \neq \{\bar{4}, \bar{4}^2, \bar{4}^3, \bar{4}^4\}$ wegen $\bar{4}^2 = \bar{1}$.

3) Sei $m := 17$. Die Gruppe $\mathbb{Z}_{17}^*$ hat die $\varphi(17) = 16$ Elemente $\bar{1}, \bar{2}, \ldots, \overline{16}$. Es gilt: $\mathbb{Z}_{17}^* = \{\bar{3}^n : n = 1, 2, \ldots, 16\}$.

4) Sei $m := 15$. Die Gruppe $\mathbb{Z}_{15}^*$ hat die $\varphi(15) = 8$ Elemente $\bar{1}, \bar{2}, \bar{4}, \bar{7}, \bar{8}, \overline{11}, \overline{13}, \overline{14}$. *Es gibt keine Restklasse* $\bar{a} \in \mathbb{Z}_{15}^*$, so daß gilt: $\mathbb{Z}_{15}^* = \{\bar{a}^n : n = 1, 2, \ldots, 8\}$; vielmehr zeigt man unmittelbar durch Rechnen, daß $\bar{a}^4 = \bar{1}$ für alle $\bar{a} \in \mathbb{Z}_{15}^*$.

5) Sei $m := 8$. Die Gruppe $\mathbb{Z}_8^*$ hat die $\varphi(8) = 4$ Elemente $\bar{1}, \bar{3}, \bar{5}, \bar{7}$; für alle diese Elemente gilt: $\bar{a}^2 = \bar{1}$.

2. Untergruppen, Kongruenz, Ordnung einer Gruppe. Eine nichtleere Teilmenge H einer Gruppe G heißt eine *Untergruppe von G*, wenn für alle $a, b \in H$ gilt: $ab^{-1} \in H$.
Man verifiziert sofort, daß jede Untergruppe von G eine Gruppe ist (bzgl. der von G ererbten Verknüpfung).

Beispiele von Untergruppen: 1) In jedem kommutativen Ring R bildet jedes Ideal $\mathfrak{a}$ eine additive Untergruppe der additiven Gruppe R.

2) Ist G irgendeine Gruppe und $a \in G$ irgendein Gruppenelement, so ist die Menge

$$[a] := \{a^n : n \in \mathbb{Z}\} = \{\ldots, a^{-2}, a^{-1}, e, a, a^2, \ldots\}$$

aller ganzzahligen Potenzen von a eine Untergruppe von G, denn für alle $a^l, a^k \in [a]$ gilt (nach der Potenzregel): $(a^l)(a^k)^{-1} = a^{l-k} \in [a]$.

Eine Gruppe G heißt *zyklisch*, wenn es ein Element $a \in G$ gibt, so daß gilt: $G = [a]$. Alsdann heißt a ein *G erzeugendes Element* (*Generator*).
In zyklischen Gruppen sind also alle Elemente Potenzen eines *einzigen* Elementes. In solchen Gruppen läßt sich aufgrund der Potenzregeln besonders bequem und elegant rechnen; in diesem Sinne sind zyklische Gruppen die „einfachsten" Gruppen, die es gibt. *Jede zyklische Gruppe ist abelsch* (Beweis trivial). In einer beliebigen Gruppe G erzeugt jedes Element $a \in G$ die zyklische Untergruppe $[a]$ von G.
Die Gruppe $\{+1, -1\}$ der Einheiten des Ringes $\mathbb{Z}$ ist zyklisch, ebenso ist die Gruppe $\{1, -1, i, -i\}$ der Einheiten des Ringes $\mathbb{Z}[i]$ zyklisch mit i als erzeugendem Element.
In Abschnitt 1 sahen wir, daß die Gruppen $\mathbb{Z}_4^*, \mathbb{Z}_5^*, \mathbb{Z}_{17}^*$ zyklisch und die Gruppen $\mathbb{Z}_8^*, \mathbb{Z}_{15}^*$ nicht zyklisch sind. Ein Ziel dieses Kapitels ist zu zeigen, daß die Gruppen $\mathbb{Z}_p^*$, $p \in \mathbb{P}$, stets zyklisch sind.
Ebenso wie man in einem Ring eine Kongruenz modulo einem Ideal einführt (vgl. 5.1.1), kann man in einer Gruppe eine Kongruenz modulo einer Untergruppe erklären.
Es sei G eine (multiplikativ geschriebene) Gruppe und H eine Untergruppe von G. Zwei Elemente $a, b \in G$ heißen *kongruent modulo H*, in Zeichen

$$a \equiv b \bmod H \qquad \text{oder kurz } a \equiv b(H),$$

wenn gilt: $ab^{-1} \in H$. Andernfalls heißen a, b *inkongruent modulo H*: $a \not\equiv b(H)$.
Aus dieser Definition ergeben sich (analog wie früher bei Idealen in Ringen) in einfacher Weise wichtige

Eigenschaften der Kongruenzrelation: *Es sei G eine (nicht notwendig abelsche) Gruppe und H eine Untergruppe von G. Dann ist die Kongruenz modulo H eine Äquivalenzrelation, d.h. für alle $a, b, c \in G$ gilt:*

1) $a \equiv a(H)$,
2) $a \equiv b(H) \Rightarrow b \equiv a(H)$,
3) $a \equiv b(H)$ *und* $b \equiv c(H) \Rightarrow a \equiv c(H)$.

Ferner gilt:

4) $a \equiv b(H) \Rightarrow ac \equiv bc(H)$.

Der einfache Beweis sei dem Leser überlassen. Es sei darauf hingewiesen, daß i. a. aus $a \equiv b(H)$ weder $ca \equiv cb(H)$ noch $a^{-1} \equiv b^{-1}(H)$ folgt (vgl. Aufgabe 2)). Da die Kongruenzrelation eine Äquivalenzrelation ist, so haben wir eine Einteilung der Elemente von G in *Äquivalenzklassen* (= *Kongruenzklassen*). Die Kongruenzklasse von G modulo H, die $a \in G$ enthält, ist die Menge

$$\{z \in G: za^{-1} \in H\} = \{z \in G: z = xa, x \in H\};$$

hierfür schreibt man auch wieder suggestiv und kurz Ha, vgl. die entsprechenden Bemerkungen in 5.3.1. Allerdings ist jetzt nicht nur die Schreibweise multiplikativ; darüber hinaus kommt es, wenn G nicht abelsch ist, auch auf die Reihenfolge an: Ha ist i.a. eine andere Menge als aH, wenn man setzt: $aH := \{z \in G: z = ax, x \in H\}$.
Die Kongruenzklassen Ha, $a \in G$, bestimmen – wie Äquivalenzklassen es grundsätzlich tun – eine Zerlegung von G:

$$G = \bigcup_{a \in G} Ha; \qquad Ha \cap Hb \neq \emptyset \Rightarrow Ha = Hb.$$

Um aus dieser elementaren Einsicht eine wichtige Konsequenz ziehen zu können, betrachten wir *endliche Gruppen*, d. h. Gruppen, die endlich viele Elemente haben. Die Anzahl der Elemente einer endlichen Gruppe G heißt die *Ordnung der Gruppe* G, in Zeichen: $\operatorname{ord}(G)$.
Es gilt stets: $\operatorname{ord}(G) \in \mathbb{N}^{\times}$. Jede prime Restklassengruppe $\mathbb{Z}_m^*$ ist endlich; aufgrund von Korollar 1 gilt: $\operatorname{ord}(\mathbb{Z}_m^*) = \varphi(m)$.
Wir behaupten nun:

Satz: *Ist G eine endliche Gruppe, so ist die Ordnung jeder Untergruppe H von G ein Teiler der Ordnung von G*: $\operatorname{ord}(H) \mid \operatorname{ord}(G)$.

Beweis: Sei H vorgegeben. Da G endlich ist, so gibt es endlich viele, paarweise elementfremde Kongruenzklassen $Ha_1, Ha_2, \ldots, Ha_t$ in G, so daß gilt: $G = Ha_1 \cup Ha_2 \cup \ldots \cup Ha_t$. Dies impliziert

$$\operatorname{ord}(G) = \operatorname{Anz}(Ha_1) + \operatorname{Anz}(Ha_2) + \ldots + \operatorname{Anz}(Ha_t),$$

wenn $\operatorname{Anz}(Ha)$ die Anzahl der Elemente von Ha bezeichnet. Nun gilt: $\operatorname{Anz}(Ha) = \operatorname{ord}(H)$ für jedes $a \in G$, denn die Abbildung $H \to Ha$, $x \mapsto xa$ ist bijektiv. Es folgt $\operatorname{ord}(G) = t \cdot \operatorname{ord}(H)$, d. h. $\operatorname{ord}(H) \mid \operatorname{ord}(G)$. □

Die Anzahl t der Kongruenzklassen bei einer Zerlegung einer endlichen Gruppe G modulo einer Untergruppe H von G nennt man den *Index* von G modulo H; man schreibt $\operatorname{ind}(G:H)$ und hat dann aufgrund des obigen Beweises die Gleichung

$$\operatorname{ord}(G) = \operatorname{ord}(H) \cdot \operatorname{ind}(G:H).$$

Bemerkung: Es ist naheliegend zu versuchen, mit den Kongruenzklassen Ha, $a \in G$, ebenso zu rechnen wie in 5.3.1 mit den Restklassen $a + \mathfrak{a}$. Man ist geneigt, das Produkt $Ha \circ Hb$ zweier Kongruenzklassen Ha, Hb als die Kongruenzklasse $H(ab)$ zu erklären, die ab enthält. Dieses Vorgehen ist genau dann möglich, wenn die Untergruppe H von G der zusätzlichen „Normalteilerbedingung"

$$(*) \quad a \in H \Rightarrow cac^{-1} \in H \qquad \textit{für alle} \ \ c \in G$$

genügt. Man kann dann in der Tat zeigen, daß die Definition $Ha \circ Hb := H(ab)$ unabhängig von der Wahl der Repräsentanten a, b der Kongruenzklassen ist; man erhält sogar eine Gruppe, die man die *Restklassengruppe von G modulo H* nennt und mit G/H bezeichnet. Untergruppen H von G, die der Bedingung (*) genügen, heißen *normale Untergruppen* (*Normalteiler*) *von G*; ist G abelsch, so ist jede Untergruppe von G normal.

3. Ordnung eines Gruppenelementes. Unter alleiniger Benutzung des Begriffes der Ordnung einer endlichen Gruppe ergibt sich zunächst:

Satz von Fermat-Euler für endliche abelsche Gruppen: *Es sei G eine endliche abelsche Gruppe mit neutralem Element e. Dann gilt*

$$a^{\operatorname{ord}(G)} = e \qquad \textit{für alle} \ \ a \in G.$$

Beweis (Simulation des Beweises von Ivory-Dirichlet, vgl. 5.1.4): Sei $n := \operatorname{ord}(G)$, seien $x_1, x_2, \ldots, x_n$ die Elemente von G. Für jedes $a \in G$ sind dann $ax_1, ax_2, \ldots, ax_n$ paarweise verschieden (Kürzungsregel!), d.h.

$$G = \{x_1, x_2, \ldots, x_n\} = \{ax_1, ax_2, \ldots, ax_n\}.$$

Da G abelsch ist, so hat das Produkt aller Elemente aus G unabhängig von ihrer Anordnung stets denselben Wert c, d.h.

$$c := \prod_{\nu=1}^{n} x_\nu = \prod_{\nu=1}^{n} ax_\nu = a^n c.$$

Kürzen durch c ergibt die Behauptung. □

Da $\operatorname{ord}(\mathbb{Z}_m^*) = \varphi(m)$, so folgt $\bar{a}^{\varphi(m)} = \bar{1}$ für alle $\bar{a} \in \mathbb{Z}_m^*$, d.h.

$$a^{\varphi(m)} \equiv 1\,(m) \qquad \text{für alle} \ \ a \in \mathbb{Z} \quad \text{mit} \quad \operatorname{ggT}(a, m) = 1.$$

Damit ist die Bezeichnung „Satz von Fermat-Euler" motiviert.

Im nächsten Abschnitt wird dieses Ergebnis sowohl verfeinert als auch verallgemeinert. Im allgemeinen ist $\operatorname{ord}(G)$ keineswegs die kleinste Zahl d aus $\mathbb{N}^\times$ mit $a^d = e$, vielmehr gibt es zu jedem $a \in G$ individuelle kleinste Exponenten $o(a) \in \mathbb{N}^\times$ mit $a^{o(a)} = e$.

Ist G eine beliebige (nicht notwendig endliche oder abelsche) Gruppe und $a \in G$ ein Gruppenelement, so heißt a ein *Element endlicher Ordnung*, wenn es ein $d \in \mathbb{N}^\times$ gibt mit $a^d = e$. Alsdann heißt

$$o(a) = \min\{d \in \mathbb{N}^\times : a^d = e\} \in \mathbb{N}^\times$$

die *Ordnung von a*.

Die Ordnung von a ist also, falls sie existiert, die *kleinste positive ganze Zahl* t mit $a^t = 1$. Es gilt stets $o(e) = 1$.

Beispiele: 1) In der primen Restklassengruppe $\mathbb{Z}_m^*$, $m > 1$, hat jedes Element $\bar{a}$ eine endliche Ordnung; es gilt stets $o(\bar{a}) \leqq \varphi(m)$.

2) In der multiplikativen Gruppe $\mathbb{Q}^* := \mathbb{Q}\setminus\{0\}$ des Körpers $\mathbb{Q}$ der rationalen Zahlen haben nur die beiden Zahlen 1 und -1 eine endliche Ordnung (mit $o(1) = 1$, $o(-1) = 2$): Gilt nämlich $a^d = 1$ mit $a \in \mathbb{Q}^*$, $d \in \mathbb{N}^\times$, so gilt auch $|a|^d = 1$; hieraus folgt aber $|a| = 1$, d. h. $a = \pm 1$.

3) Für je zwei teilerfremde natürliche Zahlen $b > 1$, $g > 1$ wird die g-adische Grundperiode π des Stammbruches $\frac{1}{b}$ gegeben durch $\pi = \min\{d \in \mathbb{N}^\times : b \mid (g^d - 1)\}$ (vgl. 4.3.2). Schreibt man diese Gleichung in der Form $\pi = \min\{d \in \mathbb{N}^\times : g^d \equiv 1\,(b)\}$, so sieht man:

Für je zwei teilerfremde natürliche Zahlen $b > 1$, $g > 1$ ist die g-adische Grundperiode π des Stammbruches $\frac{1}{b}$ die Ordnung der primen Restklasse $\bar{g} \in \mathbb{Z}_b^*$:

$$\pi = o(\bar{g}).$$

4) Es gibt *nicht endliche (abelsche) Gruppen*, deren Elemente alle von endlicher Ordnung sind: Eine solche Gruppe ist z. B. die *multiplikative Gruppe aller Einheitswurzeln* im Körper $\mathbb{C}$ der komplexen Zahlen, d. h. die Menge

$$\left\{\exp\frac{2\pi i m}{n} : n \in \mathbb{N}^\times, m \in \mathbb{Z}\right\}.$$

Der Ordnungsbegriff wird sich im folgenden als überaus bedeutsam erweisen. Um ihn näher zu untersuchen, führen wir einen Hilfsbegriff ein:
Es sei G eine beliebige Gruppe und $a \in G$ ein Gruppenelement. Dann heißt die Menge

$$\mathfrak{a}(a) := \{n \in \mathbb{Z} : a^n = e\} \subset \mathbb{Z}$$

der *Annullator von a*.
Die Wortwahl „Annullator" wird sofort verständlich, wenn man additiv geschriebene Gruppen betrachtet, deren neutrales Element Null genannt wird: Dann gilt $\mathfrak{a}(a) = \{n \in \mathbb{Z} : na = 0\}$, d. h., die Elemente $n \in \mathfrak{a}(a)$ „annullieren" a. Wir zeigen sogleich:

Lemma: *Für jedes $a \in G$ ist der Annullator $\mathfrak{a}(a)$ ein Ideal in $\mathbb{Z}$.*

Beweis: Wegen $a^0 = e$ gilt stets: $0 \in \mathfrak{a}(a)$. Seien $m, n \in \mathfrak{a}(a)$, $z \in \mathbb{Z}$ beliebig. Dann folgt:

$$a^{m-n} = a^m(a^n)^{-1} = ee^{-1} = e, \quad \text{d. h. } m - n \in \mathfrak{a}(a),$$

$$a^{zm} = (a^m)^z = e^z = e, \quad \text{d. h. } zm \in \mathfrak{a}(a).$$ □

Wir kommen nun zum zentralen Satz dieses Abschnittes.

Satz: *Es sei G irgendeine Gruppe. Dann sind folgende Aussagen über ein Gruppenelement $a \in G$ äquivalent:*

i) *a ist ein Element endlicher Ordnung.*
ii) *Das Annullatorideal $\mathfrak{a}(a)$ ist nicht das Nullideal.*
iii) *Die von a erzeugte zyklische Untergruppe $[a]$ von G ist endlich.*

Sind i)–iii) *erfüllt, so gilt*

$$\mathfrak{a}(a) = \mathbb{Z} \cdot o(a), \qquad [a] = \{e, a, a^2, \ldots, a^{o(a)-1}\},$$

speziell: $o(a) = \operatorname{ord}([a])$.

Beweis: i) $\Rightarrow$ ii): Es gibt ein $d \in \mathbb{N}^\times$ mit $a^d = e$. Es folgt $d \in \mathfrak{a}(a)$, also $\mathfrak{a}(a) \neq (0)$.
ii) $\Rightarrow$ iii): Da $\mathbb{Z}$ Hauptidealring ist, gilt $\mathfrak{a}(a) = \mathbb{Z}t$ mit $t \in \mathbb{N}$, wobei wegen $\mathfrak{a}(a) \neq (0)$ notwendigerweise $t \geqq 1$ ist. Jedes $n \in \mathbb{Z}$ hat dann die Form $n = qt + r$ mit $q, r \in \mathbb{Z}$, $0 \leqq r < t$. Daraus folgt: $a^n = a^{qt} a^r = (a^t)^q a^r = e^q a^r = a^r$, da $t \in \mathfrak{a}(a)$. Damit ist gezeigt, daß gilt:

$$[a] = \{a^n: n \in \mathbb{Z}\} = \{e, a, a^2, \ldots, a^{t-1}\},$$

speziell ist also die Gruppe $[a]$ endlich. Die t Elemente a^j, $0 \leqq j < t$, sind paarweise verschieden, denn aus $a^k = a^l$ mit $0 \leqq k < l < t$ würde $a^{l-k} = e$ mit $0 < l - k < t$ folgen, was wegen $\mathfrak{a}(a) = \mathbb{Z}t$ unmöglich ist, da t die kleinste positive Zahl d mit $a^d = e$ ist. Damit ist auch $o(a) = t = \operatorname{ord}([a])$ gezeigt.
iii) $\Rightarrow$ i): Da $[a] = \{a^n: n \in \mathbb{Z}\}$ endlich ist, gibt es Zahlen $r, s \in \mathbb{Z}$ mit $r < s$ und $a^r = a^s$. Dann gilt $a^{s-r} = e$ mit $s - r \in \mathbb{N}^\times$, d.h., a hat endliche Ordnung. □

Für Anwendungen stellen wir noch explizit heraus:

Korollar: *Es sei G eine Gruppe und $a \in G$ ein Gruppenelement. Dann sind folgende Aussagen über eine natürliche Zahl $t \geqq 1$ äquivalent:*

i) $a^t = e$; *aus* $a^d = e$ *mit* $d \in \mathbb{N}^\times$ *folgt* $t \mid d$.
ii) $o(a) = t$.

Beweis: i) $\Rightarrow$ ii): Wegen $a^t = e$ gilt $t \in \mathfrak{a}(a)$ und also $\mathbb{Z}t \subset \mathfrak{a}(a)$. Da t nach Voraussetzung jede positive Zahl $d \in \mathfrak{a}(a)$ teilt, folgt $\mathfrak{a}(a) = \mathbb{Z}t$. Wegen $t \geqq 1$ folgt $o(a) = t$ aufgrund des Satzes, denn ein Ideal ungleich (0) in $\mathbb{Z}$ hat genau ein positives erzeugendes Element.
ii) $\Rightarrow$ i): Es gilt $\mathfrak{a}(a) = \mathbb{Z} \cdot o(a)$ aufgrund des Satzes, also $\mathfrak{a}(a) = \mathbb{Z}t$. Hieraus folgen die Aussagen von i) unmittelbar.

4. Verallgemeinerungen der Sätze von FERMAT-EULER und WILSON. Mit Hilfe von Satz 3 ist es einfach, eine verfeinerte Version des Satzes von FERMAT-EULER für *beliebige* endliche Gruppen zu beweisen. Wir behaupten:

Satz von FERMAT-EULER für endliche Gruppen: *Es sei G eine endliche (nicht notwendig abelsche) Gruppe. Dann hat jedes Gruppenelement $a \in G$ eine endliche Ordnung $o(a)$. Es gilt:*

$$o(a) \mid \operatorname{ord}(G) \quad \text{und} \quad a^{\operatorname{ord}(G)} = e \qquad \text{für alle } a \in G.$$

Beweis: Da mit G auch jede Untergruppe $[a]$ von G endlich ist, existiert $o(a)$ für alle $a \in G$ aufgrund von Satz 3, und es gilt: $o(a) = \text{ord}([a])$. Anwendung von Satz 2 (mit $H := [a]$) liefert: $\text{ord}([a]) \mid \text{ord}(G)$, also $o(a) \mid \text{ord}(G)$. Hieraus folgt weiter $\text{ord}(G) \in \mathfrak{a}(a)$ wegen $\mathfrak{a}(a) = \mathbb{Z}o(a)$, also $a^{\text{ord}(G)} = e$ für alle $a \in G$. □

Die Überlegungen dieses Paragraphen gehören zu den Anfangsgründen der Gruppentheorie. Wir haben zwei verschiedene Beweise der gruppentheoretischen Fassung des Satzes von FERMAT-EULER kennengelernt; dabei haben wir im zweiten Beweis mit der Beziehung $o(a) \mid \text{ord}(G)$ eine neue, vertiefende Deutung dieses Satzes gefunden. Für den Spezialfall der primen Restklassengruppen $\mathbb{Z}_m^*$ haben wir jetzt folgendes Resultat.

Satz von FERMAT-EULER für $\mathbb{Z}_m^*$ (verfeinerte Fassung): *Es sei $m > 1$ eine natürliche Zahl und $a \in \mathbb{Z}$ teilerfremd zu m. Dann gibt es eine eindeutig bestimmte Zahl $t \in \mathbb{N}^\times$, so daß die Kongruenz $a^d \equiv 1\,(m)$ für $d \in \mathbb{N}^\times$ genau dann gilt, wenn d ein Vielfaches von t ist. Es gilt stets: $t \mid \varphi(m)$.*

Beweis: Die Ordnung $t := o(\bar{a})$ der Restklasse $\bar{a} \in \mathbb{Z}_m^*$ von a hat die behauptete Eigenschaft. □

Wir wollen abschließend auch noch den Satz von WILSON gruppentheoretisch interpretieren. Wir behaupten:

Satz von WILSON für endliche abelsche Gruppen: *Es sei G eine endliche abelsche Gruppe, die Menge $V := \{a \in G : o(a) > 2\}$ sei nicht leer. Dann gilt:*

$$\prod_{v \in V} v = e.$$

Beweis: Da stets $o(a^{-1}) = o(a)$, so gilt mit $v \in V$ auch immer $v^{-1} \in V$. Für jedes $u \in V$ gilt $u \neq u^{-1}$, da sonst $u^2 = e$, d.h. $o(u) \leqq 2$ wäre. Die Elemente von V lassen sich also zu Paaren u, u' mit $u' := u^{-1}$ zusammenfassen, so daß die Eigenschaften 1)–3) des Heiratslemmas 5.2.2 erfüllt sind. Bezeichnet U eine Teilmenge von V, so daß von jedem Paar u, u^{-1} genau ein Element zu U gehört, so folgt wegen der Kommutativität von G:

$$\prod_{v \in V} v = \prod_{u \in U} (u \cdot u^{-1}) = \prod e = e. \qquad \square$$

Wir wenden diesen Satz auf die Gruppe $\mathbb{Z}_p^* = \{\bar{1}, \bar{2}, \bar{3}, \ldots, \overline{p-1}\}$ an, wobei $p \in \mathbb{P}$. Es gilt $\bar{a}^2 = \bar{1}$ genau dann, wenn $\bar{a} = \bar{1}$ oder $\bar{a} = -\bar{1} = \overline{p-1}$. Daher ist im vorliegenden Fall $V = \{\bar{2}, \bar{3}, \ldots, \overline{p-2}\}$, und es folgt:

$$\prod_{v=2}^{p-2} \bar{v} = \bar{1}, \quad \text{d.h.} \quad \prod_{v=2}^{p-2} v \equiv 1\,(p), \quad \text{d.h.} \quad (p-2)! \equiv 1\,(p).$$

Dies ist gerade die Aussage des Satzes von WILSON in 5.2.2.

Aufgaben:

1) Für $n \geqq 1$ sei S_n die Menge der bijektiven Abbildungen der Menge $\{1, 2, \ldots, n\}$ in sich. Zeigen Sie: Mit der Hintereinanderschaltung von Abbildungen als Verknüpfung wird S_n zu einer Gruppe, und es gilt $\operatorname{ord}(S_n) = n!$.
2) a) Geben Sie eine Untergruppe H von S_3 an, die kein Normalteiler in S_3 ist.
   b) Bestimmen Sie Elemente $a, b, c, d, f \in S_3$, so daß $a \equiv b(H)$, aber $ca \not\equiv cb(H)$, und $d \equiv f(H)$, aber $d^{-1} \not\equiv f^{-1}(H)$.
3) Es seien $b_1 > 1$, $b_2 > 1$, $g > 1$ natürliche Zahlen, es gelte $\operatorname{ggT}(b_1, b_2) = \operatorname{ggT}(b_1 b_2, g) = 1$. Es seien π_1, π_2, π die g-adischen Grundperioden der Stammbrüche $\frac{1}{b_1}, \frac{1}{b_2}, \frac{1}{b_1 b_2}$. Zeigen Sie: $\pi = \operatorname{kgV}(\pi_1, \pi_2)$.
4) (Umkehrung des kleinen Fermatschen Satzes) Sei $m > 1$ eine natürliche Zahl. Es gebe eine natürliche Zahl a mit folgenden Eigenschaften:
   (i) $a^{m-1} \equiv 1\,(m)$.
   (ii) $a^d \not\equiv 1\,(m)$ für jeden positiven Teiler d von $m-1$ mit $d \neq m-1$.
   Zeigen Sie: m ist eine Primzahl.
5) Sei G eine zyklische Gruppe der Ordnung n. Zeigen Sie:
   a) Sind $a, b \in G$, ist a ein erzeugendes Element von G und ist $b = a^k$, so ist b genau dann ein erzeugendes Element von G, wenn k und n teilerfremd sind.
   b) Ist $n \geqq 3$, so ist die Anzahl der erzeugenden Elemente von G gerade.
6) Bestimmen Sie alle $n \in \mathbb{N}$ mit der Eigenschaft: Es gibt genau zwei (verschiedene) Elemente $x \in \mathbb{Z}_n$ mit $\mathbb{Z}_n = [x]$.

§ 2 Zyklische prime Restklassengruppen

Das Ziel dieses Paragraphen ist, alle natürlichen Zahlen $m > 1$ explizit anzugeben, für welche die prime Restklassengruppe $\mathbb{Z}_m^*$ zyklisch ist. Dazu zeigt man zunächst, daß für jede Primzahl p die Gruppe $\mathbb{Z}_p^*$ zyklisch ist. Wir werden zwei Beweise für diesen grundlegenden Satz führen: den klassischen „elementaren" Beweis von GAUSS und einen mehr „abstrakten", algebraisch orientierten Beweis, der ein allgemeines Zyklizitätskriterium liefert, das die Zyklizität von $\mathbb{Z}_p^*$ als Spezialfall enthält.

1. Allgemeines Zyklizitätskriterium. Wir betrachten der Einfachheit halber nur endliche, abelsche Gruppen G, die wir stets multiplikativ mit neutralem Element e schreiben. Nach Satz 1.3 ist für jede solche Gruppe G die *Ordnungsfunktion*

$$o\colon G \to \mathbb{N}^\times$$

wohldefiniert. Wir leiten zunächst einige Eigenschaften dieser Funktion o her. Ganz einfach ist

Hilfssatz: *Sei $a \in G$ und sei $o(a) = k \cdot l$ mit $k, l \in \mathbb{N}^\times$. Dann gilt: $o(a^k) = l$.*

Beweis: Sei $d \in \mathbb{N}^\times$ und $(a^k)^d = e$, d.h. $a^{kd} = e$. Dann gilt $o(a) \mid kd$, also $kl \mid kd$. Wegen $k \neq 0$ folgt $l \mid d$. Da $l \geqq 1$ und $(a^k)^l = a^{kl} = e$, so folgt $l = o(a^k)$ nach Korollar 1.3 (mit $t := l$). □

Etwas mehr Mühe macht der Beweis von folgendem

Lemma: *Sei* $r \in \mathbb{N}^{\times}$, *seien* $b_1, \ldots, b_r \in G$ *Gruppenelemente mit paarweise teilerfremden Ordnungen*: $\mathrm{ggT}(o(b_i), o(b_j)) = 1$ *für alle* $i \neq j$, $1 \leqq i, j \leqq r$. *Dann gilt*:

$$o(b) = o(b_1) \cdot o(b_2) \cdot \ldots \cdot o(b_r) \qquad \textit{für } b := b_1 b_2 \cdot \ldots \cdot b_r \in G.$$

Beweis: Wir beschränken uns auf den Fall $r = 2$. Der Beweis des allgemeinen Falles ergibt sich hieraus sofort durch Induktion nach r und sei dem Leser überlassen. Seien also $m := o(b_1)$, $n := o(b_2)$, sei $d \in \mathbb{N}^{\times}$, es gelte $(b_1 b_2)^d = e$. Dann gilt $e = e^m = ((b_1 b_2)^d)^m = (b_1^m)^d b_2^{md} = e^d b_2^{md} = b_2^{md}$, also $n \mid md$. Da m, n nach Voraussetzung teilerfremd sind, folgt: $n \mid d$. Aus Symmetriegründen erhält man ebenso $m \mid d$ und wegen $\mathrm{ggT}(m, n) = 1$ weiter: $mn \mid d$. Da $(b_1 b_2)^{mn} = (b_1^m)^n (b_2^n)^m = e^n e^m = e$, so folgt $mn = o(b_1 b_2)$ nach Korollar 1.3 (mit $t := mn$). □

Eine endliche Gruppe G ist (z. B. aufgrund von Satz 1.3) genau dann zyklisch, wenn es ein Element $a \in G$ gibt, so daß gilt: $o(a) = \mathrm{ord}(G)$; alsdann ist a ein G erzeugendes Element. Im allgemeinen wird G keine Elemente der maximalen Ordnung $\mathrm{ord}(G)$ enthalten. Es stellt sich die Aufgabe, Gruppenelemente größtmöglicher Ordnung zu suchen. Es ist klar, daß die Ordnung eines jeden Gruppenelementes das kleinste gemeinsame Vielfache der Ordnungen aller Gruppenelemente teilt. Man nennt diese Zahl $\varepsilon(G) := \mathrm{kgV}\{o(a) : a \in G\} \in \mathbb{N}^{\times}$ den *Exponenten der Gruppe* G. Für diese Definition ist wesentlich, daß G endlich ist: Dann ist $\varepsilon(G)$ als kleinstes gemeinsames Vielfaches endlich vieler natürlicher Zahlen $\geqq 1$ wohldefiniert und selbst $\geqq 1$.

Beispiel: Die Gruppe $\mathbb{Z}_{16}^{*}$ besteht aus den $\varphi(16) = 8$ Restklassen $\bar{1}, \bar{3}, \bar{5}, \bar{7}, -\bar{7}, -\bar{5}, -\bar{3}, -\bar{1}$. Man verifiziert durch Nachrechnen, daß nur 1, 2, 4 als Ordnungen dieser Restklassen auftreten:

$$o(\bar{1}) = 1, \ o(\bar{3}) = o(\bar{5}) = o(-\bar{3}) = o(-\bar{5}) = 4, \ o(\bar{7}) = o(-\bar{7}) = o(-\bar{1}) = 2.$$

Damit sehen wir: $\varepsilon(\mathbb{Z}_{16}^{*}) = 4$.

Es gilt $o(a) \mid \varepsilon(G)$ für alle $a \in G$. Hieraus folgt unmittelbar:

$$a^{\varepsilon(G)} = e \qquad \textit{für alle } a \in G, \quad \textit{und} \quad \varepsilon(G) \mid \mathrm{ord}(G),$$

letzteres, da $\mathrm{ord}(G)$ aufgrund des Satzes von FERMAT-EULER 1.4 ein gemeinsames Vielfaches aller Ordnungen $o(a)$, $a \in G$, und also auch Vielfaches des kleinsten gemeinsamen Vielfachen $\varepsilon(G)$ aller Ordnungen ist. Speziell gilt stets:

$$\varepsilon(G) \leqq \mathrm{ord}(G).$$

Wir behaupten nun:

Satz: *In jeder endlichen abelschen Gruppe* G *existiert ein Element* b *mit* $o(b) = \varepsilon(G)$.

Beweis: Sei $m := \varepsilon(G) \geqq 1$. Falls $m = 1$, so gilt $o(a) = 1$ für alle $a \in G$, d.h. $a = e$ für alle $a \in G$, d.h. $G = \{e\}$. Dann ist $b := e$ ein gesuchtes Element. Sei $m > 1$, sei $m = m_1 m_2 \cdot \ldots \cdot m_r$ mit paarweise teilerfremden Primzahlpotenzen $m_i > 1$, $i = 1, \ldots, r$. Da $m = \text{kgV}\{o(a)\colon a \in G\}$, so gibt es zu jedem m_i ein Gruppenelement $c_i \in G$, so daß gilt: $o(c_i) = m_i k_i$ mit $k_i \in \mathbb{N}^\times$. Für $b_i := c_i^{k_i} \in G$ gilt dann $o(b_i) = m_i$ aufgrund des Hilfssatzes. Da $m_1, m_2, \ldots, m_r$ paarweise teilerfremd sind, so hat das Gruppenelement $b := b_1 b_2 \cdot \ldots \cdot b_r \in G$ aufgrund des Lemmas die Ordnung $m_1 m_2 \cdot \ldots \cdot m_r = m$. □

Es folgt unmittelbar

Zyklizitätskriterium: *Folgende Aussagen über eine endliche abelsche Gruppe G sind äquivalent:*

i) *G ist zyklisch.*
ii) $\varepsilon(G) = \text{ord}(G)$.

Beweis: Da für alle $a \in G$ stets gilt: $o(a) \leqq \varepsilon(G) \leqq \text{ord}(G)$, ist i) $\Rightarrow$ ii) klar. ii) $\Rightarrow$ i) folgt aus dem Satz. □

Wir demonstrieren sogleich die Kraft dieses Kriteriums.

Korollar: *Es sei K ein (kommutativer) Körper und $K^* := K \setminus \{0\}$ die multiplikative Gruppe der von Null verschiedenen Elemente von K (Einheitengruppe). Dann ist jede endliche Untergruppe G von K^* zyklisch.*

Beweis: Sei $q := \varepsilon(G)$. Dann gilt also $a^q = 1$ für alle $a \in G$, wenn 1 das Einselement aus K bezeichnet. Damit sind alle $a \in G$ Nullstellen des Polynoms $f(X) := X^q - 1 \in K[X]$. Als Polynom über einem Körper K hat f aber höchstens so viele verschiedene Nullstellen in K wie sein Grad angibt (Lemma 5.3.4), also höchstens q. Folglich kann G höchstens q Elemente haben, d.h.

$$\text{ord}(G) \leqq q = \varepsilon(G).$$

Da stets $\varepsilon(G) \leqq \text{ord}(G)$ ist, sehen wir: $\varepsilon(G) = \text{ord}(G)$.

2. Existenz von Primitivwurzeln zu Primzahlen. Wir wissen (vgl. 5.3.2), daß für jede Primzahl p der Restklassenring $\mathbb{Z}_p = \mathbb{Z}/p\mathbb{Z}$ ein Körper mit p Elementen ist. Die multiplikative Gruppe der von Null verschiedenen Elemente von $\mathbb{Z}_p$ ist die prime Restklassengruppe $\mathbb{Z}_p^*$ modulo p. Da $\mathbb{Z}_p^*$ endlich ist, so folgt aus Korollar 1 unmittelbar:

Folgerung: *Für jede Primzahl p ist die prime Restklassengruppe $\mathbb{Z}_p^*$ zyklisch.*

Die Gruppe $\mathbb{Z}_p^*$ enthält also, da $\text{ord}(\mathbb{Z}_p^*) = p - 1$, mindestens eine Restklasse $\bar{a}$, so daß gilt:

$$\mathbb{Z}_p^* = \{\bar{1}, \bar{a}, \bar{a}^2, \ldots, \bar{a}^{p-1}\}.$$

Repräsentanten solcher erzeugenden Restklassen werden durch eine Definition ausgezeichnet:
Ist $m \in \mathbb{N}$, $m > 1$ beliebig, so heißt eine Zahl $a \in \mathbb{Z}$ eine *primitive Wurzel*, kurz: eine *Primitivwurzel zu m*, wenn die Restklasse $\bar{a}$ von a modulo m die prime Restklassengruppe $\mathbb{Z}_m^*$ erzeugt; alsdann heißt $\bar{a} \in \mathbb{Z}_m^*$ eine *primitive Restklasse*. Eine Primitivwurzel a zu m ist notwendig teilerfremd zu m. Mit a ist auch jede Zahl $a + km$, $k \in \mathbb{Z}$, eine Primitivwurzel zu m.
Aus Satz 1.3 folgt wegen $\operatorname{ord}(\mathbb{Z}_m^*) = \varphi(m)$ unmittelbar: *Eine zu m teilerfremde Zahl a ist genau dann eine Primitivwurzel zu m, wenn $\bar{a} \in \mathbb{Z}_m^*$ die Ordnung $\varphi(m)$ hat, d.h., wenn $\varphi(m)$ die kleinste Zahl $t \in \mathbb{N}^\times$ ist, so daß gilt: $a^t \equiv 1\ (m)$.*
Die Folgerung läßt sich nun wie folgt aussprechen:

Zu jeder Primzahl p existieren Primitivwurzeln.

Bemerkung: Dieser Existenzsatz wurde 1769 von J. H. LAMBERT (1728–1777) ohne Beweis angegeben. EULER versuchte 1773 einen Beweis, der jedoch Mängel hat; von EULER stammt auch das Wort „primitive Wurzel". GAUSS gab in seinen *Disquisitiones* den ersten korrekten Beweis des Satzes; er lieferte sogar zwei Beweise; er sagt (Art. 55): „Da der Beweis dieses Satzes keineswegs so auf der Hand liegt, als es auf den ersten Anblick scheinen könnte, so wollen wir wegen der Bedeutung des Satzes noch einen anderen von dem vorigen etwas verschiedenen Beweis anfügen, zumal *die Verschiedenheit der Methoden gewöhnlich sehr viel zur Erläuterung etwas schwerer verständlicher Dinge beiträgt.*"
GAUSS sagt, daß „eine Zahl a zum *Exponenten d* gehört, wenn deren d^{te} Potenz der Einheit congruent ist, während alle niedrigen Potenzen derselben nicht congruent sind" (der Exponent ist also gerade die Ordnung der Restklasse). Artikel 57 der *Disquisitiones* hat den Titel „Radices primitivae, bases, indices", dort schreibt der Autor: „Die zum Exponenten $p - 1$ gehörigen Zahlen werden wir mit Euler *primitive Wurzeln* nennen. Wenn also a eine primitive Wurzel ist, so werden die kleinsten Reste der Potenzen $a, a^2, a^3, \ldots, a^{p-1}$ sämtlich von einander verschieden sein, woraus sich leicht ergibt, dass sich unter diesen alle Zahlen $1, 2, 3, \ldots, p - 1$, deren Anzahl ebenso gross ist, wie die jener kleinsten Reste, vorfinden müssen, d. h. dass jede durch p nicht teilbare Zahl irgend einer Potenz von a congruent ist. Diese ausgezeichnete Eigenschaft ist von dem grössten Nutzen und kann die arithmetischen, auf die Congruenzen bezüglichen Operationen sehr erheblich erleichtern, etwa in derselben Weise, wie die Einführung der Logarithmen die Operationen der gemeinen Arithmetik. Wir werden nach Belieben irgend eine primitive Wurzel a als *Basis* oder *Grundzahl* annehmen und auf diese alle durch p nicht teilbaren Zahlen beziehen, und wenn $a^e \equiv b\ (\text{mod.}\, p)$ ist, so werden wir e den *Index* von b nennen. Wenn z. B. für den Modul 19 die primitive Wurzel 2 als Basis angenommen wird, so werden

den Zahlen	1	2	3	4	5	6	7	8	9	10	11	12	13	14	15	16	17	18
die Indices	0	1	13	2	16	14	6	3	8	17	12	15	5	7	11	4	10	9

entsprechen. Übrigens ist klar, dass, wenn die Basis dieselbe bleibt, einer jeden Zahl mehrere Indices zukommen, dass aber diese sämtlich nach dem Modul $p-1$ congruent sind. So oft daher von den Indices die Rede sein wird, werden diejenigen, welche nach dem Modul $p-1$ congruent sind, als äquivalent betrachtet werden, ähnlich wie die Zahlen selbst, wenn sie nach dem Modul p congruent sind, als äquivalent gelten."

Wir haben den Satz von der Existenz primitiver Wurzeln zu Primzahlen aus dem allgemeinen Korollar 1 gewonnen, das abstrakt algebraisch bewiesen wurde. Wir wollen nun eine Variante des ersten Gaußschen Beweises angeben. Es wird sofort mehr bewiesen, nämlich:

Satz: *Es sei p eine Primzahl und $d \in \mathbb{N}^\times$ ein Teiler von $p-1$. Dann gibt es genau $\varphi(d)$ verschiedene Restklassen modulo p von der Ordnung d.*

Beweis: Wir bezeichnen mit $\psi(d)$ die Anzahl derjenigen Restklassen $\bar{a} \in \mathbb{Z}_p^*$, deren Ordnung d ist, und zeigen durch Induktion nach d:

$$\psi(d) = \varphi(d) \quad \text{für alle } d \in \mathbb{N}^\times \quad \text{mit} \quad d \mid (p-1).$$

Für $d = 1$ trifft das zu, denn es gilt $\varphi(1) = 1$ und $\psi(1) = 1$, da $\bar{1}$ die einzige Restklasse der Ordnung 1 ist.
Sei $d > 1$. Nach Folgerung 5.3.4 wissen wir, daß es genau d verschiedene Restklassen $\bar{a}$ modulo p mit $\bar{a}^d = \bar{1}$ gibt. Da die Ordnung jeder solchen Restklasse d teilt und da umgekehrt alle Restklassen, deren Ordnung d teilt, der Gleichung $\bar{a}^d = \bar{1}$ genügen, so erkennen wir:

$$d = \sum_{t \mid d} \psi(t) = \psi(d) + \sum_{t \mid d,\, t \neq d} \psi(t).$$

Nun genügt aber auch die Eulersche φ-Funktion dieser Teilersummenformel (vgl. 2.3.2):

$$d = \sum_{t \mid d} \varphi(t) = \varphi(d) + \sum_{t \mid d,\, t \neq d} \varphi(t).$$

Da $\psi(t) = \varphi(t)$ nach Induktionsvoraussetzung für alle Teiler t von $p-1$ mit $t < d$ richtig ist, so folgt (man beachte, daß $t \mid d$ stets $t \mid (p-1)$ wegen $d \mid (p-1)$ impliziert):

$$\sum_{t \mid d,\, t \neq d} \psi(t) = \sum_{t \mid d,\, t \neq d} \varphi(t) \qquad \text{nach Induktionsvoraussetzung.}$$

Aus den hergeleiteten beiden Darstellungen für d ergibt sich $\psi(d) = \varphi(d)$. □

Gauss selbst hat seinen Beweis (*Disquisitiones*, Art. 53 und 54) so geführt, daß er für alle Teiler d von $p-1$ zeigt: $0 \leqq \psi(d) \leqq \varphi(d)$. Hieraus schließt er aufgrund der Gleichungen

$$\sum_{d \mid p-1} \psi(d) = p - 1 = \sum_{d \mid p-1} \varphi(d),$$

daß $\psi(d)$ stets gleich $\varphi(d)$ ist.

Aufgrund des Satzes haben wir nun die präzise Information: *Zu jeder Primzahl p gibt es genau $\varphi(p-1)$ Primitivwurzeln, die modulo p inkongruent sind.* Zum Beispiel gibt es für $p := 11$ genau $\varphi(10) = 4$ Primitivwurzeln, etwa $2, -3, 7, 6$. Die über die Folgerung hinausgehende Einsicht, daß es zu p genau $\varphi(p-1)$ Primitivwurzeln gibt, ist indes nicht überraschend, wenn erst einmal die Existenz wenigstens einer solchen Primitivwurzel sichergestellt ist. Aus Aufgabe 1.5), a) folgt nämlich allgemein: *Jede endliche zyklische Gruppe G besitzt genau $\varphi(\mathrm{ord}(G))$ erzeugende Elemente.*

Bemerkung: Unter Verwendung des Begriffes der Primitivwurzel läßt sich zum bereits in 4.3.2 behandelten Problem der Bestimmung g-adischer Grundperioden weiteres sagen: Seien $b, g \in \mathbb{N}^\times$, $b \geqq 2$, $g \geqq 2$, teilerfremd. Die g-adische Grundperiode π des Stammbruches $\frac{1}{b}$ wird gegeben durch

$$\pi = \min\{t \in \mathbb{N}^\times : b \mid (g^t - 1)\} = \min\{t \in \mathbb{N} : g^t \equiv 1\,(b)\};$$

dies läßt sich auch wie folgt ausdrücken: *π ist die Ordnung der Restklasse von g modulo b in $\mathbb{Z}_b^*$.* Hieraus folgt weiter (vgl. Aufgabe 1.4)): *Seien $b, g \in \mathbb{N}^\times$, $b \geqq 2$, $g \geqq 2$, $\mathrm{ggT}(b, g) = 1$. Dann hat der Stammbruch $\frac{1}{b}$ genau dann die maximale g-adische Grundperiode $\pi = b - 1$, wenn b eine Primzahl und g eine Primitivwurzel zu b ist.*
Durch diese Aussage wird man zwangsläufig zu der Frage geführt: *Für welche Primzahlen p ist eine gegebene Grundzahl $g \geqq 2$ eine primitive Wurzel zu p?* Eine Antwort ist nicht bekannt. Heuristische Überlegungen wahrscheinlichkeitstheoretischer Art haben E. Artin u.a. zu der folgenden Vermutung geführt:

Zu jeder Grundzahl $g \geqq 2$, die kein Quadrat in $\mathbb{N}$ ist (z.B. zu $g := 10$), gibt es unendlich viele Primzahlen p, so daß g eine Primitivwurzel zu p ist.

Es gibt kein systematisches Verfahren, um zu einer vorgelegten Primzahl eine Primitivwurzel zu konstruieren (unsere Beweise sind Existenzbeweise!). Bereits Euler hat sich 1783 darüber beklagt; er gab eine Tafel aller Primitivwurzeln jeder Primzahl $p \leqq 41$ an. Gauss beginnt Artikel 73 seiner *Disquisitiones* mit dem Satz: „Methodi radices primitivas inveniendi maximam partem tentando innituntur" (Die Methoden, Primitivwurzeln zu finden, beruhen zum größten Teil auf Versuchen). Er beschreibt dann näher, wie man durch Probieren solche Wurzeln zu p bestimmen kann: Berechne die Ordnung t von 2 modulo p. Falls $t < p - 1$, so wähle ein $b \in \mathbb{Z}$, dessen Restklasse $\bar{b}$ nicht in der von $\bar{2}$ erzeugten zyklischen Gruppe liegt. Falls $o(b) < p - 1$, so fahre man fort .... Gauss sagt dazu weiter: „Der Geübte wird wissen, dass man die Weitläufigkeit des Verfahrens durch mannigfache besondere Kunstgriffe abkürzen kann; doch lernt man diese viel schneller durch praktische Übung als durch theoretische Vorschriften kennen."
In der folgenden Tabelle sind die kleinsten Primitivwurzeln $x_0 \geqq 1$ zu allen Primzahlen $\leqq 53$ angegeben:

p	2	3	5	7	11	13	17	19	23	29	31	37	41	43	47	53
$\varphi(p-1)$	1	1	2	2	4	4	8	6	10	12	8	12	16	12	22	24
x_0	1	2	2	3	2	2	3	2	5	2	3	2	6	3	5	2

3. Zyklizität der Gruppen $\mathbb{Z}_{p^n}^*$. Wir betrachten prime Restklassengruppen $\mathbb{Z}_m^*$, deren Modul m eine Potenz p^n einer *ungeraden Primzahl* p ist, $n \in \mathbb{N}^\times$. Wir werden zeigen, daß diese Gruppen sämtlich zyklisch sind.
Ist $a \in \mathbb{Z}$ eine Primitivwurzel zu p, so ist die Restklasse $\bar{a}$ von a modulo p^n stets eine prime Restklasse, d.h. $\bar{a} \in \mathbb{Z}_{p^n}^*$, denn $p \nmid a$ hat $\mathrm{ggT}(a, p^n) = 1$ für alle $n \in \mathbb{N}^\times$ zur Folge. Man mag hoffen, daß $\bar{a}$ bereits ein erzeugendes Element der Gruppe $\mathbb{Z}_{p^n}^*$ ist, d.h., daß gilt:

$$o(\bar{a}) = \mathrm{ord}(\mathbb{Z}_{p^n}^*) = \varphi(p^n) = (p-1)\,p^{n-1}.$$

Diese Hoffnung ist leider trügerisch: So ist z.B. 7 Primitivwurzel zu 5, doch ist 7 keine Primitivwurzel zu 5^2, da $7^4 \equiv 1\ (5^2)$ und $\mathrm{ord}(\mathbb{Z}_{5^2}^*) = 20 \neq 4$.
Wir geben im folgenden zwei Beweise für die Existenz von Primitivwurzeln zu allen Primzahlpotenzen p^n, $n \in \mathbb{N}^\times$, $n \geqq 2$, falls $p \neq 2$. Wir beginnen mit einem

Lemma: *Es sei $p \in \mathbb{P}$, $n \in \mathbb{N}^\times$; es sei a eine Primitivwurzel zu p, und es bezeichne $\bar{a} \in \mathbb{Z}_{p^n}^*$ die Restklasse von a modulo p^n. Dann gilt für jedes $v \in \mathbb{N}$ eine Gleichung*

$$o(\bar{a}^{p^v}) = (p-1)\,p^{l_v} \quad \text{mit} \quad 0 \leqq l_v \leqq n-1.$$

Beweis: Sei $t := o(\bar{a}^{p^v})$. Dann gilt $a^{tp^v} \equiv 1\,(p^n)$, also auch $a^{tp^v} \equiv 1\,(p)$. Da a eine Primitivwuzel zu p ist, folgt: $(p-1) \mid tp^v$, d.h. $(p-1) \mid t$ wegen $\mathrm{ggT}(p-1, p^v) = 1$. Wir sehen:

$$o(\bar{a}^{p^v}) = (p-1)\,s_v, \qquad s_v \in \mathbb{N}^\times.$$

Da die Ordnung jedes Elementes aus $\mathbb{Z}_{p^n}^*$ ein Teiler von $\mathrm{ord}(\mathbb{Z}_{p^n}^*) = (p-1)\,p^{n-1}$ ist, so ist s_v notwendig von der Form p^{l_v} mit $0 \leqq l_v \leqq n-1$. □

Bemerkung: Für jedes Element $\bar{c} \in \mathbb{Z}_{p^n}^*$ gilt: $o(\bar{c}) = dp^l$, wo $d \mid (p-1)$ und $0 \leqq l \leqq n-1$. Der Witz des Lemmas besteht darin, daß für die dort betrachteten Elemente a^{p^v} der Faktor d *stets gleich* $p-1$ ist.
Wir zeigen nun:

Satz: *Es sei $p \neq 2$ eine Primzahl, es sei $n \in \mathbb{N}$, $n \geqq 2$. Dann ist die Gruppe $\mathbb{Z}_{p^n}^*$ zyklisch, genauer gilt: Ist $a \in \mathbb{Z}$ eine Primitivwurzel zu p, so ist $w := (1+p)\,a^{p^{n-1}} \in \mathbb{Z}$ eine Primitivwurzel zu p^n.*

Vorbemerkung: Der folgende Beweis zieht wesentlich das Resultat von Satz 5.1.2 bzw. Aufgabe 5.1.2) heran:

$$(*) \quad (1+p)^{p^{n-1}} \equiv 1\,(p^n), \qquad \text{aber } (1+p)^{p^{n-2}} \not\equiv 1\,(p^n) \qquad \text{für } n \geqq 2.$$

Beweis des Satzes: Da $u := 1+p$ und $v := a^{p^{n-1}}$ zu p und also auch zu p^n prim sind, so gilt $\bar{u}, \bar{v} \in \mathbb{Z}_{p^n}^*$ für die Restklassen von u, v modulo p^n.
Es genügt zu zeigen:

$$o(\bar{u}) = p^{n-1} \quad \text{und} \quad o(\bar{v}) = p-1.$$

Hieraus folgt nämlich, da p^{n-1} und $p-1$ teilerfremd sind, aufgrund von Lemma 1: $o(\bar{u}\,\bar{v}) = p^{n-1}(p-1) = \operatorname{ord}(\mathbb{Z}^*_{p^n})$, d. h., $\bar{u}\,\bar{v}$ ist ein erzeugendes Element von $\mathbb{Z}^*_{p^n}$ und somit $w = uv$ wegen $\bar{w} = \overline{uv} = \bar{u}\,\bar{v}$ eine primitive Wurzel zu p^n.
Wir zeigen zunächst: $o(\bar{u}) = p^{n-1}$. Wegen (*) gilt: $\bar{u}^{p^{n-1}} = \bar{1}$; daher ist $o(\bar{u})$ ein Teiler von p^{n-1}, etwa $o(\bar{u}) = p^l$ mit $l \leqq n-1$. Wegen (*) gilt ebenfalls: $\bar{u}^{p^{n-2}} \neq \bar{1}$. Dies hat $l = n-1$ zur Folge, denn der Fall $l \leqq n-2$ würde den Widerspruch $\bar{u}^{p^{n-2}} = (\bar{u}^{p^l})^{p^{n-2-l}} = \bar{1}$ liefern.
Es bleibt zu zeigen: $o(\bar{v}) = p-1$. Da $\bar{v} = \bar{a}^{p^{n-1}}$, wobei a eine Primitivwurzel zu p ist, so gilt aufgrund des Lemmas (mit $v := n-1$) jedenfalls:

$$o(\bar{v}) = (p-1)\,p^l \quad \text{mit} \quad 0 \leqq l \leqq n-1.$$

Da nach dem allgemeinen Satz von FERMAT-EULER wegen $\operatorname{ord}(\mathbb{Z}^*_{p^n}) = (p-1)\,p^{n-1}$ die Gleichung

$$\bar{v}^{p-1} = \bar{a}^{(p-1)p^{n-1}} = \bar{1}$$

besteht, muß $l = 0$ gelten, d. h. $o(\bar{v}) = p-1$. □

Bemerkung: Die Aussage des Satzes ist nicht richtig für die Primzahl 2; so sahen wir z. B. in Beispiel 1.1, 5), daß die Gruppe $\mathbb{Z}^*_{2^3}$ *nicht zyklisch* ist. Im obigen Beweis wurde die Voraussetzung $p \neq 2$ bei der Anwendung der Inkongruenz

$$(1+p)^{p^{n-2}} \not\equiv 1\,(p^n), \qquad n \geqq 2,$$

benutzt, die nur für Primzahlen $p > 2$ richtig ist. Die Gruppen $\mathbb{Z}^*_{2^n}$ werden im Abschnitt 6 näher untersucht.

4. Kleine Primitivwurzeln zu p^n. Im Satz 3 wird explizit eine Primitivwurzel zu p^n angegeben, wenn eine Primitivwurzel a zu p bekannt ist.
Allerdings wächst $(1+p)\,a^{p^{n-1}}$ sehr stark mit n, so daß man schnell große Zahlen erhält. Für Rechnungen ist daher das folgende von JACOBI stammende Resultat bedeutsam.

Lemma: *Es sei p eine ungerade Primzahl. Dann ist jede Primitivwurzel $c \in \mathbb{Z}$ zu p^2 auch eine Primitivwurzel zu allen Potenzen p^n, $n \in \mathbb{N}$, $n > 2$.*

Vorbemerkung: Wir ziehen folgende Hilfsaussagen heran:

$$(+) \quad a \equiv 1\,(p) \Rightarrow a^p \equiv 1\,(p^2),$$
$$(++) \quad a^p \equiv 1\,(p^n) \Rightarrow a \equiv 1\,(p^{n-1}) \qquad \textit{für alle } n \in \mathbb{N},\ n \geqq 2;$$

die erste Aussage folgt unmittelbar (oder auch aus Satz 5.1.2); die zweite Aussage ist der Inhalt von Lemma 5.1.4 (mit $b := 1$).

Beweis des Lemmas: Zunächst bemerken wir, daß c auch Primitivwurzel zu p ist: Würde nämlich $c^d \equiv 1\,(p)$ mit $1 \leqq d < p-1$ gelten, so wäre (nach (+) mit $a := c^d$) auch $c^{dp} \equiv 1\,(p^2)$, d. h., c wäre wegen $dp < (p-1)\,p = \operatorname{ord}(\mathbb{Z}^*_{p^2})$ nicht Primitivwurzel zu p^2.

Es sei nun $n > 2$ fixiert, und es bezeichne $\bar{c} \in \mathbb{Z}_{p^n}^*$ die Restklasse von c modulo p^n. Aufgrund des Lemmas 3 (mit $a := c$, $v := 0$) gilt:

$$o(\bar{c}) = (p-1)\,p^l \quad \text{mit} \quad 0 \leqq l \leqq n-1\,.$$

Wäre $l \leqq n-2$, so würde wegen $c^{(p-1)p^l} \equiv 1\,(p^n)$ auch gelten:

$$c^{(p-1)p^{n-2}} \equiv 1\,(p^n)\,.$$

Hierauf können wir nun $(n-2)$-mal die Aussage $(++)$ anwenden; wir erhalten:

$$c^{(p-1)p^{n-3}} \equiv 1\,(p^{n-1}), \ldots, c^{p-1} \equiv 1\,(p^2)\,.$$

Das widerspricht aber der Voraussetzung, daß c Primitivwurzel zu p^2 ist. Es folgt $l = n-1$, d.h. $o(\bar{c}) = \operatorname{ord}(\mathbb{Z}_{p^n}^*)$, d.h., c ist Primitivwurzel zu p^n. □

Aus Satz 3 und dem Lemma folgt unmittelbar: *Ist p eine ungerade Primzahl, und ist a eine Primitivwurzel zu p, so ist* $(1+p)\,a^p$ *eine Primitivwurzel zu jeder Potenz* p^n, $n \in \mathbb{N}^\times$.
Auch die hier gewonnene Primitivwurzel zu p^n wächst sehr stark mit p. Wir zeigen nun, daß sich viel kleinere Primitivwurzeln zu p^n angeben lassen; damit geben wir sogleich einen *zweiten, von Satz 3 unabhängigen Beweis* für die Existenz von Primitivwurzeln zu allen Potenzen ungerader Primzahlen. Wir behaupten:

Satz: *Es sei* $p \neq 2$ *eine Primzahl, und es sei a eine Primitivwurzel zu p. Dann gilt:*

1) *Falls* $a^{p-1} \not\equiv 1\,(p^2)$, *so ist a eine Primitivwurzel zu jeder Potenz* p^n, $n \in \mathbb{N}^\times$.
2) *Falls* $a^{p-1} \equiv 1\,(p^2)$, *so sind* $a \pm p$ *Primitivwurzeln zu jeder Potenz* p^n, $n \in \mathbb{N}^\times$.

Speziell gibt es stets Zahlen $a \in \mathbb{Z}$, *die Primitivwurzeln zu allen Potenzen* p^n, $n \geqq 1$, *sind.*

Beweis: ad 1): Bezeichnet $\bar{a} \in \mathbb{Z}_{p^2}^*$ die Restklasse von a modulo p^2, so gilt aufgrund von Lemma 3 (mit $n := 2$, $v := 0$):

$$o(\bar{a}) = p-1 \quad \text{oder} \quad o(\bar{a}) = (p-1)\,p = \operatorname{ord}(\mathbb{Z}_{p^2}^*).$$

Da $o(\bar{a}) = p-1$ wegen $a^{p-1} \not\equiv 1\,(p^2)$ ausgeschlossen ist, folgt $o(\bar{a}) = \operatorname{ord}(\mathbb{Z}_{p^2}^*)$. Somit erzeugt $\bar{a}$ die Gruppe $\mathbb{Z}_{p^2}^*$, d.h., a ist Primitivwurzel zu p^2. Aufgrund des Lemmas ist a dann auch Primitivwurzel zu allen weiteren Potenzen p^n.
ad 2): Mit a ist auch $b := a \pm p$ eine Primitivwurzel zu p, da a und b in derselben Restklasse modulo p liegen. Aufgrund des bereits in 1) Bewiesenen genügt es daher zu zeigen: $b^{p-1} \not\equiv 1\,(p^2)$. Es gilt:

$$\begin{aligned} b^{p-1} &= (a \pm p)^{p-1} \\ &= a^{p-1} \pm (p-1)\,a^{p-2}p + \binom{p-1}{2} a^{p-3}p^2 \pm \ldots + p^{p-1}\,. \end{aligned}$$

Hier sind wegen $p \geqq 3$ rechts alle Summanden vom dritten ab durch p^2 teilbar; daher folgt:

$$b^{p-1} \equiv a^{p-1} \pm (p-1)\, a^{p-2} p (p^2).$$

Da $a^{p-1} \equiv 1\,(p^2)$ vorausgesetzt wird, ergibt sich weiter:

$$b^{p-1} \equiv 1 \pm (p-1)\, a^{p-2} p (p^2).$$

Da p weder $p-1$ noch a^{p-2} teilt, so gilt: $\pm (p-1)\, a^{p-2} p \not\equiv 0 (p^2)$. Damit folgt: $b^{p-1} \not\equiv 1\,(p^2)$, womit 2) verifiziert ist.
Da mit a auch $a \pm p$ immer eine Primitivwurzel zu p ist, so folgt auch die letzte Behauptung des Satzes. □

Beispiele: 1) Sei $p := 5$. Dann ist $a := 2$ Primitivwurzel zu 5. Da $2^4 \not\equiv 1\,(5^2)$, so ist 2 nach Aussage 1) des Satzes auch Primitivwurzel zu allen Moduln 5^n. Die Zahl 7 ist ebenfalls Primitivwurzel zu 5. Da $7^4 \equiv 1\,(5^2)$, so ist 7 nicht Primitivwurzel zu 5^n, $n \geqq 2$; nach Aussage 2) des Satzes ist aber wieder $7 + 5 = 12$ eine Primitivwurzel zu allen Zahlen 5^n.

2) Weitaus schwieriger ist es, eine Primitivwurzel a zu einer (ungeraden) Primzahl p zu finden, die nicht Primitivwurzel zu p^2 ist und die zusätzlich folgende natürliche Bedingung erfüllt: $1 \leqq a \leqq p$. Der Leser versuche zu zeigen, daß $a := 10$ Primitivwurzel zu $p := 487$ ist, jedoch nicht zu 487^2.

5. Zyklizität der Gruppen $\mathbb{Z}^*_{2p^n}$. Wir betrachten in diesem Abschnitt die Gruppen $\mathbb{Z}^*_{2p^n}$, $p \in \mathbb{P}$, $p \neq 2$. Für alle $n \in \mathbb{N}^\times$ gilt:

$$\operatorname{ord}(\mathbb{Z}^*_{2p^n}) = \varphi(2p^n) = \varphi(2)\,\varphi(p^n) = (p-1)\,p^{n-1} = \operatorname{ord}(\mathbb{Z}^*_{p^n}),$$

d.h., die beiden Gruppen $\mathbb{Z}^*_{2p^n}$ und $\mathbb{Z}^*_{p^n}$ haben dieselbe Anzahl von Elementen. Wir behaupten nun

Satz: *Es sei $p \neq 2$ eine Primzahl, es sei $n \in \mathbb{N}^\times$. Dann ist die Gruppe $\mathbb{Z}^*_{2p^n}$ zyklisch. Genauer gilt, wenn c eine Primitivwurzel zu p^n bezeichnet:*

1) *Ist c ungerade, so ist c eine Primitivwurzel zu $2p^n$.*
2) *Ist c gerade, so ist $c + p^n$ eine Primitivwurzel zu $2p^n$.*

Beweis: ad 1): Da $2 \nmid c$ und $p \nmid c$, so gilt $\bar{c} \in \mathbb{Z}^*_{2p^n}$ für die Restklasse von c modulo $2p^n$. Sei $t := o(\bar{c}) \geqq 1$. Dann gilt $c^t \equiv 1\,(2p^n)$, also auch $c^t \equiv 1\,(p^n)$. Da c Primitivwurzel zu p^n ist, folgt: $\varphi(p^n) \mid t$, also $t \geqq \varphi(p^n)$ wegen $t \geqq 1$. Da aber notwendig $t = o(\bar{c}) \leqq \operatorname{ord}(\mathbb{Z}^*_{2p^n}) = \varphi(p^n)$, so folgt: $o(\bar{c}) = \operatorname{ord}(\mathbb{Z}^*_{2p^n})$, d.h., c ist primitive Wurzel zu $2p^n$.
ad 2): Da mit p auch p^n ungerade ist, so ist jetzt $c + p^n$ ungerade. Mit c ist auch $c + p^n$ eine Primitivwurzel zu p^n. Wir sind daher (mit $c + p^n$ anstelle von c) in der Situation von 1), d.h., jetzt ist $c + p^n$ eine Primitivwurzel zu $2p^n$. □

Nach Aufgabe 1.5), a) hat eine endliche zyklische Gruppe G genau $\varphi(\operatorname{ord}(G))$ erzeugende Elemente. Da $\operatorname{ord}(\mathbb{Z}_{2p^n}^*) = \operatorname{ord}(\mathbb{Z}_{p^n}^*) = (p-1)\,p^{n-1}$ für alle $p \in \mathbb{P}$, $p \neq 2$, gilt, so sehen wir, wenn wir noch die wegen $\operatorname{ggT}(p-1, p^{n-1}) = 1$ geltende Gleichung $\varphi((p-1)\,p^{n-1}) = \varphi(p-1)\,\varphi(p^{n-1})$ beachten: *Ist $p \neq 2$ eine Primzahl, so hat sowohl die Gruppe $\mathbb{Z}_{p^n}^*$ als auch die Gruppe $\mathbb{Z}_{2p^n}^*$ im Fall $n \geqq 2$ genau $\varphi(p-1)\cdot(p-1)\,p^{n-2}$ erzeugende Elemente.*

6. Bestimmung aller zyklischen Gruppen $\mathbb{Z}_m^*$. Nicht alle primen Restklassengruppen sind zyklisch; so sahen wir bereits in den Beispielen 1.1, daß die Gruppen $\mathbb{Z}_8^*$ und $\mathbb{Z}_{15}^*$ nicht zyklisch sind. Das Beispiel der Gruppe $\mathbb{Z}_8^*$ ist ein Spezialfall von

Lemma: *Es sei $n \in \mathbb{N}$, $n \geqq 3$. Dann hat jedes Element $\bar{a} \in \mathbb{Z}_{2^n}^*$ eine Ordnung 2^s mit $s \leqq n-2$; speziell ist die Gruppe $\mathbb{Z}_{2^n}^*$ (wegen $\operatorname{ord}(\mathbb{Z}_{2^n}^*) = 2^{n-1}$) nicht zyklisch.*

Beweis: Sei $\bar{a} \in \mathbb{Z}_{2^n}^*$ fixiert, und sei $a \in \mathbb{Z}$ ein Repräsentant der Restklasse $\bar{a}$. Da $\operatorname{ggT}(a, 2^n) = 1$, so ist a ungerade: $a = 1 + 2b$, $b \in \mathbb{Z}$. Hieraus folgt:

$$a^2 = 1 + 4b + 4b^2 = 1 + 4b(b+1) = 1 + 8a_1 \quad \text{mit} \quad a_1 := \frac{b(b+1)}{2} \in \mathbb{Z}.$$

Durch Induktion erhält man nun:

$$a^{2^l} = 1 + 2^{l+2} a_l \quad \text{mit} \quad a_l \in \mathbb{Z} \qquad \text{für alle } l \in \mathbb{N}^\times.$$

Der Fall $l = 1$ ist schon verifiziert. Hat man aber bereits eine Gleichung $a^{2^{l-1}} = 1 + 2^{l+1} a_{l-1}$, $a_{l-1} \in \mathbb{Z}$, so folgt durch Quadratur:

$$a^{2^l} = (1 + 2^{l+1} a_{l-1})^2 = 1 + 2^{l+2} a_{l-1} + 2^{2l+2} a_{l-1}^2 = 1 + 2^{l+2} a_l$$

mit $a_l := a_{l-1} + 2^l a_{l-1}^2 \in \mathbb{Z}$.
Für $l := n-2$ erhalten wir speziell, da $l \geqq 1$ wegen $n \geqq 3$ gilt:

$$a^{2^{n-2}} = 1 + 2^n a_{n-2}, \quad \text{d.h.} \quad a^{2^{n-2}} \equiv 1\,(2^n), \quad \text{d.h.} \quad \bar{a}^{2^{n-2}} = \bar{1} \quad \text{in} \quad \mathbb{Z}_{2^n}^*.$$

Da die Ordnung von $\bar{a}$ die Gruppenordnung $\operatorname{ord}(\mathbb{Z}_{2^n}^*) = \varphi(2^n) = 2^{n-1}$ teilt, so muß $o(\bar{a})$ eine Zweierpotenz 2^s mit $s \leqq n-2$ sein. □

Man beachte, daß die Aussage des Lemmas für $n := 2$ nicht gilt:

3 *ist eine primitive Wurzel zu* 2^2.

Es erhebt sich die Frage, wie groß im Fall $n \geqq 3$ der Exponent $\varepsilon(\mathbb{Z}_{2^n}^*)$ der Gruppe $\mathbb{Z}_{2^n}^*$ ist. Aufgrund des Lemmas muß gelten:

$$\varepsilon(\mathbb{Z}_{2^n}^*) = 2^d \quad \text{mit} \quad d \leqq n-2.$$

Es stellt sich heraus, daß stets $d = n-2$ ist und daß $\bar{5} \in \mathbb{Z}_{2^n}^*$ ein Element der Ordnung 2^{n-2} ist, vgl. Aufgabe 2).
Wir kommen nun zum Hauptsatz dieses Kapitels.

Satz (GAUSS, Disquisitiones, Art. 92): *Es sei $m > 1$ eine natürliche Zahl. Dann sind folgende Aussagen äquivalent:*

i) *Die prime Restklassengruppe $\mathbb{Z}_m^*$ ist zyklisch.*

ii) *Es gilt $m = 2$ oder $m = 4$ oder $m = p^n$ oder $m = 2p^n$, wobei $n \in \mathbb{N}^\times$ beliebig und p eine Primzahl ungleich 2 ist.*

Beweis: i) $\Rightarrow$ ii): Sei $m = p_1^{n_1} p_2^{n_2} \cdot \ldots \cdot p_r^{n_r}$ die Primzerlegung von m, sei

$$l := \mathrm{kgV}(\varphi(p_1^{n_1}), \varphi(p_2^{n_2}), \ldots, \varphi(p_r^{n_r})) \in \mathbb{N}^\times.$$

Aus Korollar 5.1.4 folgt: $a^l \equiv 1(m)$ für alle $a \in \mathbb{N}^\times$ mit $\mathrm{ggT}(a,m) = 1$. Dies bedeutet:

$$o(\bar{a}) \leqq l \qquad \text{für alle } \bar{a} \in \mathbb{Z}_m^*.$$

Da $\mathbb{Z}_m^*$ zyklisch ist, folgt:

$$l \geqq \mathrm{ord}(\mathbb{Z}_m^*) = \varphi(m).$$

Nun ist für jede Primzahl $p \neq 2$ die Zahl $\varphi(p^n) = (p-1)p^{n-1}$ für alle $n \in \mathbb{N}^\times$ durch 2 teilbar. Wenn daher m zwei *verschiedene ungerade* Primteiler hat, so ist das kleinste gemeinsame Vielfache l der Zahlen $\varphi(p_1^{n_1}), \ldots, \varphi(p_r^{n_r})$ kleiner als ihr Produkt $\varphi(m)$. Es muß also gelten:

$$m = 2^k p^n \qquad \text{mit} \qquad k, n \in \mathbb{N},\ p \in \mathbb{P},\ p \neq 2.$$

Falls $n = 0$, so folgt $m = 2$ oder $m = 4$ aufgrund des Lemmas. Falls aber $n \geqq 1$, so gilt notwendig $k = 0$ oder $k = 1$, denn im Falle $k \geqq 2$ ist neben $\varphi(p^n)$ auch $\varphi(2^k) = 2^{k-1}$ gerade und also $l = \mathrm{kgV}(\varphi(2^k), \varphi(p^n))$ wieder kleiner als $\varphi(m)$. Es bleiben also allein die Fälle $m = p^n$ und $m = 2p^n$, $n \in \mathbb{N}^\times$, übrig.
ii) $\Rightarrow$ i): Dies wurde in den Abschnitten 2 bis 5 dieses Paragraphen gezeigt.

Aufgaben:

1) Sind G und H Gruppen, so wird auf dem direkten Produkt $G \times H$ kanonisch eine Gruppenstruktur erklärt vermöge $(g,h) \cdot (g',h') := (gg', hh')$ für $g, g' \in G$, $h, h' \in H$. Zeigen Sie: Sind G und H zyklische Gruppen der Ordnung m bzw. n, so ist $G \times H$ genau dann zyklisch, wenn $\mathrm{ggT}(m,n) = 1$.

2) Eine Abbildung $\psi\colon G \to G'$ zwischen zwei Gruppen G, G' heißt *Grupppenhomomorphismus*, falls für alle $a, b \in G$ gilt $\psi(ab) = \psi(a)\psi(b)$.

   Für $m \in \mathbb{N}^\times$ und $a \in \mathbb{Z}$ bezeichne $\pi_m(a)$ die Restklasse von a in $\mathbb{Z}_m$. Es seien $m, n \in \mathbb{N}^\times$ teilerfremd. Beweisen Sie, daß durch

   $$\psi(\pi_{mn}(a)) := (\pi_m(a), \pi_n(a)) \qquad \text{für } a \in \mathbb{Z}$$

   ein bijektiver Gruppenhomomorphismus von $\mathbb{Z}_{mn}^*$ nach $\mathbb{Z}_m^* \times \mathbb{Z}_n^*$ definiert wird.

3) Geben Sie mittels Lemma 6 und der Aufgaben 1) und 2) einen erneuten Beweis der Implikation i) $\Rightarrow$ ii) von Satz 6.

4) Sei $n \in \mathbb{N}^\times$, $n \geqq 3$. Zeigen Sie: Die Restklasse $\bar{5} \in \mathbb{Z}_{2^n}^*$ hat die Ordnung 2^{n-2}, und jedes Element $r \in \mathbb{Z}_{2^n}^*$ ist eindeutig darstellbar in der Form

$$r = (-\bar{1})^\mu \bar{5}^\nu, \quad \text{wobei } \mu = 0,1 \quad \text{und} \quad \nu = 1,2,\ldots 2^{n-2}.$$

5) (Verallgemeinerung des Satzes von WILSON) Sei $m \in \mathbb{N}$, es gelte $m = 2$, $m = 4$, $m = p^n$ oder $m = 2p^n$ ($p \in \mathbb{P} \setminus \{2\}, n \in \mathbb{N}^\times$). Zeigen Sie:

$$\prod_{\substack{k=1 \\ \mathrm{ggT}(k,m)=1}}^{m} k \equiv -1(m).$$

6) Berechnen Sie, falls möglich, jeweils eine Primitivwurzel zu:
a) 1331,
b) 256,
c) 135135,
d) $2 \cdot 7^{123}$.

7) Sei $p \in \mathbb{P} \setminus \{2,3\}$, seien $w_1, \ldots, w_s$ sämtliche Primitivwurzeln zu p mit $1 \leqq w_i \leqq p$. Zeigen Sie: $w_1 \cdot \ldots \cdot w_s \equiv 1(p)$.

8) Sei $p \in \mathbb{P}$, $p \equiv 1(4)$, und w eine Primitivwurzel zu p. Zeigen Sie: $p - w$ ist auch eine Primitivwurzel zu p.

Kapitel 7
Theorie der quadratischen Reste

Ein Pretiosum der elementaren Zahlentheorie ist die Theorie der quadratischen Reste. In diesem Kapitel wird diese Theorie, die den hauptsächlichen Anlaß zur Entwicklung der höheren Zahlentheorie gegeben hat, elementar dargestellt; den Höhepunkt bildet das quadratische Reziprozitätsgesetz von LEGENDRE-GAUSS bzw. JACOBI. Dieses Gesetz, das sich einfach formulieren läßt, wird jeden Leser ob seiner überraschenden Aussage beeindrucken; allerdings ist es in einem einführenden Text nicht möglich, überzeugend darzulegen, warum das Reziprozitätsgesetz im Laufe der Zeit zum zentralen Theorem der neueren Zahlentheorie geworden ist. Hier wird vom Leser erwartet, den Autoren zu glauben.
Es gibt viele Beweise des quadratischen Reziprozitätsgesetzes. In diesem Text wird eine von FROBENIUS angegebene anschauliche Methode der Gitterpunktabzählung verwendet; außerdem ist ein Beweis angeführt, der die (reelle) Sinus-Funktion benutzt. Beide Methoden gehen auf EISENSTEIN zurück. GAUSS selbst hat acht Beweise für das Reziprozitätsgesetz mitgeteilt; er nennt das Gesetz das *Theorema fundamentale theoriae residuorum quadraticorum*. JACOBI hat dem Reziprozitätsgesetz eine elegantere und für das Rechnen bequemere Form gegeben. Der Leser möge sich am Beispiel der beiden Reziprozitätsgesetze verdeutlichen, wie eine formale Verallgemeinerung eines Satzes zu einem besseren und tieferen Verständnis führen kann.

§ 1 Quadratische Reste

In diesem Paragraphen werden die Grundlagen der Theorie der quadratischen Reste besprochen. Zunächst wird die Frage, nach welchen Moduln $m > 1$ eine vorgegebene, zu m teilerfremde Zahl quadratischer Rest bzw. Nichtrest ist, auf die Fälle $m = 2, 4, 8$ und $m = p > 2$, p Primzahl, reduziert (Abschnitt 2). Für ungerade Primzahlen p führen wir im Abschnitt 4 das Legendresche Restsymbol $\left(\frac{a}{p}\right)$ ein; wir beweisen dort ferner das Eulersche Kriterium. Im Abschnitt 5 wird das berühmte Gaußsche Lemma hergeleitet, das im nächsten Paragraphen im Beweis des quadratischen Reziprozitätsgesetzes wesentlich herangezogen wird.

1. Quadratische Reste modulo einer beliebigen Zahl $m > 1$. Die Theorie der *linearen* Kongruenzen ist durch Lemma 5.2.1 erledigt. In der Theorie der *allgemeinen Polynomkongruenzen* hat man besonders intensiv *quadratische* Kon-

gruenzen untersucht; vor allem hat man hier Kongruenzen der Form $X^2 \equiv a(p)$, wo $p \in \mathbb{P}$, $a \in \mathbb{Z}$, studiert.
Allgemein heißt bei vorgegebenem $m \in \mathbb{N}$, $m > 1$, eine zu m teilerfremde Zahl $a \in \mathbb{Z}$ ein *quadratischer Rest modulo m*, wenn es ein $x \in \mathbb{Z}$ gibt, so daß gilt: $x^2 \equiv a(m)$. Zwei modulo m quadratische Reste $a, a' \in \mathbb{Z}$ heißen *verschieden*, wenn gilt $a \not\equiv a'(m)$. Eine zu m teilerfremde Zahl a heißt *quadratischer Nichtrest modulo m*, wenn a kein quadratischer Rest modulo m ist.
Man bemerkt sofort, daß mit a auch jedes $x \in \mathbb{Z}$ mit $x^2 \equiv a(m)$ teilerfremd zu m ist.

Beispiel: Sei $m := 9$. Dann sind 1, 4, 7 verschiedene quadratische Reste modulo $9: 1^2 \equiv 1\,(9)$, $2^2 \equiv 4\,(9)$, $4^2 \equiv 7\,(9)$; hingegen sind 2, 5 und 8 quadratische Nichtreste modulo 9.

Statt „quadratischer Rest modulo m" sagt man auch „quadratischer Rest nach m". Das Problem, bei gegebenem Modul $m > 1$ alle quadratischen Reste (bzw. Nichtreste) zu bestimmen, kann auch wie folgt formuliert werden: *Man bestimme alle $a \in \mathbb{Z}$, so daß die Restklasse $\bar{a}$ von a modulo m zur primen Restklassengruppe $\mathbb{Z}_m^*$ gehört und dort ein (bzw. kein) Quadrat einer Restklasse $\bar{x} \in \mathbb{Z}_m$ ist.*
Jede ungerade Zahl $2n + 1 \in \mathbb{Z}$ ist ein quadratischer Rest modulo 2 (da $1^2 \equiv 2n + 1\,(2)$). Wir dürfen daher für die weiteren Überlegungen $m \geqq 3$ annehmen. Dann ist $\varphi(m)$ stets gerade. Wir zeigen zunächst:

Satz: *Es sei $m \geqq 3$, und es sei die prime Restklassengruppe $\mathbb{Z}_m^*$ zyklisch; es sei $c \in \mathbb{Z}$ eine Primitivwurzel zu m. Man setze $s := \frac{1}{2}\varphi(m)$. Dann sind $1, c^2, c^4, \ldots, c^{2s-2}$ alle verschiedenen quadratischen Reste und $c, c^3, c^5, \ldots, c^{2s-1}$ alle verschiedenen quadratischen Nichtreste modulo m. Insbesondere gibt es genau $\frac{1}{2}\varphi(m)$ verschiedene quadratische Reste und ebenso viele quadratische Nichtreste modulo m.*

Beweis: Nach Voraussetzung gilt: $\mathbb{Z}_m^* = [\bar{c}]$, wo $\bar{c}$ die Restklasse von c modulo m bezeichnet. Da

$$\bar{1} = (\bar{c}^0)^2,\ \bar{c}^2 = (\bar{c}^1)^2,\ \bar{c}^4 = (\bar{c}^2)^2, \ldots, \bar{c}^{2s-2} = (\bar{c}^{s-1})^2$$

Quadrate in $\mathbb{Z}_m^*$ und paarweise verschieden sind, so ist klar, daß die s Zahlen $1, c^2, c^4, \ldots, c^{2s-2}$ verschiedene quadratische Reste modulo m sind.
Würde für ein $v \in \mathbb{Z}$ eine Gleichung $\bar{b}^2 = \bar{c}^{2v+1}$ mit $\bar{b} \in \mathbb{Z}_m^*$ bestehen, so müßte, da $\bar{b}$ wegen $\mathbb{Z}_m^* = [\bar{c}]$ die Gestalt $\bar{b} = \bar{c}^\mu$, $\mu \in \mathbb{Z}$, hat, gelten:

$$\bar{c}^{2(v-\mu)+1} = \bar{1}\,.$$

Dies hat wegen $o(\bar{c}) = \operatorname{ord}(\mathbb{Z}_m^*) = \varphi(m)$ zur Folge $\varphi(m) \mid 2(v - \mu) + 1$, was unmöglich ist, da $\varphi(m)$ gerade ist. Die s verschiedenen Restklassen $\bar{c}, \bar{c}^3, \bar{c}^5, \ldots, \bar{c}^{2s-1}$ sind also keine Quadrate in $\mathbb{Z}_m^*$, d.h., die s Zahlen $c, c^3, c^5, \ldots, c^{2s-1}$ sind verschiedene quadratische Nichtreste modulo m.
Da die Gruppe $\mathbb{Z}_m^*$ wegen $\operatorname{ord}(\mathbb{Z}_m^*) = \varphi(m) = 2s$ genau aus den Elementen $\bar{1}, \bar{c}, \bar{c}^2, \bar{c}^3, \ldots, \bar{c}^{2s-2}, \bar{c}^{2s-1}$ besteht, so ist klar, daß die angegebenen quadrati-

schen Reste bzw. Nichtreste bereits alle quadratischen Reste bzw. Nichtreste modulo m sind. Insbesondere gibt es also genau s verschiedene quadratische Reste und ebenso viele quadratische Nichtreste modulo m. □

Bemerkung: Die Aussage des Satzes ist falsch, wenn $\mathbb{Z}_m^*$ nicht zyklisch ist. So gilt z. B.: *Eine Zahl $a \in \mathbb{Z}$ ist genau dann ein quadratischer Rest modulo* 8, *wenn gilt*: $a \equiv 1$ (8). *Es gibt also nur einen quadratischen Rest modulo* 8, *aber* 3 *verschiedene quadratische Nichtreste modulo* 8.
Zum *Beweis* dieser Bemerkung hat man nur zu beachten, daß von den $4 = \varphi(8)$ primen Restklassen $\bar{1}, \bar{3}, \bar{5}, \bar{7} \in \mathbb{Z}_8^*$ nur $\bar{1}$ ein Quadrat in $\mathbb{Z}_8^*$ ist, da offensichtlich gilt:

$$\bar{1}^2 = \bar{3}^2 = \bar{5}^2 = \bar{7}^2 = \bar{1}.$$ □

Die Frage, wann eine Zahl $a \in \mathbb{Z}$ ein quadratischer Rest modulo m ist, wird durch folgenden Hilfssatz auf eine einfachere Frage reduziert.

Hilfssatz: *Es sei $m \geqq 2$, und es sei $m = m_1 m_2 \cdot \ldots \cdot m_t$ eine Faktorisierung von m in endlich viele natürliche Zahlen $m_i \geqq 2$ derart, daß für alle $i, j \in \{1, 2, \ldots, t\}$, $i \neq j$, gilt*: $\mathrm{ggT}(m_i, m_j) = 1$. *Dann sind folgende Aussagen über eine Zahl $a \in \mathbb{Z}$ äquivalent*:

i) *a ist ein quadratischer Rest modulo m.*
ii) *a ist ein quadratischer Rest modulo jeder Zahl m_i, $i = 1, 2, \ldots, t$.*

Beweis: i) ⇒ ii): Dies ist die einfache Implikation: Aus $\mathrm{ggT}(a, m) = 1$ und $x^2 \equiv a(m)$ mit $x \in \mathbb{Z}$ folgt direkt: $\mathrm{ggT}(a, m_i) = 1$ und $x^2 \equiv a(m_i)$ für alle $i = 1, 2, \ldots, t$ wegen $m = m_1 m_2 \cdot \ldots \cdot m_t$.
ii) ⇒ i): Da nach Voraussetzung für alle $i = 1, 2, \ldots, t$ gilt: $\mathrm{ggT}(a, m_i) = 1$, so gilt auch $\mathrm{ggT}(a, m) = 1$ wegen $m = m_1 m_2 \cdot \ldots \cdot m_t$. Weiter gibt es nach Voraussetzung zu jedem $i = 1, 2, \ldots, t$ ein $x_i \in \mathbb{Z}$, so daß gilt: $x_i^2 \equiv a(m_i)$. Wir betrachten nun das System

$$X \equiv x_1(m_1), X \equiv x_2(m_2), \ldots, X \equiv x_t(m_t)$$

simultaner Kongruenzen. Da $m_1, m_2, \ldots, m_t$ paarweise teilerfremd sind, so hat dieses System nach dem Hauptsatz über simultane Kongruenzen 5.2.4 eine Lösung $x \in \mathbb{Z}$. Es folgt:

$$x^2 \equiv x_i^2 \equiv a(m_i) \quad \text{für alle } i = 1, 2, \ldots, t.$$

Hieraus ergibt sich aufgrund von Korollar 5.1.2 weiter $x^2 \equiv a(m)$. Mithin ist a ein quadratischer Rest modulo m. □

Folgerung: *Es sei $m = p_1^{k_1} p_2^{k_2} \cdot \ldots \cdot p_r^{k_r}$ die Primzerlegung der natürlichen Zahl $m \geqq 2$. Dann ist $a \in \mathbb{Z}$ genau dann ein quadratischer Rest modulo m, wenn a ein quadratischer Rest modulo jeder Primzahlpotenz $p_\varrho^{k_\varrho}$ ist, $\varrho = 1, 2, \ldots, r$.*

Beispiel: Sei $m := 119 = 7 \cdot 17$ und $a := 2$. Da $3^2 \equiv 2\,(7)$ und $6^2 \equiv 2\,(17)$, so ist 2 auch ein quadratischer Rest modulo 119. In der Tat gilt: $11^2 \equiv 2\,(119)$.

Die Theorie der quadratischen Reste ist ein Spezialfall der *Theorie der n-ten Potenzreste*. Dabei heißt bei vorgegebenem Exponenten $n \in \mathbb{N}^\times$ und Modul $m > 1$ eine zu m teilerfremde Zahl $a \in \mathbb{Z}$ ein *n-ter Potenzrest modulo m*, wenn es ein $x \in \mathbb{Z}$ gibt, so daß gilt: $x^n \equiv a(m)$. Dann ist auch x teilerfremd zu m. Mit a ist auch jede Zahl aus der modulo m gebildeten Restklasse $\bar{a}$ ein n-ter Potenzrest modulo m; zwei solche Potenzreste a, a' heißen verschieden, wenn gilt: $a \not\equiv a'(m)$. Für $n = 2, 3, 4$ verwendet man die klassischen Bezeichnungen *quadratischer, kubischer, biquadratischer Rest*.
Das Problem, alle n-ten Potenzreste modulo m zu bestimmen, ist aufgrund der vorangehenden Bemerkungen äquivalent mit dem Problem, in der primen Restklassengruppe $\mathbb{Z}_m^*$ alle n-ten Potenzen zu bestimmen. Die allgemeine Theorie der n-ten Potenzreste kann hier aus Platzgründen nicht behandelt werden; wir beweisen lediglich eine Aussage über die Anzahl solcher Reste.

Lemma: *Es seien $m, n \in \mathbb{N}$, $m > 1$, $n \geqq 1$; es bezeichne l die (von m und n abhängende) Anzahl der verschiedenen Lösungen der Kongruenz $X^n \equiv 1\,(m)$ in $\mathbb{Z}$. Dann gilt:*

1) *Ist c irgendein n-ter Potenzrest modulo m, so hat die Kongruenz $X^n \equiv c(m)$ genau l verschiedene Lösungen in $\mathbb{Z}$.*
2) *Es gibt genau $\dfrac{\varphi(m)}{l}$ verschiedene n-te Potenzreste modulo m.*

Beweis: Die Aussagen dieses Lemmas sind ersichtlich enthalten im folgenden Satz der Gruppentheorie (man wähle $G = \mathbb{Z}_m^*$ und beachte: $\operatorname{ord}(\mathbb{Z}_m^*) = \varphi(m)$, $\operatorname{ord}(E_n) = l$):

Es sei G eine endliche abelsche Gruppe, es sei $n \in \mathbb{N}^\times$. Dann bilden die „n-ten Potenzen" $G^n := \{a^n : a \in G\}$ und die „n-ten Einheitswurzeln" $E_n := \{w \in G : w^n = e\}$ jeweils Untergruppen von G. Es gilt:

1) *Jede Gleichung $X^n = c$, $c \in G^n$, hat genau $\operatorname{ord}(E_n)$ verschiedene Lösungen in G.*
2) $\operatorname{ord}(G^n) = \dfrac{\operatorname{ord}(G)}{\operatorname{ord}(E_n)}$.

Beweis: Zunächst verifiziert man direkt, daß G^n und E_n Untergruppen von G sind.
ad 1): Offensichtlich gilt $x^n = y^n$ mit $x, y \in G$ genau dann, wenn $xy^{-1} \in E_n$. Ist daher $v \in G$ eine Lösung der Gleichung $X^n = c$, so bilden genau die Elemente vw, wo w alle Elemente von E_n durchläuft, sämtliche Lösungen der Gleichung $X^n = c$. Es gibt daher im Fall $c \in G^n$ stets genau $\operatorname{ord}(E_n)$ verschiedene Lösungen in G.
ad 2): Nach Satz 6.1.2 gilt: $t := \dfrac{\operatorname{ord}(G)}{\operatorname{ord}(E_n)} \in \mathbb{N}^\times$, und zwar zerfällt G in genau t *paarweise disjunkte Kongruenzklassen* $E_n a_1, E_n a_2, \ldots, E_n a_t$. Für jedes Element $a \in E_n a_i$ gilt: $a^n = a_i^n$; daher gibt es in G höchstens t verschiedene n-te Potenzen, nämlich $a_1^n, a_2^n, \ldots, a_t^n$. Für $i \neq j$ gilt aber auch stets $a_i^n \neq a_j^n$, denn andernfalls wäre $a_i a_j^{-1} \in E_n$, d. h. $a_i \in E_n a_j$ im Widerspruch zu $E_n a_i \cap E_n a_j = \emptyset$. Mithin gibt es genau t verschiedene n-te Potenzen in G, d. h. $\operatorname{ord}(G^n) = t = \dfrac{\operatorname{ord}(G)}{\operatorname{ord}(E_n)}$.

2. Quadratische Reste modulo Primzahlpotenzen. Aufgrund von Folgerung 1 darf man sich beim Studium der Frage, welche Zahlen quadratische Reste modulo einer vorgegebenen Zahl m sind, auf den Fall von Primzahlpotenzmoduln beschränken. Wir diskutieren zunächst den Fall von Zweierpotenzen 2^k. Für $k = 1$ sind genau die Zahlen $a \equiv 1\ (2)$ quadratische Reste modulo 2; für $k = 2$ sind genau die Zahlen $a \equiv 1\ (4)$ quadratische Reste modulo 4 (dies ist klar, da in $\mathbb{Z}_4^*$ mit den $2 = \varphi(4)$ Restklassen $\bar{1}, \bar{3}$ gilt: $\bar{1}^2 = \bar{3}^2 = \bar{1}$). Für Exponenten $k \geqq 3$ zeigen wir nun

Lemma: *Es sei $k \geqq 3$. Dann sind folgende Aussagen über eine Zahl $a \in \mathbb{Z}$ äquivalent:*

i) *a ist ein quadratischer Rest modulo 2^k.*
ii) *a ist ein quadratischer Rest modulo 2^3.*
iii) $a \equiv 1\ (8)$.

Beweis: ii)$\Leftrightarrow$iii): Das ist genau die Aussage von Bemerkung 1.
i)$\Rightarrow$ii): Trivial wegen $k \geqq 3$.
ii)$\Rightarrow$i): Wir führen Induktion nach k, der Induktionsbeginn $k = 3$ ist gerade die gemachte Voraussetzung. Sei $k > 3$, und sei bereits bekannt, daß es zur (ungeraden) Zahl a eine Zahl $x \in \mathbb{Z}$ gibt, so daß gilt:

$$x^2 \equiv a(2^{k-1}), \quad \text{d.h.} \quad x^2 - a = u\,2^{k-1} \quad \text{mit} \quad u \in \mathbb{Z}.$$

Wir müssen zeigen, daß es eine Zahl $y \in \mathbb{Z}$ gibt, so daß gilt: $y^2 \equiv a(2^k)$. Wir behaupten, daß $y := x + u\,2^{k-2}$ diese Eigenschaft hat. Es gilt:

$$\begin{aligned} y^2 - a &= (x + u\,2^{k-2})^2 - a = x^2 - a + xu2^{k-1} + u^2\,2^{2k-4} \\ &= u(1 + x)\,2^{k-1} + u^2\,2^{2k-4}. \end{aligned}$$

Da $2k - 4 \geqq k$ wegen $k > 3$, so sehen wir:

$$y^2 - a \equiv u(1 + x)\,2^{k-1}(2^k).$$

Da mit a wegen $x^2 \equiv a(2)$ auch x ungerade ist, so ist $1 + x$ durch 2 teilbar. Damit folgt wie behauptet

$$y^2 - a \equiv 0(2^k).$$ □

Aufgrund der Bedingung iii) dieses Lemmas überblicken wir die quadratischen Reste modulo einer Zweierpotenz vollständig; das Problem ist damit erledigt. Weitaus interessanter ist der nun zu diskutierende Fall, daß der Modul m die Potenz p^k einer ungeraden Primzahl p ist. Alsdann sind keinerlei Fallunterscheidungen bezüglich k nötig; es gilt allgemein:

Satz: *Es sei p eine ungerade Primzahl, und es sei k eine positive natürliche Zahl. Dann sind folgende Aussagen über eine ganze Zahl a äquivalent:*

i) *a ist ein quadratischer Rest modulo p^k.*
ii) *a ist ein quadratischer Rest modulo p.*

Beweis: Die Implikation i)$\Rightarrow$ii) ist trivial. Um die Implikation ii)$\Rightarrow$i) zu beweisen, wählen wir gemäß Satz 6.2.4 eine Primitivwurzel $c \in \mathbb{Z}$ zu p, die zugleich Primitivwurzel zu p^k ist. Aufgrund von Satz 1 (mit $m := p$) ist a modulo p zu einer geraden Potenz von c kongruent, etwa:

$$a \equiv c^{2i}(p), \qquad \text{wobei } 0 \leqq i < \tfrac{1}{2}\varphi(p) = \tfrac{1}{2}(p-1).$$

Da c auch Primitivwurzel zu p^k ist, gibt es ein $l \in \mathbb{N}^\times$, so daß gilt: $a \equiv c^l(p^k)$. Daraus ergibt sich insbesondere $a \equiv c^l(p)$, also: $c^l \equiv c^{2i}(p)$. Für die Restklasse in $\mathbb{Z}_p^*$ bedeutet dies: $\bar{c}^l = \bar{c}^{2i}$, d.h. $\bar{c}^{l-2i} = \bar{1}$. Wegen $o(\bar{c}) = p-1$ folgt $(p-1)|(l-2i)$, also $l = 2i + n(p-1)$ mit $n \in \mathbb{Z}$. Da $p-1$ gerade ist, so ist mithin l gerade: $l = 2v$, $v \in \mathbb{Z}$. Aus der Gleichung $(c^v)^2 \equiv a(p^k)$ lesen wir nun ab, daß a ein quadratischer Rest modulo p^k ist. □

Beispiel: 2 ist wegen $3^2 \equiv 2\,(7)$ ein quadratischer Rest modulo 7. Daher ist 2 auch ein quadratischer Rest modulo jeder Potenz von 7. Es gilt z.B. $10^2 \equiv 2\,(49)$, $108^2 \equiv 2\,(343)$.

3. Quadratische Reste modulo einer ungeraden Primzahl. Durch die bisher in diesem Paragraphen gewonnenen Ergebnisse ist das Problem, bei vorgegebenem Modul m alle quadratischen Reste modulo m zu bestimmen, auf den Fall von Primzahlmoduln $p \neq 2$ zurückgeführt. Für alle solchen Primzahlen gilt $\frac{1}{2}(p-1) \in \mathbb{N}^\times$.
Für den Rest dieses Paragraphen bezeichne p eine ungerade Primzahl. Wir zeigen zunächst den grundlegenden

Satz: *Es sei $a \in \mathbb{Z}$ prim zu p. Dann gilt*:

1) *a ist quadratischer Rest modulo p genau dann, wenn* $a^{\frac{1}{2}(p-1)} \equiv 1(p)$.
2) *a ist quadratischer Nichtrest modulo p genau dann, wenn* $a^{\frac{1}{2}(p-1)} \equiv -1(p)$.

Beweis: ad 1): Falls $x^2 \equiv a(p)$ mit $x \in \mathbb{Z}$, so ist x prim zu p, und es gilt:

$$1 \equiv x^{p-1} = (x^2)^{\frac{1}{2}(p-1)} \equiv a^{\frac{1}{2}(p-1)}(p) \qquad \text{(Kleiner Fermatscher Satz)}.$$

Jeder quadratische Rest modulo p löst also die Polynomkongruenz $X^{\frac{1}{2}(p-1)} - 1 \equiv 0(p)$. Da es nach Satz 1 genau $\frac{1}{2}(p-1)$ verschiedene quadratische Reste modulo p gibt und da es nach dem Satz von Lagrange (Korollar 5.3.4) höchstens $\frac{1}{2}(p-1)$ inkongruente Lösungen von $X^{\frac{1}{2}(p-1)} - 1 \equiv 0(p)$ in $\mathbb{Z}$ gibt, so folgt 1).
ad 2): Nach Folgerung 5.1.4 gilt stets

$$a^{\frac{1}{2}(p-1)} \equiv 1(p) \quad \text{oder} \quad a^{\frac{1}{2}(p-1)} \equiv -1(p).$$

Wegen 1) ist damit 2) klar. □

Als Folgerung notieren wir

Korollar (Gauss, Disquisitiones, Art. 98): 1) *Das Produkt zweier quadratischer Reste modulo p ist ein quadratischer Rest modulo p.*

2) *Das Produkt zweier quadratischer Nichtreste modulo p ist ein quadratischer Rest modulo p.*

3) *Das Produkt eines quadratischen Restes modulo p mit einem quadratischen Nichtrest modulo p ist ein quadratischer Nichtrest modulo p.*

Beweis: Wir setzen abkürzend $l := \frac{1}{2}(p-1) \in \mathbb{N}$. Dann ergeben sich die Aussagen 1)–3) aufgrund des Satzes direkt aus den folgenden drei unmittelbar einleuchtenden Aussagen 1')–3'):

1') Aus $a^l \equiv 1\,(p)$ und $b^l \equiv 1\,(p)$ folgt $(ab)^l \equiv 1\,(p)$.

2') Aus $a^l \equiv -1\,(p)$ und $b^l \equiv -1\,(p)$ folgt $(ab)^l \equiv 1\,(p)$.

3') Aus $a^l \equiv 1\,(p)$ und $b^l \equiv -1\,(p)$ folgt $(ab)^l \equiv -1\,(p)$.

4. Legendresches Restsymbol. Ist $a \in \mathbb{Z}$ prim zu p, so definiert man das *Legendresche Restsymbol* $\left(\frac{a}{p}\right)$, gelesen: „*a nach p*“, durch:

$$\left(\frac{a}{p}\right) := \begin{cases} 1, & \text{wenn } a \text{ ein quadratischer Rest modulo } p \text{ ist,} \\ -1, & \text{wenn } a \text{ kein quadratischer Rest modulo } p \text{ ist.} \end{cases}$$

Das Symbol $\left(\frac{a}{p}\right)$ wurde von dem französischen Mathematiker Adrien Marie LEGENDRE (1752–1833) eingeführt. GAUSS, auf den der Begriff der quadratischen Reste und Nichtreste zurückgeht (*Disquisitiones*, Art. 95: residua quadratica und non-residua quadratica), unterschied das quadratische Restverhalten noch mit Worten; durch das Legendresymbol wird die schwerfällige Gaußsche Schreibweise formalisiert und so wesentlich vereinfacht. Satz 3 formuliert sich bei Verwendung des Legendresymbols wie folgt:

Eulersches Kriterium: *Für jede zu p prime Zahl* $a \in \mathbb{Z}$ *gilt*:

$$\left(\frac{a}{p}\right) \equiv a^{\frac{1}{2}(p-1)}\,(p).$$

Wir überzeugen uns sofort von der Kraft des Eulerschen Kriteriums durch Betrachtung des Spezialfalles $a := -1$. Dann haben wir offensichtlich bewiesen:

Korollar:

$$\left(\frac{-1}{p}\right) = (-1)^{\frac{1}{2}(p-1)},$$

d.h., -1 *ist quadratischer Rest modulo aller Primzahlen von der Form* $4k+1$ *und quadratischer Nichtrest modulo aller Primzahlen von der Form* $4k+3$.

Es sei angemerkt, daß die Aussage dieses Korollars nichts eigentlich Neues bringt, so wissen wir ja z.B. aufgrund von Lemma 5.2.3, daß gilt:

$$[(2k)!]^2 \equiv -1\,(p), \quad \text{d.h.} \quad \left(\frac{-1}{p}\right) = 1, \quad \text{falls } p = 4k+1.$$

In der Literatur nennt man das Korollar häufig den „ersten Ergänzungssatz zum quadratischen Reziprozitätsgesetz“; die Gründe für diese Bezeichnung werden im nächsten Paragraphen deutlich.

Wichtig sind folgende

Rechenregeln für das Legendresymbol: *Für alle zu p primen Zahlen* $a, a', c \in \mathbb{Z}$ *gilt*:

1) $\left(\frac{a}{p}\right) = \left(\frac{a'}{p}\right)$, *wenn* $a \equiv a'(p)$ *(Kongruenzregel).*

2) $\left(\frac{a\,a'}{p}\right) = \left(\frac{a}{p}\right)\left(\frac{a'}{p}\right)$ *(Produktregel).*

3) $\left(\frac{a\,c^2}{p}\right) = \left(\frac{a}{p}\right)$.

Beweis: 1) ist klar, da mit a auch jede zu a modulo p kongruente Zahl a' ein quadratischer Rest bzw. Nichtrest nach p ist.

2) ist nichts anderes als die Reformulierung von Korollar 3 für das Legendresymbol.

3) folgt aus 2), wenn man noch beachtet, daß $\left(\frac{c}{p}\right)^2$ stets den Wert 1 hat.

5. Gaußsches Lemma. Mit Hilfe des Eulerschen Kriteriums wird nun ein weiteres Restkriterium, das sogenannte Gaußsche Lemma, hergeleitet, das im nächsten Paragraphen in den Beweisen des quadratischen Reziprozitätsgesetzes eine Schlüsselrolle spielen wird. Zunächst nennt man die aus $(p-1)$ Elementen bestehende Menge

$$\{\pm 1, \pm 2, \ldots, \pm \tfrac{1}{2}(p-1)\}$$

die *Menge der absolut kleinsten Reste modulo p*. Diese Redeweise ist motiviert durch die

Bemerkung: *Jede zu p prime Zahl* $a \in \mathbb{Z}$ *ist modulo p zu genau einem absolut kleinsten Rest w kongruent; es gilt*:

$$0 < |w| = \min\{|v| : v \in \bar{a}\} \leqq \tfrac{1}{2}(p-1) < \tfrac{1}{2}p.$$

Beweis: Wir wissen, daß jede zu p prime Zahl zu genau einem Element der Menge $\{1, 2, \ldots, p-1\}$ modulo p kongruent ist. Nun gilt

$$\tfrac{1}{2}(p-1) + k \equiv -\tfrac{1}{2}(p-1) + k - 1\ (p) \qquad \text{für } k = 1, 2, \ldots, \tfrac{1}{2}(p-1);$$

daher ist jedes Element von $\{1, 2, \ldots, p-1\}$ zu genau einem Element der Menge

$$\{-\tfrac{1}{2}(p-1), -\tfrac{1}{2}(p-1)+1, \ldots, -1, 1, 2, \ldots, \tfrac{1}{2}(p-1)\}$$

kongruent, woraus die erste Behauptung unmittelbar folgt. Die zweite Behauptung ist klar. □

Die Menge der absolut kleinsten Reste modulo p ist die disjunkte Vereinigung der Mengen $S := \{1, 2, \ldots, \frac{1}{2}(p-1)\}$ und $\{-s; s \in S\}$. Für $s \in S$ und $a \in \mathbb{Z}$ prim zu p ist auch sa prim zu p, so daß es aufgrund der Bemerkung eindeutig bestimmte Zahlen $\varepsilon_s(a) \in \{+1, -1\}$ und $s_a \in S$ gibt mit $sa \equiv \varepsilon_s(a)\, s_a(p)$. Dabei ist $\varepsilon_s(a) = -1$ genau dann, wenn der absolut kleinste Rest von sa modulo p negativ ist. Es gilt folgender

Hilfssatz: *Es sei ein zu p primes $a \in \mathbb{Z}$ fixiert. Dann ist die Abbildung $S \to S, s \mapsto s_a$ bijektiv.*

Beweis: Da S eine endliche Menge ist, reicht es nachzuweisen, daß aus $s_a = t_a$ für $s, t \in S$ folgt: $s = t$. Wegen $s_a \equiv \varepsilon_s(a)\, sa(p)$ und $t_a \equiv \varepsilon_t(a)\, ta(p)$ hat $s_a = t_a$ zur Folge $\varepsilon_s(a)\, sa - \varepsilon_t(a)\, ta \equiv 0(p)$. Mit der Kürzungsregel 5.1.2 folgt hieraus $\varepsilon_s(a)\, s - \varepsilon_t(a)\, t \equiv 0(p)$, also $p \mid (\varepsilon_s(a)\, s - \varepsilon_t(a)\, t)$. Nun sind $s, t \in S$, so daß

$$|\varepsilon_s(a)\, s - \varepsilon_t(a)\, t| \leqq |\varepsilon_s(a)\, s| + |\varepsilon_t(a)\, t| = s + t \leqq p - 1 < p$$

ist. Mithin muß $\varepsilon_s(a)\, s - \varepsilon_t(a)\, t = 0$ und also $s = t$ sein. □

Wir kommen nun zum Hauptergebnis dieses Abschnitts.

Gaußsches Lemma: *Es sei $a \in \mathbb{Z}$ prim zu p. Dann gilt:*

$$\left(\frac{a}{p}\right) = \prod_{s \in S} \varepsilon_s(a) = (-1)^n,$$

wo n die Anzahl der negativen Zahlen unter den absolut kleinsten Resten modulo p der $\frac{1}{2}(p-1)$ Vielfachen $a, 2a, \ldots, \frac{1}{2}(p-1)\, a$ von a ist.

Beweis: Es ist nur die erste Gleichheit zu zeigen. Wir gehen dazu analog vor wie beim Ivory-Dirichletschen Beweis des Satzes von Fermat-Euler (vgl. 5.1.4): Aus dem Hilfssatz folgt speziell $\prod_{s \in S} s_a = \prod_{s \in S} s = (\frac{1}{2}(p-1))!$. Somit gilt

$$\prod_{s \in S} sa \equiv \prod_{s \in S} \varepsilon_s(a)\, s_a = (\tfrac{1}{2}(p-1))! \prod_{s \in S} \varepsilon_s(a)\,(p).$$

Da andererseits $\prod_{s \in S} sa = a^{\frac{1}{2}(p-1)}(\frac{1}{2}(p-1))!$, so ergibt sich weiter:

$$a^{\frac{1}{2}(p-1)}(\tfrac{1}{2}(p-1))! \equiv (\tfrac{1}{2}(p-1))! \prod_{s \in S} \varepsilon_s(a)\ (p).$$

Die Zahl $(\frac{1}{2}(p-1))!$ ist teilerfremd zu p; daher darf man durch sie kürzen. Es folgt:

$$a^{\frac{1}{2}(p-1)} \equiv \prod_{s \in S} \varepsilon_s(a)\ (p).$$

Da $\left(\frac{a}{p}\right) \equiv a^{\frac{1}{2}(p-1)}(p)$ aufgrund des Eulerschen Kriteriums 4, so ist das Gaußsche Lemma bewiesen. □

Hinweis: Das Gaußsche Lemma wird im ersten der im nächsten Paragraphen gegebenen Beweise des Reziprozitätsgesetzes nur in der Fassung „$\left(\frac{a}{p}\right) = (-1)^n$“, mit n wie oben, verwendet, während der zweite Beweis die Version „$\left(\frac{a}{p}\right) = \prod_{s \in S} \varepsilon_s(a)$“ benutzt und auch auf die Definition der $\varepsilon_s(a)$ und s_a und den Hilfssatz zurückgreift.

Beispiel: Es soll der Wert des Legendresymbols $(\frac{7}{13})$ mit Hilfe des Gaußschen Lemmas bestimmt werden. Es ist also $a := 7$, $p := 13$ und $\frac{1}{2}(p-1) = 6$. Wir haben die absolut kleinsten Reste der 6 Zahlen 7, 14, 21, 28, 35, 42 modulo 13 zu bestimmen. Da

$$7 = 1 \cdot 13 - 6,\ 14 = 1 \cdot 13 + 1,\ 21 = 2 \cdot 13 - 5,\ 28 = 2 \cdot 13 + 2,$$
$$35 = 3 \cdot 13 - 4,\ 42 = 3 \cdot 13 + 3,$$

so gibt es 3 negative absolut kleinste Reste. Damit folgt:

$$(\tfrac{7}{13}) = (-1)^3 = -1,$$

d.h., 7 ist quadratischer Nichtrest modulo 13.

Als erste Anwendung des Gaußschen Lemmas bestimmen wir alle Primzahlen, modulo derer 2 ein quadratischer Rest bzw. quadratischer Nichtrest ist.

Satz (Lagrange 1775; vgl. auch Gauss, Disquisitiones, Art. 116): *Für jede Primzahl $p > 2$ gilt*:

$$\left(\frac{2}{p}\right) = (-1)^{\frac{p^2-1}{8}};$$

in Worten: 2 *ist quadratischer Rest modulo aller Primzahlen der Form* $8k+1$ *und* $8k+7$, $k \in \mathbb{N}$, *und quadratischer Nichtrest modulo aller übrigen ungeraden Primzahlen.*

Beweis: Wir bestimmen die Anzahl n der negativen absolut kleinsten Reste modulo p der $\frac{1}{2}(p-1)$ Zahlen $1 \cdot 2, 2 \cdot 2, \ldots, \frac{1}{2}(p-1) \cdot 2$. Da diese Zahlen sämtlich kleiner als p sind, liefern genau diejenigen unter ihnen einen negativen absolut kleinsten Rest, die größer als $\frac{1}{2}(p-1)$ sind. Setzt man $l := \max\{x \in \mathbb{N}: x \cdot 2 \leqq \frac{1}{2}(p-1)\}$, so folgt offensichtlich: $n = \frac{1}{2}(p-1) - l$. Bei Benutzung des Gaußsymbols (zur Definition siehe 4.4.3) gilt $l = [\frac{1}{4}(p-1)]$ laut Definition von l. Damit sehen wir:

$$n = \tfrac{1}{2}(p-1) - [\tfrac{1}{4}(p-1)], \quad \text{also} \quad \left(\frac{2}{p}\right) = (-1)^{\frac{1}{2}(p-1) - [\frac{1}{4}(p-1)]}.$$

Wir müssen jetzt feststellen, für welche Primzahlen p die Zahl n gerade bzw. ungerade ist. Jede ungerade Primzahl p ist von einer der folgenden vier Formen:

$$8k+1,\ 8k+3,\ 8k+5,\ 8k+7,\ k \in \mathbb{N}.$$

Als $\frac{1}{2}(p-1)$ bzw. $[\frac{1}{4}(p-1)]$ ergibt sich dann jeweils:

$$4k, 2k; \quad 4k+1, 2k; \quad 4k+2, 2k+1; \quad 4k+3, 2k+1.$$

Damit sehen wir:

$$\begin{array}{ll} \text{Für } p = 8k+1 \text{ ist } n = 4k-2k & \text{gerade;} \\ \text{für } p = 8k+3 \text{ ist } n = 4k+1-2k & \text{ungerade;} \\ \text{für } p = 8k+5 \text{ ist } n = 4k+2-(2k+1) & \text{ungerade;} \\ \text{für } p = 8k+7 \text{ ist } n = 4k+3-(2k+1) & \text{gerade.} \end{array}$$

Demnach ist 2 quadratischer Rest modulo aller Primzahlen der Form $8k+1$ und $8k+7$ und quadratischer Nichtrest modulo aller Primzahlen der Form $8k+3$ und $8k+5$.
Wir müssen noch begründen, daß die soeben gewonnene Aussage äquivalent mit der Formel $\left(\frac{2}{p}\right) = (-1)^{\frac{p^2-1}{8}}$ ist. Es ist lediglich zu zeigen: Für alle Primzahlen p der Form $8k+1$ und $8k+7$ ist $\frac{p^2-1}{8}$ eine gerade ganze Zahl; für alle Primzahlen p der Form $8k+3$ und $8k+5$ ist $\frac{p^2-1}{8}$ eine ungerade ganze Zahl. Dies verifiziert man direkt durch Nachrechnen. □

In der Literatur nennt man diesen Satz häufig den „zweiten Ergänzungssatz zum quadratischen Reziprozitätsgesetz"; er besagt speziell, daß die Zahl 2 für alle modulo 8 kongruenten Primzahlen dasselbe quadratische Restverhalten hat. Für Anwendungen ist es häufig angenehm, die elementare Kongruenz $\frac{p^2-1}{8} \equiv \left[\frac{p+1}{4}\right] (2)$ zu verwenden und den Satz in der Form

$$\left(\frac{2}{p}\right) = (-1)^{\left[\frac{p+1}{4}\right]}$$

zu benutzen.

Aufgaben:

1) Sei $m = m_1 \cdot \ldots \cdot m_t$ eine Faktorisierung von $m \in \mathbb{N}$ in paarweise teilerfremde natürliche Zahlen $m_i \geqq 2$. Sei $f \in \mathbb{Z}[X]$. Zeigen Sie die Äquivalenz folgender Aussagen:
   i) Die Polynomkongruenz $f(X) \equiv 0(m)$ ist lösbar.
   ii) Die Polynomkongruenz $f(X) \equiv 0(m_i)$ ist für jedes $i = 1, \ldots, t$ lösbar.
2) a) Zeigen Sie, daß die Aussagen 1) und 3) von Korollar 3 für jede natürliche Zahl $p > 2$ richtig bleiben. (Dort wurde vorausgesetzt, daß p eine ungerade Primzahl ist.)
   b) Zeigen Sie, daß die Aussage 2) von Korollar 3 für jede natürliche Zahl $p > 2$, zu der eine Primitivwurzel existiert, richtig bleibt.
   c) Zeigen Sie an einem Beispiel, daß Aussage 2) von Korollar 3 nicht für jede natürliche Zahl $p > 2$ richtig ist.

3) Zeigen Sie: Die Kongruenz

$$(X^2 - 13)(X^2 - 17)(X^2 - 221) \equiv 0(m)$$

ist für jedes $m \in \mathbb{N}^\times$ lösbar, obwohl die Gleichung

$$(X^2 - 13)(X^2 - 17)(X^2 - 221) = 0$$

keine ganzzahligen Lösungen besitzt.

4) Formulieren und beweisen Sie eine (zum Satz 5 analoge) Aussage über das quadratische Rest- bzw. Nichtrestverhalten von -2 modulo ungerader Primzahlen.

5) Bestimmen Sie alle Primzahlen p, so daß für jede Zahl $a \in \mathbb{Z}$ die kubische Kongruenz $X^3 \equiv a(p)$ in $\mathbb{Z}$ eine Lösung hat.
Hinweis: Verwenden Sie Primitivwurzeln.

§ 2 Quadratisches Reziprozitätsgesetz

Zunächst diskutieren und beweisen wir in diesem Paragraphen das Reziprozitätsgesetz für das Legendresche Restsymbol. In Abschnitt 4 führen wir dann das Jacobische Restsymbol ein und dehnen die Gültigkeit des Reziprozitätsgesetzes darauf aus.

1. Formulierung des Reziprozitätsgesetzes. Beispiele. Wir haben im vorangehenden Paragraphen notwendige und hinreichende Kriterien dafür aufgestellt, daß eine vorgegebene, zum Modul m prime Zahl a ein quadratischer Rest bzw. Nichtrest modulo m ist. Zur numerischen Ausnutzung sind jene Kriterien indessen nicht recht geeignet; bereits bei „kleinen" Zahlen sind „größere" Rechnungen durchzuführen. Um z.B. über die Lösbarkeit der quadratischen Kongruenz $X^2 \equiv 35\,(281)$ zu entscheiden, müßte man entweder nach dem Eulerschen Kriterium ausrechnen, in welcher Restklasse 35^{140} modulo 281 liegt, oder man müßte nach dem Gaußschen Lemma unter den 140 Zahlen $35x$, $x = 1, 2, \ldots, 140$ die Anzahl derjenigen bestimmen, deren absolut kleinster Rest modulo 281 negativ ist.
Wir werden im folgenden das quadratische Reziprozitätsgesetz kennenlernen, durch welches die Rechnungen wesentlich reduziert werden. Doch das ist nur der kleinste Gewinn aus dem Reziprozitätsgesetz. Wir werden durch dasselbe grundlegende neue zahlentheoretische Erkenntnisse gewinnen; insbesondere läßt sich mittels des Reziprozitätsgesetzes die Frage beantworten, welche Moduln m so beschaffen sind, daß eine vorgelegte Zahl a modulo m ein quadratischer Rest ist.
Ausgiebig diskutiert haben wir bislang folgende Frage: Welche ganzen Zahlen $a \neq 0$ sind quadratische Reste modulo einer gegebenen ungeraden Primzahl p? Demgemäß haben wir das Legendresche Restsymbol $\left(\frac{a}{p}\right)$ als Funktion von a bei festem p studiert. Wir stellen nun umgekehrt die Frage: *Modulo welcher ungeraden Primzahlen p ist eine gegebene Zahl $a \neq 0$ ein quadratischer Rest?* Jetzt soll also das Symbol $\left(\frac{a}{p}\right)$ bei festem a als Funktion von p, $p \nmid a$, untersucht werden.

Ausgehend von dieser Fragestellung denken wir uns daher in der Polynomkongruenz $X^2 \equiv a(p)$ nicht p, sondern $a \in \mathbb{Z}$ vorgegeben. Ist etwa

$$a = (-1)^j 2^k q_1^{k_1} \cdot \ldots \cdot q_r^{k_r}, \qquad j = 0, 1, k \in \mathbb{N}, k_\varrho \in \mathbb{N}^\times \quad \text{für } \varrho = 1, \ldots, r,$$

mit paarweise verschiedenen ungeraden Primzahlen $q_1, \ldots, q_r$, so gilt aufgrund von Rechenregel 1.4, 2):

$$\left(\frac{a}{p}\right) = \left(\frac{-1}{p}\right)^j \left(\frac{2}{p}\right)^k \left(\frac{q_1}{p}\right)^{k_1} \cdot \ldots \cdot \left(\frac{q_r}{p}\right)^{k_r}$$

für alle zu a primen $p \in \mathbb{P}$, $p > 2$. Hier treten rechts drei Typen des Legendreschen Symbols auf:

$$\text{I)} \left(\frac{-1}{p}\right), \quad \text{II)} \left(\frac{2}{p}\right), \quad \text{III)} \left(\frac{q}{p}\right) \quad \text{mit} \quad q \in \mathbb{P}, \quad q \geqq 3.$$

Kennt man in diesen drei Situationen das Legendresche Restsymbol als Funktion des Nenners, so beherrscht man auch den Allgemeinfall auf Grund der Multiplikationsregel für $\left(\frac{a}{p}\right)$. Wir setzen stets $p \geqq 3$ voraus, da im Fall $p = 2$ die Entscheidung über das quadratische Restverhalten trivial ist (vgl. 1.1).

Von den oben herausgestellten Fällen I), II), III) haben wir die ersten beiden bereits im letzten Paragraphen erschöpfend behandelt; wir notieren noch einmal das Ergebnis (vgl. Korollar 1.4 und Satz 1.5):

Ergänzungssätze zum quadratischen Reziprozitätsgesetz: *Es sei p irgendeine ungerade Primzahl. Dann gilt:*

$$\text{I)} \quad \left(\frac{-1}{p}\right) = (-1)^{\frac{p-1}{2}} \qquad \textit{(erster Ergänzungssatz).}$$

$$\text{II)} \quad \left(\frac{2}{p}\right) = (-1)^{\frac{p^2-1}{8}} = (-1)^{\left[\frac{p+1}{4}\right]} \qquad \textit{(zweiter Ergänzungssatz).}$$

Wir formulieren nun das eigentliche Reziprozitätsgesetz, welches zum obigen Fall III) die entscheidende Aussage macht.

Quadratisches Reziprozitätsgesetz für das Legendresche Restsymbol: *Es seien p und q verschiedene ungerade Primzahlen. Dann gilt:*

$$\left(\frac{p}{q}\right)\left(\frac{q}{p}\right) = (-1)^{\frac{p-1}{2}\frac{q-1}{2}}.$$

Die Redeweise „Reziprozitätsgesetz“ für diesen Satz bedarf auf Grund seiner „Reziprozitätsformel“ keiner Begründung.

Durch das Reziprozitätsgesetz wird die Frage, nach welchen Primzahlen $p > 2$ eine vorgegebene Primzahl $q > 2$, $q \neq p$, ein quadratischer Rest ist, auf die Frage zurückgeführt, welche Primzahlen $p > 2$, $p \neq q$, quadratische Reste modulo q sind; denn die behauptete Formel läßt sich wegen $\left(\frac{p}{q}\right)^2 = 1$ auch so schreiben:

$$\left(\frac{q}{p}\right) = (-1)^{\frac{p-1}{2}\frac{q-1}{2}}\left(\frac{p}{q}\right).$$

Historische Bemerkung: GAUSS nennt das Reziprozitätsgesetz das „theorema fundamentale theoriae residuorum quadraticorum"; er sagt 1801 im Artikel 151 seiner *Disquisitiones*, daß gewisse andere aus diesem Fundamentaltheorem fließende Sätze, von denen man leicht wieder zu jenem hätte zurückgelangen können, schon EULER um 1740 bekannt waren; doch kannte EULER keinen Beweis für seine Sätze.
Das Reziprozitätsgesetz wurde 1785 von LEGENDRE entdeckt. LEGENDRE formuliert den Satz wie folgt:

Für je zwei (verschiedene, ungerade) Primzahlen p, q gilt:

$$\left(\frac{p}{q}\right) = \left(\frac{q}{p}\right), \quad \textit{wenn } p, q \textit{ nicht beide von der Form } 4k+3 \textit{ sind,}$$

$$\left(\frac{p}{q}\right) = -\left(\frac{q}{p}\right), \quad \textit{wenn } p, q \textit{ beide die Form } 4k+3 \textit{ haben;}$$

offensichtlich sind diese beiden Reziprozitätsformeln in der obigen Formel zusammengefaßt.
LEGENDRE hat einen Beweis seiner Reziprozitätsformeln geliefert, der allerdings entscheidend auf der von ihm nicht bewiesenen Annahme basiert, daß zu jeder Primzahl p der Form $4k + 1$ eine Primzahl q der Form $4l + 3$ existiert, so daß gilt: $\left(\frac{p}{q}\right) = -1$. LEGENDRE war sich dieser wesentlichen Lücke in seinem Beweis voll bewußt; er hat sie nie schließen können (erst 1837 wurde die Legendresche Hypothese von DIRICHLET unter Heranziehung seines Satzes über die Verteilung von Primzahlen in arithmetischen Progressionen bewiesen).
GAUSS hat nach eigenem Bekenntnis das Reziprozitätsgesetz unabhängig von den Arbeiten von EULER und LEGENDRE neu entdeckt und im Artikel 131 der *Disquisitiones* (in nicht so eleganter Form wie LEGENDRE vorher) ausgesprochen. GAUSS hat den ersten korrekten Beweis des Reziprozitätsgesetzes (durch vollständige Induktion) gegeben. Insgesamt hat GAUSS acht Beweise mitgeteilt, davon zwei in den *Disquisitiones*.
Das quadratische Reziprozitätsgesetz hat seit GAUSS immer wieder die Mathematiker fasziniert. Zunächst ist überhaupt kein Zusammenhang zu erwarten zwischen den beiden Fragen „Ist p ein quadratischer Rest modulo q?" und „Ist q ein quadratischer Rest modulo p?". Doch der Satz behauptet gerade, daß es sich praktisch um die gleiche Frage handelt. Solche Erkenntnisse, wo die Aussage eines Satzes völlig unerwartet ist und ohne Zusammenhang mit der Frage-

stellung selbst erscheint, haben immer wieder die Bewunderung der Mathematiker erregt. Das quadratische Reziprozitätsgesetz ist ein exzellentes Beispiel eines solchen Satzes. Nach GAUSS haben Mathematiker wie KUMMER, DIRICHLET, JACOBI, EISENSTEIN, LIOUVILLE, DEDEKIND, FROBENIUS, HILBERT, ARTIN und andere die Herausforderung angenommen, nach einem „natürlichen" Beweis für das Reziprozitätsgesetz zu suchen und das Phänomen der Reziprozität, von dem der Satz nur ein Spezialfall ist, wirklich zu verstehen. So entstand u.a. das gewaltige Gebäude der algebraischen Zahlentheorie, dessen erster Architekt GAUSS war.

Wir werden in den nächsten beiden Abschnitten zwei Beweise des Reziprozitätsgesetzes geben. Zunächst soll noch an einigen Beispielen die Kraft des Reziprozitätsgesetzes (und seiner Ergänzungssätze) demonstriert werden; bei solchen Rechnungen wird stillschweigend von den Rechenregeln 1.4 Gebrauch gemacht.

Beispiele: 1) Es soll festgestellt werden, ob 3 ein quadratischer Rest modulo 29 ist. Auf Grund des Reziprozitätsgesetzes gilt:

$$\left(\tfrac{3}{29}\right)\left(\tfrac{29}{3}\right) = (-1)^{\frac{3-1}{2}\frac{29-1}{2}} = 1; \qquad \text{also } \left(\tfrac{3}{29}\right) = \left(\tfrac{29}{3}\right).$$

Wegen $29 \equiv 2\ (3)$ ergibt sich weiter auf Grund des zweiten Ergänzungssatzes:

$$\left(\tfrac{29}{3}\right) = \left(\tfrac{2}{3}\right) = (-1)^{\frac{3^2-1}{8}} = -1.$$

Wir sehen: $\left(\tfrac{3}{29}\right) = -1$, *d.h.*, 3 *ist modulo* 29 *ein quadratischer Nichtrest.*

2) Es soll untersucht werden, ob 35 ein quadratischer Rest modulo 281 ist (dieses Beispiel wurde zu Beginn dieses Abschnittes erwähnt). Zunächst gilt:

$$\left(\tfrac{35}{281}\right) = \left(\tfrac{5}{281}\right)\left(\tfrac{7}{281}\right).$$

Aus dem Reziprozitätsgesetz folgt:

$$\left(\tfrac{5}{281}\right) = \left(\tfrac{281}{5}\right) \quad \text{und} \quad \left(\tfrac{7}{281}\right) = \left(\tfrac{281}{7}\right).$$

Da $281 \equiv 1\ (5)$ und $281 \equiv 1\ (7)$, so folgt weiter:

$$\left(\tfrac{281}{5}\right) = \left(\tfrac{1}{5}\right) = 1 \quad \text{und} \quad \left(\tfrac{281}{7}\right) = \left(\tfrac{1}{7}\right) = 1;$$

damit sehen wir insgesamt: $\left(\tfrac{35}{281}\right) = 1$, *d.h.*, 35 *ist modulo* 281 *ein quadratischer Rest.*

3) Es soll diskutiert werden, ob 65 ein quadratischer Rest modulo 307 ist. Es gilt:

$$\left(\tfrac{65}{307}\right) = \left(\tfrac{5}{307}\right)\left(\tfrac{13}{307}\right) = \left(\tfrac{307}{5}\right)\left(\tfrac{307}{13}\right) = \left(\tfrac{2}{5}\right)\left(\tfrac{8}{13}\right) = \left(\tfrac{2}{5}\right)\left(\tfrac{2}{13}\right)^3.$$

Nach dem 2. Ergänzungssatz folgt:

$$\left(\frac{2}{5}\right) = (-1)^{\frac{25-1}{8}} = -1, \qquad \left(\frac{2}{13}\right) = (-1)^{\frac{169-1}{8}} = -1.$$

Also gilt $\left(\tfrac{65}{307}\right) = (-1)(-1)^3 = 1$, *d.h.*, 65 *ist modulo* 307 *ein quadratischer Rest.*

4) Ist -198 ein quadratischer Rest modulo 71? Da $-198 = (-1)\cdot 2\cdot 3^2\cdot 11$, so gilt:

$$\left(\frac{-198}{71}\right)=\left(\frac{-1}{71}\right)\left(\frac{2}{71}\right)\left(\frac{3^2\cdot 11}{71}\right)=(-1)^{\frac{71-1}{2}}(-1)^{\frac{70\cdot 72}{8}}\left(\frac{11}{71}\right)=-\left(\frac{11}{71}\right),$$

wobei der 1. und 2. Ergänzungssatz verwendet wurden. Weiter folgt nun mittels des Reziprozitätsgesetzes

$$\left(\tfrac{11}{71}\right)=-\left(\tfrac{71}{11}\right)=-\left(\tfrac{5}{11}\right)=-\left(\tfrac{11}{5}\right)=-\left(\tfrac{1}{5}\right)=-1.$$

Damit sehen wir: $\left(\frac{-198}{71}\right)=1$, *d.h.*, -198 *ist ein quadratischer Rest modulo* 71.

5) Es sollen alle Primzahlen ungleich 2, 5 bestimmt werden, modulo derer 10 ein quadratischer Rest ist; d.h., es soll die Menge aller $p\in\mathbb{P}$, $p\neq 2$, $p\neq 5$, mit $\left(\frac{10}{p}\right)=1$ beschrieben werden. Zunächst ergibt sich:

$$\left(\frac{10}{p}\right)=\left(\frac{2}{p}\right)\left(\frac{5}{p}\right)=\left(\frac{2}{p}\right)\left(\frac{p}{5}\right)\qquad \text{für alle } p\in\mathbb{P}\setminus\{2,5\}.$$

Nun gilt nach dem 2. Ergänzungssatz:

a) $\left(\frac{2}{p}\right)=1$ für alle $p\in\mathbb{P}$ mit $p\equiv 1\,(8)$ oder $p\equiv 7\,(8)$,

b) $\left(\frac{2}{p}\right)=-1$ für alle $p\in\mathbb{P}$ mit $p\equiv 3\,(8)$ oder $p\equiv 5\,(8)$.

Weiter folgt offensichtlich (wenn man z.B. das Eulersche Kriterium benutzt):

a′) $\left(\frac{p}{5}\right)=1$ für alle $p\in\mathbb{P}$ mit $p\equiv 1\,(5)$ oder $p\equiv 4\,(5)$,

b′) $\left(\frac{p}{5}\right)=-1$ für alle $p\in\mathbb{P}$ mit $p\equiv 2\,(5)$ oder $p\equiv 3\,(5)$.

Das Produkt $\left(\frac{2}{p}\right)\left(\frac{p}{5}\right)$ ist mithin genau dann gleich $+1$, wenn für p jeweils a) und a′) oder b) und b′) simultan erfüllt sind. Es sind jeweils 4 Kombinationen möglich, und wir erhalten für p genau die folgenden 8 Kongruenzpaare:

$p\equiv 1\,(8)$ und $p\equiv 1\,(5)$; $p\equiv 1\,(8)$ und $p\equiv 4\,(5)$;
$p\equiv 7\,(8)$ und $p\equiv 1\,(5)$; $p\equiv 7\,(8)$ und $p\equiv 4\,(5)$;
$p\equiv 3\,(8)$ und $p\equiv 2\,(5)$; $p\equiv 3\,(8)$ und $p\equiv 3\,(5)$;
$p\equiv 5\,(8)$ und $p\equiv 2\,(5)$; $p\equiv 5\,(8)$ und $p\equiv 3\,(5)$.

Jedes Kongruenzpaar besitzt nach dem Chinesischen Restsatz genau eine Lösung modulo $8\cdot 5=40$. Da offenbar, wenn man zunächst die Bedingung $p\in\mathbb{P}$ unbeachtet läßt, die Zahlen

1, 9, 31, 39, 27, 3, 37, 13

jeweils Lösungen sind, so erhalten wir das Ergebnis:

Die Zahl 10 *ist genau dann ein quadratischer Rest modulo der Primzahl p, wenn p einer der folgenden acht Kongruenzen modulo* 40 *genügt*:

$$p \equiv 1\,(40),\quad p \equiv 3\,(40),\quad p \equiv 9\,(40),\quad p \equiv 13\,(40),$$
$$p \equiv 27\,(40),\quad p \equiv 31\,(40),\quad p \equiv 37\,(40),\quad p \equiv 39\,(40).$$

Nach allen übrigen Primzahlen ist 10 ein quadratischer Nichtrest. In diesem Resultat ist insbesondere enthalten, daß 10 nach allen Primzahlen ungleich 2, 5, die in derselben Restklasse modulo 40 liegen, entweder stets ein quadratischer Rest oder ein quadratischer Nichtrest ist. So ist z. B.

$$\left(\tfrac{10}{89}\right) = 1 \text{ wegen } 89 \equiv 9\,(40), \qquad \left(\tfrac{10}{97}\right) = -1 \text{ wegen } 97 \equiv 17\,(40).$$ □

Die vorangehenden Beispiele zeigen, daß durch das quadratische Reziprozitätsgesetz und seine beiden Ergänzungssätze ein Algorithmus zur Berechnung des Legendreschen Restsymbols geliefert wird: *Jede Zahl* $\left(\frac{a}{p}\right)$ *läßt sich grundsätzlich in endlich vielen Schritten bestimmen.* Man zerlegt zunächst a in Primfaktoren (einschließlich der Einheit -1) und zerlegt entsprechend das Legendresymbol $\left(\frac{a}{p}\right)$ nach der Produktregel. Man wertet vorab die gegebenenfalls auftretenden Symbole $\left(\frac{-1}{p}\right)$ und $\left(\frac{2}{p}\right)$ aus. Die Symbole vom Typ $\left(\frac{q}{p}\right)$ führt man (soweit sie nicht mit geradem Exponenten auftreten, wo man sie vergessen darf, da sie den Wert 1 beitragen) mittels des eigentlichen Reziprozitätsgesetzes auf $\left(\frac{p}{q}\right)$ zurück. Hier ersetzt man dann nach der Kongruenzregel die „Zähler“ p durch ihre kleinsten positiven resp. sogar absolut kleinsten Reste r modulo p: Dadurch werden die Werte der Symbole nicht geändert. Auf diese Weise hat man die Aufgabe der Berechnung von $\left(\frac{a}{p}\right)$ auf die Aufgabe der Berechnung *endlich vieler* Symbole $\left(\frac{r}{q}\right)$, wobei stets $|r| < |a|$ gilt, zurückgeführt. Nach endlich vielen Schritten muß dieses Verfahren dadurch zum Ende kommen, daß man nur noch Symbole mit den „Zählern“ -1, 1 und 2 zu bestimmen hat.
Wegen des fortwährenden Zerlegens in Primfaktoren ist das beschriebene Verfahren mühselig und wenig systematisch. Wir werden es in Abschnitt 4 durch Erweiterung des Legendreschen Symbols zum Jacobischen Symbol wesentlich vereinfachen.

2. Beweis des Reziprozitätsgesetzes. Gauss hat *acht* Beweise des Reziprozitätsgesetzes für quadratische Reste angegeben, von denen *sechs* auf voneinander gänzlich verschiedenen Ideen beruhen. Das Gaußsche Lemma 1.5, auf

welches GAUSS seinen dritten und fünften Beweis gegründet hat, ist später der Ausgangspunkt für viele andere Beweise desselben Satzes geworden.
Im Jahr 1844 hat erstmals Ferdinand Gotthold EISENSTEIN im Crelleschen Journal unter dem Titel „*Geometrischer Beweis des Fundamentaltheorems für die quadratischen Reste*“ durch Gitterpunktabzählung den dritten Gaußschen Beweis wesentlich vereinfacht. Alle diese Beweise erfordern eine geschickte Abzählung von Gitterpunkten in der reellen Zahlenebene.
Die größte Bewunderung erregte 1872 eine von dem Pfarrer und Bezirks-Schulinspektor Chr. ZELLER zu Weiler bei Schorndorf (Württemberg) angegebene Art einer Abzählung, die noch 1914 kein Geringerer als Richard DEDEKIND „einfach und scharfsinnig“ nennt. Im gleichen Jahr publizierte Ferdinand Georg FROBENIUS in den Sitzungsberichten der Königlich Preußischen Akademie der Wissenschaften zu Berlin eine Vereinfachung des Zellerschen Beweises; er sagt einleitend: „Aber auch seine [Zellers] Schlüsse lassen sich noch durch ... konsequentere Benutzung seines Symmetrieprinzips vereinfachen. ... [Man] erhält ... so einen überaus anschaulichen und der geometrischen Deutung unmittelbar zugänglichen Beweis, der die Vorzüge des fünften Beweises von GAUSS mit denen des dritten vereinigt.“
FROBENIUS bemerkt übrigens noch, daß man seinen anschaulichen Beweis wohl längst gefunden hätte, wenn nicht EISENSTEIN durch Zeichnen eines nicht optimal symmetrischen Rechtecks seine Nachfolger irregeführt hätte.

Nach diesen historischen Vorbemerkungen beginnen wir nun mit dem eigentlichen Beweis des quadratischen Reziprozitätsgesetzes (nach FROBENIUS). Es ist zu zeigen:

$$\left(\frac{p}{q}\right)\left(\frac{q}{p}\right) = (-1)^{\frac{p-1}{2}\frac{q-1}{2}}, \quad \text{wobei} \quad p, q \in \mathbb{P},\ p > 2,\ q > 2,\ p \neq q.$$

Wir schreiben jeweils nach dem Gaußschen Lemma $\left(\frac{p}{q}\right) = (-1)^m$ und $\left(\frac{q}{p}\right) = (-1)^n$, wo also m bzw. n die Anzahl derjenigen Zahlen aus der Menge $\{p, 2p, \ldots, \frac{1}{2}(q-1)p\}$ bzw. $\{q, 2q, \ldots, \frac{1}{2}(p-1)q\}$ ist, deren absolut kleinster Rest modulo q bzw. p negativ ist. Dann folgt trivial $\left(\frac{p}{q}\right)\left(\frac{q}{p}\right) = (-1)^{m+n}$, so daß alles darauf hinausläuft zu zeigen:

$$(-1)^{m+n} = (-1)^{\frac{p-1}{2}\frac{q-1}{2}},$$

$$\text{d.h.} \quad \tfrac{1}{2}(p-1)\cdot\tfrac{1}{2}(q-1) = m + n + 2\delta \quad \text{mit} \quad \delta \in \mathbb{N}.$$

Um diese Gleichung zu beweisen, werden zunächst die Zahlen m und n anders beschrieben. Laut Definition ist n die Anzahl derjenigen Zahlen $q\xi$ mit $\xi \in \{1, 2, \ldots, \frac{1}{2}(p-1)\}$, deren absolut kleinster Rest modulo p negativ ist. Das sind genau diejenigen Zahlen $q\xi$ mit $\xi \in \{1, 2, \ldots, \frac{1}{2}(p-1)\}$, zu denen es eine Zahl $\eta \in \mathbb{Z}$ gibt, so daß gilt (vgl. Bemerkung 1.5):

$$-\tfrac{1}{2}p < q\xi - p\eta < 0.$$

In dieser Ungleichung ist die Zahl η, wenn sie überhaupt existiert, eindeutig durch ξ bestimmt; es gilt stets $\eta > 0$ und weiter (wegen $\xi < \frac{1}{2}p$):

$$p\eta < q\xi + \tfrac{1}{2}p < \tfrac{1}{2}pq + \tfrac{1}{2}p = \tfrac{1}{2}p(q+1),$$

also

$$\eta < \tfrac{1}{2}(q+1), \quad \text{d.h.} \quad \eta \leqq \tfrac{1}{2}(q-1).$$

Die Zahl η ist also, ihre Existenz unterstellt, eine der Zahlen $1, 2, \ldots, \frac{1}{2}(q-1)$. Damit haben wir festgestellt:

Die Zahl n ist genau die Anzahl der Paare ξ, η natürlicher Zahlen, für die gilt:

$$\text{a)}\ 1 \leqq \xi \leqq \tfrac{1}{2}(p-1), \qquad 1 \leqq \eta \leqq \tfrac{1}{2}(q-1), \qquad -\tfrac{1}{2}p < q\xi - p\eta < 0.$$

Ebenso sieht man, daß m genau die Anzahl derjenigen Paare u, v natürlicher Zahlen ist, so daß gilt (p und q sind vertauscht):

$$1 \leqq u \leqq \tfrac{1}{2}(q-1), \qquad 1 \leqq v \leqq \tfrac{1}{2}(p-1), \qquad -\tfrac{1}{2}q < pu - qv < 0.$$

Bringt man die letzte Ungleichung in die Form $0 < qv - pu < \frac{1}{2}q$ und schreibt man noch ξ statt v und η statt u, so folgt:

Die Zahl m ist genau die Anzahl der Paare ξ, η natürlicher Zahlen, für die gilt:

$$\text{b)}\ 1 \leqq \xi \leqq \tfrac{1}{2}(p-1), \qquad 1 \leqq \eta \leqq \tfrac{1}{2}(q-1), \qquad 0 < q\xi - p\eta < \tfrac{1}{2}q.$$

Aus a) und b) folgt nun:

Die Zahl $m + n$ ist genau die Anzahl der Paare ξ, η natürlicher Zahlen, für die gilt:

$$\text{c)}\ 1 \leqq \xi \leqq \tfrac{1}{2}(p-1), \qquad 1 \leqq \eta \leqq \tfrac{1}{2}(q-1), \qquad -\tfrac{1}{2}p < q\xi - p\eta < \tfrac{1}{2}q.$$

Zunächst ist klar, daß die n Paare, die a) erfüllen, sowie die m Paare, die b) erfüllen, jeweils den Ungleichungen c) genügen. Da jedes Zahlenpaar, welches a) erfüllt, verschieden ist von jedem Zahlenpaar, das b) erfüllt, so sehen wir, daß es *mindestens* $m + n$ verschiedene Zahlenpaare gibt, für die c) gilt. Es kann aber auch außer diesen $m + n$ Paaren kein weiteres Paar ξ', η' geben, für welches c) erfüllt ist, denn dann müßte notwendig gelten: $q\xi' - p\eta' = 0$, d.h., es wäre

$$\frac{p}{q} = \frac{\xi'}{\eta'} \quad \text{mit} \quad 1 \leqq \eta' \leqq \tfrac{1}{2}(q-1),$$

was nicht geht, da der Bruch $\frac{p}{q}$ bereits reduziert ist. Mithin wird c) wie behauptet von *genau* $m + n$ Paaren ξ, η erfüllt.

Die Ungleichungen c) besagen geometrisch, daß die Zahl $m + n$ genau die Anzahl der Gitterpunkte (:= Punkte mit ganzzahligen Koordinaten) in der reellen x, y-Ebene ist, die sowohl im *abgeschlossenen Rechteck R* mit den vier Eckpunkten $(1, 1)$, $(\frac{1}{2}(p-1), 1)$, $(\frac{1}{2}(p-1), \frac{1}{2}(q-1))$, $(1, \frac{1}{2}(q-1))$ als auch im *Innern* des von den beiden parallelen Geraden $qx - py = -\frac{1}{2}p$ und $qx - py = \frac{1}{2}q$ begrenzten *Parallelstreifens* liegen (in der nachstehenden Figur ist der Fall $p = 23$, $q = 17$ gezeichnet). Wir bezeichnen diese Menge mit I.

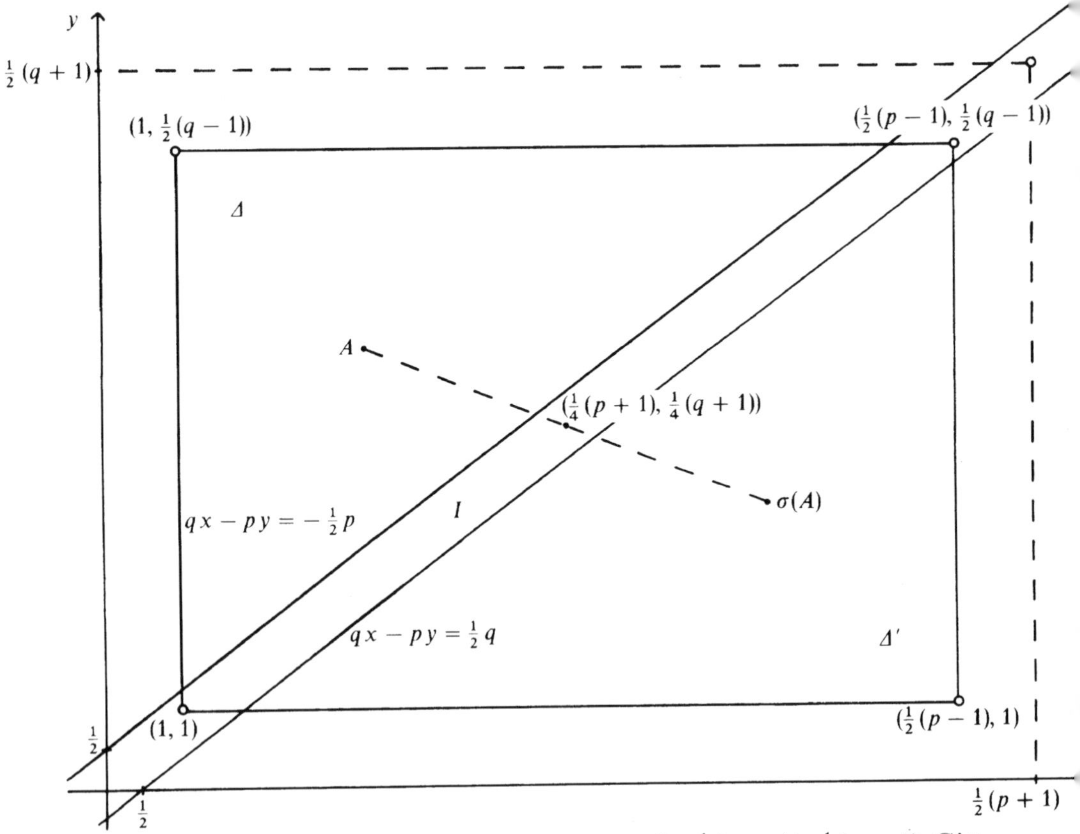

Im abgeschlossenen Rechteck R liegen genau die $\frac{1}{2}(p-1)\cdot\frac{1}{2}(q-1)$ Gitterpunkte (ξ, η), wo $1 \leqq \xi \leqq \frac{1}{2}(p-1)$, $1 \leqq \eta \leqq \frac{1}{2}(q-1)$. Nun ist R die Vereinigung der Menge I mit den beiden abgeschlossenen Dreiecksflächen Δ und Δ':

$$R = I \cup \Delta \cup \Delta'.$$

Die drei Mengen I, Δ, Δ' sind paarweise disjunkt. Bezeichnet daher δ bzw. δ' die Anzahl der Gitterpunkte in Δ bzw. Δ', so folgt:

$$\tfrac{1}{2}(p-1)\cdot\tfrac{1}{2}(q-1) = m + n + \delta + \delta'.$$

Wir werden nun zeigen, *daß in Δ und Δ' gleich viele Gitterpunkte liegen* (dann gilt $\delta = \delta'$, und wir sind fertig). Das ist anschaulich sofort einleuchtend, denn Δ und Δ' liegen *symmetrisch* zum Mittelpunkt M des Rechtecks R mit den (nicht notwendig ganzzahligen) Koordinaten $\left(\frac{p+1}{4}, \frac{q+1}{4}\right)$: Man sieht dies besonders deutlich aus der Figur, wenn man statt R das in jeder Koordinatenrichtung um 1 vergrößerte Rechteck

$$\{(x, y) \in \mathbb{R}^2 : 0 \leqq x \leqq \tfrac{1}{2}(p+1), 0 \leqq y \leqq \tfrac{1}{2}(q+1)\}$$

mit gleichem Mittelpunkt M zugrunde legt und statt Δ, Δ' die entsprechend vergrößerten Dreiecksflächen betrachtet. Diese Symmetrie von Δ, Δ' erzwingt $\delta = \delta'$.

Es ist leicht, diese geometrische Schlußweise rechnerisch nachzuvollziehen. Dazu betrachten wir die durch

$$\sigma\colon \mathbb{R}^2 \to \mathbb{R}^2, \qquad (x, y) \mapsto (\tfrac{1}{2}(p+1) - x, \tfrac{1}{2}(q+1) - y)$$

erklärte Abbildung σ. Ersichtlich ist σ die Spiegelung am Punkt M (vgl. Figur), speziell ist σ bijektiv mit $\sigma^{-1} = \sigma$. *Jeder Punkt* $(a, b) \in \Delta$ *wird vermöge* σ *auf einen Punkt* $(a', b') \in \Delta'$ *abgebildet*; denn $(a, b) \in \Delta$ bedeutet $1 \leqq a \leqq \frac{1}{2}(p-1)$, $1 \leqq b \leqq \frac{1}{2}(q-1)$, $qa - pb \leqq -\frac{1}{2}p$, und hieraus folgt wegen $a' = \frac{1}{2}(p+1) - a$, $b' = \frac{1}{2}(q+1) - b$ sogleich $qa' - pb' = \frac{1}{2}(q-p) - (qa - pb)$ und daher $1 \leqq a' \leqq \frac{1}{2}(p-1)$, $1 \leqq b' \leqq \frac{1}{2}(q-1)$, $qa' - pb' \geqq \frac{1}{2}q$, d.h. $(a', b') \in \Delta'$.

Damit haben wir gezeigt: $\sigma(\Delta) \subset \Delta'$. Ebenso sieht man $\sigma(\Delta') \subset \Delta$. Wegen $\sigma^{-1} = \sigma$ folgt hieraus $\Delta' \subset \sigma(\Delta)$; insgesamt also:

$$\sigma(\Delta) = \Delta', \qquad \sigma(\Delta') = \Delta.$$

Durch die Spiegelung σ wird mithin in der Tat die Dreiecksfläche Δ bijektiv auf Δ' und ebenso Δ' bijektiv auf Δ abgebildet. Nun bildet σ überdies, da p und q ungerade sind, Gitterpunkte stets auf Gitterpunkte ab. Speziell werden also die δ Gitterpunkte in Δ vermöge σ bijektiv auf die δ' Gitterpunkte in Δ' abgebildet. Dies besagt aber insbesondere: $\delta' = \delta$.

3*. Analytischer Beweis des Reziprozitätsgesetzes nach EISENSTEIN. Wir geben im folgenden einen weiteren Beweis des Reziprozitätsgesetzes, welcher Eigenschaften der reellen Sinus-Funktion benutzt und ebenfalls auf EISENSTEIN zurückgeht (*Applications de l'Algebre à l'Arithmétique transcendante*, Crelles Journal 29 (1845), 177–184, bzw. Mathematische Werke 1, 291–298): Man verwendet die Identität*

$$(+) \qquad \sin x = k \sin x/k \prod_{\nu=1}^{n} \left(1 - \frac{\sin^2 x/k}{\sin^2 \nu\pi/k}\right)$$

für $k \in \mathbb{N}$ ungerade und $n := \frac{1}{2}(k-1)$, deren Beweis der Leser etwa findet im Abschnitt 5.4.3 von H.-D. EBBINGHAUS et al.: *Zahlen* (Grundwissen Mathematik 1, Springer-Verlag Berlin/Heidelberg/New York/Tokyo 1983).

Seien p und q wieder verschiedene ungerade Primzahlen; sei

$$S := \{1, 2, \ldots, \tfrac{1}{2}(p-1)\}, \qquad T := \{1, 2, \ldots, \tfrac{1}{2}(q-1)\}.$$

Wie im Anschluß an Bemerkung 1.5 ausgeführt, gibt es zu jedem $s \in S$ eindeutig bestimmte $\varepsilon_s(q) \in \{+1, -1\}$ und $s_q \in S$ mit $sq \equiv \varepsilon_s(q)\, s_q(p)$. Da die Sinus-

* Die ursprüngliche Argumentation EISENSTEINS beruht auf der hiervon etwas verschiedenen Identität

$$\sin x = (-4)^n \sin x/k \prod_{\nu=1}^{n} (\sin^2 x/k - \sin^2 2\pi\nu/k);$$

der Leser vergleiche auch das Buch von SERRE [14], S. 9/10.

Funktion die Periode 2π hat und ungerade ist, gilt dann

$$\sin\frac{2\pi}{p}\,sq = \sin\frac{2\pi}{p}\,\varepsilon_s(q)\,s_q = \varepsilon_s(q)\sin\frac{2\pi}{p}\,s_q.$$

Durch Multiplikation dieser Gleichungen für alle $s\in S$ erhält man aufgrund des Gaußschen Lemmas 1.5, daß

$$\left(\frac{q}{p}\right) = \prod_{s\in S}\varepsilon_s(q) = \prod_{s\in S}\sin\frac{2\pi}{p}\,sq\Big/\sin\frac{2\pi}{p}\,s_q.$$

Nach Hilfssatz 1.5 ist die Abbildung $S\to S$, $s\mapsto s_q$ bijektiv, so daß sich diese Gleichung auch schreiben läßt als

$$\left(\frac{q}{p}\right) = \prod_{s\in S}\sin\frac{2\pi}{p}\,sq\Big/\sin\frac{2\pi}{p}\,s.$$

In der Gleichung $(+)$ setze man nun $k := q$, also $n = \frac{1}{2}(q-1)$ und betrachte ein $t\in T = \{1,\ldots,n\}$. Mit $2t\equiv\varepsilon_t(2)\,t_2(q)$, wobei $\varepsilon_t(2)\in\{+1,-1\}$ und $t_2\in T$, gilt

$$\sin^2\frac{\pi}{q}\,2t = \sin^2\frac{\pi}{q}\,\varepsilon_t(2)\,t_2 = \sin^2\frac{\pi}{q}\,t_2,$$

da das Quadrat der Sinus-Funktion die Periode π hat und gerade ist. Nach Hilfssatz 1.5 läßt sich $(+)$ also umformen zu

$$\frac{\sin x}{\sin x/q} = q\prod_{t\in T}\left(1-\frac{\sin^2 x/q}{\sin^2 t\pi/q}\right) = q\prod_{t\in T}\left(1-\frac{\sin^2 x/q}{\sin^2 t_2\pi/q}\right)$$
$$= q\prod_{t\in T}\left(1-\frac{\sin^2 x/q}{\sin^2 2\pi t/q}\right).$$

Einsetzen – mit $x = q2\pi s/p$ – in die obige Gleichung für $\left(\frac{q}{p}\right)$ liefert

$$(*)\qquad \left(\frac{q}{p}\right) = q^{\frac{1}{2}(p-1)}\prod_{s\in S}\prod_{t\in T}\left(1-\frac{\sin^2 2\pi s/p}{\sin^2 2\pi t/q}\right).$$

Durch Vertauschen der Rollen von p und q ergibt sich analog

$$(**)\qquad \left(\frac{p}{q}\right) = p^{\frac{1}{2}(q-1)}\prod_{s\in S}\prod_{t\in T}\left(1-\frac{\sin^2 2\pi t/q}{\sin^2 2\pi s/p}\right).$$

Nach Definition des Legendresymbols sind $\left(\frac{q}{p}\right)$ bzw. $\left(\frac{p}{q}\right)$ gleich $+1$ oder -1 – was man den rechten Seiten von $(*)$ bzw. $(**)$ gewiß nicht ad hoc ansieht –, unterscheiden sich also höchstens um das Vorzeichen. Somit sind nur noch die *Vorzeichen* der rechten Seiten von $(*)$ und $(**)$ zu diskutieren: Der erste Faktor ist in beiden Fällen positiv, und für $s\in S$, $t\in T$ ist $1-\dfrac{\sin^2 2\pi s/p}{\sin^2 2\pi t/q}$ genau dann positiv, wenn $1-\dfrac{\sin^2 2\pi t/q}{\sin^2 2\pi s/p}$ negativ ist. Da es genau $\frac{1}{2}(p-1)\cdot\frac{1}{2}(q-1)$ Paare

$s \in S$, $t \in T$ gibt, unterscheiden sich die rechten und damit auch die linken Seiten von (*) und (**) also gerade um den Faktor $(-1)^{\frac{1}{2}(p-1)\frac{1}{2}(q-1)}$, so daß das Reziprozitätsgesetz erneut bewiesen ist.

4. Das Reziprozitätsgesetz für das Jacobische Restsymbol. Das quadratische Reziprozitätsgesetz kann nicht auf Restsymbole $\left(\frac{a}{p}\right)$ angewendet werden, in denen a eine zusammengesetzte Zahl ist; man muß in solchen Fällen vielmehr den „Zähler" a zunächst in seine Primfaktoren zerlegen und dann auf jeden Faktor gesondert das Reziprozitätsgesetz anwenden. Durch Einführung des Jacobischen Restsymbols, einer Verallgemeinerung des Legendreschen Restsymbols, und durch Übertragung des Reziprozitätsgesetzes auf das neue Symbol wird diese Zerlegung von a entbehrlich. Benötigt wird ein Symbol $\left(\frac{a}{b}\right)$, wo im „Nenner" b neben Primzahlen *alle ungeraden ganzen Zahlen* > 1 stehen dürfen. Der folgende Ansatz ist naheliegend:
Es seien a, b zwei ganze Zahlen mit folgenden Eigenschaften: $b \geqq 3$, $2 \nmid b$, $\operatorname{ggT}(a, b) = 1$. Ist dann $b = p_1^{k_1} \cdot \ldots \cdot p_r^{k_r}$ die Primzerlegung von b, so wird das *Jacobische Restsymbol* $\left(\frac{a}{b}\right)$ definiert durch

$$\left(\frac{a}{b}\right) := \left(\frac{a}{p_1}\right)^{k_1} \left(\frac{a}{p_2}\right)^{k_2} \cdot \ldots \cdot \left(\frac{a}{p_r}\right)^{k_r}.$$

Für Primzahlen $b > 2$ stimmt das Jacobisymbol also mit dem Legendresymbol überein (Notationskonsistenz); wie das Legendresymbol nimmt auch das Jacobisymbol nur die zwei Werte $+1$ und -1 an. Wir bemerken sogleich: *Falls* $\left(\frac{a}{b}\right) = -1$, *so ist a ein quadratischer Nichtrest modulo b*, denn $\left(\frac{a}{b}\right) = -1$ ist nur möglich, wenn für wenigstens einen Index ϱ gilt: $\left(\frac{a}{p_\varrho}\right) = -1$, d. h., wenn a (laut Definition des Legendresymbols) ein quadratischer Nichtrest modulo p_ϱ ist; wegen $p_\varrho \mid b$ ist a dann aber erst recht ein quadratischer Nichtrest modulo b.
Im Gegensatz zur Grundeigenschaft des Legendresymbols gilt nun aber: *Falls* $\left(\frac{a}{b}\right) = 1$, *so ist a nicht notwendig ein quadratischer Rest modulo b*, denn in der Definitionsgleichung von $\left(\frac{a}{b}\right)$ kann eine *gerade* Anzahl von Faktoren $\left(\frac{a}{p}\right)$ den Wert -1 haben, so gilt z. B.:

$$\left(\tfrac{2}{15}\right) = \left(\tfrac{2}{3}\right)\left(\tfrac{2}{5}\right) = (-1)(-1)^3 = 1,$$

doch ist 2 kein quadratischer Rest modulo 15. Wir werden aber sehen, daß sich ungeachtet dieses Phänomens das Jacobische Restsymbol gut benutzen läßt, um

Rechnungen zu verkürzen, die zur Entscheidung führen, ob a ein quadratischer Rest modulo b ist.
Analog wie für das Legendresymbol gelten auch für das Jacobisymbol die wichtige Kongruenzregel und die Produktregeln (jetzt zusätzlich auch eine Produktregel für den „Nenner“):

Rechenregeln für das Jacobisymbol: *Es seien a, a', b, b', c ganze Zahlen mit $b \geqq 3$, $b' \geqq 3$, $2 \nmid b$, $2 \nmid b'$. Dann gilt:*

1) $\left(\frac{a}{b}\right) = \left(\frac{a'}{b}\right)$, *wenn* $a \equiv a'(b)$ *und* $\operatorname{ggT}(a, b) = \operatorname{ggT}(a', b) = 1$.

2) $\left(\frac{aa'}{b}\right) = \left(\frac{a}{b}\right)\left(\frac{a'}{b}\right)$, *wenn* $\operatorname{ggT}(aa', b) = 1$ *(Produktregel für „Zähler“).*

3) $\left(\frac{a}{bb'}\right) = \left(\frac{a}{b}\right)\left(\frac{a}{b'}\right)$, *wenn* $\operatorname{ggT}(a, bb') = 1$ *(Produktregel für „Nenner“).*

4) $\left(\frac{ac^2}{b}\right) = \left(\frac{a}{b}\right)$, *wenn* $\operatorname{ggT}(ac, b) = 1$.

5) $\left(\frac{a}{bc^2}\right) = \left(\frac{a}{b}\right)$, *wenn* $\operatorname{ggT}(a, bc) = 1$.

Die Durchführung des Beweises sei dem Leser als Aufgabe gestellt.
Wir kommen nun zum quadratischen Reziprozitätsgesetz für das Jacobische Restsymbol. Wir werden die Aussagen über das Jacobisymbol durch einen einfachen Induktionsschluß nach der Anzahl der Primfaktoren von b auf die entsprechenden Aussagen über das Legendresymbol zurückführen; gute Dienste leistet dabei der folgende einfache

Hilfssatz: *Für ungerade Zahlen $v, w \in \mathbb{Z}$ gilt stets:*

a) $\frac{v-1}{2} + \frac{w-1}{2} \equiv \frac{vw-1}{2}\ (2)$,

b) $\frac{v^2-1}{8} + \frac{w^2-1}{8} \equiv \frac{(vw)^2-1}{8}\ (8)$.

Beweis: Es sei $v = 2k+1$, $w = 2l+1$ mit $k, l \in \mathbb{Z}$. Es folgt $vw - 1 = 4kl + 2k + 2l$ und also:

$$\frac{vw-1}{2} = 2kl + k + l \equiv k + l = \frac{v-1}{2} + \frac{w-1}{2}\ (2),$$

womit a) bereits verifiziert ist.
Zum Nachweis von b) bemerke man vorab, daß stets gilt:

$$v^2 - 1 \equiv 0\,(8) \quad \text{und} \quad w^2 - 1 \equiv 0\,(8),$$

denn es ist $v^2 - 1 = 4k(k + 1)$, $w^2 - 1 = 4l(l + 1)$, woraus wegen $2 \mid k(k + 1)$ und $2 \mid l(l + 1)$ folgt: $8 \mid (v^2 - 1)$ und $8 \mid (w^2 - 1)$. Mithin genügt es, statt b) zu zeigen:

$$(*) \quad v^2 - 1 + w^2 - 1 \equiv (vw)^2 - 1 \ (64).$$

Nun folgt aus $v^2 - 1 \equiv 0\ (8)$, $w^2 - 1 \equiv 0\ (8)$ sogleich $(v^2 - 1)(w^2 - 1) \equiv 0\ (64)$ oder $v^2 w^2 - v^2 - w^2 + 1 \equiv 0\ (64)$. Diese Kongruenz ist aber mit der Kongruenz (*) äquivalent. □

Wir besprechen nun zunächst die beiden Ergänzungssätze zum quadratischen Reziprozitätsgesetz für das Jacobische Restsymbol.

Erster Ergänzungssatz: *Für jede ungerade Zahl $b > 2$ gilt:*

$$\left(\frac{-1}{b}\right) = (-1)^{\frac{b-1}{2}}.$$

Beweis: Jede Zahl $b > 2$ läßt sich in der Form schreiben $b = p_1 p_2 \cdot \ldots \cdot p_s$, wo $p_1, p_2, \ldots, p_s$ Primzahlen sind (von denen einige übereinstimmen können). Wir führen vollständige Induktion nach s; der Induktionsbeginn $s = 1$ ist gerade die Aussage des ersten Ergänzungssatzes für das Legendresymbol. Es sei nun $s > 1$, und es sei die Behauptung für alle Zahlen b' mit $s - 1$ Primfaktoren bereits bewiesen. Ist dann $b = p_1 p_2 \cdot \ldots \cdot p_s$ vorgegeben, so gilt, wenn man $b' := p_2 \cdot \ldots \cdot p_s$ setzt: $b = p_1 b'$ und also aufgrund der Rechenregel 3) sowie der Induktionsannahme

$$\left(\frac{-1}{b}\right) = \left(\frac{-1}{p_1}\right)\left(\frac{-1}{b'}\right) = (-1)^{\frac{p_1-1}{2}} (-1)^{\frac{b'-1}{2}} = (-1)^{\frac{p_1-1}{2} + \frac{b'-1}{2}}.$$

Da p_1 und b' ungerade sind, so folgt

$$\tfrac{1}{2}(p_1 - 1) + \tfrac{1}{2}(b' - 1) \equiv \tfrac{1}{2}(p_1 b' - 1)\ (2)$$

nach dem Hilfssatz und mithin die Behauptung. □

Zweiter Ergänzungssatz: *Für jede ungerade Zahl $b > 2$ gilt:*

$$\left(\frac{2}{b}\right) = (-1)^{\frac{b^2-1}{8}}.$$

Beweis: Wir führen wieder Induktion nach der Zahl s der Primfaktoren in der Zerlegung $b = p_1 p_2 \cdot \ldots \cdot p_s$. Der Induktionsbeginn ist diesmal die Aussage des zweiten Ergänzungssatzes für das Legendresymbol. Sei nun $s > 1$, sei wieder $b = p_1 b'$ mit $b' := p_2 \cdot \ldots \cdot p_s$. Dann gilt aufgrund der Rechenregel 3) und der Induktionsannahme

$$\left(\frac{2}{b}\right) = \left(\frac{2}{p_1}\right)\left(\frac{2}{b'}\right) = (-1)^{\frac{p_1^2-1}{8}} (-1)^{\frac{b'^2-1}{8}} = (-1)^{\frac{p_1^2-1}{8} + \frac{b'^2-1}{8}}.$$

Da p_1 und b' ungerade sind, so folgt

$$\frac{p_1^2-1}{8}+\frac{b'^2-1}{8}\equiv\frac{(p_1b')^2-1}{8}\ (2)$$

mit dem Hilfssatz und somit die Behauptung. □

Das eigentliche Reziprozitätsgesetz für das Jacobisymbol lautet wie folgt:

Quadratisches Reziprozitätsgesetz für das Jacobische Restsymbol: *Es seien* $a, b \in \mathbb{N}$ *zwei ungerade Zahlen größergleich* 3, *es sei* $\operatorname{ggT}(a, b) = 1$. *Dann gilt*

$$\left(\frac{a}{b}\right)\left(\frac{b}{a}\right)=(-1)^{\frac{a-1}{2}\frac{b-1}{2}}.$$

Beweis: 1) Wir zeigen zunächst, daß die Behauptung richtig ist für *alle Primzahlen* a und *alle ungeraden Zahlen* $b = p_1 p_2 \cdot \ldots \cdot p_s$. Der Fall $s = 1$ ist gerade die Aussage des quadratischen Reziprozitätsgesetzes für das Legendresche Restsymbol. Wir führen wieder Induktion nach s. Sei $s > 1$; wir schreiben wieder $b = p_1 b'$ mit $b' := p_2 \cdot \ldots \cdot p_s$. Dann gilt aufgrund der Rechenregeln 2) und 3) sowie der Induktionsannahme (man beachte, daß $\operatorname{ggT}(a, p_1) = \operatorname{ggT}(a, b') = 1$ wegen $\operatorname{ggT}(a, b) = 1$):

$$\left(\frac{a}{b}\right)\left(\frac{b}{a}\right)=\left(\frac{a}{p_1}\right)\left(\frac{a}{b'}\right)\left(\frac{p_1}{a}\right)\left(\frac{b'}{a}\right)=\left(\frac{a}{p_1}\right)\left(\frac{p_1}{a}\right)\cdot\left(\frac{a}{b'}\right)\left(\frac{b'}{a}\right)$$

$$=(-1)^{\frac{a-1}{2}\frac{p_1-1}{2}}\cdot(-1)^{\frac{a-1}{2}\frac{b'-1}{2}}=(-1)^{\frac{a-1}{2}\left(\frac{p_1-1}{2}+\frac{b'-1}{2}\right)}.$$

Da $\frac{1}{2}(p_1-1)+\frac{1}{2}(b'-1)\equiv\frac{1}{2}(b-1)\,(2)$ nach dem Hilfssatz, so folgt die Behauptung für b.

2) Wir zeigen nun, daß bei *beliebig vorgegebener ungerader Zahl* $b \geqq 3$ die Behauptung für *alle ungeraden Zahlen* $a \geqq 3$ gilt. Sei $a = a_1 a_2 \cdot \ldots \cdot a_t$ die Primzerlegung von a in t Primzahlen $a_1, \ldots, a_t$. Wir führen Induktion nach t; der Induktionsbeginn $t = 1$ ist klar aufgrund des in 1) bereits Bewiesenen. Sei $t > 1$, wir setzen $a' := a_2 \cdot \ldots \cdot a_t$. Dann gilt $a = a_1 a'$, und es folgt aufgrund der Rechenregeln 2) und 3) nach Induktionsannahme (man beachte, daß $\operatorname{ggT}(a_1, b) = \operatorname{ggT}(a', b) = 1$ wegen $\operatorname{ggT}(a, b) = 1$):

$$\left(\frac{a}{b}\right)\left(\frac{b}{a}\right)=\left(\frac{a_1}{b}\right)\left(\frac{a'}{b}\right)\left(\frac{b}{a_1}\right)\left(\frac{b}{a'}\right)=\left(\frac{a_1}{b}\right)\left(\frac{b}{a_1}\right)\cdot\left(\frac{a'}{b}\right)\left(\frac{b}{a'}\right)$$

$$=(-1)^{\frac{a_1-1}{2}\frac{b-1}{2}}\cdot(-1)^{\frac{a'-1}{2}\frac{b-1}{2}}=(-1)^{\left(\frac{a_1-1}{2}+\frac{a'-1}{2}\right)\frac{b-1}{2}}.$$

Da diesmal $\frac{1}{2}(a_1-1)+\frac{1}{2}(a'-1)\equiv\frac{1}{2}(a-1)\,(2)$ aufgrund des Hilfssatzes, so folgt die Behauptung für a.

5. Anwendungen des allgemeinen Reziprozitätsgesetzes. Wir zeigen zunächst an Beispielen, wie sich unter Benutzung des Reziprozitätsgesetzes für das Jacobische Restsymbol die Bestimmung der Werte $\left(\frac{a}{p}\right)$ des Legendreschen Restsymbols i. a. wesentlich einfacher gestaltet als bei ausschließlicher Benutzung des Reziprozitätsgesetzes für das Legendresche Restsymbol.

Beispiele: 1) Es soll $(\frac{35}{281})$ bestimmt werden (vgl. hierzu Beispiel 1, 2)): Man erhält unmittelbar (ohne 35 in $5 \cdot 7$ zu zerlegen), da $281 \equiv 1\ (35)$:

$$(\tfrac{35}{281}) = (-1)^{17 \cdot 140} (\tfrac{281}{35}) = (\tfrac{1}{35}) = 1.$$

2) Es soll $(\frac{65}{307})$ gefunden werden (vgl. hierzu Beispiel 1, 3)): Man hat sofort

$$(\tfrac{65}{307}) = (\tfrac{307}{65}) = (\tfrac{47}{65}) = (\tfrac{65}{47}) = (\tfrac{18}{47}) = (\tfrac{2}{47}) = (-1)^{\frac{46 \cdot 48}{8}} = 1.$$

3) Es soll $(\frac{49337}{129061})$ bestimmt werden (diese Zahlen sind prim zueinander!): Es gilt $129061 = 3 \cdot 49337 - 18950 \equiv -18950\ (49337)$, also:

$$(\tfrac{49337}{129061}) = (\tfrac{129061}{49337}) = (\tfrac{-18950}{49337}) = (\tfrac{18950}{49337}) = (\tfrac{758}{49337}) = (\tfrac{2}{49337})(\tfrac{379}{49337})$$
$$= (\tfrac{379}{49337}),$$

wobei nacheinander der erste Ergänzungssatz, $18950 = 5^2 \cdot 758$ und der zweite Ergänzungssatz benutzt wurden. Da weiter $49337 = 130 \cdot 379 + 67 \equiv 67\ (379)$, so folgt

$$(\tfrac{379}{49337}) = (\tfrac{49337}{379}) = (\tfrac{67}{379}) = -(\tfrac{379}{67}) = -(\tfrac{-23}{67}) = (\tfrac{23}{67}) = -(\tfrac{67}{23}) = -(\tfrac{-2}{23})$$
$$= (\tfrac{2}{23}) = 1.$$

Damit hat sich ergeben:

$$(\tfrac{49337}{129061}) = 1.$$

Wir kehren nun noch einmal zu der Frage zurück, nach welchen Primzahlen eine gegebene Zahl a ein quadratischer Rest ist. In Beispiel 1, 5) beantworteten wir diese Frage für $a := 10$. Wir erhielten insbesondere das Ergebnis, daß in diesem Fall für alle modulo 40 zueinander kongruenten Primzahlen dasselbe Restverhalten vorliegt. Jetzt beweisen wir allgemein:

Satz: *Es sei $a \neq 0$ eine ganze Zahl, es seien p, p' ungerade Primzahlen mit $p \nmid a$ und $p' \nmid a$. Dann gilt*:

$$\left(\frac{a}{p}\right) = \left(\frac{a}{p'}\right), \quad \textit{falls } p \equiv p'\ (4\,|a|);$$

in Worten: Nach allen ungeraden Primzahlen, die in derselben Restklasse modulo $4\,|a|$ liegen, ist a simultan entweder ein quadratischer Rest oder ein quadratischer Nichtrest.

Beweis: Wir dürfen ohne Einschränkung der Allgemeinheit annehmen, daß a *quadratfrei* ist, denn im Falle $a = vw^2$ mit $w > 1$ gilt: $\left(\frac{a}{p}\right) = \left(\frac{vw^2}{p}\right) = \left(\frac{v}{p}\right)$, ebenso: $\left(\frac{a}{p'}\right) = \left(\frac{v}{p'}\right)$. Wir unterscheiden drei Fälle:

1) *a ist ungerade und positiv*. Falls $a = 1$, so gilt stets $\left(\frac{1}{p}\right) = \left(\frac{1}{p'}\right)$. Sei $a \geqq 3$. Dann gilt auf Grund des Reziprozitätsgesetzes

$$\left(\frac{a}{p}\right) = (-1)^{\frac{p-1}{2}\frac{a-1}{2}}\left(\frac{p}{a}\right), \quad \left(\frac{a}{p'}\right) = (-1)^{\frac{p'-1}{2}\frac{a-1}{2}}\left(\frac{p'}{a}\right).$$

Aus $p \equiv p'(4\,|a|)$ folgt $p \equiv p'(4)$ und $p \equiv p'(a)$. Ersteres impliziert:

$$\frac{p-1}{2} \equiv \frac{p'-1}{2}\ (2), \quad \text{also } (-1)^{\frac{p-1}{2}\frac{a-1}{2}} = (-1)^{\frac{p'-1}{2}\frac{a-1}{2}};$$

letzteres besagt (wegen Rechenregel 3, 1)): $\left(\frac{p}{a}\right) = \left(\frac{p'}{a}\right)$. Damit ist die Gleichung $\left(\frac{a}{p}\right) = \left(\frac{a}{p'}\right)$ bewiesen.

2) *a ist gerade und positiv*. Es gilt $a = 2b$, dabei ist b ungerade, da a quadratfrei ist. Es gilt nun:

$$\left(\frac{a}{p}\right) = \left(\frac{2}{p}\right)\left(\frac{b}{p}\right) \quad \text{und} \quad \left(\frac{a}{p'}\right) = \left(\frac{2}{p'}\right)\left(\frac{b}{p'}\right).$$

Da $b > 0$ wegen $a > 0$, so gilt nach dem bereits in 1) Bewiesenen: $\left(\frac{b}{p}\right) = \left(\frac{b}{p'}\right)$. Daher bleibt nur noch zu verifizieren, daß auch gilt: $\left(\frac{2}{p}\right) = \left(\frac{2}{p'}\right)$. Die Voraussetzung $p \equiv p'(4\,|a|)$ hat, da a gerade ist, zur Folge $p \equiv p'\ (8)$. Daraus folgt aber $\left(\frac{2}{p}\right) = \left(\frac{2}{p'}\right)$ aufgrund des zweiten Ergänzungssatzes.

3) *a ist negativ*. Dann gilt:

$$\left(\frac{a}{p}\right) = \left(\frac{-1}{p}\right)\left(\frac{|a|}{p}\right) \quad \text{und} \quad \left(\frac{a}{p'}\right) = \left(\frac{-1}{p'}\right)\left(\frac{|a|}{p'}\right).$$

Da $\left(\frac{|a|}{p}\right) = \left(\frac{|a|}{p'}\right)$ nach dem bereits in 1) und 2) Bewiesenen, so bleibt zu zeigen, daß auch gilt: $\left(\frac{-1}{p}\right) = \left(\frac{-1}{p'}\right)$. Das ist aber klar, da

$$\left(\frac{-1}{p}\right) = (-1)^{\frac{p-1}{2}}, \quad \left(\frac{-1}{p'}\right) = (-1)^{\frac{p'-1}{2}} \quad \text{und} \quad \frac{p-1}{2} \equiv \frac{p'-1}{2}\ (2)$$

wegen $p \equiv p'(4)$ (letzteres wieder wegen $p \equiv p'(4\,|a|)$). □

GAUSS benutzte die Theorie der quadratischen Reste (und binären quadratischen Formen) in seinen *Disquisitiones Arithmeticae*, um die Primfaktorzerlegung von „großen Zahlen" zu finden. Als obere Grenze für die praktische Brauchbarkeit seiner Methode, die er in langjähriger Erfahrung erprobte, gibt er ungefähr die Zahl 10^8 an. Mit mehr Aufwand (EDV-Anlagen) kommt man heute wesentlich weiter. Wir müssen hier aus Platzgründen darauf verzichten, diese Gaußsche Methode zu beschreiben.

Aufgaben:

1) Bestimmen Sie die Werte folgender Symbole
$(\frac{3}{73}), (\frac{17}{73}), (\frac{19}{79}), (\frac{91}{281}), (\frac{241}{599}), (\frac{195}{1901})$.

2) Bestimmen Sie alle Primzahlen $\neq 3$, modulo derer 3 ein quadratischer Rest ist.

3) Sei $a \in \mathbb{N}^\times$, es gelte $a \equiv 1\,(4)$. Seien p, p' ungerade Primzahlen, die beide zu a teilerfremd sind. Zeigen Sie:
$$\left(\frac{a}{p}\right) = \left(\frac{a}{p'}\right), \quad \text{falls } p' \equiv p(a) \text{ oder } p' \equiv -p(a).$$

4) Sei p eine Primzahl, seien $a, b \in \mathbb{Z}$, $a \not\equiv 0(p)$, $b \not\equiv 0(p)$. Zeigen Sie: Die Kongruenz $ax^2 + by^2 \equiv 0(p)$ ist genau dann durch ganze Zahlen x, y mit $x \not\equiv 0(p)$, $y \not\equiv 0(p)$ lösbar, wenn $\left(\frac{a}{p}\right) = \left(\frac{-b}{p}\right)$.

5) Sei $s \in \mathbb{N}$, $s \geqq 2$. Zeigen Sie: Ist $p = 2^s + 1$ eine (Fermatsche) Primzahl, so gilt: $3^{2^{s-1}} \equiv -1\,(p)$.

Hinweis: Beachten Sie, daß s notwendig eine Zweierpotenz ist, verwenden Sie Aufgabe 2), und beweisen Sie $2^{2l} \equiv 4\,(12)$ für alle $l \in \mathbb{N}^\times$.

Literatur

Die klassische und moderne Literatur zur elementaren Zahlentheorie ist unerschöpfbar groß und selbst für Fachleute nahezu unüberschaubar. Wir geben hier lediglich weiterführende und vertiefende Lehrbuchliteratur an. Um den Leser nicht zu überlasten, haben wir nur in ganz geringem Maß Zitate und Literaturhinweise in den laufenden Text aufgenommen. Die Bücher [5] und [12] sind besonders preisgünstig.

[1] Apostol, T. M.: Introduction to Analytic Number Theory; Undergraduate Texts in Mathematics, Springer-Verlag: New York/Heidelberg/Berlin 1976

[2] Bachmann, P.: Niedere Zahlentheorie, Bd. I und Bd. II; Teubner-Verlag: Leipzig 1902 und 1910

[2a] Bartholomé, A., Rung, J. und Kern, H.: Zahlentheorie für Einsteiger. Eine Einführung für Schüler, Lehrer, Studierende und andere Interessierte; Friedr. Vieweg & Sohn: Wiesbaden 5. Auflage 2006

[2b] Bundschuh, P.: Einführung in die Zahlentheorie; Springer-Verlag: Berlin et al. 2. Auflage 1992

[3] Dickson, L. E.: History of the Theory of Numbers, vol. I; Carnegie Institution of Washington 1919; Nachdruck bei Chelsea Publishing Company: New York 1950

[4] Gauß, C. F.: Disquisitiones Arithmeticae, Lipsiae in commissis apud Gerh. Fleischer Iun. 1801; deutsche Übersetzung von H. Maser bei Chelsea Publishing Company: New York 1965

[5] Gundlach, K.-B.: Einführung in die Zahlentheorie; Hochschultaschenbücher Bd. 772; Bibliographisches Institut: Mannheim/Wien/Zürich 1972

[6] Hardy, G. H. und Wright, E. M.: An Introduction to the Theory of Numbers; Clarendon Press: Oxford 4. Auflage 1960; deutsche Übersetzung der 1954 erschienen 3. Auflage im Oldenbourg-Verlag: München 1958

[7] Hasse, H.: Vorlesungen über Zahlentheorie; Grundlehren der Mathematischen Wissenschaften Bd. 59, Springer-Verlag: Berlin/Heidelberg/New York 2. Auflage 1964

[8] Indlekofer, K.-H.: Zahlentheorie; Uni-Taschenbücher Bd. 688, Birkhäuser Verlag: Basel/ Stuttgart 1978

[8a] Ischebeck, F.: Einladung zur Zahlentheorie; Bibliographisches Institut: Mannheim/ Leipzig/ Wien/Zürich 1992

[9] Menninger, K.: Zahlwort und Ziffer, Eine Kulturgeschichte der Zahl; 2 Bände, Vandenhoeck & Ruprecht: Göttingen 2. Auflage 1957, 1958

[10] Niven, I.: Irrational Numbers; Carus Mathematical Monographs, Nr. 11, J. Wiley and Sons, Inc. 1956

[11] Ore, O.: Number Theory and its History; McGraw-Hill Book Company: New York 1950

[12] Scholz, A. und Schoeneberg, B.: Einführung in die Zahlentheorie; Sammlung Göschen Bd. 1131, Walter de Gruyter und Co.: Berlin 1961

[13] Schroeder, M. R.: Number Theory in Science and Communication – With Applications in Cryptography, Physics, Biology, Digital Information, and Computing: Springer Series in Information Sciences Vol. 7, Springer-Verlag: Berlin/Heidelberg/New York 2. Auflage 1986

[14] Serre, J-P.: A Course in Arithmetic; Graduate Texts in Mathematics, Bd. 7, Springer-Verlag: Berlin/Heidelberg/New York 1973

[15] Weil, A.: Number Theory, An approach through history, From Hammurapi to Legendre; Birkhäuser Verlag: Boston/Basel/Stuttgart 1983

Namenverzeichnis

Sachverzeichnis

Symbolverzeichnis

REINHOLD REMMERT
wurde 1930 in Osnabrück geboren. Er studierte Mathematik und Physik an der Universität Münster. Er war zu Studienaufenthalten am Institute for Advanced Study in Princeton, N.J. und an mehreren Universitäten anderer Länder. Seit 1960 ist er ordentlicher Professor, zuerst in Erlangen, dann in Göttingen und seit 1967 in Münster. Im Jahre 1990 erhielt er die Ehrendoktorwürde der Universität Bochum.

PETER ULLRICH
wurde 1957 in Bünde geboren. Er studierte Mathematik, Physik und Erziehungswissenschaften an den Universitäten Bielefeld und Münster. Er war an den Universitäten Münster, Gießen, Augsburg und Siegen in Forschung und Lehre tätig. Seit 2005 ist er Professor an der Universität Koblenz-Landau, Campus Koblenz.